Shell
从入门到精通
（第2版）

张春晓◎编著

清华大学出版社
北京

内 容 简 介

本书是获得大量读者好评的"Linux 典藏大系"中的经典畅销书《Shell 从入门到精通》的第 2 版。本书结合大量实例，详细介绍系统管理员和 Linux 程序员解决实际问题的得力工具——Bash Shell 的用法，并对一些易混淆的内容进行重点提示和讲解。**本书提供 442 分钟教学视频、程序源代码、高清思维导图、教学 PPT 和习题参考答案等超值配套资源，帮助读者高效、直观地学习。**

本书共 15 章，分为 3 篇。第 1 篇认识 Shell 编程，主要介绍 Shell 编程的入门知识，以及 Shell 编程环境的搭建；第 2 篇 Shell 编程核心技术，主要介绍 Shell 变量和引用、条件测试和判断语句、循环结构、函数、数组、正则表达式、文本处理、流编辑器、文本处理利器 awk 命令、文件操作、子 Shell 与进程处理等；第 3 篇 Shell 编程实战，主要介绍 Shell 脚本调试技术和 2 个综合案例的实现。

本书内容丰富，实例典型，易学易用，可操作性强，非常适合 Bash Shell 入门与进阶人员阅读，也适合从事 Linux 系统管理与开发的相关人员阅读，还可作为高等院校相关专业的教材及社会培训机构的培训教材。

版权所有，侵权必究。举报：010-62782989，beiqinquan@tup.tsinghua.edu.cn。

图书在版编目（CIP）数据

Shell 从入门到精通 / 张春晓编著. -- 2 版.
北京：清华大学出版社, 2024. 10. -- (Linux 典藏大系).
ISBN 978-7-302-67516-7

Ⅰ. TP316.81

中国国家版本馆 CIP 数据核字第 2024Y83C18 号

责任编辑：王中英
封面设计：欧振旭
责任校对：胡伟民
责任印制：沈 露

出版发行：清华大学出版社
　　　　　网　　址：https://www.tup.com.cn，https://www.wqxuetang.com
　　　　　地　　址：北京清华大学学研大厦 A 座　　邮　　编：100084
　　　　　社 总 机：010-83470000　　　　　　　　邮　　购：010-62786544
　　　　　投稿与读者服务：010-62776969，c-service@tup.tsinghua.edu.cn
　　　　　质量反馈：010-62772015，zhiliang@tup.tsinghua.edu.cn
印 装 者：大厂回族自治县彩虹印刷有限公司
经　　销：全国新华书店
开　　本：185mm×260mm　　　印　张：24　　　字　数：605 千字
版　　次：2014 年 2 月第 1 版　　2024 年 11 月第 2 版　　印　次：2024 年 11 月第 1 次印刷
定　　价：99.80 元

产品编号：101194-01

前言

随着互联网技术的发展，Linux 已经成为主流的服务器操作系统。在 Linux 系统中，Shell 是用户与系统内核之间进行交互的接口，是整个 Linux 系统非常重要的组成部分。Shell 脚本程序具有简洁、高效的特点，受到了广大系统管理员和开发者的推崇。就连微软公司都为 Windows 系统开发了类似的 Shell 产品——PowerShell，而且让其兼容 Linux 系统。

在 Linux 领域，不断有新的 Shell 产品出现，如 Fish Shell、Nushell、Dune 和 Xonsh 等，但 Bash Shell 依然是绝大多数 Linux 系统默认的 Shell 程序，因此它成为系统管理员和 Linux 系统开发人员解决实际问题的得力工具，而 Shell 脚本编程也成为优秀的系统管理员和 Linux 系统开发者必须掌握的技能之一。

本书是获得大量读者好评的"Linux 典藏大系"中的《Shell 从入门到精通》的第 2 版。截至第 2 版完稿，本书第 1 版累计 14 次印刷，印数 2 万余册。本书在第 1 版的基础上进行了全新改版，不但更新了 Linux 系统的版本，而且更新了 Bash 的版本，还对第 1 版中的一些疏漏进行了修订，并对书中的一些实例和代码重新修订，使其更加易读。

本书基于 Bash Shell 详细介绍 Shell 编程方方面面的知识和技巧。本书以实用为主旨，从 Shell 入门知识和编程环境的搭建讲起，逐步深入 Shell 编程的核心技术，并通过两个综合案例向读者展示如何使用 Shell 脚本解决实际问题。相信在本书的引领下，读者可以在较短的时间内掌握 Shell 脚本编程的相关知识。

关于"Linux 典藏大系"

"Linux 典藏大系"是专门为 Linux 技术爱好者推出的系列图书，涵盖 Linux 技术的方方面面，可以满足不同层次和各个领域的读者学习 Linux 的需求。该系列图书自 2010 年 1 月开始陆续出版，上市后深受广大读者的好评。2014 年 1 月，作者对该系列图书进行了全面改版并增加了新品种。新版图书一上市就大受欢迎，各分册长期位居 Linux 图书销售排行榜前列。截至 2023 年 10 月底，该系列图书累计印数超过 30 万册。可以说，"Linux 典藏大系"是图书市场上的明星品牌，该系列中的一些图书多次被评为清华大学出版社"年度畅销书"，还曾获得"51CTO 读书频道"颁发的"最受读者喜爱的原创 IT 技术图书奖"，另有部分图书的中文繁体字版在中国台湾出版发行。该系列图书的出版得到了国内 Linux 知名技术社区 ChinaUnix（简称 CU）的大力支持和帮助，读者与 CU 社区中的 Linux 技术爱好者进行了广泛的交流，取得了良好的学习效果。另外，该系列图书还被国内上百所高校和培训机构选为教材，得到了广大师生的一致好评。

关于第 2 版

随着技术的发展，本书第 1 版与当前流行的 Linux 系统环境和 Shell 版本有所脱节，这给读者的学习带来了不便。应广大读者的要求，笔者结合当前的主流 Linux 系统和 Bash Shell 版本对第 1 版图书进行了全面的升级改版，推出第 2 版。相比第 1 版图书，第 2 版在内容上的变化主要体现在以下几个方面：

- 将 Linux 系统升级为 Ubuntu 22.04 和 RHEL 9.1 版；
- 将 Bash Shell 升级为 5.2.0 版；
- 增加对 Z Shell 相关内容的介绍；
- 更新 Shell 脚本的 Shebang 行，以兼容新版 Ubuntu 系统；
- 修订第 1 版中的一些疏漏，并对一些不够准确的内容重新表述；
- 新增大量的助记提示，帮助读者快速记忆相关命令和选项；
- 新增思维导图和课后习题，以方便读者梳理和巩固所学知识。

本书特色

1．视频教学，高效、直观

本书特意提供 442 分钟多媒体教学视频讲解重要的知识点，帮助读者高效、直观地学习，从而取得更好的学习效果。

2．内容全面，系统性强

本书全面介绍 Shell 编程方方面面的知识，包括 Shell 编程入门基础、Shell 编程核心技术与 Shell 编程实战，基本涵盖 Shell 编程的所有重要知识点。

3．由浅入深，循序渐进

对于大多数初学者而言，掌握 Shell 编程技术并不容易。为了帮助读者顺利学习，本书从 Shell 编程的基础知识讲起，然后循序渐进地介绍 Shell 编程的核心技术，最后进行编程实战，提高读者的实际开发水平。

4．注重实践，实用性强

本书以当前流行的 Bash Shell 为基础，结合 90 多个实例详解 Shell 编程的核心技术，并对 Shell 编程的常见问题展开论述，无论初学者，还是有一定基础的 Linux 开发和运维人员，都可以学到有用的知识。

5．提供大量的助记提示

在学习 Shell 编程的过程中会碰到大量的命令和选项，这些内容非常繁杂，难于记忆。本书专门提供大量的助记提示来解决这个问题。例如，在讲解 diff 命令的"-c 选项"时，选项说明为"输出包含上下文环境（context）的格式"，其中的 context 是"上下文环境"

的英文,"-c 选项"中的字母 c 来自该单词,这样就可以做到不用死记硬背即可掌握相关命令和选项,从而提高学习效率。

6. 案例典型,实战性强,有较高的应用价值

本书最后一篇介绍两个综合案例,这两个案例来源于作者开发的实际项目,有较高的应用价值和参考性。这两个案例分别使用不同的框架组合实现,便于读者融会贯通地理解相关技术,读者对这两个案例稍加修改,便可将其用于自己的项目开发中。

7. 提供习题、程序源代码、思维导图和教学 PPT

本书特意在每章后提供多道习题,以帮助读者巩固和自测该章的重要知识点,还赠送教学视频、程序源代码、高清思维导图和教学 PPT 等超值配套资源,以方便读者学习和教师教学。

本书内容

第 1 篇 认识 Shell 编程

本篇涵盖第 1、2 章,主要介绍 Shell 的入门知识和编程环境的搭建,包括学习 Shell 编程的必要性以及 Shell 的起源、功能和分类,并包括 Shell 的特性、向 Shell 脚本传递参数、第一个 Shell 脚本程序以及如何在 Windows、Linux 和 FreeBSD 上搭建 Shell 编程环境,还包括编辑器的选择和系统环境的搭建等。

第 2 篇 Shell 编程核心技术

本篇涵盖第 3~13 章,主要介绍 Shell 编程涉及的所有重要知识点,包括变量和引用、条件测试和判断语句、循环结构、函数、数组、正则表达式、文本处理、流编辑器、文本处理器 awk 命令、文件操作,以及子 Shell 与进程处理等。

第 3 篇 Shell 编程实战

本篇涵盖第 14、15 章,主要介绍 Shell 脚本调试技术,以及如何利用 Shell 脚本解决实际问题,包括 Shell 编程中的常见问题、常用的 4 种 Shell 脚本调试技术,以及两个综合实例——编写系统服务脚本和通过脚本管理 Apache 服务器日志。

读者对象

- Shell 编程入门与进阶人员;
- 基于 Linux 系统的开发人员;
- Linux 系统管理与运维人员;
- 想提高 Linux 系统管理和开发水平的人员;
- 高等院校相关专业的学生;
- 专业培训机构的学员。

阅读建议

- 没有Linux编程基础的读者，建议从第1章顺次阅读并演练每一个实例；
- 有一定Linux编程基础的读者，可以根据实际情况有重点地选择阅读相关章节；
- 对于书中的每个实例，先思考一下实现思路再阅读，学习效果会更好；
- Shell编程需要进行大量的操作，其相关功能有多种实现方法，读者在阅读本书的基础上可以对书中的实例进行改编，用其他方式实现实例的功能，这样对相关知识点的理解会更加深刻。

配套资源获取方式

本书涉及的配套资源如下：
- 高清教学视频；
- 程序源代码；
- 高清思维导图；
- 教学PPT；
- 习题参考答案。

上述配套资源有3种获取方式：关注微信公众号"方大卓越"，然后回复数字"34"自动获取下载链接；在清华大学出版社网站（www.tup.com.cn）上搜索到本书，然后在本书页面上找到"资源下载"栏目，单击"网络资源"按钮进行下载；在本书技术论坛（www.wanjuanchina.net）上的Linux模块进行下载。

技术支持

虽然笔者对书中所述内容都尽量予以核实，并多次进行文字校对，但因时间所限，可能还存在疏漏和不足之处，恳请读者批评与指正。

读者在阅读本书时若有疑问，可以通过以下方式获得帮助：
- 加入本书QQ交流群（群号为302742131）进行提问；
- 在本书技术论坛（见上文）上留言，会有专人负责答疑；
- 发送电子邮件到book@wanjuanchina.net或bookservice2008@163.com获得帮助。

张春晓

2024年8月

目录

第 1 篇　认识 Shell 编程

第 1 章　Shell 入门基础 ·· 2
1.1　为什么学习和使用 Shell 编程 ·· 2
1.2　Shell 简介 ·· 2
1.2.1　Shell 的起源 ··· 3
1.2.2　Shell 的功能 ··· 4
1.2.3　Shell 的分类 ··· 4
1.3　Shell 的特性 ·· 5
1.3.1　交互式程序 ··· 5
1.3.2　创建脚本 ··· 6
1.3.3　设置可执行脚本 ··· 6
1.4　向脚本传递参数 ·· 7
1.4.1　Shell 脚本的参数 ··· 8
1.4.2　参数的扩展 ··· 9
1.5　第一个 Shell 程序 ·· 10
1.5.1　Shell 脚本的基本元素 ··· 10
1.5.2　指定命令解读器 ··· 11
1.5.3　Shell 脚本的注释和风格 ··· 12
1.5.4　如何执行 Shell 程序 ··· 13
1.5.5　Shell 程序的退出状态 ··· 13
1.6　小结 ··· 15
1.7　习题 ··· 15

第 2 章　Shell 编程环境的搭建 ··· 17
2.1　在不同的操作系统上搭建 Shell 编程环境 ··· 17
2.1.1　在 Windows 上搭建 Shell 编程环境 ··· 17
2.1.2　在 Linux 上搭建 Shell 编程环境 ·· 20
2.1.3　在 FreeBSD 上搭建 Shell 编程环境 ··· 22
2.2　编辑器的选择 ·· 23
2.2.1　图形化编辑器 ··· 24
2.2.2　vi（vim）编辑器 ·· 24
2.3　系统环境的搭建 ·· 30

2.3.1　Shell 配置文件 30
　　　2.3.2　命令别名 33
　2.4　小结 34
　2.5　习题 34

第 2 篇　Shell 编程核心技术

第 3 章　变量和引用 36
　3.1　深入理解变量 36
　　　3.1.1　什么是变量 36
　　　3.1.2　变量的命名 36
　　　3.1.3　变量的类型 37
　　　3.1.4　变量的定义 39
　　　3.1.5　变量和引号 42
　　　3.1.6　变量的作用域 42
　　　3.1.7　系统变量 45
　　　3.1.8　环境变量 47
　3.2　变量的赋值和清空 48
　　　3.2.1　变量的赋值 49
　　　3.2.2　引用变量的值 49
　　　3.2.3　清除变量 50
　3.3　引用和替换 51
　　　3.3.1　引用 51
　　　3.3.2　全引用 52
　　　3.3.3　部分引用 52
　　　3.3.4　命令替换 53
　　　3.3.5　转义 54
　3.4　小结 54
　3.5　习题 54

第 4 章　条件测试和判断语句 56
　4.1　条件测试 56
　　　4.1.1　条件测试的基本语法 56
　　　4.1.2　字符串测试 57
　　　4.1.3　整数测试 60
　　　4.1.4　文件测试 62
　　　4.1.5　逻辑操作符 65
　4.2　条件判断语句 66
　　　4.2.1　使用简单的 if 语句进行条件判断 66
　　　4.2.2　使用 if…else 语句进行流程控制 69

4.2.3　使用 if…elif 语句进行多条件判断 ·· 71
　　4.2.4　使用 exit 语句退出程序 ·· 72
4.3　多条件判断语句 case ··· 74
　　4.3.1　case 的基本语法 ··· 74
　　4.3.2　利用 case 语句处理选项参数 ··· 75
　　4.3.3　利用 case 语句处理用户的输入 ·· 77
4.4　运算符 ·· 78
　　4.4.1　算术运算符 ·· 78
　　4.4.2　位运算符 ··· 82
　　4.4.3　自增或自减运算符 ··· 84
　　4.4.4　数字常量的进制 ·· 85
4.5　小结 ··· 86
4.6　习题 ··· 86

第 5 章　循环结构 ·· 88

5.1　步进循环语句 for ··· 88
　　5.1.1　带列表的 for 循环语句 ·· 88
　　5.1.2　不带列表的 for 循环语句 ··· 93
　　5.1.3　类 C 风格的 for 循环语句 ·· 93
　　5.1.4　使用 for 循环语句处理数组 ·· 95
5.2　until 循环语句 ··· 96
　　5.2.1　until 语句的基本语法 ·· 96
　　5.2.2　利用 until 语句批量增加用户 ·· 97
5.3　while 循环语句 ·· 99
　　5.3.1　while 语句的基本语法 ··· 99
　　5.3.2　通过计数器控制 while 循环结构 ··· 99
　　5.3.3　通过结束标记控制 while 循环结构 ·· 100
　　5.3.4　理解 while 语句与 until 语句的区别 ······································· 101
5.4　嵌套循环 ·· 102
5.5　利用 break 和 continue 语句控制循环 ·· 103
　　5.5.1　利用 break 语句控制循环 ··· 103
　　5.5.2　利用 continue 语句控制循环 ··· 105
　　5.5.3　分析 break 语句和 continue 语句的区别 ·································· 106
5.6　小结 ··· 109
5.7　习题 ··· 109

第 6 章　函数 ·· 111

6.1　函数的基础知识 ··· 111
　　6.1.1　什么是函数 ·· 111
　　6.1.2　函数的定义 ·· 112

- 6.1.3 函数的调用 113
- 6.1.4 函数链接 114
- 6.1.5 函数的返回值 115
- 6.1.6 函数和别名 117
- 6.1.7 全局变量和局部变量 118

6.2 函数的参数 120
- 6.2.1 包含参数的函数的调用方法 120
- 6.2.2 获取函数参数的个数 121
- 6.2.3 通过位置变量接收参数值 122
- 6.2.4 移动位置参数 122
- 6.2.5 通过 getopts 接收函数的参数 123
- 6.2.6 传递间接参数 124
- 6.2.7 通过全局变量传递数据 126
- 6.2.8 传递数组参数 126

6.3 函数库文件 128
- 6.3.1 函数库文件的定义 128
- 6.3.2 函数库文件的调用 129

6.4 递归函数 130

6.5 小结 132

6.6 习题 133

第 7 章 数组 134

7.1 定义数组 134
- 7.1.1 通过指定元素值定义数组 134
- 7.1.2 通过 declare 语句定义数组 135
- 7.1.3 通过元素值集合定义数组 136
- 7.1.4 通过键值对定义数组 137
- 7.1.5 数组和普通变量 138

7.2 数组的赋值 139
- 7.2.1 按索引为元素赋值 139
- 7.2.2 通过集合为数组赋值 140
- 7.2.3 在数组末尾追加新元素 141
- 7.2.4 通过循环为数组元素赋值 142

7.3 访问数组 142
- 7.3.1 访问第 1 个数组元素 142
- 7.3.2 通过下标访问数组元素 143
- 7.3.3 计算数组的长度 143
- 7.3.4 通过循环遍历数组元素 145
- 7.3.5 引用所有的数组元素 145
- 7.3.6 以切片方式获取部分数组元素 146

目录

	7.3.7 数组元素的替换	148
7.4	删除数组	149
	7.4.1 删除指定的数组元素	149
	7.4.2 删除整个数组	150
7.5	数组的其他操作	151
	7.5.1 复制数组	151
	7.5.2 连接数组	151
	7.5.3 将文件内容加载到数组中	152
7.6	小结	153
7.7	习题	153

第 8 章 正则表达式 ... 154

8.1	正则表达式简介	154
	8.1.1 为什么使用正则表达式	154
	8.1.2 如何学习正则表达式	155
	8.1.3 如何实践正则表达式	156
8.2	正则表达式基础	156
	8.2.1 正则表达式的原理	156
	8.2.2 标准正则表达式	157
	8.2.3 扩展正则表达式	161
	8.2.4 Perl 正则表达式	163
	8.2.5 正则表达式的字符集	164
8.3	正则表达式的应用	165
	8.3.1 匹配单个字符	166
	8.3.2 匹配多个字符	168
	8.3.3 匹配字符串的开头或者结尾	170
	8.3.4 运算符的优先级	171
	8.3.5 子表达式	172
	8.3.6 通配符	174
8.4	grep 命令	175
	8.4.1 grep 命令的基本语法	175
	8.4.2 grep 命令族简介	176
8.5	小结	177
8.6	习题	177

第 9 章 文本处理 ... 178

9.1	使用 echo 命令输出文本	178
	9.1.1 显示普通字符串	178
	9.1.2 显示转义字符	179
	9.1.3 显示变量	181

	9.1.4	换行和不换行	182
	9.1.5	显示命令的执行结果	183
	9.1.6	echo 命令的执行结果重定向	183
9.2	文本格式化的输出		184
	9.2.1	使用 UNIX 制表符	184
	9.2.2	使用 fold 命令格式化行	185
	9.2.3	使用 fmt 命令格式化段落	187
	9.2.4	使用 rev 命令反转字符顺序	189
	9.2.5	使用 pr 命令格式化文本页	190
9.3	使用 sort 命令对文本进行排序		193
	9.3.1	sort 命令的基本用法	193
	9.3.2	使用单个关键字进行排序	194
	9.3.3	根据指定的列进行排序	198
	9.3.4	根据关键字进行降序排序	198
	9.3.5	数值列的排序	200
	9.3.6	自定义列分隔符	201
	9.3.7	删除重复的行	202
	9.3.8	根据多个关键字进行排序	202
	9.3.9	使用 sort 命令合并文件	204
9.4	文本的统计		205
	9.4.1	输出包含行号的文本行	205
	9.4.2	统计行数	207
	9.4.3	统计单词数和字符数	209
9.5	使用 cut 命令选取文本列		209
	9.5.1	cut 命令及其语法	210
	9.5.2	选择指定的文本列	211
	9.5.3	选择指定数量的字符	212
	9.5.4	排除不包含列分隔符的行	213
9.6	使用 paste 命令拼接文本列		214
	9.6.1	paste 命令及其语法	214
	9.6.2	自定义列分隔符	216
	9.6.3	拼接指定的文本列	216
9.7	使用 join 命令连接文本列		217
	9.7.1	join 命令及其语法	217
	9.7.2	指定连接关键字列	219
	9.7.3	内连接文本文件	220
	9.7.4	左连接文本文件	220
	9.7.5	右连接文本文件	221
	9.7.6	全连接文本文件	222
	9.7.7	自定义输出列	222

9.8 使用 tr 命令替换文件内容 ……………………………………………………………… 223
    9.8.1 tr 命令及其语法 …………………………………………………………… 223
    9.8.2 去除重复出现的字符 ……………………………………………………… 224
    9.8.3 删除空行 …………………………………………………………………… 225
    9.8.4 大小写转换 ………………………………………………………………… 225
    9.8.5 删除指定的字符 …………………………………………………………… 226
9.9 小结 ……………………………………………………………………………………… 227
9.10 习题 …………………………………………………………………………………… 227

第 10 章 流编辑器 …………………………………………………………………………… 229

10.1 sed 命令简介 …………………………………………………………………………… 229
    10.1.1 sed 命令的基本语法 ……………………………………………………… 229
    10.1.2 sed 命令的工作方式 ……………………………………………………… 231
    10.1.3 使用行号定位文本行 ……………………………………………………… 231
    10.1.4 使用正则表达式定位文本行 ……………………………………………… 232
10.2 sed 命令的常用操作 …………………………………………………………………… 233
    10.2.1 sed 命令的基本语法 ……………………………………………………… 233
    10.2.2 选择文本 …………………………………………………………………… 234
    10.2.3 替换文本 …………………………………………………………………… 236
    10.2.4 删除文本 …………………………………………………………………… 239
    10.2.5 追加文本 …………………………………………………………………… 242
    10.2.6 插入文本 …………………………………………………………………… 243
10.3 组合命令 ……………………………………………………………………………… 243
    10.3.1 使用-e 选项执行多个子命令 ……………………………………………… 244
    10.3.2 使用分号执行多个子命令 ………………………………………………… 244
    10.3.3 对一个地址使用多个子命令 ……………………………………………… 245
    10.3.4 sed 脚本文件 ……………………………………………………………… 246
10.4 小结 …………………………………………………………………………………… 248
10.5 习题 …………………………………………………………………………………… 249

第 11 章 文本处理利器 awk 命令 ………………………………………………………… 250

11.1 awk 命令简介 …………………………………………………………………………… 250
    11.1.1 awk 命令的功能 …………………………………………………………… 250
    11.1.2 awk 命令的基本语法 ……………………………………………………… 251
    11.1.3 awk 命令的工作流程 ……………………………………………………… 252
    11.1.4 执行 awk 命令的几种方式 ………………………………………………… 252
11.2 awk 命令的模式匹配 …………………………………………………………………… 254
    11.2.1 关系表达式 ………………………………………………………………… 254
    11.2.2 正则表达式 ………………………………………………………………… 255
    11.2.3 混合模式 …………………………………………………………………… 256

- 11.2.4 区间模式 ... 256
- 11.2.5 BEGIN 模式 ... 257
- 11.2.6 END 模式 ... 258
- 11.3 变量 ... 259
  - 11.3.1 变量的定义和引用 ... 259
  - 11.3.2 系统内置变量 ... 260
  - 11.3.3 记录分隔符和字段分隔符 ... 260
  - 11.3.4 记录和字段的引用 ... 263
- 11.4 运算符和表达式 ... 264
  - 11.4.1 算术运算符 ... 264
  - 11.4.2 赋值运算符 ... 265
  - 11.4.3 条件运算符 ... 266
  - 11.4.4 逻辑运算符 ... 266
  - 11.4.5 关系运算符 ... 267
  - 11.4.6 其他运算符 ... 268
- 11.5 函数 ... 268
  - 11.5.1 字符串函数 ... 268
  - 11.5.2 算术函数 ... 272
- 11.6 数组 ... 273
  - 11.6.1 数组的定义和赋值 ... 273
  - 11.6.2 遍历数组 ... 274
- 11.7 流程控制 ... 276
  - 11.7.1 if 语句 ... 276
  - 11.7.2 while 语句 ... 277
  - 11.7.3 do…while 语句 ... 278
  - 11.7.4 for 语句 ... 279
  - 11.7.5 break 语句 ... 280
  - 11.7.6 continue 语句 ... 281
  - 11.7.7 next 语句 ... 282
  - 11.7.8 exit 语句 ... 283
- 11.8 awk 命令格式化的输出 ... 283
  - 11.8.1 基本的 print 语句 ... 283
  - 11.8.2 格式化输出 printf() 函数 ... 283
  - 11.8.3 使用 sprintf() 函数生成格式化字符串 ... 284
- 11.9 awk 命令与 Shell 的交互 ... 285
  - 11.9.1 通过管道实现与 Shell 的交换 ... 285
  - 11.9.2 通过 system() 函数实现与 Shell 的交互 ... 286
- 11.10 小结 ... 287
- 11.11 习题 ... 287

第 12 章 文件操作 288

12.1 文件的基础知识 288
12.1.1 列出文件 288
12.1.2 文件的类型 289
12.1.3 文件的权限 292

12.2 查找文件 293
12.2.1 find 命令及其语法 293
12.2.2 find 命令——路径 294
12.2.3 find 命令——测试 295
12.2.4 find 命令——使用!运算符对测试求反 298
12.2.5 find 命令——处理文件权限错误信息 298
12.2.6 find 命令——动作 299

12.3 比较文件 300
12.3.1 使用 comm 比较文件 301
12.3.2 使用 diff 比较文件 304

12.4 文件描述符 307
12.4.1 什么是文件描述符 307
12.4.2 标准输入、标准输出和标准错误 308

12.5 重定向 309
12.5.1 输出重定向（覆盖） 309
12.5.2 输出重定向（追加） 311
12.5.3 输入重定向 311
12.5.4 当前文档 312
12.5.5 重定向两个文件描述符 313
12.5.6 使用 exec 命令分配文件描述符 313

12.6 小结 315

12.7 习题 315

第 13 章 子 Shell 与进程处理 317

13.1 子 Shell 317
13.1.1 什么是子 Shell 317
13.1.2 内部命令、保留字和外部命令 318
13.1.3 在子 Shell 中执行命令 321
13.1.4 把子 Shell 中的变量值传回父 Shell 325

13.2 进程处理 327
13.2.1 什么是进程 327
13.2.2 通过脚本监控进程 328
13.2.3 作业控制 329
13.2.4 信号与 trap 命令 332

13.3 小结 334

13.4 习题 ·· 334

第 3 篇　Shell 编程实战

第 14 章　Shell 脚本调试技术 ·· 336

14.1　Shell 脚本中的常见错误 ·· 336
- 14.1.1　常见的语法错误 ·· 336
- 14.1.2　常见的逻辑错误 ·· 339

14.2　Shell 脚本调试技术 ·· 340
- 14.2.1　使用 echo 命令调试脚本 ··· 340
- 14.2.2　使用 trap 命令调试 Shell 脚本 ··· 341
- 14.2.3　使用 tee 命令调试 Shell 脚本 ·· 343
- 14.2.4　使用调试钩子调试 Shell 脚本 ·· 344

14.3　小结 ··· 346
14.4　习题 ··· 346

第 15 章　利用 Shell 脚本解决实际问题 ··· 347

15.1　编写系统服务脚本 ··· 347
- 15.1.1　系统的启动过程 ·· 347
- 15.1.2　运行级别 ·· 348
- 15.1.3　服务脚本的基本语法 ·· 349
- 15.1.4　编写 MySQL 服务脚本 ··· 352

15.2　通过脚本管理 Apache 服务器日志 ··· 358
- 15.2.1　Apache 日志简介 ··· 359
- 15.2.2　归档文件名生成函数 ·· 360
- 15.2.3　过期日志归档函数 ··· 361
- 15.2.4　过期日志删除函数 ··· 362
- 15.2.5　日志归档主程序 ·· 362
- 15.2.6　定时运行日志归档脚本 ·· 363

15.3　小结 ··· 367
15.4　习题 ··· 367

第1篇
认识 Shell 编程

▶▶ 第1章　Shell 入门基础

▶▶ 第2章　Shell 编程环境的搭建

第 1 章　Shell 入门基础

随着 Linux 和 UNIX 的广泛应用，Shell 日益成为系统管理员一个非常重要的工具。作为一名优秀的系统管理员或者 Linux/UNIX 开发者，熟练掌握 Shell 程序设计可以使工作达到事半功倍的效果。

本章从最基本的 Shell 概念入手，依次介绍 Shell 的特性、如何向 Shell 脚本传递参数，然后通过一个最简单的例子来说明如何进行 Shell 程序设计。

本章涉及的主要知识点如下：

- 为什么学习和使用 Shell 编程：主要介绍 Shell 在日常管理工作中的重要作用。
- 什么是 Shell：主要介绍 Shell 的基本概念、起源、功能和分类等。
- 作为程序设计语言的 Shell：主要介绍什么是交互式程序，如何创建脚本，以及如何设置可执行的脚本。
- 向脚本传递参数：主要介绍什么是脚本参数及脚本参数的用途等。
- 第一个 Shell 程序：通过一个简单的例子向读者介绍 Shell 脚本的基本元素、注释和风格，如何执行 Shell 程序，以及 Shell 程序的退出状态。

1.1　为什么学习和使用 Shell 编程

对于一个合格的系统管理员来说，学习和掌握 Shell 编程是非常重要的。通过编程，可以在很大程度上简化日常的维护工作，使管理员从简单的重复劳动中解脱出来。本节将介绍学习和使用 Shell 编程的重要性。

作为程序设计语言来说，Shell 是一种脚本语言。脚本语言是相对于编译型语言而言的，前者无须进行编译，而是由解释器读取程序代码并且执行其中的语句；后者则是预先编译成可执行代码，在使用的时候可以直接执行。

脚本语言的优点在于简单、易学，因此任何人在了解了基本的知识之后都可以毫不费力地编写出一个简单的脚本。关于这一点，最后会通过一个简单的例子来说明。虽然 Shell 非常容易上手，但是想要真正精通 Shell 编程却不是一件容易的事情。这是因为 Shell 的语法非常灵活，又涉及 Shell 的许多命令。想要真正透彻地了解 Shell 程序设计，必须下一番功夫才可以。

1.2　Shell 简介

在学习 Shell 编程之前，需要清楚什么是 Shell。为了使读者在学习具体的 Shell 编程之前对 Shell 有一个基本的了解，本节将对 Shell 进行概括性的介绍，包括 Shell 的起源、功能和分类。

1.2.1 Shell 的起源

  Shell 的起源与计算机世界里面最古老的操作系统 UNIX 有着密不可分的关系。1964 年，美国 AT&T 公司的贝尔实验室、麻省理工学院及美国通用电气公司共同参与研发了一套可以安装在大型主机上的多用户、多任务的操作系统，该操作系统的名称为 Multics（MULTiplexed Information and Computing System），运行在美国通用电气公司的大型机 GE-645 上面。由于整个目标过于庞大，糅合了太多的特性，Multics 虽然发布了一些产品，但是性能都很低，最终以失败告终。1969 年，AT&T 公司最终退出了 Multics 的开发。但是该公司其中的一位开发者肯·汤普逊（Kenneth Lane Thompson）继续为 GE-645 开发软件。

  大约在 1970 年，另外一位开发者丹尼斯·里奇（Dennis MacAlistair Ritchie）也加入了汤普逊的开发队伍，如图 1-1 所示。在汤普逊和里奇的组织和领导下，他们启动了另外一个新的多用户、多任务的操作系统的项目，他们把这个项目称为 UNICS（Uniplexed Information and Computing System）。后来，人们取这个单词的谐音，把这个项目称为 UNIX。

  最初的 UNIX 完全采用汇编语言编写，因此可移植性非常差。为了提高系统的可移植性和开发效率，汤普逊和里奇于 1973 年使用 C 语言重新编写了 UNIX。通过这次编写，使得 UNIX 得以移植到其他小型机上面。

  与此同时，第一个重要的标准 UNIX Shell 于 1979 年末在 UNIX 的第 7 版中推出，并以作者史蒂夫·伯恩（Stephen Bourne）的名字命名，叫作 Bourne Shell，简称为 sh。Bourne Shell 当时主要用于系统管理任务的自动化。此后，Bourne Shell 凭借其简单和高效的特点广受欢迎，很快就成为流行的 Shell。虽然 Bourne Shell 广受欢迎，但是其缺少一些交互功能，如命令作业控制、历史和别名等。

  而在这段时期，UNIX 的另外一个著名分支 BSD UNIX 也悄然兴起。随着 BSD 的风头正劲，另一个老牌 Shell 也登场了，它就是比尔·乔伊（Bill Joy）在加州大学伯克利分校读书期间开发的 C Shell。C Shell 开发于 20 世纪 70 年代末，作为 BSD UNIX 系统的一部分发布，简称 csh。乔伊是美国 SUN 公司的创始人之一，他在伯克利分校时主持开发了最早版本的 BSD，如图 1-2 所示。

图 1-1   汤普逊和里奇

图 1-2   比尔·乔伊

C Shell 基于 C 语言开发，作为编程语言使用时，其语法类似 C 语言，所以程序员可能会很喜欢它。此外，C Shell 还提供了增强交互使用的功能，如作业控制、命令行历史和别名等。当然，C Shell 的缺点和其优点一样明显，由于它是为大型机设计的并增加了很多新功能，所以 C Shell 在小型机上的运行比较慢。更为麻烦的是，即使在大型机上，C Shell 的速度也不如 Bourne Shell，而这一点在当时的硬件条件下可以说是致命的弱点。

C Shell 之后又出现了许多其他 Shell 程序，主要包括 Tenex C Shell（tcsh）、Korn Shell（ksh）及 GNU Bourne-Again shell（bash），这些 Shell 的特点不再详细介绍。

说明：目前，无论在 UNIX 系统还是在 Linux 系统中，比较流行的 Shell 程序都是 bash。

1.2.2　Shell 的功能

Shell 这个单词的意思是"外壳"，它形象地表达出了 Shell 的作用。在 UNIX 及 Linux 中，Shell 就是套在内核外面的一层外壳，如图 1-3 所示。正因为有 Shell 的存在，才向普通的用户隐藏了许多关于系统内核的细节。

Shell 又称命令解释器，它能识别用户输入的各种命令，并传递给操作系统。它的作用与 Windows 操作系统中的命令行类似，但是，Shell 的功能远比命令行强大得多。在 UNIX 或者 Linux 中，Shell 既是用户交互的界面，也是控制系统的脚本语言。

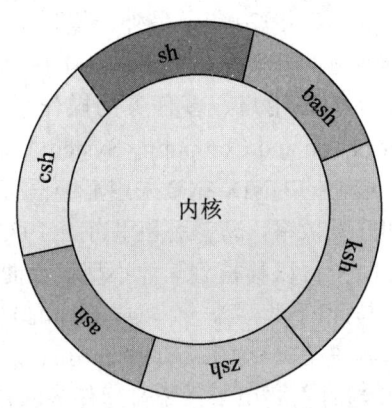

图 1-3　UNIX/Linux Shell 示意

1.2.3　Shell 的分类

关于 Shell 的分类，在介绍 Shell 的起源时已经简单介绍过一些了，下面对各种 Shell 程序做一个简单概括。常见的几种 Shell 程序如下：

- Bourne Shell：标识为 sh，该 Shell 由 Stephen Bourne 在贝尔实验室时编写。在许多 UNIX 系统中，该 Shell 是 root 用户默认的 Shell。
- Bourne-Again Shell：标识为 bash，该 Shell 是 Brian Fox 在 1987 年编写的，它是绝大多数 Linux 发行版默认的 Shell。
- Korn Shell：标识为 ksh，该 Shell 由贝尔实验室的 David Korn 在 20 世纪 80 年代早期编写。它完全向上兼容 Bourne Shell 并包含 C Shell 的很多特性。
- C Shell：标识为 csh，该 Shell 由 Bill Joy 在 BSD 系统上开发。由于其语法与 C 语言类似，因此称为 C Shell。
- Z Shell：标识为 zsh，该 Shell 是一款交互式使用的 Shell，由 Paul Falstad 在 1990 年开发。Z Shell 包含 bash、ksh、tcsh 等其他 Shell 中许多优秀的功能，也拥有诸多自身的特色。

以上 Shell 程序，其语法或多或少都有所区别。目前仍然建议使用标准的 Bourne-Again Shell。

1.3 Shell 的特性

Shell 不仅充当用户与 UNIX 或者 Linux 交互界面的角色，而且可以作为一种程序设计语言来使用。通过 Shell 编程，可以实现许多非常实用的功能，提高系统管理的自动化水平。本节介绍作为程序设计语言的 Shell 的一些特性。

1.3.1 交互式程序

现在读者已经对 Shell 有了初步的了解，接下来将会逐步接触到真正的 Shell 脚本程序。通常情况下，Shell 脚本程序有以下两种执行方式：
- 用户可以依次输入一系列命令，交互式地执行；
- 用户也可以把所有命令按照顺序保存在一个文件中，然后将该文件作为一个程序来执行。

下面首先介绍如何交互式地执行 Shell 程序。

在命令行上直接输入命令来交互式地执行 Shell 脚本是一种非常简单的方式。尤其是在测试 Shell 程序的时候，通过这种交互式方式，可以非常方便地得到程序执行的结果。

【例 1-1】 在当前目录下查找文件名中包含 xml 这 3 个字符的文件。如果找到，则在当前屏幕上打印出来。可以在 Shell 提示符后面依次输入下面的代码：

```
01  #-----------------------------/chapter1/ex1-1.sh------------------
02  [root@linux ~]# for filename in `ls .`
03  > do
04  >   if echo "$filename" | grep "xml"
05  >   then
06  >     echo "$filename"
07  >   fi
08  > done
09  package.xml
10  package.xml
11  wbxml-1.0.3
12  wbxml-1.0.3
13  wbxml-1.0.3.tgz
14  wbxml-1.0.3.tgz
```

每当输入完一行代码时，都需要按 Enter 键换行。当输入完第 8 行代码之时，Shell 开始执行输入的代码，第 9～14 行是 Shell 程序的输出结果。从结果中可以得知，当前目录中有 3 个文件的文件名包含 xml 这 3 个字符。这里的输出结果显示有 6 个文件，是因为在代码中文件名输出了两次。其中：第一次是第 4 行代码，输出匹配的文件名；第二次是第 6 行代码，又输出了一次文件名。

注意：当 Shell 期待用户下一步的输入时，正常的 Shell 提示符"#"将会变为">"。用户可以一直输入下去，由 Shell 来判断何时输入完毕并立即执行程序。

关于上面的程序所涉及的语法，将在后面的内容中介绍。在此读者只要掌握交互式执行程序的方法即可。

虽然上面的执行方法非常方便快捷，但是每次在执行同一个程序的时候都要重新输入一次非常麻烦。此外，如果对程序不是很清楚的情况下则容易发生输入错误，导致程序不能执行。因此，在实际开发中，这种交互式执行程序的方式并不常见，一般是将这些语句写入一个脚本文件中作为一个程序来执行。

1.3.2 创建脚本

对于一组需要经常重复执行的 Shell 语句，将它们保存在一个文件中来执行是一种非常明智的做法。通常称这种包含多个 Shell 语句的文件为 Shell 脚本，或者 Shell 脚本文件。脚本文件都是普通的文本文件，可以使用任何文本编辑器查看或者修改其中的内容。

【例 1-2】 使用 vi 命令创建 Shell 脚本文件。在 Shell 命令行中输入 vi 命令，然后输入以下代码：

```
01  #-----------------------------/chapter1/ex1-2.sh--------------------
02  #! /bin/bash
03
04  #for 循环开始
05  for filename in `ls .`
06  do
07      #如果文件名包含 xml
08      if echo "$filename" | grep "xml"
09      then
10          #输出文件名
11          echo "$filename"
12      fi
13  done
```

从上面的代码中可以得知，Shell 程序中的注释以"#"符号开始，一直持续到该行结束。请注意第一行#!/bin/bash，它是一种特殊形式的注释。其中，"#!"字符告诉系统同一行中紧跟在它后面的那个参数是用来执行本文件的程序。在这个例子中，/bin/bash 是默认的 Shell 程序。

1.3.3 设置可执行脚本

当将脚本编辑完成之后，这个脚本还不能马上执行。在 Linux 中，当用户执行某个程序时，必须拥有该文件的执行权限。用户可以通过 ls -l 或者 ll 命令（该命令实际上是 ls -l 命令的别名）来查看文件的访问权限，其中，ll 命令只可以在 Linux 中使用。下面是 ll 命令的执行结果：

```
[root@linux chapter1]# ll
total 4
-rw-r--r--   1   root    root    116    Jun 24 23:11    ex1-2.sh
```

在上面的输出结果中，每一行都代表一个文件描述信息。一共包括 6 列，其中，第一列就是文件的访问权限。通常情况下，每个文件的访问权限都由 9 位组成，其中，前 3 位表示文件的所有者对该文件的访问权限，中间 3 位表示与所有者同组的其他用户对该文件的访问权限，最后 3 位表示其他组的用户对该文件的访问权限。

在每组权限中，用 3 个字母来表示 3 种不同的权限，其中，r 表示读取权限，w 表示写入权限，x 表示执行权限。

可以发现，在上面的 ex1-2.sh 文件的权限描述中，任何用户都没有该文件的执行权限，因此该文件无法直接执行。

为了使用户拥有某个文件的执行权限，可以使用 chmod 命令（该命令是 change file mode bits 的简写，表示改变文件的模式比特位）。该命令的基本语法如下：

```
chmod [options] filename
```

其中，options 表示各种权限选项。用户可以使用 r、w 及 x 这 3 个字母分别表示读取（read）、写入（write）和执行（excute）的权限，也可以使用数字来表示权限。在数字模式下，4 表示读取权限，2 表示写入权限，1 表示执行权限。另外，用户可以指定执行权限授予的对象，其中，u 表示文件的所有者（user），g 表示所有者所属的组（group），o 表示其他（other）组的用户。在授予权限时，操作符加号"+"表示授予权限，减号"-"表示收回权限。

例如，下面的操作授予文件 ex1-2.sh 的所有者执行权限：

```
[root@linux chapter1]# chmod u+x ex1-2.sh
[root@linux chapter1]# ll
total 4
-rwxr--r--    1   root    root    116    Jun 24 23:11    ex1-2.sh
```

上面的权限也可以使用数字来表示，例如：

```
[root@linux chapter1]# chmod 744 ex1-2.sh
[root@linux chapter1]# ll
total 4
-rwxr--r--    1   root    root    116    Jun 24 23:11    ex1-2.sh
```

在上面的命令中，作为选项的 3 个数字"744"分别表示文件所有者、所有者所属的用户组及其他组的权限。其中，7 是由 4、2 和 1 这 3 个数字相加而得，4 表示读取权限。

在授予用户执行权限之后，就可以执行该脚本了：

```
[root@linux ~]# chapter1/ex1-1.sh
package.xml
package.xml
wbxml-1.0.3
wbxml-1.0.3
wbxml-1.0.3.tgz
wbxml-1.0.3.tgz
```

> 注意：777 是一个特殊的权限，表示所有的用户都可以读、写和执行该文件。许多用户为了操作方便，会直接将该权限授予某些文件。通常情况下这样的操作会带来安全隐患，因此在将该权限授予用户时一定要谨慎。

1.4 向脚本传递参数

许多情况下，Shell 脚本都需要接收用户的输入，根据用户输入的参数来执行不同的操作。本节介绍 Shell 脚本的参数，以及如何在脚本中接收参数。

1.4.1 Shell 脚本的参数

从命令行传递给 Shell 脚本的参数称为位置参数，这主要是因为 Shell 脚本会根据参数的位置来接收它们的值。在 Shell 脚本内部，用户可以通过一系列系统变量来获取参数。这些变量的名称都是固定的，并且非常简单，只用一个字符来表示。例如，$0 表示当前执行的脚本名称，$1 表示传递给脚本的第 1 个参数等。表 1-1 列出了常用的与参数传递有关的系统变量。

表 1-1 常用的与参数传递有关的系统变量

变 量 名	说　　明
$n	表示传递给脚本的第 n 个参数。例如，$1表示第1个参数，$2表示第2个参数……
$#	命令行参数的个数
$0	当前脚本的名称
$*	以"参数1 参数2 参数3……"的形式返回所有参数的值
$@	以"参数1""参数2""参数3"……的形式返回所有参数的值
$_	保存之前执行命令的最后一个参数

通过表 1-1 可知，Shell 的位置参数按照 0，1，2……的顺序从 0 开始编号。其中，0 表示当前执行的脚本名称，而 1 表示第 1 个参数。由单引号或者双引号引起来的字符串作为一个参数进行传递，传递时会去掉引号。

注意：对于包含空白字符或者其他特殊字符的参数，需要使用单引号或者双引号进行传递。

变量$@可以以"参数 1""参数 2""参数 3"……的形式返回所有参数的值，因此，$@与"$1""$2""$3"…是等价的。如果传递的参数中包含空格或者其他特殊字符，需要使用$@来获取所有参数的值，不能使用$*。

变量$*以"参数 1 参数 2 参数 3……"的形式将所有参数作为一个字符串返回。通常情况下，参数值之间以空格、制表符或者换行符来隔开，默认情况下使用空格。

变量$#返回传递给脚本的参数的数量，不包括$0，即排除脚本的名称。

另外，如果传递的参数多于 9 个，则不能使用$10 来引用第 10 个参数。为了能够获取第 10 个参数的值，必须处理或保存第 1 个参数，即$1，然后使用 shift 命令删除参数 1 并将所有剩余的参数下移 1 位，此时$10 就变成了$9，以此类推。$#的值将被更新以反映参数的剩余数量。

【例 1-3】　传递脚本参数，代码如下：

```
01  #-----------------------------/chapter1/ex1-3.sh------------------
02  #! /bin/bash
03
04  echo "$# parameters"
05  echo "$@"
```

然后通过以下方式来执行：

```
[root@linux chapter1]# ./ex1-3.sh a "b c"
```

```
2 parameters
a b c
```

在上面的代码中，向 ex1-3.sh 脚本传递了两个参数，其中，第 2 个参数含有空格，因此需要使用双引号引起来。

1.4.2 参数的扩展

前面介绍了如何通过系统变量来获取脚本参数的值。对于简单的脚本，使用这个方法即可。因为可以通过变量$1、$2……依次获得全部参数，还可以通过$#获得参数的个数。但是在实践中遇到的并不总是这种简单的情况。例如，需要编写一个脚本程序，并且这个脚本程序需要一个拥有许多值的参数，在程序中，用户希望根据这个参数的值来执行不同的操作。在这种情况下，单纯地依靠$1 及$2 等变量已经不能满足需求了。此时可以考虑使用参数扩展。

如果接触过 UNIX 或者 Linux，那么对 ls 命令不会陌生。ls 命令可能是 UNIX 或者 Linux 系统中选项最多的命令了。例如，可以使用-l 选项以长格式的方式显示当前目录的内容。实际上，这个-l 也是 ls 命令的一个参数。这个参数与前面介绍的参数的不同之处在于它拥有一个前导的连字符"-"。

可以在 Shell 脚本中使用同样的技术，这称为参数扩展。为了获取（get）到这些参数（options）的值，需要在 Shell 程序中使用 getopts 命令。

【例 1-4】 参数扩展，代码如下：

```
01  #-------------------------------/chapter1/ex1-4.sh------------------
02  #!/bin/bash
03
04  #输出参数索引
05  echo "OPTIND starts at $OPTIND"
06  #接收参数
07  while getopts ":pq:" optname
08    do
09      case "$optname" in
10        "p")
11          echo "Option $optname is specified"
12          ;;
13        "q")
14          echo "Option $optname has value $OPTARG"
15          ;;
16        "?")
17          echo "Unknown option $OPTARG"
18          ;;
19        ":")
20          echo "No argument value for option $OPTARG"
21          ;;
22        *)
23        # Should not occur
24          echo "Unknown error while processing options"
25          ;;
26      esac
27      echo "OPTIND is now $OPTIND"
28  done
```

对上面的代码这里不进行过多的介绍，此处只是为了了解如何使用参数扩展。在代码的第 7 行中，getopts 命令后面的双引号中的第一个冒号用于告诉 getopts 命令忽略一般的错误消息，因为此脚本将提供它自己的错误处理。p 和 q 则是两个选项名称。选项后面的冒号表示该选项需要一个值。例如，在绝大部分命令中，-f 选项可能需要一个文件（file）名。

当找到某个选项时，getopts 命令返回 true。第二个参数是变量名 optname，该变量用于接收找到的选项的名称。以上程序的执行结果如下：

```
[root@linux chapter1]# ./ex1-4.sh -p
OPTIND starts at 1
Option p is specified
OPTIND is now 2
[root@linux chapter1]# ./ex1-4.sh -q
OPTIND starts at 1
No argument value for option q
OPTIND is now 2
[root@linux chapter1]# ./ex1-4.sh -f
OPTIND starts at 1
Unknown option f
OPTIND is now 2
```

1.5 第一个 Shell 程序

通过前面几节的学习，读者已经接触到一些 Shell 程序了。本节介绍一个完整的 Shell 程序，使读者能够掌握 Shell 程序的组成元素并写出简单的程序。

1.5.1 Shell 脚本的基本元素

在学习任何程序设计语言的时候，"Hello world!"是一个必不可少的例子。接下来介绍如何在 Shell 语言中输出 Hello, Bash Shell!。

【例 1-5】 输出 Hello, Bash Shell!，代码如下：

```
01  #-----------------------------/chapter1/ex1-5.sh--------------------
02  #! /bin/bash
03
04  #输出字符串
05  echo "Hello, Bash Shell!"
```

上面是一个完整的 Shell 程序，对于拥有执行权限的用户来说，这也是一个可执行的 Shell 程序。上面的代码非常简单，实际上最主要的代码只有一行，即第 5 行，这一行的作用是在控制台上面输出一行消息。

接下来执行这个程序，看看到底会出现什么结果：

```
[root@linux chapter1]# chmod +x ex1-5.sh
[root@linux chapter1]# ./ex1-5.sh
Hello, Bash Shell!
```

从上面的执行结果中可以得知，这个程序已经得到了预期的结果。但是，读者可能会有疑问，作为一个 Shell 程序，它应该具备哪些元素呢？分析上面的例子可以得知，一个最基本的 Shell 程序应该拥有第 2 行的代码：

```
#! /bin/bash
```

关于上面这一行代码的作用,在后面的内容中会详细介绍。另外,第 4 行是注释,用来说明下面的代码的功能。第 5 行是 echo 语句,其是实现整个程序功能的主要代码。

因此,一个基本的 Shell 程序应该包括以下基本元素:
- 第 2 行的"#! /bin/bash"。
- 注释:说明某些代码的功能。
- 可执行语句:实现程序的功能。

在接下来的内容中将依次介绍这些基本元素。

1.5.2 指定命令解读器

当用户在命令行中执行一个脚本程序的时候,Shell 首先会判断用户是否拥有该程序的执行权限。如果没有执行权限,Shell 则会给出 Permission denied 的提示;否则,Shell 会创建一个新的进程,解释并执行 Shell 程序中的语句。

但是,无论在 UNIX 还是在 Linux 中,通常会同时安装多个 Shell 程序,如 sh、bash 或者 csh 等。而这些不同的 Shell 程序的语法有一些区别,那么到底使用哪个 Shell 来执行代码呢?

实际上,在例 1-5 中,第 2 行代码的作用是告诉当前的 Shell,应该调用哪个 Shell 来执行当前的程序。

当用户在命令行中执行该程序时,当前的 Shell 会载入该程序的代码,并且读取其中的第 2 行。如果发现有"#!"标识,则表示当前的程序指定了解释并执行它的 Shell。然后会尝试读取"#!"标识后面的内容,搜寻解释器的绝对路径。如果发现指定的解释器,则会创建一个关于该解释器的进程,解释并执行当前脚本的语句。在例 1-5 中,当前的 Shell 会创建/bin/bash 的进程来执行 ex1-5.sh 脚本文件中的语句。

注意:用户应该在"#!"标识后面指定解释器的绝对路径。

Shell 脚本的这个规定使得用户可以非常灵活地调用任何解释器,而不仅限于 Shell 程序。下面介绍如何在脚本文件中指定其他解释器程序。

【例 1-6】 在 PHP 脚本文件中指定 PHP 语言的解释器,然后执行文件中的 PHP 代码,代码如下:

```
01  #--------------------------------/chapter1/ex1-6.php--------------------
02  #指定解释器
03  #! /usr/local/bin/php
04
05  <?php
06      //输出Hello world!字符串
07      print "Hello world!";
08  ?>
```

在上面的代码中,第 3 行指定解释当前文件的解释器的绝对路径,第 5 行是 PHP 代码的开始标识符,第 7 行使用 print 语句输出字符串"Hello world!",第 8 行是 PHP 代码的结束标识符。

程序的执行结果如下:

```
[root@linux chapter1]# ./ex1-6.php
Hello world!
```

用户还可以指定其他命令，如 more 或者 cat 来显示当前程序的代码，请参见下面的例子。

【例 1-7】 指定 more 命令作为脚本文件的解释器，代码如下：

```
01  #-----------------------------/chapter1/ex1-7.sh------------------
02  #指定解释器
03  #! /bin/more
04
05  #输出语句
06  echo "Hello world!"
```

读者应该想象得到该程序的执行结果。没错，该程序的执行结果是调用 more 命令来显示当前程序的代码而不是执行程序中的代码本身。例如：

```
[root@linux chapter1]# ./ex1-7.sh
#! /bin/more

echo "Hello world!"
```

到此为止，读者对"#!"标识的作用已有了比较深入的理解。从本质上讲，该标识的作用就是指定解释当前脚本文件的程序，至于最后的结果是什么样，还要看指定的程序。如果指定的是 Shell 或者某些程序语言的解释器，如/usr/local/bin/php，则会执行其中的代码；如果是其他一些程序，如/bin/more，则会显示当前脚本文件的内容。

1.5.3 Shell 脚本的注释和风格

通过在代码中增加注释可以提高程序的可读性。传统的 Shell 只支持单行注释，其表示方法是一个井号"#"，从该符号开始一直到行尾都属于注释的内容。例如例 1-5 中的第 4 行：

```
04    #输出字符串
```

如果需要注释多行内容，则在每行注释的开头都要加上"#"，例如：

```
#注释1
#注释2
#注释3
…
```

但是这并不意味着只能使用单行注释。实际上，还可以通过其他变通的方法来实现多行注释，其中，最简单的方法就是使用冒号":"配合 here document，其语法如下：

```
:<<BLOCK

....注释内容

BLOCK
```

【例 1-8】 通过 here document 实现多行注释，代码如下：

```
01  #-----------------------------/chapter1/ex1-8.sh------------------
02  #! /bin/bash
03
04  :<<BLOCK
```

```
05    本脚本的作用是输出一行字符串
06    作者：chunxiao
07    BLOCK
08    echo "Hello world!"
```

> **注意**：一个 here document 就是一段带有特殊目的的代码段，它使用 I/O 重定向的形式将一个命令序列传递到一个交互程序或者命令中，如 ftp、cat 或者 ex 文本编辑器。在例 1-8 中，我们是将 BLOCK 之间的代码重定向到一个不存在的命令中，从而间接地实现了多行注释。

1.5.4 如何执行 Shell 程序

在 1.3.3 节中我们介绍了如何使程序变得可执行，那就是修改脚本文件的访问权限。实际上，在 Linux 中，如果要执行某个 Shell 程序，可以通过 3 种方式来实现。这 3 种方式分别为：

- 授予用户执行 Shell 脚本文件的权限，使得该程序能够直接执行。
- 通过调用 Shell 脚本解释器来执行 Shell 程序。
- 通过 source 命令来执行 Shell 程序。

第一种方式前面已经详细介绍过了，不再重复说明。第二种方式就是将脚本文件作为参数传递给解释器。通过这种方式执行脚本时，不需要用户拥有执行该脚本文件的权限，只要拥有读取该脚本文件的权限即可。

对于例 1-5，可以使用以下方式来执行：

```
[root@linux chapter1]# /bin/bash ex1-5.sh
Hello, Bash Shell!
```

在上面的命令中，/bin/bash 是 bash Shell 的绝对路径。用户首先调用 bash，然后 bash 会载入 ex1-5.sh 并且解释其中的语句，最后给出程序的执行结果。

因此，对于第二种方式，首先调用的是解释器，然后由解释器解释脚本文件。而第一种方式是直接在脚本文件中指定解释器，当前的 Shell 会自动调用指定的解释器，然后创建进程再执行脚本文件。所以，第一种方式和第二种方式在本质上是一样的。

source 命令是一个 Shell 内部命令，其功能是读取指定的 Shell 程序文件，并且依次执行其中所有的语句。该命令与前面两种方式的区别在于只是简单地读取脚本里的语句，并且依次在当前的 Shell 里执行，并没有创建新的子 Shell 进程。在脚本中创建的变量都会保存到当前的 Shell 里。

> **注意**：由于 source 命令是在当前的 Shell 中执行脚本文件，因此其执行结果可能会与前面两种方式不同。

例如，例 1-5 也可以使用以下方式执行：

```
[root@linux chapter1]# source ex1-5.sh
Hello, Bash Shell!
```

1.5.5 Shell 程序的退出状态

在 UNIX 或者 Linux 中，每个命令都会返回一个退出状态码。退出状态码是一个整数，其有效范围为 0~255。通常情况下，成功的命令返回 0，而不成功的命令返回非 0 值。非 0 值通常都被解释成一个错误码。运行良好的 UNIX 命令、程序和工具都会返回 0 表示成功，偶尔也会有例外。

同样，Shell 脚本中的函数和脚本本身也会返回退出状态码。在脚本或者是脚本函数中最后执行的命令会决定退出状态码。另外，用户也可以在脚本中使用 exit 语句将指定的退出状态码传递给 Shell。

在前面的所有例子中，我们都没有通过 exit 语句退出程序。在这种情况下，整个程序的退出状态码由最后执行的那一条语句来决定。例如，在下面的脚本中，整个脚本的退出状态将由 statement_last 这条语句的退出状态来决定。

```
01  #!/bin/bash
02
03  statement1
04
05  …
06
07  #将由最后的命令来决定退出状态码
08  statement_last
```

另外，在 Shell 中，系统变量 $? 保存了最后一条命令的退出状态。因此，上面的程序与下面的程序的效果是完全相同的：

```
01  #!/bin/bash
02
03  statement1
04
05  …
06
07  #将由最后的命令来决定退出状态码
08  statement_last
09  exit $?
```

其中，第 9 行的 $? 保存了最后（last）一条语句 statement_last 的退出状态（statement）。当然，exit 语句也可以不带任何参数。此时，脚本的退出状态也由最后一条语句的退出状态决定。所以，上面的程序与下面的程序的效果也是完全相同的：

```
01  #!/bin/bash
02
03  statement1
04
05  …
06
07  #由最后的命令决定退出状态码
08  statement_last
09  exit
```

程序的退出状态非常重要，它反映了脚本执行是否成功。用户可以根据脚本的执行状态来决定下一步的操作。

【例 1-9】 演示在不同的情况下程序的退出状态，代码如下：

```
01  #----------------------------/chapter1/ex1-9.sh--------------------
02  #!/bin/bash
03
04  echo "hello world"
05  #退出状态为 0，因为命令执行成功
06  echo $?
```

```
07  #无效命令
08  abc
09  #非 0 的退出状态,因为命令执行失败
10  echo $?
11  echo
12  #返回 120 退出状态给 shell
13  exit 120
```

在上面的代码中,第 4 行是一个正常的 echo 语句,因此第 6 行的输出结果应该是 0。第 8 行是一个无效的命令,因此第 10 行会输出一个非 0 值,具体是什么值要看当前 Shell 的设置。第 11 行是一个正常的 echo 语句,同样该语句的退出状态也是 0。第 13 行通过 exit 语句将退出状态码 120 返回给当前的 Shell。

例 1-9 的执行结果如下:

```
01  [root@linux chapter1]# ./ex1-9.sh
02  hello world
03  0
04  ./ex1-9.sh: line 8: abc: command not found
05  127
06
07  [root@linux chapter1]# echo $?
08  120
```

在上面的执行结果中,第 2 行是第 4 行 echo 语句的执行结果。第 3 行的 0 是例 1-9 中第 6 行的 echo 语句的退出状态码。第 4 行的错误信息是例 1-9 中第 8 行的无效命令给出的。第 5 行的 127 是上面的无效命令的退出状态码。由于程序已经退出,所以需要用户手动输入执行结果中的第 7 行命令,以获取整个脚本的退出状态码。从执行结果可以得知,该脚本的退出状态码为 120,这正是例 1-9 中第 13 行的 exit 语句返回的数值。

1.6 小 结

本章主要介绍了与 Shell 程序设计有关的基础知识,包括为什么要学习和使用 Shell 程序设计、什么是 Shell、作为程序设计语言的 Shell 有哪些特点,以及 Shell 脚本的参数传递问题,最后介绍了一个非常简单的例子,用来说明 Shell 程序的基本组成元素和退出状态。本章的重点在于掌握好 Shell 程序的基本组成部分,以及如何执行 Shell 程序。在第 2 章将介绍 Shell 编程环境的搭建。

1.7 习 题

一、填空题

1. Shell 这个单词的意思是_____,Shell 又称为_____,它能识别用户输入的_____,并传递给操作系统。

2. 常见的 Shell 有_____、_____、_____、_____和_____。

3. Shell 脚本的第一行必须是_____。

二、选择题

1. 在 Shell 脚本中，使用的注释符是（　　）。
A. //　　　　　　　　B. #　　　　　　　　C. $　　　　　　　　D. <-->
2. 在 Shell 脚本参数中，（　　）参数可以获取脚本的名称。
A. $n　　　　　　　　B. $#　　　　　　　　C. $0　　　　　　　　D. $*

三、判断题

1. 编写一个 Shell 脚本后，必须为该脚本添加可执行权限才可以执行。（　　）
2. Shell 脚本只支持单行注释。（　　）

四、操作题

1. 创建一个简单的 Shell 脚本 test.sh，输出"Hello World!"。
2. 为 Shell 脚本 test.sh 添加可执行权限并执行该脚本。

第 2 章 Shell 编程环境的搭建

与其他程序设计语言相比，Shell 的编程环境极其简单。通常情况下，只需要一个文本编辑器就可以开始 Shell 程序设计了。当然，如果有其他辅助性的工具，则会使得 Shell 编程更加简单。本章将介绍在不同的操作系统中如何搭建 Shell 编程环境，以及 Linux 中的文本编辑器的选择。

本章涉及的主要知识点如下：

- 在不同的操作系统上搭建 Shell 编程环境：主要介绍在 Windows、Linux 及 BSD 等常见的操作系统中如何搭建 Shell 编程环境。
- 编辑器的选择：主要介绍 Linux 中的图形化的文本编辑器、终端模拟器及非图形化的文本编辑器的使用方法。
- 系统环境搭建：主要介绍 Shell 配置文件和命令别名的使用方法。

2.1 在不同的操作系统上搭建 Shell 编程环境

虽然 Shell 程序一般都是在 UNIX 或者 Linux 等操作系统上运行的，但是开发者所使用的操作系统不一定是 UNIX 或者 Linux，完全有可能是 Windows 等其他操作系统。本节介绍在不同的操作系统中如何搭建 Shell 编程环境。

2.1.1 在 Windows 上搭建 Shell 编程环境

对于开发者来说，Windows 可能是最常用的操作系统了，因为 Windows 有着非常人性化的图形界面，可以大大提高开发者的开发效率。

如果想要在 Windows 上进行 Shell 编程，则需要安装一个 UNIX 模拟器。通过 UNIX 模拟器，在 Windows 上模拟出一个类似 UNIX 或者 Linux 的 Shell 环境。通过上面的介绍可以发现，模拟器与虚拟机非常相似，但是二者有着本质的区别。这是因为大部分模拟器仅在 Win32 系统中实现了 POSIX 系统调用的 API，而不是一个完整的操作系统；虚拟机则是虚拟出一台完整的机器，包括硬件，在虚拟机里安装的是一个完整的操作系统。

虽然与真正的 UNIX 或者 Linux 相比，模拟器实现的功能极其有限，但是对于简单的 Shell 开发来说，使用模拟器可以完成大部分的功能。在众多的模拟器中，最常用的是 Cygwin。

Cygwin 是一个非常优秀的 UNIX 模拟器，最初由 Cygnus Solutions 公司开发，目前由 Red Hat 公司维护。Cygwin 是许多自由软件的集合，用于在各种版本的 Microsoft Windows 上，创建出一个 UNIX 或者 Linux 的运行环境。Cygwin 的主要目的是通过重新编译，将

POSIX 系统（如 Linux、BSD 及 UNIX 系统）中的软件移植到 Windows 平台上。对于学习 Shell 程序设计的人来说，Cygwin 无疑是一个非常强大的工具。

可以从以下网站下载 Cygwin，编写本书时的最新版本是 3.4.7：

http://www.cygwin.com/

下载完成之后，可以按照以下步骤进行安装。

（1）双击安装程序 setup-x86_64.exe，弹出安装向导，如图 2-1 所示。

（2）单击"下一步"按钮，在弹出的对话框中选择安装类型，如图 2-2 所示。如果是第一次安装，应该选择第 1 项"从互联网安装"。选择好之后，此时会从网络上自动下载 Cygwin 的程序并且执行安装操作。

图 2-1　选择安装程序

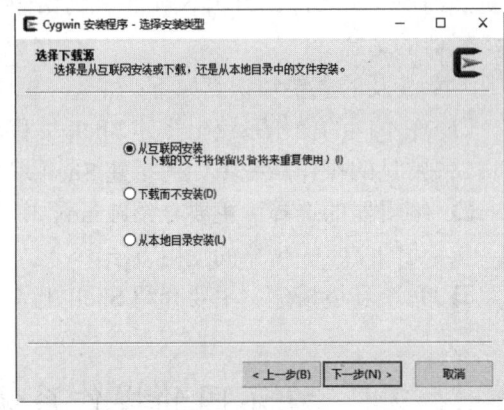

图 2-2　选择安装类型

（3）单击"下一步"按钮，在弹出的对话框中选择安装目录，如图 2-3 所示。如果使用默认的安装目录，则可以直接单击"下一步"按钮；否则，单击"浏览"按钮，在弹出的对话框中选择想要安装的目标位置。

（4）单击"下一步"按钮，在弹出的对话框中选择安装包的存储目录，如图 2-4 所示。该目录用来保存安装程序从网络上下载的安装包文件。如果使用默认目录，则可以直接单击"下一步"按钮；否则，单击"浏览"按钮，在弹出的对话框中选择其他的位置。

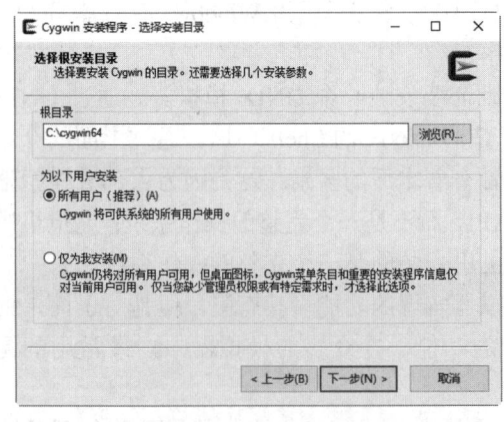

图 2-3　选择安装位置

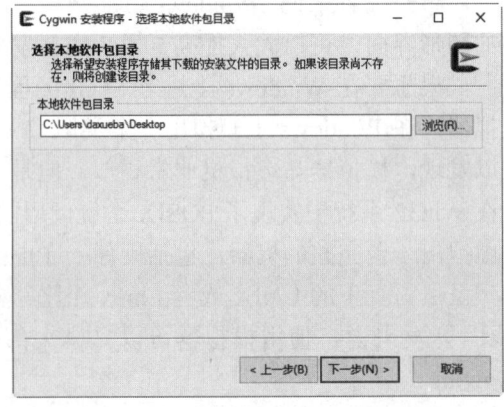

图 2-4　选择安装包的存储目录

（5）在弹出的对话框中选择网络连接的类型。由于安装程序需要从网络上下载安装包文件，所以需要指定网络连接的类型，如图 2-5 所示。

☎提示：通常情况下可以选择第二项，即"直接连接"。如果需要使用代理服务器，则可以选择第一项或者第三项。

（6）单击"下一步"按钮，在弹出的对话框中选择下载软件包的网站，如图 2-6 所示。可以根据自己的实际情况选择从哪个网站下载安装包。通常情况下，国内网站的下载速度相对较快，因此可以选择第一项，即网易的镜像站点。

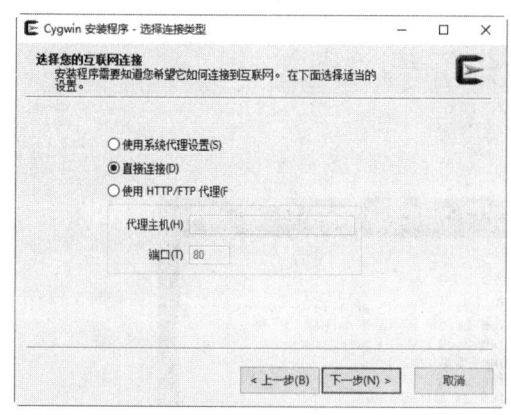 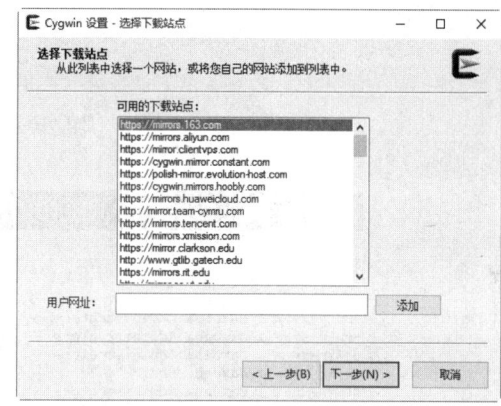

图 2-5　选择网络连接类型　　　　　　　图 2-6　选择镜像站点

（7）单击"下一步"按钮，在弹出的对话框中选择软件包。Cygwin 本身是一些自由软件的集合，可以根据需要选择安装哪些软件包，如图 2-7 所示。

（8）选择好软件包之后，单击"下一步"按钮，从网站上下载软件并开始安装，如图 2-8 所示。

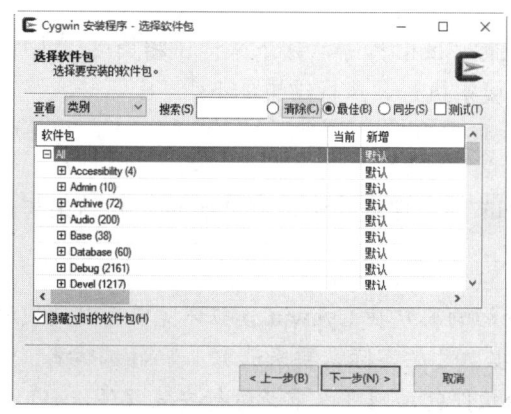 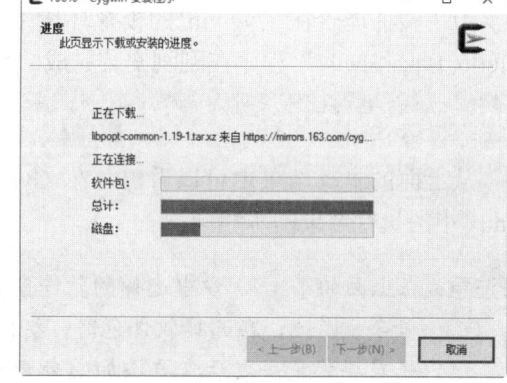

图 2-7　选择软件包　　　　　　　　　　图 2-8　安装过程

（9）在所有的软件包都安装完成之后，会弹出如图 2-9 所示的对话框，单击"完成"按钮，退出安装向导。

在所有的安装操作都完成之后，单击桌面上的 Cygwin Terminal 图标，启动 Cygwin 模拟终端窗口，如图 2-10 所示。可以看出，Cygwin 的模拟终端窗口与真正的 UNIX 的终端窗口非常相似。此时可以在提示符后输入一些 Shell 命令。

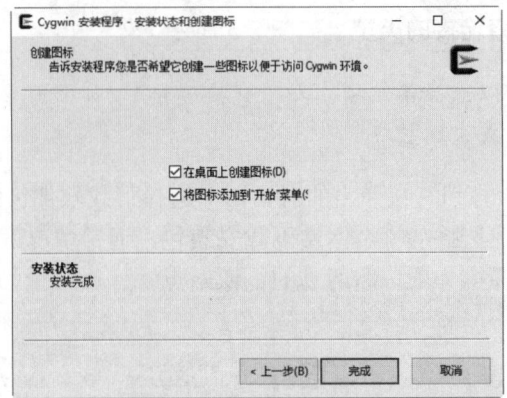

图 2-9　安装完成

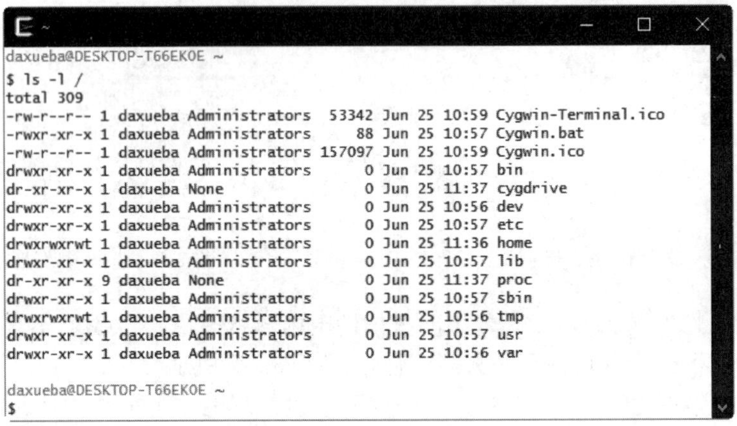

图 2-10　Cygwin 模拟终端窗口

为了验证能否在 Cygwin 的模拟环境中执行 Shell 程序，接下来尝试将第 1 章中的"Hello, Bash Shell!"程序在刚刚安装完成的环境中执行。执行结果如下：

```
$ ./ex1-5.sh
Hello, Bash Shell!
```

从上面的执行结果中可以看出，在 Cygwin 的模拟环境中，例 1-5 的执行结果与在 Linux 中的执行结果基本相同。

注意：在上面的第（7）步中选择的软件包会影响用户在 Cygwin 模拟环境中可以使用的命令。因此，在选择软件包时，要根据自己的实际需要来选取，如 vi 编辑器。如果在安装完成之后需要添加或者删除软件包，则可以重新运行安装程序。

2.1.2　在 Linux 上搭建 Shell 编程环境

由于 Linux 本身都会默认安装 Shell 脚本的运行环境，所以通常情况下并不需要额外安装什么软件。但是，前面已经介绍过，在同一台 Linux 系统上会同时安装多个 Shell，并且这些 Shell 的语法有所不同。所以，在编写和执行 Shell 脚本的时候一定要弄清楚当前使用的是哪种 Shell。可以使用系统变量$SHELL 来获取当前系统默认的 Shell：

```
[root@linux ~]# echo $SHELL
/bin/bash
```

从上面的输出结果中可以看出，当前系统默认的 Shell 为 bash。

在很多脚本中，指定使用的 Shell 为/bin/sh，实际上它是一个符号链接。在 RHEL 中，这是一个指向/bin/bash 的符号链接：

```
[root@linux ~]# ll /bin/sh
lrwxrwxrwx.   1      root       root       4  8 8  2022    /bin/sh ->
bash
```

这意味着尽管我们在程序中指定的解释器为/bin/sh，但实际上解释 Shell 脚本的是/bin/bash。在 Ubuntu 中，这是一个指向 dash 的符号链接：

```
test@test-virtual-machine:~$ ll /bin/sh
lrwxrwxrwx 1 root root 4 9月 28 2023 /bin/sh -> dash*
```

这表示解释 Shell 脚本的是 dash。dash 是一个不同于 bash 的 Shell，它是为了执行脚本而出现的。它不支持交互，速度更快，但功能相比 bash 要少很多。

Shell 作为一个软件包，当然也有版本，可以使用如下命令来查看 bash 的版本（version）：

```
[root@linux ~]# echo $BASH_VERSION
5.1.8(1)-release
```

从上面的执行结果中可以看出，当前 bash 的版本为 5.1.8。这个版本并不是 bash 的最新版本，编写本书时的 bash 的最新版本为 5.2.0。为了能够使用最新版本的 bash，可以自己编译 bash，步骤如下：

（1）下载 bash 源代码，命令如下：

```
[root@linux ~]# wget http://ftp.gnu.org/gnu/bash/bash-5.2.tar.gz
```

在上面的命令中，wget 命令从 Web 服务器上下载（get）文件，其参数是 bash 最新版本的网址。

（2）解压源代码，命令如下：

```
[root@linux ~]# tar zxvf bash-5.2.tar.gz
```

（3）配置编译环境，命令如下：

```
[root@linux ~]# cd bash-5.2
[root@linux bash-5.2]# ./configure
```

（4）测试编译。为了判断源代码是否能够编译成功，可以使用以下命令进行测试（test）：

```
[root@linux bash-5.2]# make test
```

如果以上命令没有任何错误消息，则可以进行源代码编译操作。

（5）编译 bash，命令如下：

```
[root@linux bash-5.2]# make install
```

默认情况下，bash 将被安装到/usr/local/bin 下。

（6）查看是否安装成功。首先切换到新版本的 bash 的安装目录下：

```
[root@linux bash-5.2]# cd /usr/local/bin/
[root@linux bin]# ll
total 2904
-rwxr-xr-x 1    root      root      2964076    Jun 25 23:19   bash
-r-xr-xr-x 1    root      root      6828       Jun 25 23:19   bashbug
```

接下来切换到新版本的 bash，然后查看当前 bash 的版本，命令如下：

```
[root@linux bin]# ./bash
[root@linux bin]# echo $BASH_VERSION
5.2.0(1)-release
```

从上面的命令中可以看出，当前的 bash 版本已经是 5.2.0 了。这表示新版本的 bash 已经编译成功。但是目前还不能使用这个新的 Shell。出于安全考虑，只能使用/etc/shells 文件中列出的 Shell。下面的命令列出了该文件的内容：

```
[root@linux etc]# more shells
/bin/sh
/bin/bash
/sbin/nologin
/bin/tcsh
/bin/csh
```

从上面的输出结果中可以得知，可以使用的 Shell 有 5 个，而前两个实际上都是 bash。

为了能够使用这个新的 Shell，我们需要将其添加到配置文件中。具体添加方法有很多种，可以直接使用 vi 编辑器修改/etc/shells 文件，追加一行关于新的 Shell 的路径信息即可：

```
/bin/sh
/bin/bash
/sbin/nologin
/bin/tcsh
/bin/csh
/usr/local/bin/bash
```

2.1.3 在 FreeBSD 上搭建 Shell 编程环境

FreeBSD 是 UNIX 两大流派中 BSD 流派的比较典型的一个代表，也是目前应用比较广泛的一个 UNIX 系统。默认情况下，FreeBSD 使用的 Shell 为 csh，这一点可以通过系统变量$SHELL 来获得：

```
freebsd# echo $SHELL
/bin/csh
```

因此，如果想在其他的 Shell 环境中进行程序设计，那么必须自己安装所需要的 Shell。下面以 bash 为例来说明如何在 FreeBSD 上安装其他 Shell。

可以通过两种方式来安装 bash，一种是通过软件包进行安装，这种方式是安装已经编译好的二进制文件，因此安装起来相对较快；另一种是通过 Ports 进行安装，这种方式是从远程服务器上下载软件包的源代码，然后在本地进行编译和安装，因此需要花费额外的编译时间。下面分别介绍这两种安装方式。

1. 使用软件包的方式安装bash

如果想要直接安装二进制软件包，则需要使用 pkg 命令，如下：

```
freebsd# pkg install bash
```

在上面的命令中，选项 install 表示从远程服务器上下载并安装软件包，后面的 bash 是软件包的名称。输入以上命令并且按 Enter 键之后，pkg 命令便开始搜索远程的服务器，找到 bash 软件包及其依赖的其他软件包并下载到本地。命令执行完之后，bash 就可以使用了。

2. 使用Ports方式安装bash

通过 Ports 方式安装 bash 同样非常简单。在使用 Ports 之前，必须确保当前的 FreeBSD 系统已经安装了 Ports 树，然后执行以下命令安装 bash：

```
freebsd# cd /usr/ports/shell/bash
freebsd# make && make install
```

此时，FreeBSD 的 Ports 管理工具会自动从远程服务器下载 bash 的源代码，然后编译并且安装。

前面讲过，在 Linux 中安装新的 Shell 时需要编辑/etc/shells 文件，追加新的 Shell 路径。在 FreeBSD 中，当用户使用 pkg 命令安装新的 Shell 时，无须再编辑该文件，因为 pkg 命令会自动将新的 Shell 添加到该文件中。

用户唯一要做的事情就是更改登录后的默认的 Shell。这个操作可以使用 chsh（change shell 的简写）命令来完成。chsh 命令可以用来修改一些用户的信息，包括默认的 Shell。在命令行中执行 chsh 会自动调用 vi 或者 vim 打开一个编辑窗口，如图 2-11 所示。

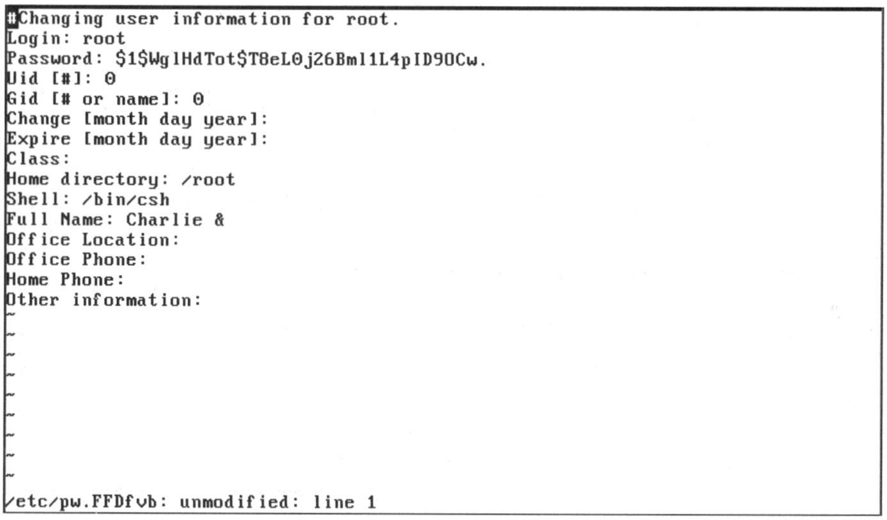

图 2-11　chsh 命令编辑窗口

然后可以使用 vi 或者 vim 命令来修改相关的选项。如果想要修改默认的 Shell，则可以直接编辑其中的 Shell 项，将其中的/bin/csh 修改为需要的 Shell，如/usr/local/bin/bash。这样，当用户下次登录时就可以使用新的 Shell 了。

2.2　编辑器的选择

对于学习 Shell 编程的用户来说，选择一款好的编辑器是非常重要的。好的编辑器具有许多辅助功能，如语法提示和自动完成等，从而可以提高开发效率。虽然与其他程序设计语言相比 Shell 并没有专门的编辑器，但是其仍然有一些相对较好的辅助工具。本节介绍 Shell 编程中经常使用的一些编辑器。

2.2.1 图形化编辑器

通常情况下，用户都是使用文本编辑器来编写 Shell 脚本。最常用的图形化的文本编辑器有 UltraEdit。这些编辑器都在不同的程度上支持 Shell 的语法提示。如图 2-12 所示为 UltraEdit 的编辑界面，可以看出，UltraEdit 会自动识别 Shell 语句的关键字，并且以不同的颜色来显示。

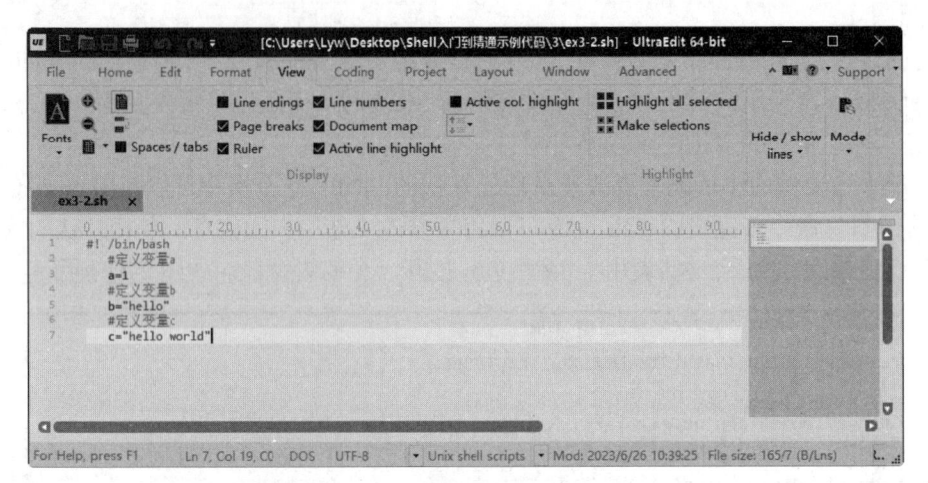

图 2-12 使用 UltraEdit 编辑 Shell 脚本

使用 Notepad++可以达到类似的效果，如图 2-13 所示。

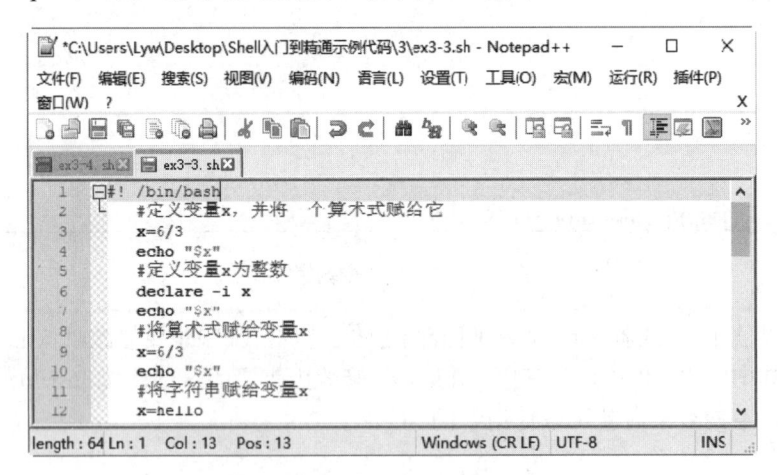

图 2-13 使用 Notepad++编辑 Shell 脚本

△注意：普通的文本编辑器如 UltraEdit 并没有调试功能。

2.2.2 vi（vim）编辑器

虽然图形化的编辑器可以提高 Shell 编程的效率，但是只能在图形界面环境中使用。

如果在没有图形界面的场合编写 Shell 脚本，则这些编辑器便无用武之地。实际上，熟悉 Linux 或者 UNIX 的用户很少使用图形化的编辑器。在绝大多数情况下，他们往往更喜欢选择非图形化的编辑器，最常用的是 vi 或者 vim。vim 是 vi 的增强版。在许多情况下，vi 已经足够用了。下面详细介绍 vi 编辑器的使用方法。

vi 编辑器是 Linux 中最常用的编辑器，很多 Linux 发行版都默认安装了 vi。vi 是 visual interface 的缩写。vi 拥有非常多的命令，正因为 vi 有非常多的命令，才使得其功能非常灵活和强大。在一般的 Shell 编程和系统维护中，vi 已经完全够用了。下面详细介绍 vi 编辑器的使用方法，主要包括 vi 的使用模式，文件的打开、关闭和保存方式，插入文本或者新建行，移动光标，删除、恢复字符或者行及搜索字符等。

vi 通常有 3 种使用模式，分别为一般模式、编辑模式和命令模式。在每种模式下，用户可以执行不同的操作。例如：在一般模式下，用户可以进行光标位置的移动、删除及复制字符等；在编辑模式下，用户可以插入字符或者删除字符等；在命令模式下，用户可以保存文件或者退出编辑器等。下面分别介绍这 3 种模式的使用方法。

1．一般模式

当用户刚刚进入 vi 编辑器的时候，当前的模式就是一般模式。一般模式是 3 个模式中功能最复杂的模式，一般的操作都在该模式下完成。由于 vi 并没有提供图形界面，所以所有的操作都是通过键盘来完成的。由于在字符界面下没有鼠标辅助，光标位置的移动是一个非常麻烦的问题，所以 vi 提供了许多移动光标的快捷键，如表 2-1 所示。

表 2-1　移动光标的快捷键

操　　作	快　捷　键	说　　明
向下移动光标	向下方向键、j键或者空格键	每按1次键，光标向正下方移动1行
向上移动光标	向上方向键、k键或者Backspace键	每按1次键，光标向正上方移动1行
向左移动光标	向左方向键或者h键	每按1次键，光标向左移动1个字符
向右移动光标	向右方向键或者l键	每按1次键，光标向右移动1个字符
移至下一行行首	Enter键	每按1次键，光标会移动到下一行的行首
移至上一行行首	-键	每按1次键，光标会移动到上一行的行首
移至文件最后1行	G键	将光标移动到文件最后一行的行首

注意：除了表 2-1 中列出的移动光标的快捷键之外，还有部分快捷键是在命令模式下使用的。例如，行定位或者移动指定行数等，这些操作将在命令模式中进行介绍。

由于光标的移动相对比较简单，所以此处不再举例说明。读者可以使用 vi 打开一个文件，使用表 2-1 列出的快捷键来尝试移动光标。

插入文本也是编辑器的一项基本功能。为了能够快速地在指定位置插入文本，vi 编辑器提供了许多快捷键，如表 2-2 所示。

表 2-2　文本操作快捷键

操　　作	快　捷　键	说　　明
右插入	a	在当前光标所处位置的右边插入文本
左插入	i	在当前光标所处位置的左边插入文本

续表

操　作	快捷键	说　明
行尾追加	A	在当前行的末尾追加文本
行首插入	I	在当前行的开始处插入文本
插入行	O或者o	O键在当前行的上面插入一个新行，o键将在当前行的下面插入一个新行
覆盖文本	R	覆盖当前光标所在的位置及后面的若干文本
合并行	J	将当前光标所在行与下面的一行合并为一行

在表 2-2 中列出的快捷键中，除了 J 键之外，其他快捷键都会导致 vi 编辑器从一般模式切换到编辑模式。I 键的功能是在当前行的开始位置插入文本，不包括空白字符。

注意：使用文本操作快捷键进入编辑模式后，可以通过 Esc 键返回到一般模式。

文本的复制和粘贴等功能也是在一般模式下完成的。如表 2-3 列出了常用的与文本复制和粘贴有关的快捷键。

表 2-3　文本复制和粘贴快捷键

操　作	快捷键	说　明
复制行	yy	将当前行复制到缓冲区。如果想要定义多个缓冲区，可以使用ayy、byy以及cyy语法。其中，yy前面的字符表示缓冲区的名称，可以是任意单个字母。这样可以将多个单独的行复制到多个缓冲区中，各个缓冲区相互之间不受影响
复制多行	nyy	将当前行以及下面的n行复制到缓冲区。其中，n表示一个整数。与yy命令相似，用户也可以使用anyy或者bnyy等语法来命名缓冲区
复制单词	yw	复制从光标当前位置到当前单词（word）词尾的字符
复制多个单词	$n$yw	其中，n是一个整数，表示从光标当前位置开始，复制后面的n个单词
复制光标到行首	y^	从当前光标所处的位置开始，复制到当前行的行首
复制光标到行尾	y$	从当前光标所处的位置开始，复制到当前行的行尾
粘贴到光标后面的位置	p	将缓冲区中的字符串插入当前光标所处位置的后面。如果定义了多个缓冲区，则使用ap方式来粘贴，其中，字母a表示缓冲区的名称
粘贴到光标前面的位置	P	将缓冲区中的字符串插入当前光标所处位置的前面。如果定义了多个缓冲区，则使用aP的方式来粘贴，其中，字母a表示缓冲区的名称

在表 2-3 列出的快捷键中，yw 快捷键复制的不一定是整个单词，它是从光标当前的位置开始复制。如果当前光标处于某个单词的中间，则 yw 命令将会从当前光标位置开始复制该单词后面的所有字符。例如，在图 2-14 中，光标所处的位置在单词 filename 的字母"i"上面，如果使用 yw 快捷键，则复制到缓冲区的字符为 ilename。

同样，如果使用 nyw 快捷键，则会从当前单词的当前字符开始，一直复制到指定单词数的结尾。例如，在图 2-14 中，如果使用 2yw 快捷键，则会复制字符串 ilename in 到缓冲区中。文本的粘贴比较简单，此处不再举例说明。

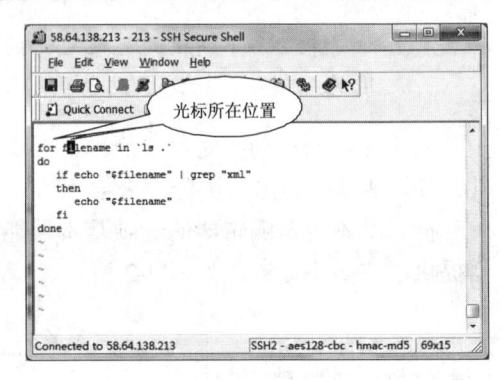

图 2-14　复制单词

文本的删除也是在一般模式下完成的。如表 2-4 列出了常用的文本删除快捷键。

表 2-4　文本删除快捷键

操　　作	快　捷　键	说　　明
删除当前字符	x	删除光标所在的位置的字符
删除多个字符	nx	删除从光标所在位置开始的n个字符
删除当前行	dd	删除（delete）光标所处的整个行
删除多个行	$n$dd	删除包括当前行在内的n行
撤销上一步操作	u	撤销（undo）刚刚执行的操作
撤销多个操作	U	撤销针对当前行的所有操作

在表 2-4 中，常用的操作就是删除当前的字符或当前行，这两个操作分别由快捷键 x 和 dd 完成。

注意：vi 的许多快捷键都是由多个字符组成的，在使用的时候要依次快速地按指定的键。

2．编辑模式

前面已经介绍过，执行表 2-2 中除 J 键之外的任何快捷键，都会使得 vi 从一般模式切换到编辑模式。vi 的编辑模式与其他编辑器的编辑模式没有太大的区别。在编辑模式下，可以使用上、下、左和右 4 个方向键移动光标，使用 Backspace 键和 Delete 键删除光标前面的字符，还可以在光标所在的位置插入字符。

注意：在编辑模式下，不能使用 h、j、k 和 l 这 4 个键移动光标，也不能使用 x 键删除字符，因为在编辑模式下这些字母都被视为普通的字母。

3．命令模式

命令模式也是使用比较多的一种模式，在命令模式下，可以完成文件的打开、保存，将光标跳转到某行及显示行号等操作。下面分别详细介绍这些功能。vi 的命令模式需要从一般模式进入，在一般模式下，按冒号键之后，会在 vi 编辑界面的底部出现命令提示符，如图 2-15 所示。

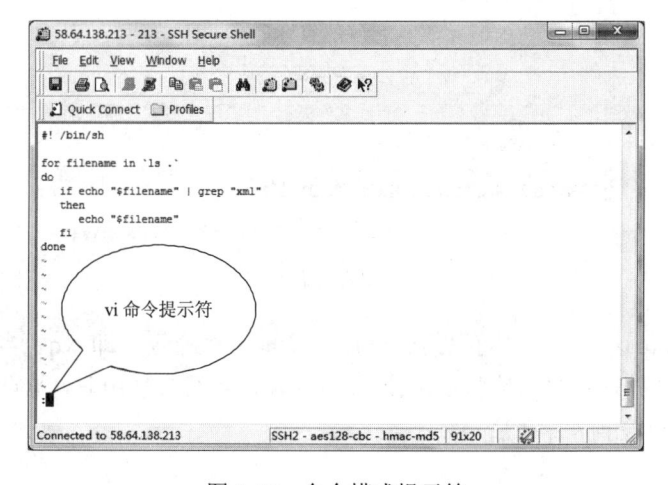

图 2-15　命令模式提示符

出现图 2-15 所示的命令提示符之后，可以输入 vi 命令，如保存文件或者退出 vi 编辑器。表 2-5 列出了常用的 vi 命令。

表 2-5　常用的vi命令

操　　作	命　　令	说　　明
打开文件	:e	打开另外一个文件，将文件名作为参数
保存文件	:w	保存文件，即将文件的改动写入（write）磁盘。如果将文件另存为其他文件名，则可以将新的文件名作为参数
退出编辑器	:q	退出（quit）vi编辑器
直接退出编辑器	:q!	不保存修改，直接退出vi编辑器
退出并保存文件	:wq	将文件保存后退出vi编辑器

在使用 vi 编辑文件的时候，如果想要直接打开某个文件，则可以将文件名作为参数传递给 vi 命令。例如，以下命令将会调用 vi 编辑器并且打开 demo.sh 文件：

`[root@linux chapter2]# vi demo.sh`

如果已经启动了 vi 编辑器还想编辑另外一个文件，则可以按冒号键进入命令模式，使用:e 命令打开另外一个文件。由于 vi 只能同时编辑一个文件，所以当打开另外一个文件时，当前打开的文件将被关闭。

在编辑文件的过程中，如果想要将当前的改动写入磁盘，则可以进入命令模式，使用:w 命令可以将文件内容重新写入磁盘。

如果想要退出 vi 编辑器，则可以使用:q 命令。其中，字母 q 表示退出（quit）。在当前文件已经改动的情况下，如果用户使用:q 命令退出 vi 编辑器，则 vi 编辑器会给出保存文件的提示，如图 2-16 所示。该提示告诉用户，文件内容修改后并没有将改动写入磁盘。如果用户已经确定丢弃当前所做的修改，则可以使用:q!命令，该命令将直接退出 vi 编辑器，不给出任何提示。

图 2-16　保存文件提示信息

另外，:w 和:q 这两个命令可以组合使用，变成一个命令，即:wq。当这两个命令组合起来时，表示将文件内容写入磁盘后退出 vi 编辑器。当组合使用时，这两个命令的顺序不能颠倒，一定是 w 在前，q 在后。

> 注意：感叹号"!"在 vi 编辑器中表示跳过某些检查，强制执行某些操作。例如，丢弃当前的修改，直接退出 vi 编辑器，则可以使用:q!命令。如果丢弃当前的修改，直接打开另外一个文件，则可以使用:e!命令；如果系统管理员修改了某些只读文件，则可以使用:w!命令强制将改动写入磁盘，如图 2-17 所示。

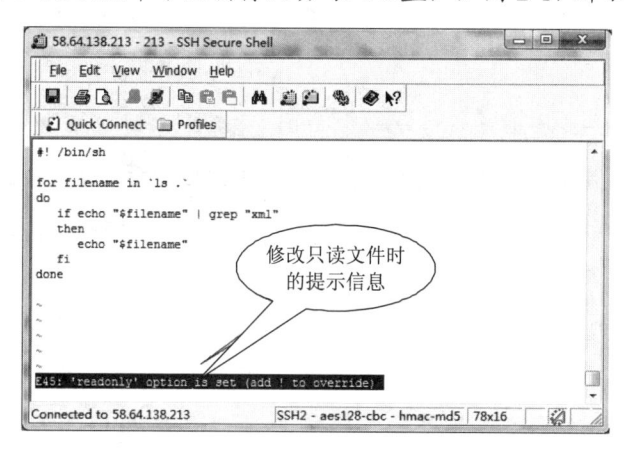

图 2-17 修改只读文件

在命令模式下，除了在表 2-5 中列出的文件操作的命令之外，还有一些常用的命令，如表 2-6 所示。

表 2-6 其他常用的命令

操 作	命 令	说 明
跳至指定行	:n、:n+或者:n-	:n表示跳到行号为n的行，:n+表示向下跳n行，:n-表示向上跳n行
显示或者隐藏行号	:set nu或者:set nonu	:set nu（number的简写）表示在每行的前面显示行号；:set nonu（no number的简写）表示隐藏行号
替换字符串	:s/old/new、:s/old/new/g、:n,m s/old/new/g或者:%s/old/new/g	:s/old/new表示用字符串new替换当前行中首次出现的字符串old；:s/old/new/g表示用字符串new替换当前行中所有（global）的字符串old；:n,m s/old/new/g表示用字符串new替换从n行到m行所有的字符串old；:%s/old/new/g表示用字符串new替换当前文件中所有的字符串old
设置文件格式	:set fileformat=unix	将文件修改为UNIX格式，如Windows中的文本文件在Linux下会出现^M。其中，fileformat可以取unix或者dos等值

对于编写和调试程序的用户来说，在 vi 编辑器中显示行号是一项非常有用的辅助功能，它可以快速地定位出现错误的行。用户可以在命令模式下使用:set nu 命令显示行号，如图 2-18 所示。

最后介绍一下文本搜索。当文件内容比较长时，使用文本搜索功能可以快速查找某些字符串。虽然 vi 的文本搜索功能是在一般模式下进行的，但是它的使用方法与一般模式下有所区别，甚至可以将该项功能单独称为搜索模式。

用户可以在一般模式下通过反斜线"/"快捷键进入文本搜索模式，如图 2-19 所示。

当进入搜索模式时，用户可以在提示符后面输入要搜索的字符串，然后按 Enter 键。此时，光标会停留在当前文件中指定的字符串第一次出现的位置，如图 2-20 所示。

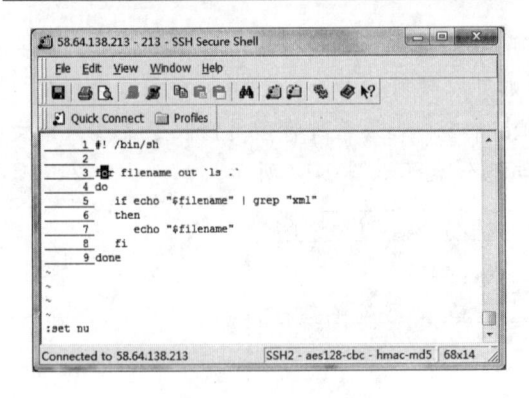

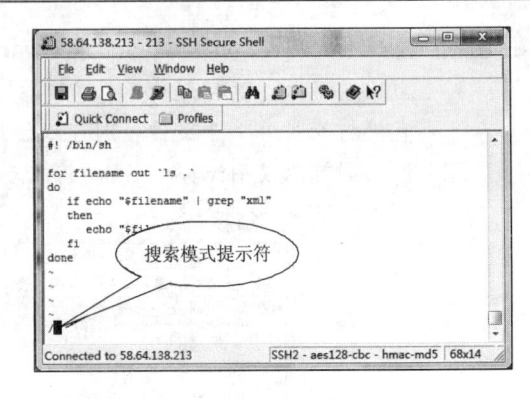

图 2-18 显示行号   图 2-19 文本搜索模式

如果要搜索的文本出现了多次，可以使用 n 键继续向下搜索下一次（next）出现的位置；使用 N 键向上搜索上一次出现的位置。如果要搜索的文本在当前文件中没有出现，则会给出以下提示：

```
E486: Pattern not found: print
```

注意：vi 虽然有比较多的命令，但是只要勤加练习，就会很快掌握，同时也会给工作或学习带来更高的效率。如果不知道自己处在什么模式下，可以按两次 Esc 键回到命令模式。最后提醒一点，注意英文字母的大小写。

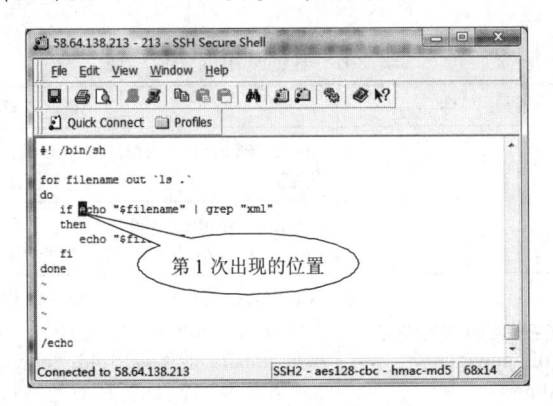

图 2-20 搜索字符串

2.3 系统环境的搭建

在运行 Shell 程序的时候，除了脚本本身之外，还有许多因素会影响 Shell 的执行结果，主要有 Shell 本身的环境及命令的别名等。本节将介绍这两方面的相关知识。

2.3.1 Shell 配置文件

前面已经介绍过，到目前为止已经出现了许多种类型的 Shell，其中常用的有 sh 和 bash 等。这两种 Shell 都有各自的系统环境变量的设置方法，分别保存在不同的配置文件中。

下面介绍这两种 Shell 的配置文件的使用方法。

> 注意：在 Linux 中，sh 被设计成 bash 的符号链接。

1. sh

Bourne Shell（sh）的配置文件主要有两个，分别为每个用户主目录下的.profile 文件以及/etc/profile 文件。其中，后者是所有用户共同使用的文件。每个用户在登录 Shell 之后，首先会读取和执行/etc/profile 文件中的脚本，然后读取和执行各自主目录下的.profile 文件。因此，可以将所有用户都需要执行的脚本放在/etc/profile 文件中。下面是某个/etc/profile 文件的部分内容：

```
root@solaris # more /etc/profile
# /etc/profile

# System wide environment and startup programs, for login setup
# Functions and aliases go in /etc/bashrc

# It's NOT a good idea to change this file unless you know what you
# are doing. It's much better to create a custom.sh shell script in
# /etc/profile.d/ to make custom changes to your environment, as this
# will prevent the need for merging in future updates.

pathmunge () {
    case ":${PATH}:" in
        *:"$1":*)
            ;;
        *)
            if [ "$2" = "after" ] ; then
                PATH=$PATH:$1
            else
                PATH=$1:$PATH
            fi
    esac
}
…
--More--(32%)
```

从上面的代码中可以看出，/etc/profile 文件的内容与普通的 Shell 脚本并没有太大的区别。

用户主目录下的.profile 文件是一个隐藏文件，该文件的内容与/etc/profile 文件几乎是一样的。该文件是每个用户的私有文件，每个用户在登录 Shell 的时候会自动执行各自的.profile 文件，用户之间不会相互影响。.profile 文件会在/etc/profile 文件之后读取和执行。因此，如果这两个文件中有相同的环境变量，则.profile 文件中的变量值会覆盖/etc/profile 文件中相同的变量值。

> 注意：在 UNIX 或者 Linux 中，以圆点开头的文件为隐藏文件。用户可以使用 ls 命令的 -a 选项来显示隐藏文件。

2. bash

Bourne-Again Shell（bash）的配置文件主要有 5 个，其中有 4 个文件位于用户主目录下，分别为.bash_profile、.bashrc、.bash_logout 和.bash_history，还有一个文件位于/etc/目

录下，名称为 bashrc。

　　.bash_profile 文件位于每个用户的主目录下，该文件用来保存用户自己使用的 Shell 信息。当用户登录时，该文件将被读取并执行，并且该文件仅被执行一次。默认情况下，.bash_profile 文件常常用来设置环境变量，执行用户的.bashrc 文件。下面是某个系统中 root 用户的.bash_profile 文件的内容：

```
01    # .bash_profile
02
03    # Get the aliases and functions
04    if [ -f ~/.bashrc ]; then
05            . ~/.bashrc
06    fi
07
08    # User specific environment and startup programs
09
10    PATH=$PATH:$HOME/bin:/usr/pgsql-9.2/bin
11
12    export PATH
```

　　从上面的代码中可以看出，.bash_profile 文件在第 5 行调用了用户主目录下的.bashrc 文件。第 10 行设置了 PATH 系统变量，第 12 行将系统变量导出。

　　.bashrc（rc 是 run command 的简写，表示运行命令）文件包含专属于某个用户的 bash 的相关信息，当用户登录以及每次打开新的 bash 时，该文件将被读取并执行。下面是某个系统中 root 用户的.bashrc 文件的内容：

```
01    # .bashrc
02
03    # User specific aliases and functions
04
05    alias rm='rm -i'
06    alias cp='cp -i'
07    alias mv='mv -i'
08
09    # Source global definitions
10    if [ -f /etc/bashrc ]; then
11            . /etc/bashrc
12    fi
```

　　从上面的代码中可以看出，该文件主要用来定义别名和函数。例如，第 5 行定义了命令 rm -i 的别名为 rm，第 6 行定义了命令 cp -i 的别名为 cp。另外，该文件会调用/etc/bashrc 文件，例如上面代码中的第 11 行。

　　.bash_logout 文件在当前用户每次退出（log out）Shell 时执行。如果没有特别的要求，该文件的内容通常为空。

　　/etc/bashrc 文件与 sh 中的/etc/profile 文件非常相似，它是所有使用 bash 的用户共同使用的文件。当任何用户登录 bash 时，都会执行该文件中的代码。下面是某个 Linux 系统中/etc/bashrc 文件的部分内容：

```
01    # /etc/bashrc
02
03    # System wide functions and aliases
04    # Environment stuff goes in /etc/profile
05
06    # It's NOT a good idea to change this file unless you know what you
07    # are doing. It's much better to create a custom.sh shell script in
08    # /etc/profile.d/ to make custom changes to your environment, as this
```

```
09    # will prevent the need for merging in future updates.
10
11    # are we an interactive shell?
12    if [ "$PS1" ]; then
13      if [ -z "$PROMPT_COMMAND" ]; then
14        case $TERM in
15        xterm*)
16          if [ -e /etc/sysconfig/bash-prompt-xterm ]; then
17            PROMPT_COMMAND=/etc/sysconfig/bash-prompt-xterm
18          else
19            PROMPT_COMMAND='printf "\033]0;%s@%s:%s\007" "${USER}" "${HOSTNAME%%.*}" "${PWD/#$HOME/~}"'
20          fi
21          ;;
22        screen)
23          if [ -e /etc/sysconfig/bash-prompt-screen ]; then
24            PROMPT_COMMAND=/etc/sysconfig/bash-prompt-screen
25          else
26            PROMPT_COMMAND='printf "\033]0;%s@%s:%s\033\\" "${USER}" "${HOSTNAME%%.*}" "${PWD/#$HOME/~}"'
27          fi
28          ;;
29        *)
30          [ -e /etc/sysconfig/bash-prompt-default ] && PROMPT_COMMAND=/etc/sysconfig/bash-prompt-default
31          ;;
32        esac
33      fi
34    # Turn on checkwinsize
35    shopt -s checkwinsize
```

> 注意：Linux 不建议用户直接修改/etc/profile 或者/etc/bashrc 文件，应该尽量将用户的配置信息放在用户主目录下的对应文件中。

2.3.2 命令别名

顾名思义，命令别名是命令的另外一个名称。在 Linux 中，设置命令别名的作用主要是为了简化命令的输入。对于一个包含许多选项和参数的命令，用户可以为其设置一个别名，这样在调用该命令的时候只要使用别名就可以了。

例如，在 Linux 中为了提高安全性，通常为以下两个命令设置别名：

```
rm -i
```

和

```
cp -i
```

在这两个命令中，-i 选项的作用是相同的，都是使得前面的命令进入交互式模式。如果不使用交互模式，rm 命令可能会直接删除文件而不给用户任何提示；cp 命令也会直接覆盖已经存在的文件而不给用户任何提示。这样的操作无疑会给用户带来非常大的风险。因此，在绝大多数的 Linux 系统中，这两个命令的别名设置方法为：

```
alias rm='rm -i'
alias cp='cp -i'
```

在上面的代码中，alias 命令用来设置命令别名（alias），其基本语法如下：

```
alias command_alias=command
```

其中，参数 command_alias 表示命令的别名，command 表示某个 Shell 命令。设置命令别名之后，用户就可以像使用普通的命令一样使用别名了。例如，在上面的代码中，通过 alias 命令为 rm -i 命令设置了别名为 rm。这样用户在使用 rm 命令时，实际上使用的是 rm -i 命令。

> **注意**：在 Linux Shell 中，别名拥有最高的执行优先级，虽然系统中有 rm 命令，但是 Shell 仍然优先使用 rm 别名。另外，其他对象的优先级从高到低分别为关键字（如 if、functions 等）、函数、内置命令可执行文件和脚本。

2.4 小　　结

本章详细介绍了 Shell 编程环境的搭建，主要内容包括在不同的操作系统平台上搭建 Shell 执行环境、编辑器的选择、Shell 环境变量的设置方法和命令别名。本章的重点是掌握 Cygwin 的安装和配置方法，以及 vi 的常用命令。第 3 章将介绍 Shell 编程中的变量和引用。

2.5 习　　题

一、填空题

1. _____是一个非常优秀的 UNIX 模拟器。
2. vi 编辑器有 3 种模式，分别为_____、_____和_____。
3. Bourne Shell 的配置文件主要有两个，分别为_____和_____。

二、选择题

1. 使用 vi 编辑器时，下面的（　　）快捷键可以进入编辑模式。
   A. a　　　　　　　B. i　　　　　　　C. o　　　　　　　D. J
2. 当用户使用 vi 编辑器编辑文件时，使用（　　）命令仅保存文件，不退出编辑器。
   A. :w　　　　　　 B. wq　　　　　　 C. wq!　　　　　　D. q

三、判断题

1. 在同一台 Linux 系统中，可以同时安装多个 Shell。　　　　　　　　　　（　　）
2. 为命令设置别名的主要目的是简化命令的输入。　　　　　　　　　　　　（　　）

四、操作题

1. 练习使用 Cygwin 模拟器终端窗口查看文件列表。
2. 练习使用 vi 编辑器编辑文件。

第 2 篇
Shell 编程核心技术

- ▶▶ 第 3 章　变量和引用
- ▶▶ 第 4 章　条件测试和判断语句
- ▶▶ 第 5 章　循环结构
- ▶▶ 第 6 章　函数
- ▶▶ 第 7 章　数组
- ▶▶ 第 8 章　正则表达式
- ▶▶ 第 9 章　文本处理
- ▶▶ 第 10 章　流编辑器
- ▶▶ 第 11 章　文本处理利器 awk 命令
- ▶▶ 第 12 章　文件操作
- ▶▶ 第 13 章　子 Shell 与进程处理

第 3 章　变量和引用

在任何程序设计语言中，变量是不可缺少的元素。正确、恰当地使用变量可以增加程序的可读性，提高程序的健壮性和灵活性。本章将从变量的基础知识开始，依次介绍什么是变量、变量的赋值和清空，以及变量的引用和替换。

本章涉及的主要知识点如下：
- 深入认识变量：主要介绍什么是变量、变量的命名、变量的类型、变量的有效范围，以及系统变量和用户自定义变量等。
- 变量的赋值和替换：主要介绍如何为变量赋值、如何引用变量的值以及如何清空变量的值。
- 引用和替换：主要介绍什么是引用、全引用、部分引用，以及如何进行命令替换和转义等。

3.1　深入理解变量

在程序设计语言中，变量是一个非常重要的概念，也是初学者在进行 Shell 程序设计之前必须掌握的一个非常基础的概念。只有理解变量的使用方法，才能设计出良好的程序。本节介绍 Shell 中的变量的相关知识。

3.1.1　什么是变量

顾名思义，变量是程序设计语言中一个可以变化的量。当然，可以变化的是变量的值。变量在几乎所有的程序设计语言中都有定义，并且其含义也大同小异。从本质上讲，变量就是在程序中保存用户数据的一块内存空间，而变量名就是这块内存空间的地址。

在程序的执行过程中，保存数据的内存空间可能会不断地发生变化，但是代表内存地址的变量名却保持不变。

由于变量的值是在计算机的内存中，所以当计算机被重新启动时，变量的值将会丢失。因此，对于需要长久保存的数据，应该将其写入磁盘中，避免存储在变量中。

3.1.2　变量的命名

对于初学者来说，可以简单地认为变量就是保存在计算机内存中的一系列的键值对。例如：

```
str="hello"
```

在上面的语句中，等号前面的部分就是键，等号后面的就是值。用户使用变量的目的就是通过键来存取不同的值。

在程序设计语言中，一般将上述语句中的键称为变量名。因此，用户是通过变量名来对变量所代表的值进行存取的。

在不同的程序设计语言中，对于变量名的要求也有所不同。在 Shell 中，变量名可以由字母、数字或者下画线组成，并且只能以字母或者下画线开头。对于变量名的长度，Shell 并没有做出明确的规定，因此可以使用任意长度的字符串作为变量名。但是，为了提高程序的可读性，建议使用相对较短的字符串作为变量名。

在一个设计良好的程序中，变量的命名很有讲究。通常情况下，应该选择有明确意义的英文单词作为变量名，尽量避免使用拼音或者毫无意义的字符串作为变量名，这样阅读程序的人通过变量名即可了解该变量的作用。

例如，下面的变量名都是非常好的选择：

```
PATH=/sbin
UID=100
JAVA_HOME="/usr/lib/jvm/jre-1.6.0-openjdk.x86_64/bin/../.."
SSHD=/usr/sbin/sshd
```

而下面的变量名的可读性相对较差：

```
a="123"
str1="hello"
```

这是因为程序的阅读者没有从变量名中获取到任何有用的信息。当变量较多的时候，有可能程序的设计者也不清楚这些变量的作用了，从而导致程序发生错误。

注意：在 Shell 语言中，变量名的大小写是敏感的。因此，大小写不同的两个变量名并不代表同一个变量。

3.1.3 变量的类型

与变量密切相关的有两个概念，其中一个是变量的类型，另外一个是变量的作用域。此处先介绍变量的类型，作用域（有效范围）将在后面介绍。

根据变量类型确定的时间，可以将程序设计语言分为两类，分别是静态类型语言和动态类型语言。其中，静态类型语言在程序的编译期间就确定变量类型，如 Java、C++和 Pascal。在这些语言中使用变量时，必须首先声明其类型。动态设计语言在程序执行过程中才确定变量的数据类型。常见的动态语言有 VBScript、PHP 及 Python 等。在这些语言中，变量的数据类型根据第一次赋值的数据类型来确定。

同样，根据是否强制要求类型定义，可以将程序设计语言分为强类型语言和弱类型语言。强类型语言要求在定义变量时必须明确指定其数据类型，如 Java 和 C++。在强类型语言中，数据类型的转换非常重要。与之相反，弱类型语言则不要求明确指定变量的数据类型，如 VBScript，可以将任意类型的数值赋给该变量，并且不需要执行类型的转换操作。

Shell 是一种动态类型语言和弱类型语言，即在 Shell 中，变量的数据类型无须进行显式地声明，变量的数据类型会根据不同的操作有所变化。准确地讲，Shell 中的变量是不分数据类型的，统一按照字符串进行存储。但是根据变量的上下文环境，允许程序执行一些不同的操作，如字符串的比较和整数的加减等。

【例3-1】 演示 Shell 变量的数据类型，代码如下：

```
01  #-----------------------------/chapter3/ex3-1.sh--------------------
02  #! /bin/bash
03
04  #定义变量 x 并且赋值为 123
05  x=123
06  #变量 x 加 1
07  let "x += 1"
08  #输出变量 x 的值
09  echo "x = $x"
10  #显示空行
11  echo
12  #替换 x 中的 1 为 abc 并且将值赋给变量 y
13  y=${x/1/abc}
14  #输出变量 y 的值
15  echo "y = $y"
16  #声明变量 y
17  declare -i y
18  #输出变量 y 的值
19  echo "y = $y"
20  #变量 y 的值加 1
21  let "y += 1"
22  #输出变量 y 的值
23  echo "y = $y"
24  #显示空行
25  echo
26  #将字符串赋给变量 z
27  z=abc22
28  #输出变量 z 的值
29  echo "z = $z"
30  #替换变量 z 中的 abc 为数字 11 并且将值赋给变量 m
31  m=${z/abc/11}
32  #输出变量 m 的值
33  echo "m = $m"
34  #变量 m 加 1
35  let "m += 1"
36  #输出变量 m 的值
37  echo "m = $m"
38
39  echo
40  #将空串赋给变量 n
41  n=""
42  #输出变量 n 的值
43  echo "n = $n"
44  #变量 n 加 1
45  let "n += 1"
46  echo "n = $n"
47  echo
48  #输出空变量 p 的值
49  echo "p = $p"
50  # 变量 p 加 1
51  let "p += 1"
52  echo "p = $p"
```

为了便于介绍，首先来看程序的执行结果：

```
01    [root@linux chapter3]# ./ex3-1.sh
02    x = 124
03
04    y = abc24
05    y = abc24
06    y = 1
07
08    z = abc22
09    m = 1122
10    m = 1123
11
12    n =
13    n = 1
14
15    p =
16    p = 1
```

在例 3-1 中，第 5 行定义了变量 x，并且将一个整数值赋给该变量，因此变量 x 的数据类型为整数。第 7 行使用 let 语句将变量 x 的值加 1，从而变成了 124，输出结果的第 2 行正是程序第 9 行的 echo 语句的执行结果。

代码的第 13 行将变量 x 的值中的数字 1 替换成了字符串 abc，并且将替换后的结果赋给变量 y，因此变量 y 实际上是一个字符串。输出结果的第 4 行是代码第 15 行 echo 语句的执行结果。

代码第 17 行是使用 declare 语句声明整数变量 y，但是这个语句并不影响当前变量 y 的值，因此，输出结果的第 5 行是代码第 19 行 echo 语句的执行结果。

代码第 21 行是将变量 y 加 1，此时变量 y 的值为 abc24，这个值是一个含有字母和数字的字符串。为了能够执行加法运算，Shell 会自动进行数据类型转换，如果遇到含有非数字的字符串，则该字符串将被转换成整数 0，因此，在执行加 1 运算之后，变量 y 的值就变成 1。输出结果的第 6 行是代码第 23 行 echo 语句的执行结果。

代码第 27 行将一个含有字母的字符串赋给变量 z，然后在第 29 行输出该变量的值，得到输出结果的第 8 行。

代码第 31 行将变量 z 的值中的字母 abc 替换为整数 11，并且将替换后的结果赋给变量 m，在 33 行输出变量 m 的值，即输出结果的第 9 行。

代码第 35 行将变量 m 的值加 1，由于此时 y 的值为 1122，这是一个完全由数字组成的字符串，所以 Shell 可以将其转换为整数，然后执行加法运算，得到结果为 1123。

代码第 41～52 行分别测试了在空串及没有定义变量的情况下，执行加法运算的执行结果。从上面的执行结果中可知，在这两种情况下，变量的值都会被转换为整数 0。

从上面的执行结果中可以看出，Shell 中的变量非常灵活，可以参与任何运算。实际上，在 Shell 中，一切变量都是字符串类型。

3.1.4 变量的定义

在 Shell 中，通常情况下可以直接使用变量，无须先进行定义。当第一次使用某个变量名时，实际上就同时定义了这个变量，在变量的作用域内都可以使用该变量。

【例 3-2】 通过直接使用变量来定义变量，代码如下：

```
01    #-------------------------------/chapter3/ex3-2.sh-------------------
```

```
02    #! /bin/bash
03
04    #定义变量 a
05    a=1
06    #定义变量 b
07    b="hello"
08    #定义变量 c
09    c="hello world"
```

在上面的代码中，第 5 行定义了一个名称为 a 的变量，同时将一个数字赋给该变量。第 7 行定义了一个名称为 b 的变量，同时将一个字符串赋给该变量。第 9 行定义了一个变量 c，同时将一个包含空格的字符串赋给该变量。在 Shell 语言中，如果变量的值包含空格，则一定要使用引号引起来。

虽然通过以上方式可以非常方便地定义变量，但是对于变量的某些属性却不容易控制，如变量的类型和读写属性等。为了更好地控制变量的相关属性，bash 提供了一个名称为 declare 的命令来声明（declare）变量，该命令的基本语法如下：

```
declare attribute variable
```

其中，attribute 表示变量的属性，常用的属性如下：

- -p：显示（display）所有变量的值。
- -i：将变量定义为整数（integer）。然后就可以直接对表达式求值，结果只能是整数。如果求值失败或者不是整数，就将变量设置为 0。
- -r：将变量声明为只读（read）变量。只读变量不允许修改，也不允许删除。
- -a：将变量声明为数组（array）变量。但这没有必要。所有变量不必显式定义就可以用作数组。事实上，从某种意义上讲所有变量都是数组，而且赋值给没有下标的变量与赋值给下标为 0 的数组元素的结果相同。
- -f：显示所有自定义函数（function），包括名称和函数体。
- -x：将变量设置成环境变量并导出（export），方便随后的脚本和程序中使用。

参数 variable 表示变量名称。

注意：declare 命令又写作 typeset。

【例 3-3】 演示使用不同的方法声明变量，导致变量在不同的环境下表现不同，代码如下：

```
01    #-----------------------------/chapter3/ex3-3.sh--------------------
02    #! /bin/bash
03
04    #定义变量 x 并将一个算术式赋给它
05    x=6/3
06    echo "$x"
07    #定义变量 x 为整数
08    declare -i x
09    echo "$x"
10    #将算术式赋给变量 x
11    x=6/3
12    echo "$x"
13    #将字符串赋给变量 x
14    x=hello
15    echo "$x"
```

```
16    #将浮点数赋给变量 x
17    x=3.14
18    echo "$x"
19    #取消变量 x 的整数属性
20    declare +i x
21    #重新将算术式赋给变量 x
22    x=6/3
23    echo "$x"
24    #求表达式的值
25    x=$[6/3]
26    echo "$x"
27    #求表达式的值
28    x=$((6/3))
29    echo "$x"
30    #声明只读变量 x
31    declare -r x
32    echo "$x"
33    #尝试为只读变量赋值
34    x=5
35    echo "$x"
```

以上程序的执行结果如下：

```
01    [root@linux chapter3]# ./ex3-3.sh
02    6/3
03    6/3
04    2
05    0
06    ./ex3-3.sh: line 15: 3.14: syntax error: invalid arithmetic operator
      (error token is ".14")
07    0
08    6/3
09    2
10    2
11    2
12    ./ex3-3.sh: line 32: x: readonly variable
13    2
```

下面对比执行结果分析例 3-3 中的代码。第 5 行使用通常的方法定义了一个变量 x，并且将一个算术式作为初始值赋给该变量。第 6 行输出变量 x 的值。前面已经讲过，Shell 将所有数据都看作字符串来存储，因此在程序执行时，Shell 并不将 6/3 当成一个将被求值的算术式，而是作为一个普通的字符串，所以第 6 行直接输出了这个算术式本身，得到了输出结果的第 2 行。

代码第 8 行使用 declare 语句声明变量 x 为整数，但是程序并没对变量 x 重新赋值，因此第 9 行的 echo 语句的执行结果仍然得到算术式本身，即输出结果的第 3 行。

代码第 11 行对变量 x 重新赋值，将前面的算术表达式赋给它。因为当变量被声明为整数时可以直接参与算术运算，所以在第 12 行的 echo 语句中输出了算术式的值，即输出结果的第 4 行。

第 14 行尝试将一个字符串值赋给整数变量 x，并且在第 15 行使用 echo 语句输出 x 的值。在 Shell 中，如果变量被声明成整数，当把一个结果不是整数的表达式赋值给它时就会变成 0。因此，在输出结果中第 5 行的 0 是代码第 15 行 echo 语句的输出。

第 17 行将一个浮点数赋给变量 x，因为 bash 并不内置对浮点数的支持，所以得到了输出结果第 6 行的错误消息。此时，变量 x 的值变为 0，即在输出结果中第 7 行的 0。

第 20 行取消变量 x 的整数类型属性，第 22 行重新将算术式赋给变量 x，并且在第 23 行使用 echo 语句输出变量 x 的值。由于此时变量 x 已经不是整数变量，所以不能直接参与算术运算。因此，变量 x 的值仍然得到了算术式本身，即输出结果的第 8 行。

在 Shell 中，为了得到算术式的值，可以有两种方法，一种就是使用方括号，即第 25 行中的方式。输出结果的第 9 行正是此时变量 x 的值。另一种是使用圆括号，即第 28 行中的方式。从执行结果中可知，这两种方式都可以得到期望的结果。

第 31 行使用-r 选项声明了一个只读变量，第 34 行尝试为该变量重新赋值，因此得到输出结果第 12 行的错误消息。此时变量 x 的值仍然是 2，所以才有输出结果的第 13 行。

3.1.5 变量和引号

在 Shell 编程中，正确理解引号的作用非常重要。Shell 语言中一共有 3 种引号，分别为单引号（'）、双引号（"）和反引号（`）。这 3 种引号的作用是不同的，其中，由单引号括起来的字符视为普通字符；由双引号括起来的字符，除了 "$" "\" "'" """ 这几个特殊字符并保留其特殊功能外，其余字符仍视为普通字符；由反引号括起来的字串被 Shell 解释为命令。在执行时，Shell 首先执行该命令，并以它的标准输出结果取代整个反引号（包括两个反引号）部分。关于单引号和双引号的作用，将在后面的引用部分介绍，下面举例说明反引号的使用方法。

【例 3-4】 演示反引号的使用方法，代码如下：

```
01  #-------------------------------/chapter3/ex3-4.sh--------------------
02  #! /bin/bash
03
04  #输出当前目录
05  echo "current directory is `pwd`"
```

在上面的代码中，第 5 行中包含一个由反引号引起来的 Shell 命令 pwd。以上命令的执行结果如下：

```
[root@linux chapter3]# ./ex3-4.sh
current directory is /root/chapter3
```

从上面的执行结果中可以看出，代码的第 5 行在执行的过程中首先会执行 pwd 命令，用该命令的执行结果取代命令所在的位置，然后执行 echo 语句。

注意：反引号是键盘左上角波浪号 "～" 右边的那个符号。

3.1.6 变量的作用域

接下来介绍 Shell 语言中与变量密切相关的另外一个概念，即变量的作用域。与其他程序设计语言一样，Shell 中的变量也分为全局变量和局部变量两种。下面介绍这两种变量的作用域。

1. 全局变量

通常认为，全局变量是使用范围较大的变量，它不局限于某个局部使用。在 Shell 语言中，全局变量可以在脚本中定义，也可以在某个函数中定义。在脚本中定义的变量都是全局变量，其作用域为从被定义的地方开始，一直到 Shell 脚本结束或者被显式地删除。

【例 3-5】 演示全局变量的使用方法，代码如下：

```
01   #-----------------------------/chapter3/ex3-5.sh-------------------
02   #! /bin/bash
03
04   #定义函数
05   func()
06   {
07       #输出变量 v1 的值
08       echo "$v1"
09       #修改变量 v1 的值
10       v1=200
11   }
12   #在脚本中定义变量 v1
13   v1=100
14   #调用函数
15   func
16   #输出变量 v1 的值
17   echo "$v1"
```

在上面的代码中，第 5～11 定义了名称为 func()的函数，第 8 行在函数内部输出全局变量 v1 的值，第 10 行修改全局变量 v1 的值为 200，第 13 行在脚本中，即函数外面定义了变量 v1，该变量是全局变量。第 15 行调用函数 func()，第 17 行重新输出修改后的变量 v1 的值。

程序的执行结果如下：

```
[root@linux chapter3]# ./ex3-5.sh
100
200
```

在上面的执行结果中，100 是第 8 行的 echo 语句的输出，从执行结果中可以看出，在函数 func()内部可以访问全局变量 v1。200 是第 17 行 echo 语句的输出结果，这是因为程序的第 10 行在函数 func()内部修改了变量 v1 的值。从例 3-5 的执行结果中可知，在脚本中定义的变量为全局变量，不仅可以在脚本中直接使用，而且可以在函数内部直接使用。

除了在脚本中定义全局变量之外，在函数内部定义的变量默认情况下也是全局变量。其作用域为从函数被调用时执行变量定义的地方开始，一直到 Shell 脚本结束或者被显式地删除为止。

【例 3-6】 演示在函数内部定义全局变量的方法，代码如下：

```
01   #-----------------------------/chapter3/ex3-6.sh-------------------
02   #! /bin/bash
03
04   #定义函数
05   func()
06   {
07       #在函数内部定义变量
08       v2=200
09   }
10   #调用函数
11   func
12   #输出变量的值
13   echo "$v2"
```

在上面的代码中，第 5~9 行定义了名称为 func()的函数，其中，在第 8 行定义了一个名称为 v2 的变量。第 11 行调用 func()函数，第 13 行输出变量 v2 的值。

程序的执行结果如下：

```
[root@linux chapter3]# ./ex3-6.sh
200
```

之所以会得到 200，是因为在 Shell 中，默认情况下函数内部定义的变量也属于全局变量。因此，在代码的第 8 行定义的变量 v2 在函数外部仍然可以使用。

注意：函数的参数是局部变量。

2. 局部变量

与全局变量相比，局部变量的使用范围较小，通常仅限于某个程序段访问，如函数内部。在 Shell 语言中，可以在函数内部通过 local 关键字定义局部变量。另外，函数的参数也是局部变量。

【例 3-7】 演示使用 local 关键字定义局部变量的方法。本例对例 3-6 中的代码稍作改动，使用 local 关键字定义变量 v2，代码如下：

```
01  #--------------------------------/chapter3/ex3-7.sh--------------------
02  #! /bin/bash
03
04  #定义函数
05  func()
06  {
07      #使用local关键字定义局部变量
08      local v2=200
09  }
10  #调用函数
11  func
12  #输出变量的值
13  echo "$v2"
```

程序的执行结果如下：

```
[root@linux chapter3]# ./ex3-7.sh
```

从上面的执行结果中可知，由于在函数内部使用 local 关键字显式地定义了局部变量，所以在函数外面不能获得该变量的值。第 13 行的 echo 语句仅输出了空值。

注意：关于函数的详细介绍请参见第 6 章。

如果用户在函数外面定义了一个全局变量，同时在某个函数内部又存在相同名称的局部变量，则在调用该函数时，函数内部的局部变量会屏蔽函数外部定义的全局变量。也就是说，在出现同名的情况下，函数内部的局部变量会优先被使用。

【例 3-8】 演示全局变量和局部变量的区别。在本例中，定义两个名称都为 v1 的变量，其中一个为全局变量，另外一个为局部变量，然后比较这两个变量的值，代码如下：

```
01  #--------------------------------/chapter3/ex3-8.sh--------------------
02  #! /bin/bash
03
04  #定义函数
```

```
05    func()
06    {
07        #输出全局变量 v1 的值
08        echo "global variable v1 is $v1"
09        #定义局部变量 v1
10        local v1=2
11        #输出局部变量 v1 的值
12        echo "local variable v1 is $v1"
13    }
14    #定义全局变量 v1
15    v1=1
16    #调用函数
17    func
18    #输出全局变量 v1 的值
19    echo "global variable v1 is $v1"
```

在上面的代码中，第 5~13 行定义了函数 func()。由于函数内部的局部变量是在第 10 行定义的，所以第 8 行的 echo 语句输出的是全局变量 v1 的值。第 10 行使用 local 关键字定义相同名称的局部变量 v1，并且赋值为 2。第 12 行输出局部变量 v1 的值。第 15 行定义全局变量 v1 并且赋值为 1。第 17 行调用函数 func()，第 19 行输出全局变量 v1 的值。

程序的执行结果如下：

```
[root@linux chapter3]# ./ex3-8.sh
global variable v1 is 1
local variable is 2
global variable is 1
```

从上面的执行结果中可以看出，在函数 func()中，第一次输出的是全局变量 v1 的值，第二次输出的是局部变量 v1 的值。虽然在函数内部修改了变量 v1 的值，但是这只影响局部变量 v1，所以在函数外部输出的仍然是全局变量的值。

> 注意：Shell 变量中的符号 "$" 表示取变量的值，只有在取值的时候才使用，定义和赋值时不需要使用符号 "$"。另外，在 Shell 中，变量的原型为${var}，而常用的书写形式$var 是简写。在某些情况下，简写形式会导致程序执行错误。

3.1.7 系统变量

Shell 语言的系统变量主要是在对参数和命令返回值进行判断时使用，包括脚本和函数的参数，以及脚本和函数的返回值。Shell 语言中的系统变量并不多，但是十分有用，特别是在进行一些参数检测的时候。如表 3-1 列出了常用的系统变量。

表 3-1 Shell中常用的系统变量

变　　量	说　　明
$n	n 是一个整数，从1开始，表示参数的位置。例如，$1表示第1个参数，$2表示第2个参数等
$#	命令行参数的个数
$0	当前Shell脚本的名称
$?	前一个命令或者函数的返回状态码
$*	以 "参数1 参数2……" 的形式将所有的参数通过一个字符串返回

变　量	说　　明
$@	以"参数1""参数2"……的形式返回每个参数
$$	返回本程序的进程ID（PID）

【例 3-9】 演示常用系统变量的使用方法。在本例中通过 Shell 系统变量来获取不同的信息，代码如下：

```
01  #--------------------------------/chapter3/ex3-9.sh--------------------
02  #! /bin/bash
03
04  #输出脚本的参数个数
05  echo "the number of parameters is $#"
06  #输出上一个命令的退出状态码
07  echo "the return code of last command is $?"
08  #输出当前的脚本名称
09  echo "the script name is $0"
10  #输出所有参数
11  echo "the parameters are $*"
12  #输出其中的几个参数
13  echo "\$1=$1;\$2=$2;\$11=$11"
```

在上面的代码中，第 5 行使用变量$#获取当前脚本的参数个数，第 7 行使用变量$?获取上一个脚本或者命令的返回状态码，第 9 行通过变量$0 获取当前脚本的名称，第 11 行通过变量$*以一个字符串的形式返回所有的参数值，第 13 行通过变量$n 输出其中几个参数的值。

程序的执行结果如下：

```
[root@linux chapter3]# ./ex3-9.sh a b c d e f g h i j k l m n
the number of parameters is 14
the return code of last command is 0
the script name is ./ex3-9.sh
the parameters are a b c d e f g h i j k l m n
$1=a;$2=b;$11=a1
```

在执行 ex3-9.sh 脚本文件时为该程序提供了 14 个参数，所以第 5 行的输出结果为 14。同时，由于第 5 行的 echo 语句执行成功，所以第 7 行的输出结果为 0。第 9 行的 echo 语句输出当前脚本文件的名称为 ex3-9.sh。第 11 行通过变量$*返回所有的参数的值。第 13 行分别通过变量$1、$2 和$11 获取第 1 个、第 2 个和第 11 个参数的值。从上面的执行结果中可知，第 1 个和第 2 个参数的值都已经正确获取，但是第 11 个参数的值却输出了"a1"，而非希望得到的 k。为什么会得到这种错误的结果呢？

原来在 Shell 语言中，当使用$n 的形式获取位置参数时，Shell 的变量名通常是一位数字，即 1～9。因此，在上面的程序中，当使用变量$11 获取第 11 个参数的值时，Shell 会将"$1"作为变量名，导致获取的实际上是第 1 个参数的值，而最后的"1"则是变量名$11 中的第 2 个"1"，这个数字会直接与前面的字符串连接在一起。

为了能够使 Shell 正确地知道哪些部分是变量名，可以使用花括号来界定变量名。下面将变量名$11 中的数字 11 用花括号括起来：

```
echo "\$1=$1;\$2=$2;\$11=${11}"
```

此时再次执行例 3-9 中的脚本文件，就可以得到正确的结果：

```
[root@linux chapter3]# ./ex3-9.sh a b c d e f g h i j k l m n
the number of parameters is 14
the return code of last command is 0
the script name is ./ex3-9.sh
the parameters are a b c d e f g h i j k l m n
$1=a;$2=b;$11=k
```

注意：例 3-9 中的反斜线"\"称为转义字符，用于将一些 Shell 中的特殊字符转换为普通字符，如"$"或者"""等。

3.1.8 环境变量

Shell 中的环境变量是所有 Shell 程序都可以使用的变量。Shell 程序在运行时都会接收一组变量，这组变量就是环境变量。环境变量会影响所有脚本的执行结果。如表 3-2 列出了常用的 Shell 变量。

表 3-2 常用的Shell环境变量

变　　量	说　　明
PATH	命令搜索路径（path），以冒号为分隔符。注意与Windows下不同的是，当前目录不在系统路径里
HOME	用户主目录的路径名，即家（home）目录，是cd命令的默认参数
COLUMNS	定义了命令编辑模式下可使用的命令行的长度，单位是字符的列（column）数
HISTFILE	命令历史文件（history file）
HISTSIZE	命令历史（history）文件中最多可包含的命令条数（size）
HISTFILESIZE	命令历史文件（history file）中包含的最大行数（size）
IFS	定义Shell使用的分隔符
LOGNAME	当前的登录名（login name）
SHELL	Shell的全路径名
TERM	终端（terminal）类型
TMOUT	Shell自动退出的时间，即超时时间（timeout）单位为s。如果设为0，则禁止Shell自动退出
PWD	打印当前的工作目录（print working directory）

除了表 3-2 中列出的一些环境变量之外，还可以使用 set 命令列出所有的环境变量，具体如下：

```
[root@linux chapter3]# set | more
BASH=/bin/bash
BASHOPTS=checkwinsize:cmdhist:expand_aliases:extquote:force_fignore:
hostcomplete:interactive_comments:login_shell:progcomp:promptvars:
sourcepath
BASH_ALIASES=()
BASH_ARGC=()
BASH_ARGV=()
BASH_CMDS=()
BASH_LINENO=()
BASH_SOURCE=()
BASH_VERSINFO=([0]="4" [1]="1" [2]="2" [3]="1" [4]="release" [5]=
```

```
"x86_64-redhat-linux-gnu")
BASH_VERSION='4.1.2(1)-release'
COLORS=/etc/DIR_COLORS
COLUMNS=235
CVS_RSH=ssh
DIRSTACK=()
EUID=0
GROUPS=()
G_BROKEN_FILENAMES=1
HISTCONTROL=ignoredups
HISTFILE=/root/.bash_history
HISTFILESIZE=1000
HISTSIZE=1000
HOME=/root
HOSTNAME=linux
...
```

如果想要使用环境变量，则可以通过相应的变量名来获取。

【例 3-10】 通过环境变量获取与当前 Shell 有关的一些环境变量的值，代码如下：

```
01  #------------------------------/chapter3/ex3-10.sh------------------
02  #! /bin/bash
03
04  #输出命令搜索路径
05  echo "commands path is $PATH"
06  #输出当前的登录名
07  echo "current login name is $LOGNAME"
08  #输出当前用户的主目录
09  echo "current user's home is $HOME"
10  #输出当前的 Shell
11  echo "current shell is $SHELL"
12  #输出当前的工作目录
13  echo "current path is $PWD"
```

在上面的代码中，第 5 行输出当前用户所设置的命令搜索路径，第 7 行输出当前用户的登录名，第 9 行输出当前用户的主目录，第 11 行输出当前 Shell 的全路径，第 13 行输出当前的工作路径。

程序的执行结果如下：

```
[root@linux chapter3]# ./ex3-10.sh
commands path is /usr/lib64/qt-3.3/bin:/usr/local/sbin:/usr/local/bin:/
sbin:/bin:/usr/sbin:/usr/bin:/root/bin:/usr/pgsql-9.2/bin
current login name is root
current user's home is /root
current shell is /bin/bash
current path is /root/chapter3
```

注意：按照惯例，Shell 中的环境变量全部使用大写字母表示。

3.2 变量的赋值和清空

在了解了变量的基础知识之后，接下来介绍 Shell 语言中变量的赋值和变量的销毁。

3.2.1 变量的赋值

在 Shell 语言中,通常情况下变量并不需要专门定义和初始化。一个没有初始化的 Shell 变量被认为是一个空字符串。可以通过变量的赋值操作来完成变量的声明并赋予其一个特定的值,还可以通过赋值语句为一个变量多次赋值,以改变其值。

在 Shell 中,变量的赋值使用以下语法:

```
variable_name=value
```

其中,varibale_name 表示变量名,关于变量名的命名规则,前面已经介绍过了,这里不再重复说明。value 表示将要赋予的变量值。一般情况下,Shell 将所有普通变量的值都看作字符串。如果 value 中包含空格、制表符和换行符,则必须用单引号或者双引号将其引起来。双引号内允许变量替换,而单引号则不可以。

中间的等于号"="称为赋值符号,赋值符号的左右两边不能直接跟空格,否则 Shell 会将其视为命令。

例如,下面都是一些正确的赋值语句:

```
v1=Linux
v2='RedHat Linux'
v3="RedHat Linux $HOSTTYPE"
v4=12345
```

此外,Shell 允许只包含数字的变量值参与数值运算,如上面的 v4。另外,在上面的 v3 变量值中包含一个特殊符号"$",这个符号的作用是取某个变量的值,具体将在后面的变量替换内容中介绍。

3.2.2 引用变量的值

在变量赋值完成之后,就需要使用变量的值。在 Shell 中,可以通过在变量名前面加上"$"来获取该变量的值。实际上,在前面的许多例子中已经多次使用这个符号来获取变量的值,为了让读者更加清楚 Shell 中的变量值的引用方法,下面进行详细介绍。

【例 3-11】 演示 Shell 变量的引用方法,代码如下:

```
01  #--------------------------/chapter3/ex3-11.sh------------------
02  #!/bin/bash
03
04  v1=Linux
05  v2='RedHat Linux'
06  v3="RedHat Linux $HOSTTYPE"
07  v4=12345
08
09  #输出变量 v1 的值
10  echo "$v1"
11  #输出变量
12  echo "$v2"
13  #输出变量 v3 的值
14  echo "$v3"
15  #输出变量 v4 的值
16  echo "$v4"
```

在上面的代码中，第 4~7 行定义了 4 个变量，并且分别赋予了不同的初始值。第 10~16 输出变量 v1~v4 的值。该程序的执行结果如下：

```
[root@linux chapter3]# ./ex3-11.sh
Linux
RedHat Linux
RedHat Linux x86_64
12345
```

可以看出，上面的程序分别输出了 4 个变量的值。其中，v3 中的环境变量$HOSTTYPE 被具体的值取代。

另外，在 Shell 中，字符串是可以直接连接在一起的。如果对例 3-11 进行修改，将最后的变量 v4 的输出语句，即代码的第 13 行改成以下代码：

```
echo "$v4abc"
```

则程序在执行时会出现错误：

```
[root@linux chapter3]# ./ex3-11.sh
Linux
RedHat Linux
RedHat Linux x86_64
```

从上面的执行结果中可以看出，ex3-11.sh 脚本文件只正确输出了前 3 个变量的值，而最后一个变量的值变成了空字符串。

注意：在上面的执行结果中，变量 v4 的值也输出了，只是变成了空字符串，并非没有输出。

出现这种情况的原因在于，Shell 在进行解释代码时，遇到 "$v4abc" 这个字符串之后，并不知道具体的变量名到底是什么。因此，它会将整个字符串作为一个变量名来使用。在本程序中，变量 v4abc 当然是没有定义的，因此导致 ex3-11.sh 最后只输出了一个空行。

为了能够使 Shell 正确地界定变量名，避免混淆，在引用变量时可以使用花括号将变量名括起来，例如：

```
echo "${v4}abc"
```

那么以上程序就会得到正确的结果：

```
[root@linux chapter3]# ./ex3-11.sh
Linux
RedHat Linux
RedHat Linux x86_64
12345abc
```

强烈建议读者使用花括号将变量名进行明确地界定，因为这是一种非常正式、完整的书写方法，而省略花括号的形式只是一种简写。

3.2.3 清除变量

当某个 Shell 变量不再需要时可以将其清除。变量被清除后，其所代表的值也会消失。清除变量使用 unset 语句（unset 是 undo set 的简写，表示撤销设置），其基本语法如下：

```
unset variable_name
```

其中，参数 varibale_name 表示要清除的变量名称。

【例 3-12】 演示清除 Shell 变量的方法，并且观察清除前后变量值的变化情况，代码如下：

```
01  #--------------------------/chapter3/ex3-12.sh--------------------
02  #! /bin/bash
03
04  #定义变量 v1
05  v1="Hello world"
06  #输出 v1 的值
07  echo "$v1"
08  #清除变量
09  unset v1
10  echo "the value of v1 has been reset"
11  #再次输出变量的值
12  echo "$v1"
```

在上面的代码中，第 5 行定义了一个名称为 v1 的变量，第 7 行输出该变量的值。第 9 行使用 unset 语句将该变量清除，然后在第 12 行再次输出该变量的值。

程序的执行结果如下：

```
[root@linux chapter3]# ./ex3-12.sh
Hello world
the value of v1 has been reset
```

从上面的执行结果中可以看出，在执行第 9 行的 unset 语句之后，变量 v1 已经被清除掉了，因此第 12 行的 echo 语句仅输出了空值。

3.3 引用和替换

通常对于弱类型的程序设计语言来说，变量的功能都相对比较单薄。但是对于 Shell 来说，变量的功能却非常强大。为了增强变量的功能，Shell 对变量的使用方法进行了极大的扩展。本节将介绍引用和替换。

3.3.1 引用

所谓引用，是指将字符串用引用符号包裹起来，以防止其中的特殊字符被 Shell 解释为其他含义。特殊字符是指除了字面意思之外还可以解释为其他意思的字符。例如，在 Shell 中 "$" 符号本身的含义是美元符号，其 ASCII 码值为十进制 36。除了这个含义之外，前面已经讲过，"$" 符号还可以用来获取某个变量的值，即变量替换。星号 "*" 也是一个特殊的字符，星号可以作为通配符使用。

【例 3-13】 演示星号通配符的使用方法，命令如下：

```
[root@linux chapter3]# ll ex*
-rwxr-xr-x  1  root      root     179    Jan  7 11:51      ex3-10.sh
-rwxr-xr-x  1  root      root     114    Jan  7 15:49      ex3-11.sh
-rwxr-xr-x  1  root      root     100    Jan  7 16:15      ex3-12.sh
…
```

在上面的 ll 命令中，参数 ex*表示列出以 ex 开头的所有文件。但是，如果使用双引号将其引用起来，则其含义会发生变化：

```
[root@linux chapter3]# ll "ex*"
ls: cannot access ex*: No such file or directory
```

从上面的执行结果中可以看出，当参数 ex*被双引号引起来之后，ll 命令会将其作为一个普通的文件名来对待。但是当前目录中并不存在名称为 ex*的文件，因此程序会给出没有该文件或者目录的提示信息。

对比两次的执行结果可以发现，其中起作用的是双引号，正是它改变了星号的意义，而这正是引用的目的。

在 Shell 中一共有 4 种引用符号，如表 3-3 所示。

表 3-3 常用的引用符号

引用符号	说　　明
双引号	除了美元符号、单引号、反引号和反斜线之外，其他字符都保持字面意义
单引号	所有字符都保持字面意义
反引号	反引号中的字符串将被解释为Shell命令
反斜线	转义字符，屏蔽后的字符的特殊意义

注意：在 Linux 中，ll 命令是 ls -l 命令的别名。

3.3.2 全引用

在 Shell 语句中，当一个字符串被单引号引起来之后，其中的所有字符，除单引号本身之外都将被解释为字面意义，即字符本身的含义。这意味着被单引号引起来的所有字符都将被解释为普通的字符。因此，这种引用方式称为全引用。

【例 3-14】　演示全引用的使用方法，代码如下：

```
01  #-----------------------------/chapter3/ex3-14.sh--------------------
02  #! /bin/bash
03
04  #定义变量 v1
05  v1="chunxiao"
06  #输出含有变量名的字符串
07  echo 'Hello, $v1'
```

在上面的代码中，第 5 行定义了一个字符串变量 v1，第 7 行使用 echo 语句输出一个含有变量名 v1 的用单引号引起来的字符串。前面已经讲过，单引号表示全引用，因此第 7 行会原封不动地输出单引号中的字符串。程序的执行结果如下：

```
[root@linux chapter3]# ./ex3-14.sh
Hello, $v1
```

3.3.3 部分引用

对于单引号来说，被其引起来的所有字符都将被解释为字面意义。而对于双引号则有所不同。如果使用双引号将字符串引起来，则其中所包含的字符除了美元符号（$）、反引号（`）以及反斜线（\）之外的其他字符，都将被解释为字面意义，这称为部分引用。也就是说，在部分引用中，"$""`""\"仍然拥有特殊的含义。例如，"$"符号仍然可以用来引用变量的值。

【例 3-15】 演示部分引用的使用方法，将例 3-14 中的单引号改为双引号，代码如下：

```
01  #-----------------------------/chapter3/ex3-15.sh--------------------
02  #! /bin/bash
03
04  #定义变量
05  v1="chunxiao"
06  #输出变量的值
07  echo "Hello, $v1"
```

以上代码的执行结果如下：

```
[root@linux chapter3]# ./ex3-15.sh
Hello, chunxiao
```

从上面的执行结果中可以看出，echo 语句中的变量名已经被变量的值所取代。

3.3.4 命令替换

所谓命令替换，是指在 Shell 程序中，将某个 Shell 命令的执行结果赋给某个变量。在 Bash 中，有两种语法可以进行命令替换，分别是使用反引号和圆括号，例如：

```
`shell_command`
$(shell_command)
```

以上两种语法是等价的，可以根据自己的习惯选择使用。

【例 3-16】 演示反引号的使用方法，代码如下：

```
01  #-----------------------------/chapter3/ex3-16.sh--------------------
02  #! /bin/bash
03
04  #变量替换
05  v1=`pwd`
06  #输出变量的值
07  echo "current working directory is $v1"
```

在上面的代码中，第 5 行将 Shell 命令 pwd 的执行结果赋给变量 v1，然后在第 7 行输出该变量的值。

程序的执行结果如下：

```
[root@linux chapter3]# ./ex3-16.sh
current working directory is /root/chapter3
```

从上面的执行结果中可以看出，命令 pwd 的执行结果已经成功地替换了变量名 v1。

> 注意：Shell 会将反引号中的字符串当作 Shell 命令，如果输入了错误的命令，则会出现 command not found 的错误提示。

在上面的代码中使用了反引号，使用圆括号对代码进行相应的修改如下：

```
01  #! /bin/bash
02
03  v1=$(pwd)
04  echo "current working directory is $v1"
```

以上代码的执行结果与例 3-15 完全相同。

3.3.5　转义

顾名思义，转义的作用是转换某些特殊字符的意义。转义使用反斜线来表示，当反斜线后面的一个字符具有特殊的意义时，反斜线将会屏蔽该字符的特殊意义，使得 Shell 按照该字符的字面意义来解释。

例如，我们已经知道$符号是一个特殊的符号，通常加在变量名的前面，用来获取变量的值。在下面的两个命令中，第一个命令可以获得变量的值，而第二个命令则直接输出变量名：

```
[root@linux chapter3]# echo $SHELL
/bin/bash
[root@linux chapter3]# echo \$SHELL
$SHELL
```

为什么会得到这样的结果呢？这是因为在第二个命令的$符号前面使用了转义字符"\"，从而使得紧跟在后面的$符号失去了其特殊的作用，变成了一个普通的字符，即只表示$符号本身而已。

3.4　小　　结

本章详细介绍了 Shell 语言中的变量和引用的相关知识，主要内容包括变量含义、变量的命名规则、变量的定义、变量的作用域、系统变量和环境变量、变量赋值和清除、全引用和部分引用、命令替换及转义等。本章的重点是掌握变量的定义方法、变量的作用域、常用的系统变量和环境变量的使用方法，以及全引用和部分引用。第 4 章将介绍条件测试和判断语句。

3.5　习　　题

一、填空题

1. 变量是程序设计语言中的_____。
2. 在 Shell 中，变量名由_____、_____或者_____组成，并且只能以_____或者_____开头。
3. 在 Shell 语言中共有 3 种引号，分别为_____、_____和_____。

二、选择题

1. 在函数内部使用（　　）关键字定义局部变量。
   A．func　　　　　　B．global　　　　　　C．local　　　　　　D．fun

2．在 Shell 中，通过在变量名前加上（　　）符号来获取变量的值。
A．#　　　　　　　　B．$　　　　　　　　C．@　　　　　　　　D．!
3．在 Shell 中，（　　）符号用来转换某些特殊字符的意义。
A．/　　　　　　　　B．\　　　　　　　　C．$　　　　　　　　D．!

三、判断题

1．在 Shell 语言中，变量名是区分大小写的。　　　　　　　　　　　　　　（　　）
2．Shell 中的变量分为全局变量和局部变量。其中，全局变量的范围大于局部变量。
（　　）

四、操作题

1．创建 Shell 脚本 test.sh，定义一个名为 user 的变量并赋值为 alice，然后输出变量 user 的值。
2．创建 Shell 脚本 test1.sh，执行命令 ls，显示当前的目录列表。

第 4 章　条件测试和判断语句

作为一个实用的、能够解决实际问题的 Shell 程序，应该根据执行过程中的各种实际情况来做出正确的选择。实际上，这也是各种程序设计语言需要解决的一个问题。

Shell 提供了一系列的条件测试来处理程序执行过程中的各种情况，并做出进一步的操作。本章将介绍各种条件测试的基本语法，以及 Shell 程序的基本流程控制语句判断语句的使用方法。

本章涉及的主要知识点如下：

- 条件测试：主要介绍测试的语法，Shell 程序中的字符串、整数、文件测试以及逻辑操作符。
- 条件判断语句：介绍基本的 if、if else 及 exit 语句的使用方法。
- 多条件判断语句 case：主要介绍 case 语句的基本语法，以及如何使用 case 语句解决实际问题。
- 运算符：主要介绍 Shell 中常用运算符的使用方法，如算术运算符、位运算符、自增、自减运算符以及数字常量的进制。

4.1　条件测试

为了能够正确处理 Shell 程序在运行过程中遇到的各种情况，Shell 提供了一组测试运算符。通过这些运算符，Shell 程序能够判断某个或者几个条件是否成立。条件测试在各种流程控制语句如判断语句和循环语句中发挥了重要的作用，因此了解和掌握条件测试是非常重要的。本节将介绍常见的条件测试。

4.1.1　条件测试的基本语法

在 Shell 程序中，可以使用测试语句来测试指定的条件表达式的条件是真还是假。当指定的条件为真时，整个条件测试的返回值为 0；反之，如果指定的条件为假，则条件测试语句的返回值为非 0 值。对于熟悉其他程序设计语言（如 Java 或者 C）的读者来说这一点非常重要，因为在这些语言中，通常情况下，如果条件表达式的值为真，则整个表达式的值为非 0 值；如果条件表达式的值为假，则整个表达式的值为 0。

注意：在 Shell 程序中，如果条件测试中的指定条件为真，则条件测试的返回值为 0。这主要是为了与 Shell 程序的退出状态保持一致。当某个 Shell 程序成功执行，该进程会返回一个 0 值；如果该程序执行错误，则会返回一个非 0 值。

条件测试的语法有两种，分别是test命令和[命令，下面对这两种语法进行介绍。

在绝大部分的Shell中，test都是作为一个内部命令出现的。当然，在某些Shell中也提供了一个相同名称的外部命令。但是，在使用test命令进行条件测试的时候，如果没有指定绝对路径，则使用的都是内部命令。test命令的语法如下：

```
test expression
```

其中，参数expression表示需要进行测试的条件表达式，可以由字符串、整数、文件名及各种运算符组成。例如，下面的表达式都是有效的条件表达式：

- 1 -eq 2；
- 'string'；
- -z 'string'；
- -e file。

在上面的表达式中，第1个表达式用来测试两个整数是否相等（equal）；第2个和第3个表达式用来测试字符串是否为空，即字符串长度为0（zero）；第4个表达式用来测试指定的文件是否存在（exist）。关于这些表达式的语法，将在后面的内容中详细介绍。

除了使用test命令进行条件测试之外，还有一个内部命令同样可以进行条件测试，该命令的名称为[，这是一个左方括号。与test命令一样，"["命令的作用也是对后面的条件表达式进行测试。但是为了增加程序的可读性，Shell要求在条件表达式后面追加一个右方括号"]"来与前面的[命令配对。因此，[命令的语法如下：

```
[ expression ]
```

在上面的语法中，[是条件测试命令，参数 expression 是一个条件表达式。其中，expression的语法与上面的test命令中的语法完全相同。条件表达式和左右方括号之间必须保留一个空格。

> 注意：作为初学者，必须清楚一个事实，那就是左方括号[是一个Shell命令，而非条件表达式的一部分。而命令与参数之间必须保留一个空格。正因为如此，在上面的语法中，expression与左右方括号之间也必须保留一个空格。

4.1.2 字符串测试

在任何程序设计语言中，字符串是常见的数据类型之一。通常情况下，对于字符串的操作主要包括判断字符串变量是否为空，以及两个字符串是否相等。在Shell中，可以通过5种运算符对字符串进行操作，如表4-1所示。

表4-1 字符串运算符

运 算 符	说　　明
string	判断指定的字符串是否为空
string1 = string2	判断两个字符串string1和string2是否相等
string1 != string2	判断两个字符串string1和string2是否不相等
-n string	判断string是不是非空字符串（not empty string）
-z string	判断string是不是空字符串，即字符串的长度为0（zero）

对于表 4-1 中的第一种运算符，也就是单独给定一个字符串的情况，只能使用 test 命令测试是否为空字符串，而不能使用方括号的方式进行测试。其他 4 种运算符都可以使用 test 命令或者方括号进行测试。另外，在进行字符串比较的时候，用引号将字符串界定起来是一个非常好的习惯，即使参与测试的字符串为空串。

【例 4-1】 演示字符串测试的使用方法，代码如下：

```
01    #定义字符串变量
02    [root@linux chapter4]# a="abc"
03    #使用 test 命令测试变量$a 是否为空串
04    [root@linux chapter4]# test $a
05    #通过 echo 命令和$?环境变量输出测试结果
06    [root@linux chapter4]# echo $?
07    #输出结果为 0，表示变量$a 的值不为空
08    0
09    #使用-n 运算符测试变量$a 是否不为空
10    [root@linux chapter4]# test -n "$a"
11    #输出测试结果
12    [root@linux chapter4]# echo $?
13    #测试结果为 0 表示变量为非空字符串
14    0
15    #使用-z 运算符测试变量$a 是否为空串
16    [root@linux chapter4]# test -z "$a"
17    #测试结果为 1，表示变量$a 不是空串
18    [root@linux chapter4]# echo $?
19    1
```

在上面的例子中，我们是通过运算符对一个字符串进行测试的。这种方式在后面介绍的 Shell 程序流程控制中非常普遍。

△注意：在给变量赋值的时候，等号"="左右两边一定不能有空格；否则 Shell 会把空格前面的字符串当作 Shell 命令。

另外，对于两个字符串的测试也是很常见的，下面举例说明。

【例 4-2】 演示 Shell 中比较两个字符串值的方法，代码如下：

```
01    #定义变量$a
02    [root@linux chapter4]# a="hello"
03    #定义变量$b
04    [root@linux chapter4]# b="world"
05    #比较两个字符串是否相等
06    [root@linux chapter4]# [ "$a" = "$b" ]
07    #输出测试结果为 1，表示$a 和$b 不相等
08    [root@linux chapter4]# echo $?
09    1
10    #测试$a 和$b 是否不相等
11    [root@linux chapter4]# test "$a" != "$b"
12    #输出测试结果为 0，表示$a 和$b 不相等
13    [root@linux chapter4]# echo $?
14    0
```

从上面的例子中可以看出，包含在双引号中的变量名在引用的时候会被变量的值取代，这称为变量的部分引用。关于变量的引用，可参考 3.3 节。

△注意：$?是一个系统变量，用来获取 Shell 命令的执行状态。如果执行成功，则返回值

为 0；否则返回 1。在没有学习流程控制语句之前，先使用$?来获取条件测试的结果。

接下来再看一些比较特殊的例子。在实际的操作系统环境中，经常会遇到字符串中包含空格的情况。在 Shell 中，空格也是字符串的一部分。

【例 4-3】 演示空格对于字符串比较结果的影响，代码如下：

```
01  #定义字符串变量$a
02  [root@linux chapter4]# a="Hello world. "
03  #定义字符串变量$b
04  [root@linux chapter4]# b="Hello world."
05  #测试$a 和$b 是否相等
06  [root@linux chapter4]# [ "$a" = "$b" ]
07  [root@linux chapter4]# echo $?
08  1
```

在上面的例子中，字符串变量$a 的末尾比$b 多了一个空格，从而导致这两个字符串变量的值并不相等。在实际编程过程中一定要注意这种情况，避免由于空格问题导致程序发生错误。

另外，在 Shell 中，字符串中的字母也是区分大小写的，请参见下面的例子。

【例 4-4】 演示字母大小写对于字符串结果的影响。在下面的命令中，参与比较的两个字符串的区别只是字母 h 的大小写不同，代码如下：

```
01  #变量$a 的第 1 个字母为大写的 H
02  [root@linux chapter4]# a="Hello world."
03  #变量$b 的第 1 个字母为小写的 h
04  [root@linux chapter4]# b="hello world."
05  [root@linux chapter4]# [ "$a" = "$b" ]
06  #变量$a 和$b 的值不相等
07  [root@linux chapter4]# echo $?
08  1
```

最后介绍一个初学者经常会遇到的问题。我们执行以下代码：

```
01  [root@linux chapter4]# a="Apple"
02  [root@linux chapter4]# b="Orange"
03  [root@linux chapter4]# test "$a"="$b"
04  [root@linux chapter4]# echo $?
05  0
```

从表面上看，这个例子与前面介绍的几个例子并没有太大的区别。其中，变量$a 的值是 Apple，变量$b 的值是 Orange。但是，第 5 行的比较结果的值为 0。我们知道，0 意味着这两个字符串的值相等，而第 1 行和第 2 行中的这两个变量的值明显是不同的。那么究竟是哪个地方出现了问题呢？

实际上，问题就出现在第 3 行中。根据 Shell 的要求，运算符的左右两边必须保留空格，而在上面的例子中，表达式被写为以下形式：

```
test "$a"="$b"
```

在这种情况下，Shell 并不认为其中的等号"="是一个字符串运算符，而是将其看作一个普通的字符。因此，上面的例子实际上相当于执行以下字符串测试：

```
[root@linux ~]# test "Apple=Orange"
[root@linux ~]# echo $?
0
```

也就是说，实际上是测试某个字符串是否为空。上面的字符串 Apple=Orange 当然不是空串，因此，无论变量$a 和$b 的值是什么，上例的测试结果永远是 0。

注意：在测试运算符 ""="" ""!="" ""-z"" 等符号的左右两边一定要有一个空格。

4.1.3 整数测试

在程序设计中，比较两个整数值的是经常遇到的情况，也是算术运算中比较简单的运算。例如，当某个 Shell 程序执行结束时会返回一个整数值，可以根据这个返回值是否大于 0 来判断程序是否执行成功。

与字符串测试类似，整数测试也有两种形式的语法：

```
test number1 op number2
```

或者：

```
[ number1 op number2 ]
```

其中，number1 和 number2 分别表示参与比较的两个整数，可以是常量或者变量。op 表示运算符。

通常情况下是比较两个整数值是否相等或者哪个数值比较大。对于这些运算，Shell 提供了相应的运算符。例如，可以使用-eq 运算符比较两个整数值是否相等（equal to），使用-ne 运算符比较两个整数值是否不相等（not equal），使用-gt 运算符测试某个整数是否大于（greater than）另外一个整数。如表 4-2 列出了常见的整数运算符及其使用方法。

表 4-2　常见的整数运算符

运　算　符	说　　明
number1 -eq number2	比较number1是否等于（equal to）number2。如果相等，则测试结果为0
number1 -ne number2	比较number1和number2是否不相等（not equal to）。如果number1和number2不相等，则测试结果为0
number1 -gt number2	比较number1是否大于（greater than）number2。如果number1大于number2，则测试结果为0
number1 -lt number2	测试number1是否小于（less than）number2。如果number1小于number2，则测试结果为0
number1 -ge number2	测试number1是否大于或等于（greater than or equal to）number2。如果number1大于或等于number2，则测试结果为0
number1 -le number2	测试number1是否小于或等于（less than or equal to）number2。如果number1小于或等于number2，则测试结果为0

在整数测试中，最简单的方法就是直接比较两个常数的大小，见下面的例子。

【例 4-5】　比较两个整数是否相等，代码如下：

```
01    #比较整数12和14是否相等
02    [root@linux chapter4]# [ 12 -eq 14 ]
03    [root@linux chapter4]# echo $?
04    1
```

从上面的执行结果中可知，12 并不等于 14。

【例 4-6】 比较两个整数的大小，代码如下：

```
01  #比较 12 是否大于 14
02  [root@linux chapter4]# test 12 -gt 14
03  [root@linux chapter4]# echo $?
04  1
05  #比较 12 是否小于 14
06  [root@linux chapter4]# test 12 -lt 14
07  [root@linux chapter4]# echo $?
08  0
```

从上面第 4 行的输出结果中可知，12 并不大于 14，因此-gt 运算的结果为 1；从第 8 行的输出结果中可知，12 小于 14，因此-lt 运算的结果为 0。

下面再介绍参与比较的一方是整数变量而非常数的情况，请参见下面的例子。

【例 4-7】 比较变量与常数的大小，代码如下：

```
01  #定义整数变量$x
02  [root@linux chapter4]# x=365
03  #比较变量$x 的值是否等于 365
04  [root@linux chapter4]# test "$x" -eq 365
05  [root@linux chapter4]# echo $?
06  0
07  #比较变量$x 的值是否大于 364
08  [root@linux chapter4]# test "$x" -gt 364
09  [root@linux chapter4]# echo $?
10  0
```

通过第 6 行可以知道，变量$x 的值等于 365；而第 10 行的结果表示变量$x 的值大于 364。

在许多情况下，参与比较的两个操作数往往都是变量，对于这种情况，其操作方法与前面基本相同，下面的例子就演示了这种情况。

【例 4-8】 比较两个变量值的大小。在本例中，首先定义两个整数变量$x 和$y，然后判断变量$x 是否小于或者等于变量$y，代码如下：

```
01  #定义变量$x
02  [root@linux chapter4]# x=123
03  #定义变量$y
04  [root@linux chapter4]# y=36
05  #判断$x 是否小于或者等于$y
06  [root@linux chapter4]# [ "$x" -le "$y" ]
07  [root@linux chapter4]# echo $?
08  1
```

从上面第 8 行的执行结果中可知，第 6 行的表达式所表示的条件为假。

初学者经常会错误地使用运算符。在进行整数比较的时候，一定要用表 4-2 中列出的运算符。但是，由于受到其他程序设计语言的影响，初学者可能会使用字符串运算符中的"="和"!="来进行整数比较，下面的例子就演示了这种情况。

【例 4-9】 使用"="比较两个整数会出现错误的结果，代码如下：

```
01  #使用"="运算符比较两个整数
02  [root@linux chapter4]# [ 12 = 13 ]
03  [root@linux chapter4]# echo $?
04  1
05  #使用-eq 运算符比较两个整数
06  [root@linux chapter4]# [ 12 -eq 13 ]
```

```
07    [root@linux chapter4]# echo $?
08    1
```

在上面的例子中，虽然两次比较的结果都是 1，表示这两个值不相等，但是两次的比较过程却有本质的区别。其中，第 2 行的比较实际上是将这两个整数作为字符串来比较的，相当于以下运算：

```
[root@linux chapter4]# [ "12" = "13" ]
```

而第 6 行则是真正地将 12 和 13 作为整数值进行比较。

另外，在表 4-2 中列出的运算符是针对整数运算的。如果使用了非整数，则会出错。

【例 4-10】 使用"="进行非整数比较，代码如下：

```
01    #为变量$x赋一个小数值
02    [root@linux chapter4]# x=12.3
03    [root@linux chapter4]# y=12
04    [root@linux chapter4]# [ "$x" -gt "$y" ]
05    #给出错误提示
06    -bash: [: 12.3: integer expression expected
```

第 6 行给出了错误信息，提示需要用整数表达式。

注意：字符串运算符和整数运算符不可以混用，初学者一定要牢记。

4.1.4 文件测试

在任何程序设计语言中，文件的操作都是必不可少的一部分。同样，Shell 也提供了许多与文件有关的操作符。通过这些操作符，可以对文件的状态进行检测。例如，判断文件是否存在，以及文件是否可读写等。

文件测试的语法如下：

```
test op file
```

或者：

```
[ op file ]
```

在上面的语法中，op 表示操作符，常用的文件操作符如表 4-3 所示，其中，file 表示要测试的文件名。

表 4-3 常用的文件操作符

操 作 符	说　　明
-a file	文件是否存在。如果文件存在，则结果为0
-b file	文件存在且为块（block）文件。如果文件file是一个已经存在的块文件，则结果为0
-c file	文件是否存在，且为字符（char）文件。如果file是一个已经存在的字符文件，则结果为0
-d file	文件是否存在且为目录（directory）。如果文件file是一个已经存在的目录，则结果为0
-e file	文件是否存在，如果存在，则结果为0
-s file	文件的大小（size）是否大于0或者文件为非空文件。如果file是一个非空文件，则结果为0

续表

操 作 符	说 明
-f file	文件存在并且为常规文件（regular file）。如果file是一个已经存在的常规文件，则结果为0
-w file	文件是否存在且可写（writable）。如果文件file是一个可写文件则结果为0
-L file	文件存在且为符号链接（link）。如果文件file是一个已经存在的符号链接，则结果为0
-u file	文件是否设置suid位。如果文件file已经设置了suid位，则结果为0
-r file	文件存在并且可读（readable）。如果文件file是一个已经存在的可读文件，则结果为0
-x file	文件存在并且可执行（executable）。如果文件file是一个已经存在的可执行文件，则结果为0

从表 4-3 中可以看出，文件操作符的作用主要有 3 个，分别是检测文件是否存在、判断文件的类型，判断文件的访问权限。下面对这 3 个方面进行介绍。

在 Shell 程序中，可以通过操作符检测某个特定的文件是否存在。为了便于介绍，我们首先看一下当前目录的内容：

```
[root@linux chapter4]# ll
total 12
drwxr-xr-x  2  root      root      4096  Jun  9 14:50  dir1
-rw-r--r--  1  root      root      12    Jun  9 14:49  file1
-rw-r--r--  1  root      root      0     Jun  9 14:49  file2
-rwxr-xr-x  1  root      root      30    Jun  9 15:06  hello.sh
```

从上面的执行结果中可知，当前目录下包含一个目录、两个常规文件以及一个可执行文件。

【例 4-11】 通过文件操作符判断文件是否存在，代码如下：

```
01  [root@linux chapter4]# test -a file1
02  [root@linux chapter4]# echo $?
03  0
```

在上面的代码中，第 1 行使用 test 命令配合-a 操作符来判断名称为 file1 的文件是否存在。从第 3 行的结果中可知，这个文件是存在的。这与上面列出的目录内容是一致的。

【例 4-12】 判断文件是否存在。在本例中指定一个不存在的文件，以验证操作符能否返回正确的值，代码如下：

```
01  [root@linux chapter4]# [ -a file3 ]
02  [root@linux chapter4]# echo $?
03  1
```

由上面的执行结果可知，由于当前目录下并不存在名称为 file3 的文件，所以第 3 行的输出结果为 1。

在某些情况下可能需要判断指定的文件的类型。例如，该文件是否为目录，是否为常规文件，是否为块文件，是否为空文件等。这些信息都可以通过操作符来获取，下面分别举例说明。

【例 4-13】 通过操作符判断各种文件类型，代码如下：

```
01  #判断文件 dir1 是否为目录
02  [root@linux chapter4]# test -d dir1
03  [root@linux chapter4]# echo $?
04  0
05  #判断文件 file1 是否为常规文件
```

```
06  [root@linux chapter4]# test -f file1
07  [root@linux chapter4]# echo $?
08  0
09  #判断file2是否为非空文件
10  [root@linux chapter4]# test -s file2
11  [root@linux chapter4]# echo $?
12  1
13  #判断file1是否为块文件
14  [root@linux chapter4]# test -b file1
15  [root@linux chapter4]# echo $?
16  1
17  #判断/dev/sda是否为块文件
18  [root@linux chapter4]# test -b /dev/sda
19  [root@linux chapter4]# echo $?
20  0
21  #判断/dev/tty是否为字符文件
22  [root@linux chapter4]# test -c /dev/tty
23  [root@linux chapter4]# echo $?
24  0
```

在上面的代码中，第 2 行使用-d 操作符判断指定的文件是否为目录，由于 dir1 是一个已经存在的目录，所以该操作符的执行结果为 0。第 6 行使用-f 操作符判断指定的文件是否为常规文件，由于 file1 是一个普通的文件，所以该操作符的执行结果为 0。第 10 行使用-s 操作符判断指定的文件是否为非空文件，由于 file2 是一个 0 字节的文件，所以该操作符的执行结果为 1。第 14 行使用-b 操作符判断指定的文件是否为块文件，由于 file1 是一个常规文件，所以该操作符的执行结果为 1；而第 18 行中的/dev/sda 是一个块文件，所以该操作符的执行结果为 0。第 22 行使用-c 操作符判断指定的文件是否为字符文件，由于控制终端/dev/tty 是一个字符文件，所以该操作符的执行结果为 0。

通过操作符还可以判断文件的访问权限。在 Linux 中，文件的访问主要包括读、写、执行以及是否设置用户 ID（setuid）和组 ID（setgid）标志等。

【例 4-14】 通过文件测试判断用户对文件的访问权限，代码如下：

```
01  #判断文件file1是否可写
02  [root@linux chapter4]# test -w file1
03  [root@linux chapter4]# echo $?
04  0
05  #判断文件file1是否可读
06  [root@linux chapter4]# test -r file1
07  [root@linux chapter4]# echo $?
08  0
09  #判断文件file1是否可执行
10  [root@linux chapter4]# test -x file1
11  [root@linux chapter4]# echo $?
12  1
13  #判断文件hello.sh是否可执行
14  [root@linux chapter4]# test -x hello.sh
15  [root@linux chapter4]# echo $?
16  0
```

在上面的代码中，第 2 行使用-w 操作符判断当前用户对于指定的文件 file1 是否拥有写入的权限。由于文件 file1 的权限为-rw-r--r--，所有的用户拥有写入的权限，所以该操作符的执行结果为 0。第 6 行是用-r 操作符来判断当前用户是否拥有对文件 file1 的读取权限，从上面的文件权限中可以得知，所有的用户都拥有读取权限，所以该操作符的执行结果为 0。第 10 行使用-x 操作符判断当前用户是否拥有文件 file1 的执行权限，从上面的权限中可以得知，任何用户都没有执行该文件的权限，所以该操作符的执行结果为 1；而文件 hello.sh 的权限为-rwxr-xr-x，这意味着所有的用户都拥有执行该文件的权限，所以第 14 行中的-x 操作符的执行结果为 0。

在 Linux 中，文件的访问权限可以使用 chmod 命令来设置。关于该命令的详细使用方法请参考相关书籍。下面举一个简单的例子来说明该命令的使用方法。

【例 4-15】 使用 chmod 命令为 hello.sh 文件设置 setuid 权限，这样，执行该文件的用户就会临时拥有该文件所有者的权限，代码如下：

```
01  [root@linux chapter4]# chmod u+s hello.sh
02  [root@linux chapter4]# ll
03  total 12
04  drwxr-xr-x 2   root    root    4096    Jun 9 14:50   dir1
05  -rw-r--r-- 1   root    root    12      Jun 9 14:49   file1
06  -rw-r--r-- 1   root    root    0       Jun 9 14:49   file2
07  -rwsr-xr-x 1   root    root    30      Jun 9 15:06   hello.sh
08  [root@linux chapter4]# test -u hello.sh
09  [root@linux chapter4]# echo $?
10  0
```

第 1 行使用 chmod 命令的 u+s 选项为 hello.sh 文件设置了 setuid 权限。我们可以从第 7 行的文件访问权限属性中得知，该文件的权限属性为-rwsr-xr-x。第 8 行使用-u 操作符判断 hello.sh 文件是否设置了用户 ID 权限，从第 10 行的输出中可知，-u 操作符返回了正确的结果。

注意：除了在表 4-3 中列出的文件操作符之外，还有一些文件操作符，如-nt 用于判断某个指定的文件修改时间是否比另外一个文件晚，-ot 用于判断某个指定的文件的修改时间是否比另外一个文件早。当执行成功时，这些操作符的执行结果都是 0。

在 Shell 编程中，文件测试的应用非常广泛。例如，在程序中创建一个新的文件之后，可以使用-a 或者-e 操作符来判断是否创建成功。另外，在写入文件的时候，也可以先通过-w 操作符判断是否拥有写入该文件的权限，从而保证程序的正常执行。

4.1.5 逻辑操作符

前面介绍的字符串测试、整数测试以及文件测试都是提供了一个测试条件，而在 Shell 编程中，经常遇到同时判断多个条件的情况。Shell 中的逻辑操作符可以将多个不同的条件组合起来，从而构成一个复杂的条件表达式。常用的逻辑操作符如表 4-4 所示。

表 4-4 常用的逻辑操作符

操 作 符	说 明
! expression	逻辑非，如果条件表达式 expression 的值为假，则该操作符的运算结果为真
expression1 -a expresion2	逻辑与，如果条件表达式 expression1 和（and）expression2 的值都是真，则整个表达式的值才为真
expression1 -o expression2	逻辑或，如果条件表达式 expression1 或者（or）expression2 的值有一个为真，则整个表达式的值就为真

在表 4-4 中一共列出了 3 个逻辑操作符，分别为逻辑非、逻辑与和逻辑或。其中，逻辑非表示取反，使用感叹号"!"表示。逻辑非只连接一个条件表达式，其执行结果是将该条件表达式的值变成相反的值。因此，如果条件表达式 expression 的值为真，则应用"!"操作符之后整个表达式的值就为假，反之亦然。

逻辑与使用"-a"表示，其连接两个条件表达式，只有 expression1 和 expression2 的值都为真时，整个表达式的值才为真。

逻辑或使用"-o"表示，其同样连接两个条件表达式，但是它与逻辑与的不同之处在于，只要 expression1 和 expression2 中有一个条件为真，那么整个表达式的值就为真。

正因为逻辑与和逻辑或有上述特点，所以 Shell 在处理逻辑操作符时不一定会将整个表达式中的各个条件都计算完成才会得到整个表达式的值。在逻辑与中，如果第一个表达式 expression1 的值为假，则无论 expression2 的值是否为假，整个表达式的值必定为假，因此就不需要再去计算 expression2 的值；在逻辑或中，如果第一个表达式 expression1 的值为真，则整个表达式的值必定为真，此时也不需要再计算 expression2 的值。

【例 4-16】 判断整数变量$a 的值是否大于 20 并且小于 60，代码如下：

```
01  #定义变量$a
02  [root@linux chapter4]# a=35
03  [root@linux chapter4]# test "$a" -gt 20 -a "$a" -lt 60
04  [root@linux chapter4]# echo $?
05  0
```

从第 5 行的输出结果中可以看出，整个表达式的值为真。

【例 4-17】 通过条件测试来判断当前用户是否拥有某个文件的写入权限，代码如下：

```
01  [root@linux chapter4]# [ -e file1 -a -w file1 ]
02  [root@linux chapter4]# echo $?
03  0
```

在上面的代码中，第 1 行使用-e 操作符和-w 操作符，分别判断文件 file1 是否存在和可写，然后使用-a 操作符将这两个条件连接起来。第 3 行的输出结果表示文件 file1 同时满足这两个条件。

4.2 条件判断语句

在程序执行的过程中总会遇到各种各样的情况，而一个功能相对完善的程序，应该根据不同的情况选择执行不同的代码，此时需要用到条件判断语句。条件判断语句是一种最简单的流程控制语句，该语句使得程序根据不同的条件来执行不同的程序分支。本节介绍 Shell 程序设计中的简单的条件判断语句。

4.2.1 使用简单的 if 语句进行条件判断

条件判断语句使用 if 语句来实现。最简单的 if 语句的语法如下：

```
if expression
then
    statement1
    statement2
```

```
    …
    fi
```

在上面的语法中，expression 通常代表一个条件表达式，但也可以是 Shell 命令。因为在 Shell 中，每个命令都会有一个退出状态码，如果某个命令正常退出，则其退出状态为 0；如果执行错误，则其退出状态为通常为非 0。这种规定与其他程序设计语言有所不同，因为在绝大部分的程序设计语言里，0 通常表示假，而非 0 表示真。所以，读者在学习 Shell 程序设计的时候一定要注意这一点。

在 if 语句中，只有当 expression 的值为真时，才执行 then 子句后面的语句。then 子句后面可以跟随多条语句，如 statement1、statement2 等。当 expression 的值为真时，会依次执行这些语句。由于 Shell 没有提供花括号{}来表示代码块，所以需要使用 fi（fi 是 if 的倒序写法）关键字来表示 if 结构的结束。

为了使得代码更加紧凑，在某些情况下可以将 if 子句和 then 子句写在同一行中。此时需要在 expression 表达式后面加上一个分号：

```
if expression; then
    statement1
    statement2
fi
```

分号的作用是表示 if 子句已经结束，后面的代码是 then 子句。

⚠ 注意：在 Shell 程序中，如果想要将多条命令放在同一行中，则需要使用分号将其隔开。

【例 4-18】 通过条件测试判断文件类型，代码如下：

```
01  #-----------------------------/chapter4/ex4-18.sh-------------------
02  #! /bin/sh
03  #使用条件测试判断/bin/bash 是不是一个常规文件
04  if [ -f /bin/bash ]
05      then echo "/bin/bash is a file"
06  fi
```

上面的例子非常简单。其中，第 4 行通过 if 语句判断/bin/bash 是不是一个常规文件。如果是，就通过第 5 行的 echo 语句输出一行提示信息。

程序的执行结果如下：

```
[root@linux chapter4]# ./ex4-18.sh
/bin/bash is a file
```

从上面的执行结果中可知，/bin/bash 是一个已经存在的常规文件。通常情况下，当我们在 Shell 程序中创建一个文件的时候，需要判断该目标文件是否创建成功，然后采取下一步的行动。

【例 4-19】 通过条件测试判断文件是否创建成功，代码如下：

```
01  #-----------------------------/chapter4/ex4-19.sh-------------------
02  #! /bin/sh
03  #通过 echo 命令和重定向创建一个文件
04  echo "hello world!" > ./msg.log
05  if [ -f ./msg.log ]; then echo "file has been created."; fi
```

第 4 行通过 echo 命令结合重定向操作符在当前目录下创建了一个名称为 msg.log 的文本文件。第 5 行通过条件测试来判断 msg.log 文件是否存在。如果文件已经存在，则表示文件创建成功；否则表示文件创建失败。出于测试的目的，在上面的例子中，如果文件创建成功，只是简单地输出一行提示信息。

以上程序的执行结果如下：

```
[root@linux chapter4]# ./ex4-19.sh
file has been crreated.
```

⚠️**注意**：在 if 语句中，如果使用条件测试，可以使用 test 命令，也可以使用方括号[]。

当我们在 Shell 程序中使用代码创建或者修改某个文件的时候，首先判断文件是否创建成功，或者判断文件是否存在是一个非常好的习惯。它有效地避免了许多 Shell 程序中意想不到的问题。当然，在实际的应用场景，当检测到文件没有创建成功或者不存在的时候，会执行重新创建或者输出错误信息的相关代码，而在上面的例子中只是简单地输出提示信息。

在 Shell 中还有一个特殊的命令，称为空命令，其表示方法是一个冒号（:），该命令不做任何事情，但是它的退出状态永远是 0。因此，如果我们将该命令作为 if 语句中的条件，则会永远执行 then 子句，如下面的例子。

【例 4-20】 使用空命令作为判断条件，代码如下：

```
01  #----------------------------/chapter4/ex4-20.sh--------------------
02  #! /bin/sh
03  #使用空命令作为条件
04  if :; then echo "always true"; fi
```

由于空命令":"的退出状态永远是 0，所以程序的输出结果永远如下：

```
[root@linux chapter4]# ./ex4-20.sh
alway true.
```

在实际编程中，有人喜欢使用&&操作符来代替 if 语句，如下面的例子。

【例 4-21】 使用&&操作符代替 if 语句，代码如下：

```
01  #----------------------------/chapter4/ex4-21.sh--------------------
02  #! /bin/sh
03  #使用&&操作符代替if语句
04  test "$(whoami)" != "root" && (echo you are using a non-privileged
    account; exit 1)
```

上面代码的第 4 行是一个比较复杂的语句。在该语句中，首先是一个 test 条件测试，其测试条件是 whoami 命令的执行结果是否不等于 root。如果条件为真，则执行&&后面括号中的语句，即输出一行提示信息，然后通过 exit 语句退出程序。

如果以 root 用户的身份执行例 4-21，则不会有任何输出信息：

```
[root@linux chapter4]# ./ex4-21.sh
```

而切换到其他用户再执行该程序时，则会输出提示信息如下：

```
[root@linux chapter4]# su - chunxiao
[chunxiao@linux ~]$ ./ex4-21.sh
you are using a non-privileged account
```

⚠️**注意**：在使用 if 语句的时候，千万不要漏掉最后的结束标志 fi，否则会出现以下错误。

```
[root@linux chapter4]# ./ex4-21.sh
./ex4-21.sh: line 7: syntax error: unexpected end of file
```

4.2.2 使用 if…else 语句进行流程控制

虽然简单的 if 语句的功能已经非常强大了,但是在绝大部分情况下,我们需要面对的不止一种情况。例如,在 4.2.1 节的最后一个例子中,我们只是判断了文件创建成功的情况,如果文件成功,则会输出一行提示信息。当文件创建不成功的时候,不会有任何输出信息,这显然对用户是不友好的。因此,我们需要在文件没有创建成功的时候给出适当的提示信息。

if…else 语句的基本语法如下:

```
if expression
then
    statement1
    statement2
    …
else
    statement3
    statement4
    …
fi
```

在上面的语法中,expression 表示 if 语句的执行条件,可以是条件表达式或者一个 Shell 命令。如果 expression 的值为真,则执行 then 子句中的语句 statement1、statement2 等。如果 expression 的值为假,则执行 else 子句中的语句,包括 statement3、statement4 等,最后通过 fi 关键字结束整个 if 代码块。

【例 4-22】 演示 if else 语句的使用方法,代码如下:

```
01  #-----------------------------/chapter4/ex4-22.sh--------------------
02  #! /bin/sh
03
04  #输出提示信息
05  echo "Please enter a number:"
06  #从键盘读取用户输入的数字
07  read num
08  #如果用户输入的数字大于 10
09  if [ "$num" -gt 10 ]; then
10      #输出大于 10 的提示信息
11      echo "The number is greater than 10."
12  #否则
13  else
14      #输出小于或者等于 10 的提示信息
15      echo "The number is equal to or less than 10."
16  fi
```

在上面的代码中,第 5 行输出要求用户输入数字的提示信息。第 7 行通过 read 语句从键盘读取用户输入的数字。第 9 行则通过整数条件测试来判断用户输入的数字是否大于 10,如果大于 10,则通过第 11 行输出大于 10 的信息;否则,通过第 15 行的 echo 语句输出用户输入的数字小于或者等于 10 的提示信息。

以上代码的执行结果如下:

```
01  [root@linux chapter4]# ./ex4-22.sh
02  Please enter a number:
03  6
```

```
04  The number is equal to or less than 10.
05  [root@linux chapter4]# ./ex4-22.sh
06  Please enter a number:
07  12
08  The number is greater than 10.
```

在上面的输出结果中,第 3 行输入数字 6,第 4 行则输出用户输入的数字小于或者等于 10 的提示信息。当在第 7 行输入数字 12 之后,程序在第 8 行输出数字大于 10 的提示信息。

> **注意**:在例 4-22 中,程序接收到用户输入的数据之后直接与给定的数值进行比较。但是有时用户可能没有输入任何数据,而是直接按 Enter 键,或者输入其他非数字的字符。对于这种情况,可以先用一个外层的 if…else 语句进行判断,使得只有符合要求的数据才能进入内部的 if…else 语句中进行比较。这样可以提高程序的健壮性。

实际上,if…else 语句不仅可以处理比较简单的两个分支的情况,还可以通过嵌套来处理多个分支的情况,见下面的例子。

【例 4-23】 演示如何通过 if…else 语句根据学生的百分制成绩输出五分制成绩,代码如下:

```
01  #--------------------------/chapter4/ex4-23.sh------------------
02  #! /bin/sh
03
04  #输出提示信息
05  echo "Please enter a score:"
06  #读取用户输入的数据
07  read score
08  #如果用户没有输入数据,则提示用户重新输入
09  if [ -z "$score" ]; then
10      echo "You enter nothing.Please enter a score:"
11      read score
12  else
13      #如果用户输入的数据不对,则重新输入
14      if [ "$score" -lt 0 -o "$score" -gt 100 ]; then
15          echo "The score should be between 0 and 100.Please enter again:"
16          read score
17      else
18      #输出级别 A
19      if [ "$score" -ge 90 ]; then
20          echo "The grade is A."
21      else
22          #输出级别 B
23          if [ "$score" -ge 80 ]; then
24              echo "The grade is B."
25          else
26              #输出级别 C
27              if [ "$score" -ge 70 ]; then
28                  echo "The grade is C."
29              else
30                  #输出级别 D
31                  if [ "$score" -ge 60 ]; then
32                      echo "The grade is D."
33                  else
34                      #输出级别 E
```

```
35              echo "The grade is E."
36            fi
37          fi
38        fi
39      fi
40    fi
41  fi
```

程序将用户输入的成绩分成 A~E 共 5 个等级，执行结果如下：

```
[root@linux chapter4]# ./ex4-23.sh
Please enter a score:
12
The grade is E.
[root@linux chapter4]# ./ex4-23.sh
Please enter a score:
98
The grade is A.
[root@linux chapter4]# ./ex4-23.sh
Please enter a score:
77
The grade is C.
```

在前面的例子中我们分别列举了简单的 if…else 和两层嵌套的 if…else 结构的使用方法。实际上，Shell 中的 if…else 结构并没有限制嵌套的层数，可以根据自己的需要灵活使用这种流程控制结构。

4.2.3　使用 if…elif 语句进行多条件判断

在例 4-23 中介绍了嵌套的 if…else 语句的使用方法。虽然这种方法可以很好地处理多个分支的情况，但是读者可能会发现一个非常严重的问题，那就是整个程序的条理看起来很不清楚，经常会出现漏掉 fi 的情况。为此，我们应该寻找能够更好地处理多分支情况的方法。

除了 if…else 语句之外，Shell 还提供了一个 if…elif 语句。通过该语句，可以用比较优雅的方式来处理多分支情况。if…elif 语句的基本语法如下：

```
if expression1
then
    statement1
    statement2
    …
elif expression2
then
    statement3
    statement4
    …
elif expression3
then
    statement5
    statement6
    …
else
    statementn
    …
fi
```

在上面的语法中，expression1 表示整个 if…elif 语句结构中的第 1 个条件表达式。如果该条件表达式的值为真，则执行第 1 个 then 子句中的语句 statement1 及 statement2 等；否则继续下面的判断。如果表达式 expression2 的值为真，则执行第 2 个 then 子句中的语句，以此类推。如果所有的条件表达式的值都为假，则执行最后的 else 子句中的语句。最后是 if…elif 结构的结束标志 fi。

【例 4-24】 本例对例 4-23 进行改进，使得该程序的可读性更强，代码如下：

```sh
01 #----------------------------/chapter4/ex4-24.sh--------------------
02 #! /bin/sh
03
04 echo "Please enter a score:"
05
06 read score
07
08 if [ -z "$score" ]; then
09    echo "You enter nothing.Please enter a score:"
10    read score
11 else
12    if [ "$score" -lt 0 -o "$score" -gt 100 ]; then
13       echo "The score should be between 0 and 100.Please enter again:"
14       read score
15    else
16       #如果成绩大于 90
17       if [ "$score" -ge 90 ]; then
18          echo "The grade is A."
19       #如果成绩大于 80 且小于 90
20       elif [ "$score" -ge 80 ]; then
21          echo "The grade is B."
22       #如果成绩大于 70 且小于 80
23       elif [ "$score" -ge 70 ]; then
24          echo "The grade is C."
25       #如果成绩大于 60 且小于 70
26       elif [ "$score" -ge 60 ]; then
27          echo "The grade is D."
28       #如果成绩小于 60
29       else
30          echo "The grade is E."
31       fi
32    fi
33 fi
```

在上面的程序中，我们用一个 if…elif 语句来代替多层嵌套的 if…elif 语句，从而使得整个程序的可读性大大增强。该程序的执行结果与例 4-23 完全相同，不再赘述。

4.2.4 使用 exit 语句退出程序

在 Shell 程序执行的过程中，有时需要在满足某个条件后退出程序的执行。在这种情况下，我们可以通过 if 语句配合 exit 语句来实现。exit 语句的基本作用是终止 Shell 程序的执行。除此之外，exit 语句还可以带一个可选的参数，用来指定程序退出时的状态码。exit 语句的基本语法如下：

```
exit status
```

其中，status 参数表示退出状态，该参数是一个整数值，取值范围为 0～255。与其他 Shell 命令一样，Shell 程序的退出状态也储存在系统变量$?中。因此可以通过该变量取得

Shell 程序返回给父进程的退出状态码。

按照惯例，退出状态 0 意味着脚本成功运行完毕；而非 0 通常意味着程序执行过程出现某些错误，具体的错误可以根据状态码来判断。正因为如此，我们可以用其他非 0 值给父进程传递不同的消息，根据子进程执行成功或者失败的状态，父进程采取不同的动作。如果 exit 语句没有带参数，则脚本的退出状态码就由脚本最后执行的语句来决定，也就是由 exit 语句之前的那条语句的执行状态来决定。

【例 4-25】 演示在不同的情况下，程序返回不同的状态码，代码如下：

```
01  #---------------------------------/chapter4/ex4-25.sh-------------------
02  #! /bin/sh
03
04  #使用 echo 语句输出字符串
05  echo hello world!
06
07  #使用$?变量获取 echo 语句的执行状态
08  echo $?
09
10  #执行一个无效的命令
11  aaa
12  #输出执行状态
13  echo $?
14
15  #退出
16  exit 120
```

在上面的代码中，第 5 行使用 echo 语句输出一个字符串。第 8 行输出上一条语句的退出状态。第 11 行是一个无效的命令，正因为无效，所以该语句会执行失败。第 13 行输出这条无效命令的退出状态码。第 16 行使用 exit 语句退出程序，并且指定返回状态为 120。

程序的执行结果如下：

```
01  [root@linux chapter4]# ./ex4-25.sh
02  hello world!
03  0
04  ./ex4-25.sh: line 11: aaa: command not found
05  127
```

其中，第 3 行输出的 0 是程序代码中第 5 行 echo 语句的退出状态。第 5 行输出的 127 是程序代码中第 11 行无效命令的执行状态。我们可以发现，执行成功的语句的退出状态为 0，而执行错误的语句的退出状态为非 0。因为代码中的最后一行 exit 语句执行后整个程序就退出了，所以没有输出状态码，我们可以在 Shell 中通过以下命令获取：

```
[root@linux chapter4]# echo $?
120
```

由上面的执行结果可以发现，ex4-25.sh 这个脚本的退出状态码为 120。

注意：虽然可以在程序中设置自己的退出状态码，但是通常情况下每个状态码都有特定的含义。因此在返回这些状态码的时候要避免执行脚本时产生误解。

通常情况下，exit 语句与 if 语句相互配合可以更灵活地控制程序的流程，请参考下面的例子。

【例 4-26】 使用 if 和 exit 语句，使得程序在适当的时候退出，代码如下：

```
01  #---------------------------------/chapter4/ex4-26.sh-------------------
```

```
02  #! /bin/sh
03
04  #如果文件已经存在则直接退出
05  if [ -e "$1" ]
06  then
07      echo "file $1 exists."
08      exit 1
09  #如果文件不存在则创建文件
10  else
11      touch "$1"
12      echo "file $1 has been created."
13      exit 0
14  fi
```

在上面的代码中，第 5 行判断用户输入的文件名是否存在，如果已经存在，则在第 7 行输出提示信息，在第 8 行通过 exit 语句退出程序，并且设置退出状态码为 1；如果文件不存在，则在第 11 行创建指定的文件，在第 12 行输出提示信息，在第 13 行通过 exit 语句退出程序，并且设置退出状态码为 0。

程序的执行结果如下：

```
[root@linux chapter4]# ./ex4-26.sh /bin/ls
file /bin/ls exists.
[root@linux chapter4]# echo $?
1
[root@linux chapter4]# ./ex4-26.sh ./demo.txt
file ./demo.txt has been created.
[root@linux chapter4]# echo $?
0
```

由上面的执行结果可知，当指定的文件存在时，程序的退出状态码为 1；当指定的文件不存在时，程序的退出状态码为 0。这些退出状态码可以提供给其他程序，使得其他程序能够根据例 4-26 的执行结果而采取相应的措施。

4.3 多条件判断语句 case

4.2 节介绍了通过 if…elif 语句来处理多分支的情况。实际上，与大多数程序设计语言一样，Shell 也提供了一个专门处理多分支情况的语句，即 case 语句。通过使用 case 语句，可以使得程序更加有条理性，本节将介绍 case 语句的使用方法。

4.3.1 case 的基本语法

case 语句的基本语法如下：

```
case variable in
value₁)
    statement₁
    statement₂
    …
    statementₙ;;
value₂)
    statement₁
    statement₂
```

```
    …
    statement_n;;
value_3)
    statement_1
    statement_2
    …
    statement_n;;
…
value_n)
    statement_1
    statement_2
    …
    statement_n;;
*)
    statement_1
    statement_2
    …
    statement_n;;
esac
```

在上面的语法中，variable 是一个变量，case 语句会将该变量的值与 value_1~value_n 中的每个值相比较，如果与某个 value 的值相等，则执行该 value 所对应的一组语句。当遇到 ";;" 符号时，就跳出 case 语句执行 esac 后面的语句。如果没有任何一个值与 variable 的值相匹配，则执行*后面的一组语句。

对于 case 语句，应该注意以下几点：

- 对于变量名 variable，可以使用双引号也可以不使用。
- 每个 case 子句中的条件测试部分都以通过右括号 ")" 结束。
- 每个 case 子句都以一对分号 ";;" 作为结束符。在脚本执行的过程中，当遇到一对分号时，会跳过当前 case 子句后面的所有 case 子句（包括*所对应的子句），执行 esac 子句后面的语句。
- case 语句结构以 esac 结尾。这与 if 语句以 fi 结尾是一样的，都是以前面一个单词的字母逆序排列作为结束标记。

4.3.2 利用 case 语句处理选项参数

使用 case 语句来处理选项参数在 Shell 中非常普遍，尤其是/etc/init.d 目录下的服务脚本，几乎都包含一个或者多个 case 语句。例如，下面给出的是 Java 应用服务器 Resin 的一个服务脚本的部分代码：

```
…
01    case "$1" in
02        #启动服务
03        start)
04            log_daemon_msg "Starting resin"
05            #如果变量 USER 不为空，则切换到 USER 身份，启动 Resin 服务
06            if test -n "$USER"; then
07                su $USER -c """$RESIN_EXE $ARGS $START_ARGS $START_CMD""" 1>>
                   $CONSOLE 2>> $CONSOLE
08            else
09                #输出错误
10                errors=`$RESIN_EXE $ARGS $START_CMD 2>&1`
11                if [ $? != 0 ]; then
```

```
12              log_daemon_msg $errors
13           fi
14        fi
15
16        log_end_msg $?
17        ;;
18  #停止服务
19  stop)
20        log_daemon_msg "Stopping resin"
21        if test -n "$USER"; then
22           su $USER -c """$RESIN_EXE $ARGS shutdown""" 1>> $CONSOLE 2>> $CONSOLE
23        else
24           errors=`$RESIN_EXE $ARGS shutdown 2>&1`
25           if [ $? != 0 ]; then
26              log_daemon_msg $errors
27           fi
28        fi
29
30        log_end_msg $?
31        ;;
32  #查看服务状态
33  status)
34        $RESIN_EXE $ARGS status || exit 3
35        ;;
36  #重新启动服务
37  restart)
38        $0 stop
39        $0 start
40        ;;
41  #其他情况
42  *)
43        echo "Usage: $0 {start|stop|status|restart}"
44        exit 1
45  esac
```

在上面的代码中，第 1 行通过系统变量$1 接收用户执行命令时的参数，这些参数可以取 4 个值，分别是 start、stop、status 及 restart，其含义分别表示启动 Resin 服务、停止 Resin 服务、查看 Resin 服务状态，以及重新启动 Resin 服务。每个子句中都有一组执行相应操作的语句。如果用户输入了这 4 个值以外的参数，则执行*对应的子句，提示用户使用的方法。

我们可以通过以下方法对 Resin 服务执行相应的操作。例如，下面的命令用于启动 Resin 服务：

```
[root@linux init.d]# /etc/init.d/resin start
Starting resin: .
```

以下命令用于查看 Resin 服务的状态：

```
[root@linux init.d]# /etc/init.d/resin status
Resin/4.0.30 status for watchdog at 127.0.0.1:6600

watchdog:
  watchdog-pid: 22583

server 'app-0' : ACTIVE
  password: missing
  watchdog-user: root
```

```
user: resin(resin)
root: /var/resin
conf: /etc/resin/resin.xml
uptime: 0 days 00h00
```

以下命令用于停止 Resin 服务：

```
[root@linux init.d]# /etc/init.d/resin stop
Stopping resin: .
```

> **注意**：在适当的时候使用 case 语句可以提高程序的可读性。

4.3.3 利用 case 语句处理用户的输入

除了处理参数之外，使用 case 语句还可以处理用户输入的不同数据，从而根据不同的数据执行不同的代码，请参见下面的例子。

【例 4-27】 演示 case 语句的使用方法，代码如下：

```
01  #-------------------------------/chapter4/ex4-27.sh------------------
02  #! /bin/sh
03
04  #输出提示信息
05  echo "Hit a key,then hit return."
06  #读取用户按下的键
07  read keypress
08  #case 语句开始
09  case "$keypress" in
10    #小写字母
11    [[:lower:]])
12      echo "Lowercase letter.";;
13    #大写字母
14    [[:upper:]])
15      echo "Uppercase letter.";;
16    #单个数字
17    [0-9])
18      echo "Digit.";;
19    #其他字符
20    *)
21      echo "other letter.";;
22  esac
```

在上面的代码中，第 7 行读取用户按下的键；第 9 行是 case 语句的开始，将变量 keypress 作为条件变量；第 11 行测试变量 keypress 对应的键值是不是小写字母，如果是小写字母，则输出相应的提示；第 14 行测试变量 keypress 对应的键值是不是大写字母；第 17 行测试变量 keypress 对应的键值是不是 0～9 之间的数字；第 20 行使用星号匹配其他情况。

程序的执行结果如下：

```
01  [root@linux chapter4]# ./ex4-27.sh
02  Hit a key,then hit return.
03  a
04  Lowercase letter.
05  [root@linux chapter4]# ./ex4-27.sh
06  Hit a key,then hit return.
07  B
08  Uppercase letter.
09  [root@linux chapter4]# ./ex4-27.sh
```

```
10    Hit a key,then hit return.
11    8
12    Digit.
13    [root@linux chapter4]# ./ex4-27.sh
14    Hit a key,then hit return.
15    ?
16    other letter.
```

在第 3 行中输入了一个小写字母 a，第 7 行输入了一个大写字母 B，第 11 行输入了一个数字 8，第 15 行输入了一个问号。程序分别根据用户输入的字符输出相应的信息。

4.4 运 算 符

关于运算符，在 4.1 节中已经介绍了一些，如字符串运算符、整数运算符及文件运算符等。关于这些运算符的详细使用方法请参考表 4-1 至表 4-3。除了这些运算符之外，还有一些与数值有关的运算符，如算术运算符、位运算符以及自增/自减运算符等，本节介绍这些运算符的使用方法。

4.4.1 算术运算符

与其他程序设计语言一样，Shell 中的算术运算符主要包括加（+）、减（-）、乘（*）、除（/）、求余（%）及幂运算（**）等。如表 4-5 列出了常用的算术运算符及其使用方法。

在 Linux Shell 中，用户可以通过 4 种方式来执行算术运算，这 4 种方式分别如下。

表 4-5 常用的算术运算符

运算符	说明	举例
+	求2个数的和	1+5是求1和5的和
-	求2个数的差	9-3是求9和3的差
*	求2个数的乘积	2*4是求2和4的乘积
/	求2个数的商	28/4是求28除以4的商
%	求余	23%4是求23除以4后的余数，即3
**	幂运算	3**3是求3^3的值，即27

1. 使用expr外部程序

expr（expression 的简写）是一个 Shell 命令，可以计算某个表达式的值，其基本语法如下：

```
expr expression
```

其中，expression 是要计算的表达式。

【例 4-28】 使用 expr 命令执行不同的算术运算，代码如下：

```
01    #----------------------------/chapter4/ex4-28.sh-------------------
02    #! /bin/sh
03
04    #计算 2 和 100 的差，即-98
05    result=`expr 2 - 100`
```

```
06    echo "$result"
07    #计算 2 和 100 的和, 即 102
08    result=`expr 2 + 100`
09    echo "$result"
10    #计算 2 和 5 的乘积, 即 10
11    result=`expr 2 \* 5`
12    echo "$result"
13    #计算 24 和 8 的商, 即 3
14    result=`expr 24 / 8`
15    echo "$result"
16    #先计算 2 和 6 的差再乘以 12, 即-48
17    result=`expr \( 2 - 6 \) \* 12`
18    echo "$result"
19    #错误的语法
20    result=`expr 2+5`
21    echo "$result"
22    #错误的语法
23    result=`expr 2-4*9`
24    echo "$result"
25    #错误的语法
26    result=`expr 1-(4-7) `
27    echo "$result"
```

在上面的代码中,我们使用单反引号"`"将 expr 和算术表达式引起来。其中:第 5 行计算 2 和 100 的差;第 8 行计算 2 和 100 的和;第 11 行计算 2 和 5 的乘积,星号表示乘法运算,而反斜线"\"是转义字符;第 14 行计算 24 和 8 的商;第 17 行是一个复合运算,先计算括号里面 2 和 6 的差,然后计算括号外面的乘法;第 20 行、23 行和第 26 行采用了紧凑格式来书写算术表达式,即运算符的左右两边没有空格。

程序的执行结果如下:

```
01    [root@linux chapter4]# ./ex4-28.sh
02    -98
03    102
04    10
05    3
06    -48
07    2+5
08    2-4*9
09    ./ex4-28.sh: command substitution: line 26: syntax error near unexpected token `('
10    ./ex4-28.sh: command substitution: line 26: `expr 1-(4-7)`
```

在上面的执行结果中,第 2 行的-98 是程序代码第 5 行的计算结果,第 3 行的 102 是程序代码第 8 行的计算结果,第 4 行的 10 是程序代码第 11 行的计算结果,第 5 行的 3 是程序代码第 14 行的计算结果,第 6 行的-48 是程序代码第 17 行的计算结果。上述语句都得到了正确的结果。

接下来看一下输出结果的第 7 行,在这一行中,程序并没有计算 2 和 5 的和,而是直接输出了这个表达式。同样,输出结果的第 8 行也是直接输出了算术表达式,而非计算结果。第 9 行和第 10 行的错误消息是 ex4-28.sh 文件中第 26 行和 27 行的执行结果。由于在使用 expr 进行算术运算的时候需要将括号转义,所以上面的语句执行错误。

注意:在使用运算符时,一定要注意运算符左右两边的空格,否则会得出错误的结果。
另外,expr 命令不能计算幂运算。在例 4-28 中使用的是反单引号。

2. 使用$((...))

使用$((...))形式进行算术运算的写法比较自由，无须对运算符和括号进行转义处理，可以采用松散或者紧凑的格式来书写表达式。

【例4-29】 演示如何使用$((..))符号进行算术运算，代码如下：

```
01  #---------------------------------/chapter4/ex4-29.sh--------------------
02  #! /bin/sh
03
04  #紧凑格式，计算3和6的和
05  result=$((3+6))
06  echo "$result"
07  #松散格式，计算3和9的和
08  result=$(( 3 + 9 ))
09  echo "$result"
10  #计算3和6的乘积
11  reuslt=$(( 3 * 6 ))
12  echo "$result"
13  #计算7和5的商
14  result=$(( 7 / 5 ))
15  echo "$result"
16  #计算8和3的余数
17  result=$(( 8 % 3 ))
18  echo "$result"
19  #复合运算
20  result=$(( ( 1-4 ) * 5 ))
21  echo "$result"
```

在上面的代码中，第5行采用紧凑格式来书写算术表达式，即运算符左右没有空格；第8行采用松散格式来书写算术表达式；第11行执行的是乘法运算，没有将乘法运算符星号进行转义处理；第14行执行除法运算；第17行执行求余数运算；第20行是一个复合运算，其中的括号也没有进行转义处理。

程序的执行结果如下：

```
[root@linux chapter4]# ./ex4-29.sh
9
12
12
1
2
-15
```

由上面的执行结果可以看出，使用$((...))执行算术运算非常灵活。

3. 使用$[...]

使用一个方括号同样可以执行算术运算，这种语法的特点与使用两个圆括号相同，无论采用紧凑格式还是松散格式，都可以得到正确的结果。另外，算术表达式中的星号和圆括号也无须进行转义处理。

【例4-30】 演示如何使用方括号进行算术运算，代码如下：

```
01  #---------------------------------/chapter4/ex4-30.sh--------------------
02  #! /bin/sh
03
04  #加法运算
```

```
05    result=$[4+5]
06    echo "$result"
07    #复合运算
08    result=$[(1+2)*3]
09    echo "$result"
10    #幂运算
11    result=$[ 2 ** 4 ]
12    echo "$result"
```

程序的执行结果如下:

```
[root@linux chapter4]# ./ex4-30.sh
9
9
16
```

4．使用let命令

使用 let 命令可以执行一个或者多个算术表达式，其中的变量名不需要使用$符号。如果表达式中含有空格或者其他特殊字符，则必须将其引起来。

【例 4-31】　使用 let 命令执行算术运算，代码如下:

```
01    #----------------------------/chapter4/ex4-31.sh-------------------
02    #! /bin/sh
03
04    #定义变量
05    n=10
06    #加法运算
07    let n=n+1
08    echo "$n"
09    #乘法运算
10    let n=n*10
11    echo "$n"
12    #幂运算
13    let n=n**2
14    echo "$n"
```

程序的执行结果如下:

```
[root@linux chapter4]# ./ex4-31.sh
11
110
12100
```

除了表 4-5 列出的运算符之外，还有一些复合算术运算符，如表 4-6 所示。

表 4-6　复合算术运算符

运算符	说　　明	举　　例
+=	将左边的数加上右边的数，再将和赋给左边的变量	3 += 5等于8
-=	将左边的数减去右边的数，再将差赋给左边的变量	5 -= 2等于3
*=	将左边的数乘以右边的数，然后将积赋给左边的变量	2 *= 8等于16
/=	将左边的数除以右边的数，然后再将商赋给左边的变量	6 /= 3等于2
%=	将左边的数对右边的数求模之后，再赋给左边的变量	22 /= 3等于1

关于这些运算符的使用方法，不再详细说明。

4.4.2 位运算符

对于 Shell 编程来说，位运算使用的比较少，这里只进行简单的介绍。位运算通常出现在整数之间，它针对的不是整个整数，而是其二进制表示形式中的某个或者某些位（bit）。例如，2<<1 是将二进制形式的 2 即 10 左移 1 位，从而变成 100，即 4。如表 4-7 列出了常用的位运算符。

表 4-7 常用的位运算符

运算符	说明	举例
<<	左移	4 << 2，将4左移2位，结果为16
>>	右移	8 >> 2，将8右移2位，结果为2
&	按位与	8 && 4，将8和4进行按位与运算，结果为0
|	按位或	8|4，将8和4进行按位或运算，结果为12
~	按位非	~8，将8进行按位非运算，结果为-9
^	按位异或	10 ^ 6，将10和6进行按二进制位异或运算，结果为12

在表 4-7 列出的运算符中，左移运算符"<<"是将整个数字的所有二进制位左移相应的数量，每左移 1 位，相当于将当前的数字乘以 2。右移运算符">>"是将整个数字的所有二进制位右移相应的数量，每右移 1 位，相当于将当前的数字除以 2。按位与"&"是将两个数字的每个二进制位进行与运算。如果这两个位都是 1，则运算结果就是 1；如果两个位中有任何一个为 0，则运算结果就是 0。

按位或"|"的运算过程与按位与基本相同，不同之处在于参与按位或运算的两个位中只要有一个位为 1，则运算结果就为 1；只有两个位都是 0 的情况下，运算结果才为 0。按位非"~"的运算过程是将参与运算的数字的每个二进制位进行非运算，即将原来的 1 变成 0，而将 0 变成 1。按位异或运算的过程与按位与或者按位非基本相同，但是在按位异或运算的过程中，只要参与运算的两个位的值相同，即同时为 0 或者同时为 1，其运算结果就是 1；否则，运算结果为 0。

如图 4-1 和图 4-2 所示为左移和右移运算的过程。在图 4-1 中，上面的数字为 4，将二进制形式的 4 左移 2 位，右边空出的位补 0，最后变成了 16。

同理，在图 4-2 中，上面的数字为 8，将二进制形式的 8 向右移动 2 位，右边的 0 去掉，最后变成了 2。其他位运算的过程大致相同，这里不再详细说明。下面举例说明移位运算的方法。

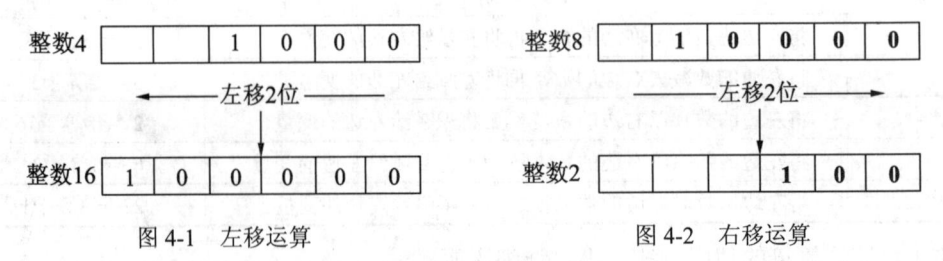

图 4-1 左移运算

图 4-2 右移运算

【例 4-32】 演示位运算符的使用方法，代码如下：

```
01  #----------------------------/chapter4/ex4-32.sh--------------------
02  #! /bin/sh
03
04  #左移运算
05  result=$[ 2 << 3 ]
06  echo "$result"
07  #右移运算
08  result=$[ 8 >> 2 ]
09  echo "$result"
10  #按位与运算
11  result=$[ 8 & 4 ]
12  echo "$result"
13  #按位非运算
14  result=$[ ~8 ]
15  echo "$result"
16  #按位异或运算
17  result=$[ 10 ^ 6 ]
18  echo "$result"
```

在上面的代码中，第 5 行执行左移运算，第 8 行执行右移运算，第 11 行执行按位与运算，第 14 行执行按位非运算，第 17 行执行按位异或运算。本例采用$[]的语法执行算术运算。

程序的执行结果如下：

```
[root@linux chapter4]# ./ex4-32.sh
16
2
0
-9
12
```

除了简单的按位运算符之外，还有一些复合位运算符，如表 4-8 列出了常用的复合位运算符。

表 4-8 常用的复合位运算符

运算符	说 明	举 例
<<=	将变量的值左移指定位数之后重新赋给该变量	x<<=3，将x的值左移3位，重新赋给变量x
>>=	将变量的值右移指定位数之后重新赋给该变量	x>>=4，将变量x的值右移4位后重新赋给变量x
&=	将变量的值与指定的数值按位与之后重新赋给该变量	x&=8，将变量x的值与8按位与运算之后重新赋给变量x
|=	将变量的值与指定的数值按位或之后重新赋给该变量	x|=7，将变量x的值与7执行按位或运算之后重新赋给变量x
^=	将变量的值与指定的数值按位异或之后重新赋给该变量	x^=9，将变量x的值与9执行按位异或运算之后重新赋给变量x

【例 4-33】 演示表 4-8 中列出的复合位运算符的使用方法，代码如下：

```
01  #----------------------------/chapter4/ex4-33.sh--------------------
02  #! /bin/sh
03
04  #定义变量 x
```

```
05    x=5
06    #执行左移赋值复合运算
07    let "x<<=4"
08    echo "$x"
09    #执行右移赋值复合运算
10    let "x>>=2"
11    echo "$x"
12    #执行按位或赋值运算
13    let "x|=2"
14    echo "$x"
```

程序的执行结果如下：

```
[root@linux chapter4]# ./ex4-33.sh
80
20
22
```

至于如何得到上面的执行结果，请读者参照图 4-2 中的位运算方法就可以得出结论。

注意：复合运算符针对的都是变量，因为只有变量才有赋值操作。

4.4.3 自增或自减运算符

在 Shell 中，还有一类称为自增、自减运算符，这类运算符的作用是将某个变量自动加 1 或者减 1。这类运算符一共有 4 种，分别是前置自增、前置自减、后置自增和后置自减，如表 4-9 所示。

表 4-9　自增、自减运算符

运　算　符	说　　明
++variable	先将变量variable的值加1，然后赋给variable
--variable	先将变量variable的值减1，然后赋给variable
variable++	先使用variable的值，然后将该变量的值加1
variable--	先使用variable的值，然后将该变量的值减1

在表 4-9 中列出的运算符中，前置运算符是先执行运算，然后使用表达式的值；而后置运算符则是先使用表达式的值，然后执行自增或者自减运算。

【例 4-34】 演示自增或者自减运算符的使用方法，代码如下：

```
01    #-----------------------------/chapter4/ex4-34.sh--------------------
02    #! /bin/sh
03
04    #定义变量 x
05    x=5
06    #将变量 x 先自增，然后计算表达式的值
07    x=$[ x + (++x) ]
08    echo "$x"
09    #将变量先自减，然后计算表达式的值
10    x=$[ --x ]
11    echo "$x"
12    #先计算表达式的值然后自增
13    x=$((x++))
14    echo "$x"
```

```
15    #先计算表达式的值然后自减
16    x=$(( x-- ))
17    echo "$x"
```

在上面的代码中,第 5 行定义变量 x,并且赋值为 5。第 7 行是一个复合表达式,程序会先执行括号中的++x,将 x 的值加 1,从而变成 6,然后与括号外面的变量 x 相加,而此时括号外面的变量 x 的值仍然是 5,因此整个表达式的值为 11。第 10 行执行的是前置自减运算,程序先将 x 的值减 1,从而变成 10,然后将该值赋给变量 x。第 13 行执行的是后置自增运算,因此,整个表达式的值应该是 x 自增前的值,即 10,执行完第 13 行之后,x 的值变为 11。第 16 行执行后置自减运算,先将变量 x 的值自减,变成 10,然后将 10 赋给变量 x。

程序的执行结果如下:

```
[root@linux chapter4]# ./ex4-34.sh
11
10
10
10
```

对于上面的结果,读者可以对比上面的分析来理解。

> 注意:无论自增运算还是自减运算,都是针对变量而言的。不要对常量或者表达式执行自增或者自减运算,如 5++或者++(4+x)都是错误的,并且自增或者自减运算只能针对整数。

4.4.4 数字常量的进制

默认情况下,Shell 总是以十进制来表示数字。但是也可以在 Shell 中使用其他进制来表示数字,如二进制、八进制和十六进制。在 Shell 中,用户可以使用两种语法来表示不同的进制,首先是增加前缀。例如,以 0 开头的数字表示八进制,以 0x 开头的数字表示十六进制(hexadecimal)。第二种语法是使用井号"#"。例如,2#1000 表示二进制,8#42 表示八进制。

【例 4-35】 演示不同进制的表示方法,代码如下:

```
01    #-----------------------------/chapter4/ex4-35.sh-------------------
02    #! /bin/sh
03
04    #十进制 20
05    ((x=20))
06    echo "$x"
07    #八进制 20
08    ((x=020))
09    echo "$x"
10    #十六进制 20
11    ((x=0x20))
12    echo "$x"
```

在上面的代码中,第 5 行的数字没有任何前缀,表示这个数字是十进制数字;第 8 行的数字使用了前缀 0,表示这是用八进制表示的数字;第 11 行的数字使用了前缀 0x,表示这是一个用十六进制表示的数字。

程序的执行结果如下:

```
[root@linux chapter4]# ./ex4-35.sh
20
16
32
```

在上面的输出结果中,最后输出的全部是以十进制表示的数字。

【例 4-36】 演示使用井号 "#" 表示不同进制的方法,代码如下:

```
01  #-------------------------------/chapter4/ex4-36.sh-------------------
02  #! /bin/sh
03
04  #二进制
05  ((x="2#100000"))
06  echo "$x"
07  #八进制
08  ((x=8#123))
09  echo "$x"
10  #十六进制
11  ((x=16#32))
12  echo "$x"
```

程序的执行结果如下:

```
[root@linux chapter4]# ./ex4-36.sh
32
83
50
```

4.5 小　　结

本章深入介绍了条件测试、简单条件判断语句、多条件判断语句,以及运算符的使用方法等,主要内容包括条件测试的基本语法、字符串测试、数值测试、文件测试、逻辑操作符、简单的 if…else 语句、if…elif 语句、case 语句,以及算术运算符、位运算符和自增、自减运算符等。读者要重点掌握基本的条件测试的语法及条件判断的使用方法。第 6 章将介绍另外一种流程控制语句——循环结构。

4.6 习　　题

一、填空题

1. 条件测试的语法有两种,分别为＿＿＿＿和＿＿＿＿。
2. 当用户需要进行流程控制时,可以使用＿＿＿＿语句实现。如果要进行多条件判断,则使用＿＿＿＿语句。

二、选择题

1. 在 Shell 中,使用(　　)系统变量可以获取 Shell 命令的执行状态。

A．$@ B．$* C．$? D．$#
2．下面的（ ）运算符用来判断两个整数是否相等。
A．-eq B．-ne C．-gt D．-lt
3．下面的（ ）操作符用来判断文件是否可写。
A．-r B．-w C．-x D．-f

三、判断题

1．使用[]命令实现条件测试时，方括号的左右两边可以不留空格。　（　）
2．在给变量赋值的时候，等号的左右两边可以有空格。　（　）
3．在 Shell 中，字符串中的字母是区分大小写的。　（　）

四、操作题

1．使用 test 命令比较整数 10 和 12 是否相等。
2．使用 expr 命令计算 2 和 5 的乘积。

第 5 章 循环结构

循环结构是 Shell 程序设计语言中另外一种常用的流程控制结构。当用户需要重复执行相同的操作时，使用循环结构就可以很好地解决问题。在 Shell 中，循环结构可以使用 for、while 及 until 等语句来实现，还可以使用 continue 和 break 等语句在适当的时机跳过或者退出循环体中的某些语句。

本章涉及的主要知识点如下：

- 步进循环语句 for：主要介绍带列表的 for 循环语句、不带列表的 for 循环语句、类 C 风格的 for 循环语句，以及如何使用 for 循环语句来处理数组。
- until 循环语句：主要介绍 until 语句的基本语法，以及如何使用 until 语句批量添加用户。
- while 循环语句：先介绍 while 循环语句的基本语法，分别使用计数器、结束标记、标志及命令行等方法来控制 while 循环结构，然后介绍 while 语句与 until 语句的区别。
- 嵌套循环：介绍各种嵌套循环结构的使用方法。
- 利用 break 和 continue 语句控制循环：先介绍如何使用 break 和 continue 语句退出循环和跳过循环体中的某些语句，然后介绍这两种语句的区别。

5.1 步进循环语句 for

for 循环是最简单也是最常用的循环语句。与其他程序设计语言一样，for 循环是初学者在学习循环结构时的入门课程。for 循环通常用于遍历整个对象或者数字列表。按照循环条件不同，for 循环语句可以分为带列表的 for 循环、不带列表的 for 循环以及类 C 风格的 for 循环。下面介绍这 3 种 for 循环结构。

5.1.1 带列表的 for 循环语句

带列表的 for 循环通常用于将一组语句执行已知的次数，其基本语法如下：

```
for variable in {list}
do
    statement1
    statement2
    …
done
```

在上面的语法中，variable 称为循环变量，list 是一个列表，可以是一系列的数字或者字符串，元素之间使用空格隔开。do 和 done 之间的所有的语句称为循环体，即循环结构中重复执行的语句。for 循环体的执行次数与 list 中元素的个数有关。当带列表的 for 语句执行时，Shell 会将 in 关键字后面的 list 列表的第 1 个元素的值赋给变量 variable，然后执行循环体；当循环体中的语句执行完毕时，Shell 会将列表中的第 1 个元素的值赋给变量 variable，然后次执行循环体。在 list 列表中的所有元素都被访问过之后，for 循环结构终止，程序继续执行 done 语句后面的其他语句。

【例 5-1】 演示将数字列表作为循环条件列表的 for 语句的使用方法，代码如下：

```
01    #------------------------------/chapter5/ex5-1.sh--------------------
02    #! /bin/bash
03
04    #for 循环开始
05    for var in 1 2 3 4 5 6 7 8
06    do
07        #依次输出列表中的数字
08        echo "the number is $var"
09    done
```

在上面的代码中，第 5 行使用 1～8 的 8 个整数作为循环列表，第 8 行通过 echo 语句依次输出各个数字。

程序的执行结果如下：

```
[root@linux chapter5]# ./ex5-1.sh
the number is 1
the number is 2
the number is 3
the number is 4
the number is 5
the number is 6
the number is 7
the number is 8
```

从上面的执行结果中可以看出，通过带列表的 for 语句可以非常方便地对列表中的各个值进行处理。

除了将各个数字全部列出之外，还可以使用另外一种比较简单的书写方法，即用一个范围来代替列出的所有元素。例如，上面的 1～8 的数字可以使用{1…8}来代替。

【例 5-2】 将例 5-1 进行改造，使用简单的书写方法，代码如下：

```
01    #------------------------------/chapter5/ex5-2.sh--------------------
02    #! /bin/bash
03
04    #使用省略的写法表示某个范围
05    for var in {1…8}
06    do
07        echo "the number is $var"
08    done
```

程序的执行结果与例 5-1 完全相同：

```
[root@linux chapter5]# ./ex5-2.sh
the number is 1
the number is 2
the number is 3
the number is 4
the number is 5
the number is 6
```

```
the number is 7
the number is 8
```

在例 5-1 和例 5-2 中，for 语句的步长即循环变量每次增加的值都是 1。实际上，Shell 允许用户指定 for 语句的步长。当用户需要另外指定步长时，其基本语法如下：

```
for varibale in {start..end..step}
do
   statement1
   statement2
   …
done
```

在上面的语句中，循环列表被花括号包括起来，其中，start 表示起始的数值，end 表示终止的数值，step 表示步长。

【例 5-3】 通过 for 循环并配合步长来计算 100 以内奇数的和，代码如下：

```
01  #-----------------------------/chapter5/ex5-3.sh-----------------
02  #! /bin/bash
03
04  #定义变量并赋初值为 0
05  sum=0;
06  #for 循环开始，设置起始数值为 1，结束数值为 100，步长为 2
07  for i in {1..100..2}
08  do
09     #将数累加
10     let "sum+=i"
11  done
12  echo "the sum is $sum"
```

在上面的代码中，第 5 行定义了一个变量 sum 并且为其赋初值为 0。在后面的代码中，利用这个变量实现数的累加。第 7 行是 for 循环的开始，其中 i 为循环变量，花括号里是循环条件，指定该循环从 1 开始，到 100 结束，并且按照 2 的步长来递增。由于从 1 开始，所以递增 2 之后，第 2 个数为 3，第 3 个数为 5，以此类推。第 10 行是使用 let 语句计算表达式 sum+=i 的值。也就是说，每循环一次，都将当前的数与 sum 相加。第 12 行输出变量 sum 的值。

程序的执行结果如下：

```
[root@linux chapter5]# ./ex5-3.sh
the sum is 2500
```

在 for 循环的列表条件中，除了使用数字作为元素之外，还可以使用字符串。

【例 5-4】 将 1 周 7 天的名字作为列表条件，依次输出每天的名称，代码如下：

```
01  #-----------------------------/chapter5/ex5-4.sh-----------------
02  #! /bin/bash
03
04  #for 循环开始
05  for day in {Mon Tue Wed Thu Fri Sat Sun}
06  do
07     #输出循环变量的值
08     echo "$day"
09  done
```

上面代码的第 5 行是 for 循环的开始，将周一至周日的英文名称作为列表元素放在花括号内，它们之间用空格隔开。

程序的执行结果如下：

```
[root@linux chapter5]# ./ex5-4.sh
{Mon
Tue
Wed
Thu
Fri
Sat
Sun}
```

如果使用字符串作为列表元素，则可以省略外面的花括号。因此，例 5-4 可以修改为以下形式：

```
01    #! /bin/bash
02
03    #for 循环开始
04    for day in Mon Tue Wed Thu Fri Sat Sun
05    do
06        #输出循环变量的值
07        echo "$day"
08    done
```

前面例子中的 for 循环是直接指定循环的条件列表。实际上，Shell 中的 for 循环非常灵活，除了直接指定条件之外，还可以通过其他方式来获得条件列表。例如，某些 Shell 命令会输出一个列表。其中，最常见的命令就是 ls 命令，该命令可以列出某个目录下的文件清单。

【例 5-5】 将 ls 命令的输出结果作为 for 循环的执行条件，代码如下：

```
01    #--------------------------/chapter5/ex5-5.sh--------------------
02    #! /bin/bash
03
04    #使用 ls 命令的执行结果作为列表
05    for file in $(ls)
06    do
07        #输出每个文件名
08        echo "$file"
09    done
```

在上面的代码中，值得关注的是第 5 行，其中，$(ls)作为循环条件。前面已经介绍过，$()的作用就是将其中的字符串作为 Shell 命令来执行。因此，第 5 行的循环条件就是当前目录的文件列表。第 8 行通过 echo 语句依次输出文件的名称。

注意：例 5-5 中的$(ls)可以使用`ls`来代替。

程序的执行结果如下：

```
[root@linux chapter5]# ./ex5-5.sh
ex5-1.sh
ex5-2.sh
ex5-3.sh
ex5-4.sh
ex5-5.sh
```

上面的例子只是简单地输出文件名，实际上在实践中，可以针对这些文件进行其他处理操作，如删除某些文件等。

另外，通配符也经常出现在 for 循环的条件列表中。下面的例子就使用了通配符作为循环列表的方法。

第2篇 Shell 编程核心技术

【例 5-6】 使用通配符 "*" 作为条件列表,代码如下:

```
01  #----------------------------/chapter5/ex5-6.sh--------------------
02  #! /bin/bash
03
04  #使用通配符作为列表条件
05  for file in *
06  do
07      echo "$file"
08  done
```

在上面的代码中,for 循环的条件列表非常简单,只是一个星号 "*",这个星号的作用是列出当前目录下的所有文件,与 ls *命令等价。

程序的执行结果如下:

```
[root@linux chapter5]# ./ex5-6.sh
ex5-1.sh
ex5-2.sh
ex5-3.sh
ex5-4.sh
ex5-5.sh
ex5-6.sh
```

可以发现,例 5-6 的执行结果与例 5-5 完全相同,这是因为不带任何参数的 ls 命令也可以列出当前目录下的所有文件。

> **注意:** 由于通配符只是一个符号,而非 Shell 命令,因此,不能单独放在$()或者反引号内部。

列表 for 循环还有一个比较重要的用途就是处理脚本的参数。前面讲过,可以通过系统变量 "$*" 一次获取所有的参数,并且这些参数值之间是通过空格隔开的。因此,同样可以将该系统变量获取的参数值作为 for 循环的条件列表,从而可以依次处理各个参数。

【例 5-7】 使用 for 循环逐个处理脚本的参数值,代码如下:

```
01  #----------------------------/chapter5/ex5-7.sh--------------------
02  #! /bin/bash
03
04  #输出所有参数
05  echo "$*"
06  #将参数列表作为条件
07  for arg in $*
08  do
09      #依次输出各个参数值
10      echo "${arg}"
11  done
```

在上面的代码中,第 7 行将系统变量$*作为条件列表。程序的执行结果如下:

```
[root@linux chapter5]# ./ex5-7.sh a b c d e f g
a b c d e f g
a
b
c
d
e
f
g
```

5.1.2　不带列表的 for 循环语句

在某些特殊情况下，for 循环的条件列表可以完全省略，称为不带列表的 for 循环语句。如果没有为 for 循环提供条件列表，那么 Shell 将从命令行获取条件列表。不带列表的 for 循环语句的一般语法如下：

```
for variable
do
   statement1
   statement2
   …
done
```

由于系统变量$@同样可以获取所有的参数，所以上面的语法等价于以下语法：

```
for variable in $@
do
   statement1
   statement2
   …
done
```

同样等价于以下语法：

```
for variable in $*
do
   statement1
   statement2
   …
done
```

【例 5-8】　演示不带列表的 for 循环语句的使用方法，代码如下：

```
01  #--------------------------------/chapter5/ex5-8.sh-------------------
02  #! /bin/bash
03
04  #不带条件列表
05  for arg
06  do
07     #输出每个参数
08     echo "$arg"
09  done
```

以上代码的执行结果如下：

```
[root@linux chapter5]# ./ex5-8.sh a b c d
a
b
c
d
```

由于不带列表的 for 语句只能从命令行获取条件列表，所以在使用上受到了比较大的限制。

5.1.3　类 C 风格的 for 循环语句

在 Linux 或者 UNIX 中，C 或者 C++是主流的开发语言。因此，从事 Linux 系统管理的系统管理员或多或少都接触过 C 或者 C++语言。通常来说，他们对 C 语言的语法比较熟悉。为了适应这部分用户的习惯，bash 也提供了类 C 风格的 for 循环语句。类 C 风格的 for 循环语句的基本语法如下：

```
for ((expression1;expression2;expression3))
do
   statement1;
   statement2;
   …
done
```

在上面的语法中，for 循环语句的执行条件被两个圆括号包括起来。执行条件分为 3 个部分，由两个分号隔开，第 1 部分 expression1 通常是条件变量初始化的语句；第 2 部分 expression2 用于决定是否执行 for 循环的条件。当 expression2 的值为 0 时，执行整个循环体；当 expression2 的值为非 0 时，退出 for 循环体。第 3 部分，即表达式 expression3 通常用来改变条件变量的值，如递增或者递减等。

【例 5-9】 演示类 C 风格的 for 循环语句的使用方法，代码如下：

```
01  #----------------------------/chapter5/ex5-9.sh------------------
02  #! /bin/bash
03
04  #for 循环开始
05  for (( i=1;i<5;i++))
06  do
07      #输出循环变量 i 的值
08      echo "$i"
09  done
```

程序的功能比较简单，仅输出 1~4 这 4 个整数的值。当程序执行时，Shell 首先执行 for 循环条件中的第 1 部分，即表达式 i=1，该表达式用于为条件变量 i 赋初值为 1。

然后判断条件的第 2 部分，即计算表达式 i<5 的值，如果该表达式的值等于 0，则继续执行 for 循环。由于当前 i 的值为 1，所以 i<5 的值为 0，for 循环将继续执行。接着执行循环条件的第 3 部分，即表达式 i++，该表达式的作用是将变量 i 的值加 1。最后，Shell 将执行 for 循环体中的语句。

在例 5-9 中，实际上有用的代码只有一行，即第 8 行，通过 echo 语句输出变量 i 的值。当本次循环体执行完毕时，for 循环将从头开始执行，即跳转到第 5 行。

从第 2 次循环开始，循环条件中的第 1 部分将不再执行，而是直接判断第 2 部分中表达式的值是否为 0。如果为 0，则继续执行第 3 部分中的表达式，然后再次执行循环体。如果第 2 部分中的表达式的值为非 0 值，则退出 for 循环，继续执行 done 语句后面的语句。

例 5-9 的执行结果如下：

```
[root@linux chapter5]# ./ex5-9.sh
1
2
3
4
```

与 C 语言中一样，在 Shell 中也可以将 for 循环条件中 3 个部分的任何一部分省略掉，也可以全部省略掉。例如，下面的代码是一个完全合法的 for 循环结构：

```
#! /bin/bash

for((;;))
```

```
do
   echo "Hello world."
done
```

虽然是合法的,但是上面的 for 循环并没有指定终止循环的条件,所以会导致该程序无限地执行下去,成为死循环。

在 for 循环中,条件的第 2 部分可以是表达式或者命令。当表达式的值为 0 或者命令的退出状态码为 0 时,for 循环体将被执行;否则将退出 for 循环。

注意:在使用类 C 风格的 for 循环语句时,退出循环的条件稍不注意就会发生死循环。

5.1.4 使用 for 循环语句处理数组

在学习完 for 循环语句之后,再介绍一个具体的应用,即通过 for 循环语句来处理数组。希望通过这个例子的学习,可以加深读者对 for 语句的理解,从而熟练掌握 for 循环语句的使用方法。

使用 for 循环遍历数组非常方便。针对数组,Shell 专门提供了一种特殊语法的 for 循环语句,其基本语法如下:

```
for variable in ${array[*]}
do
   statement1
   statement2
   …
done
```

其中,变量 variable 是循环变量,in 关键字后面的部分表示要遍历的数组,array 表示数组的名称。在遍历数组的过程中,for 循环语句会将每个数组元素的值赋给循环变量 variable,因此可以在循环体中对每个数组元素进行相应的操作。

【例 5-10】 演示通过 for 循环来遍历数组,代码如下:

```
01   #-------------------------------/chapter5/ex5-10.sh-------------------
02   #! /bin/bash
03
04   #定义数组
05   array=(Monday Tuesday Wednesday Thursday Friday Saturday Sunday)
06   #通过 for 循环遍历数组元素
07   for day in ${array[*]}
08   do
09      #输出每个数组元素的值
10      echo $day
11   done
```

在上面的代码中,第 5 行定义了一个数组,该数组一共有 7 个元素。第 7 行通过 for 循环来遍历该数组。第 10 行输出每个数组元素的值。

程序的执行结果如下:

```
[root@linux chapter5]# ./ex5-10.sh
Monday
Tuesday
Wednesday
Thursday
Friday
```

```
Saturday
Sunday
```

从上面的执行结果中可以看出，已经成功地遍历了数组 array 中的每个元素。

> 注意：数组的定义与普通变量基本相同，只是在赋值不同。关于数组的知识将在第 7 章中详细介绍。

5.2　until 循环语句

until 循环语句同样存在于多种程序设计语言中。顾名思义，until 语句的作用是重复执行循环体，直到某个条件成立为止。恰当地使用 until 语句，可以起到事半功倍的效果。本节将详细介绍 until 语句的使用方法。

5.2.1　until 语句的基本语法

until 循环语句的功能是不断地重复执行循环体中的语句，直至某个条件成立。until 语句的基本语法如下：

```
until expression
do
    statement1
    statement2
    ...
done
```

在上面的语法中，expression 是一个条件表达式。当该表达式的值不为 0 时，将执行 do 和 done 之间的语句；当 expression 的值为 0 时，将退出 until 循环结构，继续执行 done 语句后面的其他语句。

在每次执行循环体时，until 语句都会先判断 expression 的值，如果第一次执行时 expression 的值为 0，则后面的循环体一次也不会执行；如果 expression 的值为非 0，则 until 语句将执行 do 和 done 之间的所有语句。执行完毕之后，until 语句会再次判断 expression 的值，如果为 0，则退出循环；否则继续重复执行循环体。

【例 5-11】　演示 until 语句的使用方法，代码如下：

```
01  #------------------------------/chapter5/ex5-11.sh-------------------
02  #! /bin/bash
03
04  #定义循环变量 i
05  i=1
06  #当 i 的值小于 9 时执行循环
07  until [[ "$i" -gt 9 ]]
08  do
09      #计算 i 的平方
10      let "square=i*i"
11      #输出 i 的平方
12      echo "$i*$i=$square"
13      #循环变量加 1
14      let "i=i+1"
15  done
```

程序的作用是计算 10 以内的整数的平方。其中，第 5 行定义了循环变量 i，并且赋初值为 1，表示将从 1 开始递增。在第 7 行中，until 的条件测试为变量 i 的值是否大于 9，当 i 的值大于 9 时，条件测试的值为 0；否则，条件测试的值为非 0。第 10 行使用 let 语句计算表达式的值。第 12 行输出所求得的平方。第 14 行比较重要，它的作用是让循环变量的值加 1，从而使 until 循环不至于成为死循环。

程序的执行结果如下：

```
[root@linux chapter5]# ./ex5-11.sh
1*1=1
2*2=4
3*3=9
4*4=16
5*5=25
6*6=36
7*7=49
8*8=64
9*9=81
```

在上面的执行结果中，脚本依次输出了数字 1~9 的每个整数的平方。

> 注意：在使用 until 循环语句时，千万不要忘记改变循环变量，否则会导致死循环。另外，until 语句的循环体在条件表达式的值为非 0 时将会重复执行；当条件表达式的值为 0 时，终止循环体的执行。

5.2.2 利用 until 语句批量增加用户

灵活运用 until 循环语句，可以提高系统管理员的工作效率。例如，在某个特殊的情况下，需要在当前系统中增加 20 个临时用户，这些用户的用户名分别为 user1、user2、user3、……、user20。另外，这些用户名默认的密码都是 password。如果手动一个一个地增加用户，则会浪费大量的时间。使用循环语句可以批量地将这些用户添加到系统中。

【例 5-12】 演示如何通过循环语句批量地增加用户并设置用户的初始密码，代码如下：

```
01  #----------------------------/chapter5/ex5-12.sh----------------------
02  #! /bin/bash
03
04  #定义变量 i
05  i=1
06  #一直循环到变量 i 的值为 21
07  until [ "$i" -eq 21 ]
08  do
09      #执行 useradd 命令添加用户
10      useradd user$i
11      #修改用户密码
12      echo "password" | passwd --stdin user$i > /dev/null
13      #循环变量自增
14      let "i++"
15  done
```

在上面的代码中，第 7 行是 until 语句的开始位置，当循环变量 i 的值为 21 时退出循环。第 10 行执行 useradd 命令添加用户。第 12 行使用命名管道连接了 echo 和 passwd 命令，用于将新用户的初始密码设置为 password。

程序的执行结果如下：

```
[root@linux chapter5]# ./ex5-12.sh
[root@linux chapter5]# more /etc/passwd
…
user1:x:503:503::/home/user1:/bin/bash
user2:x:504:504::/home/user2:/bin/bash
user3:x:505:505::/home/user3:/bin/bash
…
user20:x:522:522::/home/user20:/bin/bash
```

由上面的 more 命令的执行结果可以看出，user1～user20 已经成功添加到系统中。

> 注意：useradd 是一个 Shell 命令，用来向系统中添加新的用户。passwd 也是一个 Shell 命令，用来设置用户的密码。新的用户只有在设置密码之后才可以登录系统。

当一些用户不再需要时，如果逐个地删除将会是一件非常麻烦的事情。同样，也可以使用循环语句来批量删除用户。

【例 5-13】 演示如何通过循环删除系统用户，代码如下：

```
01  #----------------------------/chapter5/ex5-13.sh--------------------
02  #! /bin/bash
03
04  i=1
05  until [ "$i" -eq 21 ]
06  do
07      #依次删除用户
08      userdel -r user$i
09      let "i++"
10  done
```

在上面的代码中，第 8 行的 userdel 是 Shell 中用来删除用户的命令，-r 选项表示删除用户的同时也删除用户主目录。当上述程序执行完成时，user1～user20 这 20 个用户便会被批量删除。

在 Ubuntu 系统中，passwd 命令不再支持--stdin 选项。此时可以使用 chpasswd 命令为新添加的用户设置密码。脚本内容如下：

```
#!/bin/bash
    #定义变量 i
    i=1
    #一直循环到变量 i 的值为 21
    until [ "$i" -eq 21 ]
    do
        #执行 useradd 命令添加用户
        sudo useradd -m user$i
        #修改用户密码
        echo user$i:password | sudo chpasswd -m
        #循环变量自增
        let "i++"
    done
```

> 注意：userdel 命令的详细使用方法请参见 Linux 命令手册。

5.3 while 循环语句

while 循环是另外一种常见的循环结构。使用 while 循环结构，可以重复执行一系列的操作，直到某个条件发生。这听起来好像跟 until 循环非常相似，但是 while 语句与 until 语句有较大的区别。本节将详细介绍 while 语句的使用方法。

5.3.1 while 语句的基本语法

首先介绍 while 循环语句的语法，使读者对该语句有一个初步的了解。while 循环语句的基本语法如下：

```
while expression
do
    statement1
    statement2
    …
done
```

在上面的语法中，expression 表示 while 循环体执行时需要满足的条件。虽然可以使用任意合法的 Shell 命令，但是通常情况下，expression 代表一个测试表达式。与其他循环结构一样，do 和 done 这两个关键字之间的语句构成一个循环体。

当 while 循环结构在执行时，首先会计算 expression 表达式的值，如果表达式的值为 0，则执行循环体中的语句；否则退出 while 循环，执行 done 关键字后面的语句。当循环体中的语句执行完成时，会重新计算 expression 的值，如果仍然是 0，则继续执行下一次循环，直至 expression 的值为非 0。

5.3.2 通过计数器控制 while 循环结构

所谓计数器，实际上就是指一个循环变量，当该变量的值在某个范围内时，执行循环体；当超过该范围时就终止循环。

【例 5-14】 使用 while 循环输出数字 1～9 的平方，代码如下：

```
01  #--------------------------------/chapter5/ex5-14.sh--------------------
02  #! /bin/bash
03
04  #定义循环变量
05  i=1
06  #while 循环开始
07  while [[ "$i" -lt 10 ]]
08  do
09      #计算平方
10      let "square=i*i"
11      #输出平方
12      echo "$i*$i=$square"
13      #循环变量自增
14      let "i=i+1"
15  done
```

本例实际上是对例 5-11 的改编，只是用 while 语句取代了 until 语句。在上面的代码中，第 7 行是 while 循环语句的开始，可以看出，循环条件恰好与 until 语句的循环条件相反，前者使用了小于运算符，而后者则使用大于运算符。但是这两个例子的执行结果是完全相同的。

程序的执行结果如下：

```
[root@linux chapter5]# ./ex5-14.sh
1*1=1
2*2=4
3*3=9
4*4=16
5*5=25
6*6=36
7*7=49
8*8=64
9*9=81
```

5.3.3 通过结束标记控制 while 循环结构

在某些情况下，用户可能不知道 while 循环会执行多少次，此时就无法使用计数器来控制 while 循环。对于这种情况，可以在程序中设置一个特殊的标记值，当该标记值出现时就终止 while 循环。这种特殊的标识值称为结束标记。

【例 5-15】　演示如何通过结束标记控制 while 循环，代码如下：

```
01  #--------------------------/chapter5/ex5-15.sh--------------------
02  #! /bin/bash
03
04  #提示用户输入数字
05  echo "Please enter a number between 1 and 10.Enter 0 to exit."
06  #读取用户输入的数字
07  read var
08  #while 循环开始
09  while [[ "$var" != 0 ]]
10  do
11      #提示用户输入数字太小
12      if [ "$var" -lt 5 ]
13      then
14          echo "Too small. Try again."
15          read var
16      #提示用户输入数字太大
17      elif [ "$var" -gt 5 ]
18      then
19          echo "Too big. Try again."
20          read var;
21      else
22          echo "Congratulation! You are right."
23          exit 0;
24      fi
25  done
```

本例是一个猜数字的游戏。这个游戏几乎是在学习程序设计语言时必做的题目。在上面的代码中，第 5 行提示用户输入一个 1～10 之间的数字，如果直接输入 0，则退出程序。第 7 行使用 read 语句读取用户输入的数字，并且保存到变量 var 中。第 9 行的 while 语句使用变量 var 的值是否等于 0 作为循环条件。第 12～15 行是用户输入的数字小于 5 的情况。

第 17～20 行是用户输入的数字大于 5 的情况。第 21～23 行是用户恰好输入 5 的情况，此时程序会提示用户猜到了正确的数字并且退出循环。

在上面的代码中，变量 var 是结束标记，当该变量的值为 0 或者 5 时，退出 while 循环。

程序的执行结果如下：

```
[root@linux chapter5]# ./ex5-15.sh
Please enter a number between 1 and 10.Enter 0 to exit
3
Too small. Try again.
8
Too big. Try again.
5
Congratulation! You are right.
[root@linux chapter5]# ./ex5-15.sh
Please enter a number between 1 and 10.Enter 0 to exit
0
```

> 注意：与 for 循环相比，while 循环的变化条件通常在循环体内部，如某个循环变量的自增或者结束标记的赋值等。而 for 循环的变化条件通常放在 for 语句括号里的第 3 部分中。另外，until 语句的变化条件也通常放在循环体内部。

5.3.4 理解 while 语句与 until 语句的区别

为了使读者加深对 while 语句和 until 语句的理解，本节对这两个循环语句的区别进行详细分析。

首先，while 和 until 这两个语句的语法结构非常相似，都是将循环条件放在语句后面。例如，while 语句的基本语法结构如下：

```
while expression
do
…
done
```

until 语句的语法结构如下：

```
unitl expression
do
…
done
```

但是，在 while 语句中，当 expression 的值为 0 时才执行循环体中的语句，当 expression 的值为非 0 值时将会退出循环体；在 until 语句中，当 expression 的值为非 0 时，将会执行循环体中的语句，当 expression 的值为 0 时，将会退出循环结构。读者在使用这两种语句时一定要注意区分这个关键的地方。

在执行机制方面，这两个语句是相同的，即首先会判断 expression 的值，当该表达式的值符合要求时，再执行循环体中的语句；否则不会执行循环体。

另外，在其他程序设计语言如 C++中也有 until 语句，但是该语句的条件表达式是放在循环体后面的。因此在执行 until 语句时，首先会执行循环体，再判断执行条件。这样 until 语句的循环体至少会执行一次，而在 Shell 中，这种情况并不存在。

5.4 嵌套循环

在程序设计语言中，嵌套循环也是一种常见的结构，Shell 同样也支持嵌套循环。通过嵌套循环，可以完成更复杂的功能。本节将介绍 Shell 中嵌套循环的使用方法。

在例 5-11 中我们使用 until 循环计算 1～9 这 9 个整数的平方。下面以九九乘法表为例介绍嵌套循环的使用方法。

【例 5-16】 使用两层循环打印出乘法表，代码如下：

```
01  #-----------------------------/chapter5/ex5-16.sh--------------------
02  #! /bin/bash
03
04  #外层循环
05  for ((i=1;i<=9;i++))
06  do
07      #内层循环
08      for ((j=1;j<=i;j++))
09      do
10          #计算两个数的乘积
11          let "product=i*j"
12          #输出乘积
13          printf "$i*$j=$product"
14          #输出空格分隔符
15          if [[ "$product" -gt 9 ]]
16          then
17              printf "   "
18          else
19              printf "    "
20          fi
21      done
22      echo
23  done
```

在上面的代码中，内外两层循环都是通过计数器来控制的，外层循环计数器的计数范围是 1～9，而内层循环计数器的计数范围是 1～i。

当外层循环的变量 i 等于 1 时，内层循环的变量 j 会从 1 开始依次与外层循环变量 i 即 1 相乘，然后通过第 13 行的 printf 语句输出，直至 j 增加到 1 为止才退出内层循环。也就是说，当外层循环变量 i 的值为 1 时，这两层循环只执行一次。

接下来外层循环的变量 i 自增变成 2，内层循环重新从 1 开始执行，依次与 2 相乘，直至值为 2 为止。以此类推，外层循环的变量从 1 增加到 9 就可以得到整个乘法表。

为了使输出结果更美观，第 17 行和第 19 行的作用是输出分隔符。如果得到的乘积是两位数，则输出 3 个空格；如果得到的乘积是一位数，则输出 4 个空格。这样可以使得算式对齐。

程序的执行结果如下：

```
[root@linux chapter5]# ./ex5-16.sh
1*1=1
2*1=2   2*2=4
3*1=3   3*2=6   3*3=9
4*1=4   4*2=8   4*3=12   4*4=16
```

```
5*1=5    5*2=10   5*3=15   5*4=20   5*5=25
6*1=6    6*2=12   6*3=18   6*4=24   6*5=30   6*6=36
7*1=7    7*2=14   7*3=21   7*4=28   7*5=35   7*6=42   7*7=49
8*1=8    8*2=16   8*3=24   8*4=32   8*5=40   8*6=48   8*7=56   8*8=64
9*1=9    9*2=18   9*3=27   9*4=36   9*5=45   9*6=54   9*7=63   9*8=72   9*9=81
```

嵌套循环不仅可以使用相同的循环语句，而且可以将不同的循环语句相互嵌套使用。

> **注意**：在例 5-16 中使用 printf 语句而非 echo 语句输出结果，是因为默认情况下 printf 语句不会自动换行。当然，也可以使用 echo -n 语句输出结果。

5.5 利用 break 和 continue 语句控制循环

在 Shell 的循环结构中，还有两个语句非常有用，即 break 和 continue 语句。前者用于立即从循环中退出；而后者则用来跳过循环体中的某些语句继续执行下一次循环。本节将详细介绍这两个语句的使用方法。

5.5.1 利用 break 语句控制循环

break 语句的作用是立即跳出某个循环结构。break 语句可以用在 for、while 或者 until 等循环语句的循环体中。

在例 5-16 中，嵌套循环中的外层循环的计数器范围是 1～9，如果只想输出 5 以内的乘法表，则可以对例 5-16 进行改造，使用 break 语句在 i 等于 5 的时候退出外层循环。下面的例子就演示了 break 语句的使用方法。

【例 5-17】 输出 5 以内的乘法表，代码如下：

```
01  #-----------------------------/chapter5/ex5-17.sh------------------
02  #! /bin/bash
03
04  for ((i=1;i<=9;i++))
05  do
06      for ((j=1;j<=i;j++))
07      do
08          let "product=i*j"
09          printf "$i*$j=$product"
10          if [[ "$product" -gt 9 ]]
11          then
12              printf "  "
13          else
14              printf "   "
15          fi
16      done
17      echo
18      #当变量 i 的值为 5 时就退出循环
19      if [[ "$i" -eq 5 ]]
20      then
21          break;
22      fi
23  done
```

在上面的代码中，第 19～22 行是退出循环。当变量 i 的值由 1 变为 5 时，第 19 行的条件测试的值为 0，因此第 21 行的 break 语句被执行，立即退出当前循环。

程序的执行结果如下：

```
[root@linux chapter5]# ./ex5-17.sh
1*1=1
2*1=2    2*2=4
3*1=3    3*2=6    3*3=9
4*1=4    4*2=8    4*3=12   4*4=16
5*1=5    5*2=10   5*3=15   5*4=20   5*5=25
```

由上面的执行结果可以看出，程序输出了从 1～5 乘法表。如果将 break 语句放到内层循环中，那么情况可能会有所不同，请参见下面的例子。

【例 5-18】 将例 5-17 中的 break 语句移到内层循环中，代码如下：

```
01  #-----------------------------/chapter5/ex5-18.sh--------------------
02  #! /bin/bash
03
04  for ((i=1;i<=9;i++))
05  do
06    for ((j=1;j<=i;j++))
07    do
08      let "product=i*j"
09      printf "$i*$j=$product"
10      if [[ "$product" -gt 9 ]]
11      then
12        printf "  "
13      else
14        printf "   "
15      fi
16      #退出循环
17      if [[ "$j" -eq 5 ]]
18      then
19        break
20      fi
21    done
22    echo
23  done
```

程序的执行结果如下：

```
[root@linux chapter5]# ./ex5-18.sh
1*1=1
2*1=2    2*2=4
3*1=3    3*2=6    3*3=9
4*1=4    4*2=8    4*3=12   4*4=16
5*1=5    5*2=10   5*3=15   5*4=20   5*5=25
6*1=6    6*2=12   6*3=18   6*4=24   6*5=30
7*1=7    7*2=14   7*3=21   7*4=28   7*5=35
8*1=8    8*2=16   8*3=24   8*4=32   8*5=40
9*1=9    9*2=18   9*3=27   9*4=36   9*5=45
```

可以看出，例 5-18 并没有得到与例 5-17 相同的执行结果。虽然内层循环的计时器执行到 5 就停止了，但是外层循环却没有受到 break 语句的影响，仍然从 1 增加到 9。

为什么会得到这种结果呢？这是因为默认情况下，break 语句仅退出一层循环。在例 5-18 中，当内层循环的计数器增加到 5 时，便执行第 19 行的 break 语句退出内层循环，但是外层循环不受影响，仍然继续向下执行。所以在上面输出的乘法表中，前面的一个数从 1 一直增加到 9，而后面的数却一直小于或者等于 5。

幸运的是，我们可以在 break 语句的后面增加一个数字作为参数，用来指定要退出循环的层数。例如，"break 2"这条语句将会退出两层循环。

【例5-19】 通过 break 语句跳出指定的层数，代码如下：

```
01  #---------------------------/chapter5/ex5-19.sh-------------------
02  #! /bin/bash
03
04  for ((i=1;i<=9;i++))
05  do
06      for ((j=1;j<=i;j++))
07      do
08          let "product=i*j"
09          printf "$i*$j=$product"
10          if [[ "$product" -gt 9 ]]
11          then
12              printf "  "
13          else
14              printf "   "
15          fi
16          if [[ "$j" -eq 5 ]]
17          then
18              #增加参数2
19              break 2
20          fi
21      done
22      echo
23  done
```

在上面的代码中，第 19 行使用 2 作为 break 语句的参数，从而使得该语句能够退出两层循环结构。

程序的执行结果如下：

```
[root@linux chapter5]# ./ex5-19.sh
1*1=1
2*1=2    2*2=4
3*1=3    3*2=6    3*3=9
4*1=4    4*2=8    4*3=12   4*4=16
5*1=5    5*2=10   5*3=15   5*4=20   5*5=25   [root@linux chapter5]#
```

可以看到，这次的执行结果与例 5-17 完全相同。值得注意的是，乘法表的最后一行与命令提示符位于同一行中。这是因为在执行完第 19 行的 break 语句后就直接退出程序了，所以第 22 行的 echo 语句并没有执行。

5.5.2 利用 continue 语句控制循环

前面介绍的 break 语句是退出循环体，而 continue 语句则比较有趣，它的作用不是退出循环体，而是跳过当前循环体中 continue 后面的语句，重新从循环语句的起始位置开始执行。

【例5-20】 演示 continue 语句的使用方法，代码如下：

```
01  #---------------------------/chapter5/ex5-20.sh-------------------
02  #! /bin/bash
03
04  for var in {1..10}
05  do
06      #如果当前数字为奇数
07      if [[ "$var%2" -eq 1 ]]
```

```
08      then
09          #跳过后面的语句
10          continue
11      fi
12      echo "$var"
13  done
```

上面代码的作用是输出 10 以内的偶数。第 7 行判断当前数字能否被 2 整除，如果求模结果为 0，则表示当前数为偶数；如果为 1，则表示当前数为奇数。在当前数为奇数的情况下执行 continue 语句，跳过后面的输出语句，从第 4 行开始重新执行循环。

程序的执行结果如下：

```
[root@linux chapter5]# ./ex5-20.sh
2
4
6
8
10
```

> 注意：与 break 语句一样，continue 语句也可以附加一个整数作为参数，表示要跳过的循环层数，但是很少使用。

5.5.3 分析 break 语句和 continue 语句的区别

关于 break 语句和 continue 语句的区别，实际上在前面介绍这两个语句的时候已经说过了，但是并没有进行细致的对比，为了让读者更加深入理解这两个语句的用法，下面对这两个语句的区别进一步进行分析。

正如前面所讲，break 语句和 continue 语句都可以位于各种循环体内，用于控制当前的循环流程。但是，break 语句是直接退出当前的循环结构，转向执行循环体后面的语句；而 continue 语句只是跳过当前循环体中 continue 语句后面的语句，转向当前循环体的起始位置重新执行下一次循环，并没有退出当前的循环结构。这是二者最本质的区别。

另外，没有参数的 break 语句和 continue 语句只会影响本层的循环流程，如果想要影响多层循环，则可以附加数字参数。

【例 5-21】 演示在双层嵌套循环中，break 语句对于流程的影响，代码如下：

```
01  #---------------------------/chapter5/ex5-21.sh--------------------
02  #!/bin/sh
03
04  #外层循环
05  for i in a b c d
06  do
07      echo -n "$i "
08      #内层循环
09      for j in `seq 10`
10      do
11          if [ $j -eq 5 ];then
12              break
13          fi
14          echo -n "$j "
15      done
16      echo
17  done
```

在上面的代码中，第 5 行是外层循环的开始，该层循环使用 a、b、c 和 d 这 4 个字母作为条件列表。第 9 行是内层循环的开始，使用 seq 命令生成 1~10 的整数列表。第 11 行判断内层循环变量是否等于 5，如果等于 5 则退出内层循环。

程序的执行结果如下：

```
[root@linux chapter5]# ./ex5-21.sh
a 1 2 3 4
b 1 2 3 4
c 1 2 3 4
d 1 2 3 4
```

在上面的结果中，最左边的一列字母是由外层循环输出的。当外层循环第 1 次执行时，代码第 7 行输出了字母 a，接着就进入内层循环从 1 开始递增，当执行到代码第 14 行时输出了数字 1。紧接着内层循环便开始执行第 2 次，此时变量 j 的值变为 2，仍然小于 5，于是代码第 14 行的 echo 语句便输出了 2。以此类推，在内层循环的第 3 次和第 4 次循环过程中分别输出了数字 3 和 4。当执行第 5 次循环时，此时变量 j 的值等于 5，在第 11 行中，if 语句的条件测试的值为 0，于是代码第 12 行的 break 语句被执行，然后退出内层循环。因此，内层循环输出到 4 就终止了。另外含有 -n 选项的 echo 语句不会自动换行，所以前面几次的输出都位于同一行中。

当内层循环通过 break 语句退出之后，执行代码第 16 行的 echo 语句，导致输出换行。然后继续执行外层循环，输出结果为执行结果中第 2 行的字母 b。接着重新进入内层循环，输出结果为执行结果中第 2 行的后 4 个数字，这个过程与程序执行结果第 1 行中的 4 个数字的输出完全相同，不再重复介绍。

以此类推，在外层循环执行 4 次之后，整个程序就退出了。从上面的执行结果可以看出，break 语句会直接退出内层循环，但是不会影响外层循环的执行。

【例 5-22】 演示通过 break 语句跳出指定的层数，代码如下：

```
01  #-----------------------------/chapter5/ex5-22.sh------------------
02  #!/bin/sh
03
04  for i in a b c d
05  do
06      echo -n "$i "
07      for j in `seq 10`
08      do
09          if [ $j -eq 5 ];then
10              #指定跳出层数 2
11              break 2
12          fi
13          echo -n "$j "
14      done
15      echo
16  done
```

程序的执行结果如下：

```
[root@linux chapter5]# ./ex5-22.sh
a 1 2 3 4 [root@linux chapter5]#
```

由上面的执行结果可以看出，外层循环只执行 1 次整个程序便退出了，而内层循环却输出了 4 次，执行了 5 次。当内层循环第 5 次执行时，变量 j 的值便成了 5，满足代码第 9 行的条件测试，于是代码第 11 行的 break 语句就得到了执行，该语句的执行导致程序直接退出内外两层循环，即使是代码第 15 行的 echo 语句也没有机会执行。因此，在上面的执行结果中，程序的输出与 Shell 命令提示符位于同一行中。

分析完 break 和带参数的 break 语句的区别后，接下来继续对例 5-21 进行修改，将代码第 12 行的 break 语句替换为 continue 语句，然后对比 continue 语句 break 语句的区别。

【例 5-23】 通过 continue 语句跳过当前循环后面的语句，代码如下：

```
01  #-------------------------------/chapter5/ex5-23.sh-------------------
02  #!/bin/sh
03
04  for i in a b c d
05  do
06      echo -n "$i "
07      for j in `seq 10`
08      do
09          if [ $j -eq 5 ];then
10              #跳过后面的语句
11              continue
12          fi
13          echo -n "$j "
14      done
15      echo
16  done
```

例 5-23 与例 5-21 的唯一区别就在于代码第 12 行。为了便于比较和分析，下面首先看一下例 5-23 的执行结果：

```
[root@linux chapter5]# ./ex5-23.sh
a 1 2 3 4 6 7 8 9 10
b 1 2 3 4 6 7 8 9 10
c 1 2 3 4 6 7 8 9 10
d 1 2 3 4 6 7 8 9 10
```

由上面的执行结果可以看到，换成 continue 语句之后，外层循环仍然执行了 4 次，但是内层循环却从 1 一直增加到 10，只是少了 5。

为什么会出现这种结果呢？我们分析一下例 5-23 的执行过程就清楚。例 5-23 的外层循环的执行过程与例 5-21 的外层循环的执行过程完全相同，不再重复分析。在此重点分析内层循环的执行过程。在刚进入内层循环之后，循环变量 j 的值从 1 开始增加，1~4 这 4 个数字都是小于 5 的，所以代码第 13 行的 echo 语句便输出了这 4 个数字。当内层循环执行第 5 次循环时，变量 j 的值变成 5，代码第 9 行的条件测试的值为 0，代码第 11 行的 continue 语句被执行。continue 语句的执行导致代码第 13 行的 echo 语句被跳过，所以数字 5 就没有被输出。

但是 continue 语句并没有跳出内层循环，而是从代码第 7 行开始继续执行内层循环，此时变量 j 的值变成 6，代码第 9 行的条件测试不再等于 0，因此第 13 行的 echo 语句便得以执行，从而输出数字 6。同理，输出 7~10 这几个数字。

读者可以对比例 5-21 和例 5-23 的执行结果，思考二者的区别到底在哪里。

与 break 语句一样，continue 语句也可以接收一个整数作为参数，从而使得当前的程序能够跳过指定的层数。但是包含参数的 continue 语句和包含参数的 break 语句同样有很大的区别。

【例 5-24】 演示含有参数的 continue 语句的使用方法，代码如下：

```
01  #-------------------------------/chapter5/ex5-24.sh-------------------
```

```
02    #!/bin/sh
03
04    for i in a b c d
05    do
06       echo -n "$i "
07       for j in `seq 10`
08       do
09          if [ $j -eq 5 ];then
10             #使用含有数字参数的 continue 语句
11             continue 2
12          fi
13          echo -n "$j "
14       done
15       echo
16    done
```

同样，我们先看一下程序的执行结果：

```
[root@linux chapter5]# ./ex5-24.sh
a 1 2 3 4 b 1 2 3 4 c 1 2 3 4 d 1 2 3 4 [root@linux chapter5]#
```

可以看出，例 5-24 的输出信息位于同一行中，包括 Shell 命令提示符。但是，除了没有换行之外，例 5-24 的结果与例 5-21 是完全相同的。下面我们分析一下例 5-24 的执行过程，了解为什么会得到上面的输出结果。

同样，当外层循环第 1 次执行时，代码第 6 行的 echo 语句便输出字母 a。接着进入内层循环，内层循环执行了 4 次，依次输出数字 1、2、3 和 4。当内层循环在第 5 次执行时，变量 j 的值为 5，这使得代码第 11 行的 continue 2 语句被执行。该语句执行的后果是直接跳过外层循环剩下的语句，即第 15 行的 echo 语句。因此，在外层循环第 1 次执行完成之后并没有换行。

以此类推，当外层循环执行 4 次之后，整个程序便终止了。但是自始至终，代码第 15 行的 echo 语句始终没有机会得以执行，因此程序输出的所有信息都在同一行里。

5.6 小　　结

本章详细介绍了 Shell 语言中循环语句的使用方法，主要内容包括步进循环语句 for、until 循环语句、while 循环语句、嵌套循环结构，以及 break 和 continue 这两种循环控制语句的使用方法。重点要掌握 3 种循环语句的基本用法，理解 break 和 continue 语句的区别，对于简单的嵌套循环结构也应该有所了解。第 6 章将介绍函数的用法。

5.7 习　　题

一、填空题

1. ＿＿＿＿＿＿＿＿循环是最简单也是最常用的循环语句。
2. until 语句的作用是＿＿＿＿＿＿＿＿，直到某个条件成立为止。
3. 在循环语句中，使用＿＿＿＿＿＿＿＿和＿＿＿＿＿＿＿＿语句可以控制循环。

二、选择题

1. 在 for 循环语句中，执行条件使用（　　）符号包裹起来。
A. []　　　　　　　B. ()　　　　　　　C. <>　　　　　　　D. {}

2. 在 while 循环语句中，执行条件使用（　　）符号包裹起来。
A. []　　　　　　　B. ()　　　　　　　C. <>　　　　　　　D. {}

三、判断题

1. 在 for 循环中，用户可以使用通配符"*"作为条件循环列表。（　　）

2. break 和 continue 语句都可以控制循环。其中：break 语句的作用是立即跳出某个循环结构；continue 是跳过当前循环体中该语句后面的语句，重新从循环语句开始的位置执行。（　　）

四、操作题

1. 使用 for 循环语句编写 Shell 脚本 for.sh，依次输出数字 1~5。
2. 使用 while 循环语句编写 Shell 脚本 while.sh，依次输出数字 1~5。

第 6 章 函　　数

和其他程序设计语言一样，在 Shell 语言中也存在着函数。虽然在 Shell 中，函数并非必须的编程元素，但是通过函数，可以更好地组织程序。将一些相对独立的代码变成函数，可以提高程序的可读性和重用性，避免重复编写大量相同的代码。本章将从函数的基础知识开始介绍，依次介绍函数的定义和调用方法，函数参数及函数库文件等相关知识。

本章涉及的主要知识点如下：
- 函数：主要介绍函数的基础知识，包括什么是函数、函数的定义方法、函数的调用方法、函数的返回值、函数和别名的区别，以及函数中的全局变量和局部变量。
- 函数参数：主要介绍函数的参数传递，包括带参数的函数的调用方法、获取函数参数的个数、通过位置变量获取参数值、移动位置变量、通过 getopts 获取参数值、间接参数传递、通过全局变量传递参数以及传递数组参数等。
- 函数库文件：主要介绍如何共享函数，包括函数库文件的定义及调用方法。
- 递归函数：介绍如何在 Shell 中实现递归函数及其调用方法。

6.1　函数的基础知识

函数是学习各种程序设计语言必须要过的一关。学习过其他程序语言的读者对函数可能并不陌生。但是 Shell 中的函数与其他程序设计语言中的函数有许多不同之处。为了使读者了解 Shell 中的函数，本节将介绍函数的基础知识。

6.1.1　什么是函数

通俗地讲，函数就是将一组功能相对独立的代码集中起来形成一个代码块，这个代码块可以完成某个具体的功能。从定义中可以看出，Shell 中的函数概念与其他语言中的函数概念并没有太大的区别。从本质上讲，函数是一个函数名到某个代码块的映射。也就是说，在定义函数之后，可以通过函数名来调用其对应的代码。

Shell 函数可以完成某些相对独立的功能。为了提高代码的可读性和重用性，应该将某些功能通过定义函数的方式来实现。这样，如果程序的其他地方需要相同的功能，只要调用该函数就可以了，无须重复书写相同的代码。

从形式上看，函数与 Shell 脚本并没有明显的区别，在 Shell 脚本中可以使用的命令和语句都可以在函数中使用，但是在执行的时候函数和脚本有本质上的区别。实际上，对于这一点，许多初学者甚至已经接触 Shell 程序多年的人都没有完全清楚。对于一个单独的 Shell 脚本，在执行的时候，会为其创建一个新的 Shell 进程来解释并执行脚本中的代码，当脚本执行完成时，该 Shell 进程会自动结束；而对于一个函数来说，在调用的时候，系统并不会为其单独创建一个 Shell 进程，而是在调用者的 Shell 进程中直接解释并执行函数中的代码。

6.1.2 函数的定义

了解了函数的基本概念之后，接下来介绍 Shell 中的函数的定义方法。由于 Shell 脚本是从头开始执行的，所以 Shell 规定，函数必须在调用前定义。

在 Shell 语言中，可以通过两种语法来定义函数。

语法一：

```
function_name ()
{
   statement1
   statement2
   …
   statementn
}
```

语法二：

```
function function_name ()
{
   statement1
   statement2
   …
   statementn
}
```

上面两种语法的区别在于后者在函数名称前面使用了 function 关键字。其中，function_name 表示函数名称。Shell 中的函数的命名规则与变量的命名规则基本相同，可以使用数字、字母或者下画线，但是只能以字母或者下画线开头。另外，应该尽量使用有意义的英文单词来命名函数，有利于提高代码的可读性。

Shell 函数的函数体由一对花括号包裹起来。其中包含一系列的 Shell 语句。通常情况下，能够在 Shell 脚本中使用的 Shell 命令都可以在函数中使用。

【例 6-1】 演示函数定义的方法。在本例中定义一个名称为 sayhello() 的函数，代码如下：

```
01  #-----------------------------/chapter5/ex6-1.sh--------------------
02  #! /bin/bash
03
04  #定义函数
05  function sayhello()
06  {
07      echo "Hello, World!"
08  }
09  #调用函数
10  sayhello
```

在上面的代码中，第 5 行使用 function 关键字定义 sayhello() 函数，第 5~8 行是函数体，该函数只有一行代码，即使用 echo 语句输出一个字符串。第 10 行调用上面定义的函数。

程序的执行结果如下:

```
[root@linux chapter6]# ./ex6-1.sh
Hello, World!
```

如果省略 function 关键字,则例 6-1 可以修改为以下代码:

```
01    #! /bin/bash
02
03    #定义函数
04    sayhello()
05    {
06        echo "Hello, World!"
07    }
08    #调用函数
09    sayhello
```

前面已经讲过,在 Shell 语言中,函数必须在调用前定义。因此,如果将例 6-1 中第 10 行的函数调用语句移到前面:

```
01    #! /bin/bash
02
03    #调用函数
04    sayhello
05    #定义函数
06    sayhello()
07    {
08        echo "Hello, World!"
09    }
```

则会出现问题,其结果如下:

```
[root@linux chapter6]# ./ex6-1.sh
./ex6-1.sh: line 3: sayhello: command not found
```

上面的错误提示是未发现 sayhello 命令。之所以会出现以上错误,是因为 Shell 在执行脚本的时候会优先将 sayhello 作为一个 Shell 命令来执行。

6.1.3 函数的调用

定义某个函数之后,就可以通过函数名来调用该函数了。在 Shell 中,函数调用的基本语法如下:

```
function_name param1 param2 …
```

在上面的语法中,function_name 表示函数名称,其后面跟的 param1、param2…表示函数的参数。

在上面的例子中实际上已经调用过函数了。为了使读者更加清楚函数的调用方法,下面进一步举例说明。

【例 6-2】 演示函数的定义和调用方法,代码如下:

```
01    #-------------------------/chapter6/ex6-2.sh------------------
02    #! /bin/bash
03
04    #定义函数
05    getCurrentTime()
06    {
07        current_time=`date`
```

```
08        echo "$current_time"
09    }
10
11    #调用函数
12    getCurrentTime
```

在上面的代码中，第 5~9 行定义了名称为 getCurrentTime()的函数，该函数的功能是输出当前的系统时间。其中，第 7 行通过 date 命令获取当前的系统时间，并且将其值赋给变量 current_time。第 12 行通过函数名来调用函数。

程序的执行结果如下：

```
[root@linux chapter6]# ./ex6-2.sh
Tue Jun 27 23:30:34 PM CST 2023
```

⚠️ 注意：定义一个函数之后，实际上该函数就是一个合法的 Shell 命令，可以在后继的脚本中使用了。定义函数时需要使用圆括号，而调用函数时无须使用圆括号。

6.1.4 函数链接

所谓函数链接，是指在某个 Shell 函数中调用另外一个函数的过程。与其他程序设计语言一样，Shell 允许用户函数嵌套调用。

【例 6-3】 演示在某个函数中调用另外一个函数的函数链接，代码如下：

```
01   #-----------------------------/chapter6/ex6-3.sh--------------------
02   #! /bin/bash
03
04   #定义函数john()
05   john()
06   {
07       echo "Hello, this is John."
08   }
09   #定义函数alice()
10   alice()
11   {
12       #调用函数john()
13       john
14       echo "Hello, this is Alice."
15   }
16   #调用函数alice()
17   alice
```

在上面的代码中，第 5~8 行定义了一个名称为 john()的函数，第 10~15 行定义了名称为 alice()的函数，其中在第 13 行调用了前面定义的函数 john()。第 17 行调用函数 alice()。

程序的执行结果如下：

```
[root@linux chapter6]# ./ex6-3.sh
Hello, this is John.
Hello, this is Alice.
```

从上面的执行结果中可以看出，程序首先输出了关于 John 的信息，这条信息是函数 john()输出的。然后输出了关于 Alice 的信息，而这条信息是通过程序的第 14 行代码输出的。

函数链接不但可以在某个函数中调用另外一个函数，而且可以进行多层嵌套调用，或者在某个函数中调用多个函数，见下面的例子。

【例 6-4】 演示在某个函数中同时调用多个函数的方法，代码如下：

```
01  #-------------------------------/chapter6/ex6-4.sh-------------------
02  #! /bin/bash
03
04  #定义函数 john()
05  john()
06  {
07      echo "Hello, this is John."
08  }
09
10  #定义函数 alice()
11  alice()
12  {
13      echo "Hello, this is Alice."
14  }
15  #定义函数 sayhello()
16  sayhello()
17  {
18      john
19      alice
20  }
21  #调用函数 sayhello()
22  sayhello()
```

在上面的代码中，第 5~8 行定义函数 john()，第 11~14 行定义函数 alice()，第 16~20 行定义函数 sayhello()。其中，在函数 sayhello()内部同时调用函数 john()和 alice()。

程序的执行结果如下：

```
[root@linux chapter6]# ./ex6-4.sh
Hello, this is John.
Hello, this is Alice.
```

从上面的执行结果中可以看出，函数 sayhello()通过调用 john()和 alice()这两个函数，依次输出相关的信息。

注意：在函数嵌套调用时，一定要注意函数定义和调用的顺序。必须按照先定义，后调用的原则。

6.1.5 函数的返回值

尽管在其他程序设计语言中函数的返回值是一个很平常的问题，也就是说，函数就应该根据调用者输入的参数进行相关的运算，然后将运算结果返回给调用者。然而，在 Shell 语言中，函数的返回值并不是理所当然的。这意味着 Shell 中的函数并没有把某个运算结果作为函数的返回值返回给调用者。因此，在 Shell 中，处理函数的返回值可以分为几种情况来讨论。

可以使用 return 语句返回某个数值，这与绝大部分的程序设计语言是相同的，但是在 Shell 中，return 语句只能返回某个 0~255 的整数值。还记得前面介绍过的脚本的退出状态码吗？当一个 Shell 脚本执行结束的时候，可以通过 exit 命令返回其退出状态码。类似的，函数中的 return 语句用于返回函数的退出状态码。

【例6-5】 演示如何通过return语句返回某个数值，代码如下：

```
01  #-----------------------------/chapter6/ex6-5.sh------------------
02  #! /bin/bash
03
04  #定义求和函数
05  sum()
06  {
07      let "z = $1 + $2"
08      #将和作为退出状态码返回
09      return "$z"
10  }
11  #调用求和函数
12  sum 22 4
13  #输出和
14  echo "$?"
```

在上面的代码中，第5～10行定义了一个求和函数，其中，第7行计算两个参数的和。关于函数参数的传递将在6.2节中介绍。第9行通过return语句将变量$z返回。第12行调用函数 sum()并且传递两个参数。与执行脚本相同，函数的退出状态码也可以通过系统变量$?获取，因此在第14行中通过变量$?获取函数 sum()的返回值（在此作为函数退出状态码返回）。

程序的执行结果如下：

```
[root@linux chapter6]# ./ex6-5.sh
26
```

由上面的执行结果可以看出，传递的两个数的和被成功地返回。但是通过return语句只能返回整数值，并且是0～255的整数值，如果超出这个范围，则会返回错误的结果。例如，将第12行的两个参数改为以下两个数：

```
sum 253 4
```

执行结果如下：

```
[root@linux chapter6]# ./ex6-5.sh
1
```

可以发现，正确的结果应该是257，但是函数的返回值是1。

虽然在函数中使用return语句返回需要的数据存在许多限制，但是在适当的情况下仍然不失为一种非常便捷的方法。在 Shell 中还有一种更加优雅的方法可以获得函数执行后的某个结果，那就是使用echo语句。

在函数中，将需要返回的数据写入标准输出（stdout），通常这个操作是使用echo语句完成的。然后在调用程序中将函数的执行结果赋给一个变量。这种做法实际上就是命令替换的一个变种。

【例6-6】 演示如何通过echo语句来传递函数返回值，代码如下：

```
01  #-----------------------------/chapter6/ex6-6.sh------------------
02  #! /bin/bash
03
04  #定义函数
05  length()
06  {
07      #接收参数
08      str=$1
```

```
09      result=0
10      if [ "$str" != "" ]; then
11          #计算字符串长度
12          result=${#str}
13      fi
14      #将长度值写入标准输出
15      echo "$result"
16  }
17  #调用函数
18  len=$(length "abc123")
19  #输出执行结果
20  echo "the string's length is $len"
```

在上面的代码中，第 5～16 行定义了一个名称为 length()的函数，用来计算字符串的长度。其中，第 8 行通过位置变量$1 接收参数，第 12 行计算用户输入的字符串的长度，第 15 行通过 echo 语句将字符串的长度值写入标准输出。第 18 行调用函数并将执行结果赋给变量 len。第 20 行输出变量 len 的值。

程序的执行结果如下：

```
[root@linux chapter6]# ./ex6-6.sh
the string's length is 6
```

注意：Shell 程序实际上是由许多 Shell 命令组成的，但是为了与其他程序设计语言保持一致，这里仍然将其称为语句，例如 echo。

由于可以将各种数据写入标准输出，所以通过 echo 语句可以将各种数据作为返回值返回给函数调用者，而不仅局限于整数。因此，使用 echo 语句获得函数的返回值更加灵活。

6.1.6 函数和别名

在 Shell 中，与函数比较相似的一个概念就是别名。别名是 Shell 命令的缩写或者其他容易记忆的名称。可以使用 alias 命令来设置别名（alias），基本语法如下：

```
alias name="command"
```

其中，name 是要指定的别名，command 则是原有的 Shell 命令，也就是真正要执行的命令。

函数和别名的相似之处在于，它们都是通过一个名称映射一个或者一组命令。例如，函数是函数名到一组 Shell 命令的映射，而别名则是别名到一个 Shell 命令的映射。无论函数还是别名，在调用时都是执行其所对应的相关命令。

与函数相比，别名的功能相对比较简单，但使用时需要注意以下两点：
- 不能为一组命令指定别名。
- 在别名中不能通过系统变量操作参数列表。

为了使读者更加清楚函数和别名的区别，下面举一个简单的例子。首先使用 alias 命令定义一个别名如下：

```
[root@linux chapter6]# alias ls="ls -l"
```

上面的命令表示将 ls -l 这个命令的别名命名为 ls，这样在命令行中输入 ls 命令时，实际上执行的就是包含-l 选项的 ls 命令：

```
[root@linux chapter6]# ls .
total 24
-rwxr-xr-x  1  root     root      63  Jun 29 17:33      ex6-1.sh
-rwxr-xr-x  1  root     root      98  Jun 29 23:20      ex6-2.sh
…
```

当不再需要某个别名时,可以使用 unalias 命令将其删除:

```
[root@linux chapter6]# unalias ls
[root@linux chapter6]# ls .
ex6-1.sh  ex6-2.sh  ex6-3.sh  ex6-4.sh  ex6-5.sh  ex6-6.sh
```

由上面的执行结果可以看出,别名被删除之后,当用户再执行 ls 命令时,会执行原始的 ls 命令。因此,上面的命令只是简单地输出了文件名。

实际上,上述功能完全可以使用函数来实现。前面介绍的函数都是在脚本中定义的,可以直接在 Shell 环境中定义函数,其方法就是在 Shell 命令提示符后面依次输入函数名和函数体。例如,为了定义一个名称为 lsl() 的函数,可以在命令行中依次输入以下语句:

```
01    [root@linux chapter6]# lsl()
02    > {
03    >     ls -l "$@"
04    > }
```

在第 1 行输入函数名称,当按 Enter 键时,Shell 会继续等待用户的输入,因此在后面的命令行的左侧会出现一个大于号提示符。用户可以继续输入函数的函数体,当用户输入右花括号时表示函数定义完成,将会重新出现 Shell 提示符。

函数定义完成之后,就可以直接在当前的 Shell 中使用了:

```
[root@linux chapter6]# lsl .
total 24
-rwxr-xr-x  1  root     root      63  Jun 29 17:33      ex6-1.sh
-rwxr-xr-x  1  root     root      98  Jun 29 23:20      ex6-2.sh
…
```

上例中的函数只是简单地执行了 ls 命令,实际上在函数内部可以对文件进行更加复杂的操作,如删除文件或者复制文件等。这些功能可以在上面的例子的基础上尝试实现。

用户定义的 Shell 函数可以通过 unset 命令进行删除,删除之后的函数名将不再有效:

```
[root@linux chapter6]# unset lsl
[root@linux chapter6]# lsl
-bash: lsl: command not found
```

> **注意**:在前面的例子中我们定义了一个名称为 ls 的别名,而 Shell 中已经存在一个名称为 ls 的命令。在别名和同名命令同时存在的情况下,Shell 会优先使用用户定义的别名,所以在上面的例子中,虽然没有指定要执行别名还是真实的命令,但是 Shell 会优先执行别名。

6.1.7 全局变量和局部变量

第 3 章已经详细介绍了变量的使用方法。默认情况下,除了与函数参数关联的特殊变量之外,其他变量都有全局的有效范围。另外,在函数内部,如果没有使用 local 关键字进行修饰,那么函数中的变量也是全局变量。

【例6-7】 演示在函数内部和外部定义的全局变量的使用方法，代码如下：

```
01  #---------------------------/chapter6/ex6-7.sh------------------
02  #! /bin/bash
03
04  #在函数外部定义全局变量
05  var="Hello world"
06
07  func()
08  {
09      #在函数内部改变变量的值
10      var="Orange Apple Banana"
11      echo "$var"
12      #在函数内部定义全局变量
13      var2="Hello John"
14  }
15  #输出变量值
16  echo "$var"
17  #调用函数
18  func
19  #重新输出变量的值
20  echo "$var"
21  #输出函数内部定义的变量的值
22  echo "$var2"
```

在上面的代码中，第 5 行定义了一个名称为 var 的变量，该变量在函数外部定义，因此该变量属于全局变量，其有效范围是整个脚本，无论是函数内部还是在函数外部，都可以正常引用。第 7～14 行定义了一个名称为 func()的函数。其中，第 10 行为变量 var 重新赋值，第 11 行输出变量 var 的值。第 13 行在函数内部定义了一个名称为 var2 的函数。第 16 行在函数外面输出变量 var 的值。第 18 行调用了函数 func()。由于函数内部修改了变量 var 的值，所以在第 20 行又重新输出了该变量的值。第 22 行输出变量 var2 的值，该变量是在函数内部定义的。

程序的执行结果如下：

```
[root@linux chapter6]# ./ex6-7.sh
Hello world
Orange Apple Banana
Orange Apple Banana
Hello John
```

在上面的输出结果中：第 1 行字符串是第 16 行 echo 语句的输出，此时函数还没有被调用，因此变量 var 的值并没有改变；第 2 行字符串是第 11 行函数内的 echo 语句的输出结果，此时变量 var 的值已经被修改；第 3 行字符串是第 20 行 echo 语句的执行结果，此时函数被调用，因此变量 var 的值已经改变；最后一行字符串是第 22 行 echo 语句的执行结果。

由上面的执行结果可知，无论在何处，赋值语句都会影响全局变量的值，并且全局变量的值被改变之后，在整个脚本内都有效。另外，默认情况下，在函数内部定义的变量也是全局变量，在脚本的任何位置都可以引用。

【例6-8】 演示在函数内部定义局部变量的方法，以及在全局变量和局部变量重名的情况下会发生什么事情，代码如下：

```
01  #---------------------------/chapter6/ex6-8.sh------------------
02  #! /bin/bash
```

```
03
04    #全局变量
05    var="Hello world"
06
07    func()
08    {
09        #局部变量
10        local var="Orange Apple Banana"
11        echo "$var"
12        #局部变量
13        local var2="Hello John"
14    }
15    echo "$var"
16    func
17    echo "$var"
18    echo "$var2"
```

其实本例和例 6-7 基本相同，区别在于本例的第 10 行和第 13 行的变量名称前面都使用了关键字 local。

程序的执行结果如下：

```
[root@linux chapter6]# ./ex6-8.sh
Hello world
Orange Apple Banana
Hello world
```

上面的执行结果一共有 4 行输出。其中：第 1 行是第 15 行代码 echo 语句的执行结果，该语句输出了全局变量 var 的值；第 2 行是第 11 行代码的输出，可以发现，该语句输出了局部变量 var 的值；第 3 行是第 17 行代码的输出，虽然第 16 行代码调用了函数 func()，但是并没有影响全局变量 var 的值，该语句仍然输出了变量 var 的初始值；第 4 行是一个空行，是第 18 行代码的输出结果。之所以会输出空行，是因为第 13 行代码中的变量 var2 的作用域仅局限于函数内部。

由例 6-8 可知，当某个程序中同时存在相同名称的全局变量和局部变量时，在函数内部，局部变量会屏蔽全局变量。也就是说，在函数内部使用的是局部变量，而函数外部使用的是全局变量。

6.2 函数的参数

6.1 节介绍的绝大部分函数都没有参数。实际上，参数对于函数来说非常重要。通过参数，用户可以将要处理的数据传递给函数。Shell 语言同样支持包含参数的函数。本节将介绍函数参数的使用方法。

6.2.1 包含参数的函数的调用方法

在某些程序设计语言中，函数的参数分为形参和实参。其中，形参是在函数定义的时候指定的参数，而实参则是在函数调用的时候指定的参数。通常情况下，函数的实参都是放在圆括号里面，如果有多个参数，则这些参数之间使用逗号隔开。当然，也有一些语言在调用函数的时候并不是将参数放在圆括号里面，如 Visual Basic 等，但是这些语言的参数仍然需要使用逗号隔开。

与这些程序设计语言相比，Shell 函数参数的语法比较特殊。实际上，Shell 将脚本参数和函数参数进行了统一处理。也就是说，Shell 采用了相同的方法来处理脚本的参数和函数参数。对于包含参数的函数，可以使用以下语法来调用。

```
function_name arg1 arg2 …
```

其中，function_name 表示函数名称，arg1、arg2 等表示函数参数，这些参数之间通过空格隔开。可以发现，这种语法与执行 Shell 脚本的语法完全相同。

6.2.2 获取函数参数的个数

在 Shell 中，不仅包含参数的函数调用方法和执行脚本的语法相同，而且在函数内部也是通过位置变量来接收参数的值。这一点与 Shell 脚本也是完全相同的。前面已经介绍过，可以通过系统变量$#来获取脚本参数的个数。

【例6-9】 演示如何通过$#来获取函数参数的个数，代码如下：

```
01  #-----------------------------/chapter6/ex6-9.sh-------------------
02  #! /bin/bash
03
04  #定义函数
05  func()
06  {
07      #输出参数个数
08      echo "the function has $# parameters."
09  }
10  #调用函数
11  func a b c d e f g hello
12  func 12 3 "hello world"
13  func
```

在上面的代码中，第 5~9 行定义了名称为 func()的函数，其中，第 8 行输出了参数的个数。第 11 行调用 func()函数，提供了 8 个参数，第 12 行同样是调用 func()函数，但是只提供了 3 个参数。

程序的执行结果如下：

```
[root@linux chapter6]# ./ex6-9.sh
the function has 8 parameters.
the function has 3 parameters.
the function has 0 parameters.
```

由上面的执行结果可知，当用户在 Shell 脚本中定义函数时，实际上并没有指定该函数到底拥有多少个参数。函数最终会有多少个参数，取决于用户在调用该函数时为该函数提供了多少个参数。在上面的例子中，当用户为函数 func()提供 8 个参数时，系统变量$#输出的参数个数为 8；当用户为函数 func()提供 3 个参数时，系统变量$#的值为 3；如果用户没有为函数提供参数，则系统变量$#的值为 0。这一点与其他程序设计语言相比明显不同。

另外，在第 12 行代码中，第 3 个参数为"hello world"，中间有一个空格，在这种情况下应该使用单引号或者双引号将其引用起来，以避免 Shell 误认为是两个参数。

> ⚠ 注意：Shell 函数的参数以空格隔开，如果某个参数中含有空格，则应该使用引号将其引用起来。

6.2.3 通过位置变量接收参数值

与 Shell 脚本一样，可以在 Shell 函数中使用位置变量来获取参数值。例如，$0 表示脚本名称，$1 表示第 1 个参数，$2 表示第 2 个参数等，以此类推。另外，还可以通过系统变量$@和$*获取所有参数的值，至于二者的区别，参见 3.1 节的介绍，这里不再重复说明。

【例 6-10】 演示如何在函数中使用位置变量获取参数的值，代码如下：

```
01  #-----------------------------/chapter6/ex6-10.sh-----------------
02  #! /bin/bash
03
04  #定义函数
05  func()
06  {
07      #输出所有的参数
08      echo "all parameters are $*"
09      #输出所有的参数
10      echo "all parameters are $@"
11      #输出脚本名称
12      echo "the script's name is $0"
13      #输出第 1 个参数
14      echo "the first parameter is $1"
15      #输出第 2 个参数
16      echo "the second paramter is $2"
17  }
18  #调用函数
19  func hello world
```

在上面的代码中，第 8 行使用系统变量$*获取所有参数的值，第 10 行使用系统变量$@获取所有参数的值，第 12 行使用位置变量$0 获取当前脚本的名称，第 14 行和第 16 行分别使用位置变量$1 和$2 获取第 1 个和第 2 个参数的值。

程序的执行结果如下：

```
[root@linux chapter6]# ./ex6-10.sh
all parameters are hello world
all parameters are hello world
the script's name is ./ex6-10.sh
the first parameter is hello
the second paramter is world
```

由上面的执行结果可以看出，系统变量$*和$@获取了函数的所有参数。在本例中，第 8 行和第 10 行代码的输出从表面上看不出有什么区别，位置变量$0 也成功地获取到当前脚本的名称，$1 和$2 分别获取到了第 1 个和第 2 个参数值。

> ⚠ 注意：无论在脚本还是在函数中，位置变量$0 获取的都是当前执行的脚本的名称。

6.2.4 移动位置参数

前面讲过，在 Shell 脚本中，可以使用 shift 命令让脚本的所有位置参数向左移动一个位置，从而使用户可以通过 9 以内的位置变量来获取 9 个以上的参数。在函数中这种方法仍然适用。

【例 6-11】 通过一种非常巧妙的方法依次获取传递给函数的各个参数，代码如下：

```
01  #-----------------------------/chapter6/ex6-11.sh--------------------
02  #! /bin/bash
03
04  #定义函数
05  func()
06  {
07    #通过 while 循环和 shift 命令依次获取参数值
08    while (($# > 0))
09    do
10      echo "$1"
11      shift
12    done
13  }
14  #调用函数
15  func a b
```

在上面的代码中，通过 while 循环语句配合 shift 命令获取各个参数的值。第 8 行是循环语句的开始，其中，将$#变量的值大于 0 作为循环执行条件。我们已经知道系统变量$#获取传递给函数或者脚本的参数个数。当传递给函数 func()的参数个数为 0 时，就终止循环。第 10 行输出第 1 个参数的值。第 11 行是执行 shift 命令。

上面的程序之所以会正确地执行，关键之处就在于 shift 命令。该命令的功能是将传递给函数 func()的位置参数向左移动一个位置，同时删除原来的第 1 个参数。因此，每执行 1 次 shift 命令，所有的位置参数都会向左移动 1 个位置，原来处于第 2 个位置的参数会移动到第 1 个位置上。同时，函数的参数个数也会随之减 1。所以，当传递给函数 func()的参数的个数变成 0 时，就表示所有的参数都已经移动完成。另外，由于所有的参数都会移动到第 1 个位置上，所以用户只要使用一个位置变量$1 就可以了。

注意：shift 命令会影响系统变量$#的值。

6.2.5 通过 getopts 接收函数的参数

在绝大多数情况下，可以通过位置变量$1、$2、…、$n 等手动获取每个参数。如果用户需要处理的情况比较多，或者是多个分支的情况，那么这个方法就不够用了。这个时候，用户可以考虑使用 getopts 来接收参数。

getopts 是 bash 内置的一个命令，通过该命令可以获取（get）函数的选项（options）及参数值，或者脚本的命令行选项及参数值。getopts 命令的基本语法如下：

```
getopts optstring [args]
```

在上面的语法中，参数 optstring 包含一个可以为 getopts 命令识别的选项名称列表。如果某个选项名称的后面跟随着一个冒号，则表示用户可以为该选项提供参数值，同时参数值将被保存到一个名称为$OPTARG 的系统变量中。getopts 命令会依次遍历每个选项，选项名称将被保存到 args 变量中。

【例6-12】 演示如何通过 getopts 命令获取各个选项及其参数值,代码如下:

```
01  #-----------------------------/chapter6/ex6-12.sh-------------------
02  #! /bin/bash
03
04  #定义函数
05  func()
06  {
07      #逐个接收选项及其参数
08      while getopts "a:b:c" arg
09      do
10          #当指定-a选项时
11          case "$arg" in
12              a)
13                  #输出-a选项的参数值
14                  echo "a's argument is $OPTARG"
15                  ;;
16              b)
17                  echo "b's argument is $OPTARG."
18                  ;;
19              c)
20                  echo "c"
21                  ;;
22              ?)
23                  #未知选项
24                  echo "unkown argument."
25                  exit 1
26                  ;;
27          esac
28      done
29  }
30  #调用函数
31  func -a hello -b world
```

在上面的代码中,第 8 行通过 getopts 命令获取用户提供给函数 func()的各个选项。其中,函数 func()可以接收的选项有 a、b 和 c,选项 a 和 b 可以包含参数,而选项 c 不包含参数。在 while 循环的过程中,当前选项名称将被保存到变量 arg 中,而选项的参数值将被保存到系统变量$OPTARG 中。

当用户提供了-a 和-b 选项时,输出参数值。当用户提供了-c 选项时,只是简单地输出一个字符 c。如果用户提供了未知选项(不在选项列表中的选项),则输出相应的提示信息。

第 31 行调用函数 func()并且提供了-a 和-b 这两个选项及其参数。

程序的执行结果如下:

```
[root@linux chapter6]# ./ex6-12.sh
a's argument is hello.
b's argument is world.
```

由上面的执行结果可知,程序已经成功地获取到-a 和-b 这两个选项的参数值。

注意:系统变量$OPTARG 是一个内置的系统变量。

6.2.6 传递间接参数

在 Shell 中,函数还支持间接参数传递。所谓间接参数传递,是指通过间接变量引用来实现函数参数的传递。如果某个变量的值是另外一个变量的变量名，则该变量称为间接变量。

例如，在某个脚本中，存在以下两个变量：

```
var=name
name=John
```

可以发现，在上面的代码中，变量 var 的值恰好是后面一个变量的变量名。对于第 2 个变量，可以通过以下两种方式来引用：

```
${name}
${!var}
```

第一种引用方法是直接通过变量名进行引用，而第二种引用方法则是通过第一个变量名间接地引用。在 Shell 中，变量的间接引用通常使用以下语法来实现：

```
${!var_name}
```

其中，变量 var_name 的值是另一个变量的名称。当用户使用以上语法间接引用变量时，实际上取得的是 var_name 值所代表的变量的值，而非变量 var_name 的值。

【例 6-13】 演示如何在函数中使用间接参数传递，代码如下：

```
01  #-----------------------------/chapter6/ex6-13.sh--------------------
02  #! /bin/bash
03
04  #定义函数
05  func()
06  {
07      echo "$1"
08  }
09
10  #定义变量
11  var=name
12  name=John
13  #调用函数
14  func "$var"
15  func ${!var}
16  #修改变量的值
17  name=Alice
18  #再次调用函数
19  func "$var"
20  func ${!var}
```

在上面的代码中，函数 func()比较简单，只有一行代码，输出第 1 个参数的值。第 11 和 12 行定义了两个变量，其中，变量 var 的值是下面一个变量的名称。第 14 行将变量 var 作为参数传递给函数，第 15 行通过间接引用的方法将第 2 个变量作为参数传递给函数。第 17 行修改变量 name 的值。第 19 行和 20 行分别调用函数 func()。

程序的执行结果如下：

```
[root@linux chapter6]# ./ex6-13.sh
name
John
name
Alice
```

在上面的输出结果中，第 1 个字符串 name 是第 14 行代码的函数调用输出的。第 2 个字符串 John 是第 15 行代码的间接参数传递调用 func()时输出的。可以发现，当使用间接引用变量时，程序正确地输出了第 2 个变量的值。第 3 个字符串 name 是第 19 行代码的函数调用输出的。第 4 个字符串是第 20 行代码的间接参数传递输出的。由执行结果可知，修改了第 2 个变量的值之后，通过间接参数传递仍然可以得到正确的结果。

6.2.7　通过全局变量传递数据

参数的作用是在主程序和函数之间传递数据。用户除了可以使用参数传递数据之外，还可以通过全局变量来传递数据。前面已经介绍过，全局变量的作用域是整个程序，包括函数内部。虽然这种方式是有效的，但是在许多程序设计语言中这种做法却饱受诟病，因为会导致程序结构非常不清晰，代码的可读性较差。

【例 6-14】　演示如何通过全局变量向函数传递数据，代码如下：

```
01   #-----------------------------/chapter6/ex6-14.sh-------------------
02   #! /bin/bash
03
04   #定义全局变量
05   file="/bin/ls"
06   #定义函数
07   func()
08   {
09      if [ -e "$file" ]
10      then
11         echo "the file exists."
12      else
13         echo "the file does not exist."
14      fi
15   }
16   #调用函数
17   func
18   #修改全局变量的值
19   file="/bin/a"
20   #调用函数
21   func
```

在上面的代码中，第 5 行定义了一个全局变量。第 9 行判断全局变量表示的文件是否存在。第 17 行调用前面定义的函数。第 19 行修改全局变量的值。第 21 行重新调用函数。

程序的执行结果如下：

```
[root@linux chapter6]# ./ex6-14.sh
the file exists.
the file does not exist.
```

注意：在任何程序设计语言中都不建议使用全局变量来传递数据。因此，用户应该尽量避免使用这种方式。

6.2.8　传递数组参数

有时需要将一个数组作为参数传递给某个函数，然后在函数中对数组内容进行相应的处理。严格地讲，Shell 并不支持将数组作为参数传递给函数，但是可以通过一些变通的方法实现数组参数的传递。

首先将数组元素展开，然后将多个由空格隔开的参数传递给函数。下面举例说明这种传递参数的方法。

【例 6-15】 演示将数组元素作为多个参数传递给函数的方法，代码如下：

```
01  #--------------------------------/chapter6/ex6-15.sh--------------------
02  #! /bin/bash
03
04  #定义函数
05  func()
06  {
07     echo "number of elements is $#."
08     while [ $# -gt 0 ]
09     do
10        echo "$1"
11        shift
12     done
13  }
14  #定义数组
15  a=(a b "c d" e)
16  #调用函数
17  func "${a[@]}"
```

在上面的代码中，函数内部通过 while 循环语句配合 shift 命令将数组元素逐个接收过来。第 15 行定义了一个数组，关于数组的详细使用方法将在第 7 章介绍。第 17 行调用函数 func()并且将数组传递给函数，其中，变量${a[@]}可以获取数组中所有元素的值。

程序的执行结果如下：

```
[root@linux chapter6]# ./ex6-15.sh
number of elements is 4.
a
b
c d
e
```

由上面的执行结果可知，程序成功地获取到传递过来的数组元素的个数，以及各个元素的值。实际上，在例 6-15 中，数组元素的个数与函数 func()的实际参数的个数是相同的，因此可以使用系统变量$#来获取数组元素个数。

在例 6-15 中有一点非常值得注意，那就是第 17 行代码在调用函数时，变量${a[@]}外面是使用双引号引用起来的。其主要原因就是数组 a 的第 3 个元素中含有空格。在这种情况下，如果将变量${a[@]}外面的双引号去掉，则会将第 3 个元素误认为是 2 个元素，代码如下：

```
01  #! /bin/bash
02
03  #定义函数
04  func()
05  {
06     while [ $# -gt 0 ]
07     do
08        echo "$1"
09        shift
10     done
11  }
12  #定义数组
13  a=(a b "c d" e)
14  #调用函数
```

```
15    func ${a[@]}
```

执行结果如下：

```
[root@linux chapter6]# ./ex6-15.sh
number of elements is 5.
a
b
c
d
e
```

由上面的执行结果可以得知，程序已经错误地将数组元素判断为 5 个。

6.3 函数库文件

前面几节我们写过一些脚本用于完成一些特定的任务。许多脚本都要执行一些常用的操作，如显示出错信息和警告信息、提示用户输入等。为了方便地重用这些功能，可以创建一些可重用的函数。这些函数可以单独放在函数库文件中。本节将介绍如何在 Shell 程序中创建和调用函数库文件。

6.3.1 函数库文件的定义

创建一个函数库文件相当于编写一个 Shell 脚本。脚本与函数库文件的唯一区别在于函数库文件通常只包括函数，而脚本既包括函数和变量的定义，又包括可执行的代码。此处所说的可执行代码是指位于函数外部的代码，当脚本被载入时，这些代码会立即被执行，无须另外进行调用。例如，在下面的代码中：

```
01  #! /bin/bash
02
03  msg="Hello world."
04  echo "$msg
05  func()
06  {
07     echo "$1"
08  }
09  func "$msg"
```

第 1～4 行都是可执行代码，第 5～8 行定义了一个名称为 func() 的函数，虽然第 7 行是可执行的代码，但是只有当用户调用函数时这些代码才会被执行。所以，第 5～8 行的函数定义属于不可执行代码。第 9 行是函数调用，也属于可执行代码。

下面定义一个函数库文件，代码如下：

```
01  #-----------------------------/chapter6/lib.sh--------------------
02  #! /bin/bash
03
04  #定义函数
05  error()
06  {
07     echo "ERROR:" $@ 1>&2
08  }
09  warning()
```

```
10  {
11      echo "WARNING:" $@ 1>&2
12  }
```

在上面的代码中只定义了两个函数，分别为 error()和 warning()。前者用来将错误消息显示到标准输出；后者用来显示警告信息。1 和 2 都是文件描述符，其中，1 表示标准输出，2 表示标准错误输出。符号>&可以复制一个输出描述符。

从上面的代码中可以看出，函数库文件与普通脚本的结构完全相同。通常情况下应该为函数库文件提供有意义的名称，如 errors.sh 或者 math.sh 等。同时，为了便于管理，应该将所有的库文件单独放到一个目录中，如 lib 等。

注意：函数库文件是由主程序载入并执行的，因此用户不需要拥有库文件的执行权限，只要拥有读取权限即可。

6.3.2 函数库文件的调用

库文件定义好之后，用户就可以在程序中载入库文件并且调用其中的函数。在 Shell 中，载入库文件的命令为"."，即一个圆点，其语法如下：

```
. filename
```

其中，参数 filename 表示库文件的名称，该名称必须是一个合法的文件名。库文件可以使用相对路径也可以使用绝对路径。另外，圆点命令和库文件名之间有一个空格。

【例 6-16】 演示如何在 Shell 脚本中加载库文件并且调用其中的函数，代码如下：

```
01  #-----------------------------/chapter6/ex6-16.sh-------------------
02  #! /bin/bash
03
04  #载入函数库
05  . lib.sh
06
07  #定义变量
08  msg="the file is not found."
09  #调用函数库中的函数
10  error $msg
```

在上面的代码中，第 5 行使用圆点命令载入前面定义的 lib.sh 文件，第 10 行调用其中的 error()函数显示错误消息。

程序的执行结果如下：

```
[root@linux chapter6]# ./ex6-16.sh
ERROR: the file is not found.
```

当用户使用函数库文件时，一定要在调用函数前将库文件载入，否则会出现以下错误：

```
[root@linux chapter6]# ./ex6-16.sh
./ex6-16.sh: line 10: error: command not found
```

上面的错误是将第 5 行移到第 10 行后面出现的。之所以会出现以上错误，是因为 Shell 在解释脚本的第 10 行时并没有发现用户定义了名称为 error()的函数，所以会将其作为一个 Shell 名称来对待，但是系统中又没有名称为 error 的名称，因此就出现了命令未发现的错误。

另外，载入库文件命令"."后面的库文件名称一定要准确，必须是一个已经存在的磁盘文件。无论使用相对路径还是绝对路径，都必须是准确的。如果指定的文件不存在，则会出现以下错误：

```
[root@linux chapter6]# ./ex6-16.sh
./ex6-16.sh: line 3: ../ex6-16.sh: No such file or directory
./ex6-16.sh: line 6: error: command not found
```

上面的错误信息是将例6-16中的第5行代码改为一个错误的文件名之后出现的。其中：第1行错误信息是Shell在解释第5行时并没有发现指定的文件；第2行错误信息是由于前面没有正确地载入库文件，所以导致Shell没有找到名称为error()的函数。

> 注意：载入文件命令"."与文件名之间一定要保留一个空格，许多初学者往往忽略了这个空格而导致程序执行错误。

6.4 递归函数

Linux Shell也支持函数的递归调用。也就是说，函数可以直接或者间接地调用自身。在函数的递归调用中，函数既是调用者又是被调用者。本节介绍如何在Shell中实现递归函数。

递归函数的调用过程就是反复地调用其自身，每调用一次就进入新的一层。下面看一个具体的例子。

【例6-17】 演示递归函数的定义方法，代码如下：

```
01  #-----------------------------/chapter6/ex6-17.sh--------------------
02  #! /bin/bash
03
04  #定义递归函数
05  func()
06  {
07      read y
08      #递归调用
09      func "$y"
10      echo "$y"
11  }
12  #调用函数
13  func
```

在上面的代码中，第5~11行定义了一个递归函数，其中，第7行是从标准输入读取数据。第9行是调用自身，第10行输出变量$y的值。第13行从主程序中调用递归函数。

可以发现，例6-17中确实定义了一个递归函数。但是上面的函数却存在一个非常大的问题，即该程序会无限地重复调用下去，不会主动退出。这是因为在例6-17中并没有提供递归调用终止的条件，这当然是不正确的。为了使递归调用在适当的时机终止，需要在递归函数中指定某个条件。当该条件满足时，程序不再进行递归调用而是逐层返回，直至最外面的一层调用。

在介绍递归函数时经常举的一个例子就是计算某个数的阶乘。在数学中，整数n的阶乘可以使用以下公式来计算：

n! = 1	n=0
n! = n * (n-1)!	n>0

也就是说,当 n 等于 0 时,n 的阶乘就是 1;当 n 大于 0 时,n 的阶乘等于 n 与 n-1 的阶乘的乘积。通常情况下,在计算阶乘时应该指定当 n 等于 0 时终止递归调用。

【例6-18】 根据用户输入的数值计算其阶乘,代码如下:

```
01  #-------------------------------/chapter6/ex6-18.sh-------------------
02  #! /bin/bash
03
04  #定义递归函数
05  fact()
06  {
07    #定义局部变量
08    local n="$1"
09    #当n等于0时终止递归调用
10    if [ "$n" -eq 0 ]
11    then
12        result=1
13    else
14        #当n大于0时递归计算n-1的阶乘
15        let "m=n-1"
16        fact "$m"
17        let "result=$n * $?"
18    fi
19    #将计算结果以退出状态码的形式返回
20    return $result
21  }
22
23  #调用递归函数
24  fact "$1"
25
26  echo "Factorial of $1 is $?"
```

在上面的代码中,第 5~21 行定义了一个计算阶乘的递归函数。其中将递归变量的值为 0 作为终止递归调用的条件。第 10~12 行是当递归变量的值为 0 时,直接返回其阶乘值 1。第 13~18 行是当递归变量的值大于 0 时,递归计算 n-1 的阶乘的过程。第 15 行将递归变量 n 的值减 1,赋给另外一个变量 m,第 16 行是递归调用的语句,通过该语句调用 fact() 函数自身,并将 m 作为新的递归变量传递给它。第 17 行代码是在退出递归的过程中才调用,每退出一层,便得到一个 fact() 函数的退出状态码,这个退出状态码代表当前递归变量的阶乘值,通过第 20 行的 return 语句返回,通过系统变量$?获得。然后将当前退出的递归变量的阶乘值与上层递归调用中的局部变量$n 相乘,得到当前的$n 的阶乘值。最后,最顶层的递归调用的结果也是通过 return 语句返回的。

第 24 行是调用递归函数,第 26 行输出计算的结果,其中计算结果通过系统变量$?获取。

程序的执行结果如下:

```
[root@linux chapter6]# ./ex6-18.sh 4
Factorial of 4 is 24
```

为了使读者更加清楚例 6-18 的调用过程,下面进行简单的分析。

(1)用户传入数值为 4。

(2)此时,n 的值为 4,大于 0,所以执行程序的第 15 行,将 4 减 1 后得到 3。

（3）继续执行第 16 行，将 3 作为新的递归变量传递给函数 fact()。为了便于说明，将该层递归调用命名为第 1 层。

（4）重新返回到第 8 行开始执行。此时递归变量仍然大于 0，所以重复执行第 15 行，将 3 减 1 后得到 2。

（5）继续执行第 16 行，将 2 作为新的递归变量传递给函数 fact()。为了便于说明，将该层递归调用命名为第 2 层。

（6）重新返回到第 8 行开始执行。此时递归变量为 2，仍然大于 0，所以继续执行第 15 行，将 2 减 1 后得到 1。

（7）继续执行第 16 行，将 1 作为新的递归变量传递给函数 fact()。为了便于说明，将该层递归调用命名为第 3 层。

（8）重新返回到第 8 行开始执行。此时递归变量为 1，仍然大于 0，所以继续执行第 15 行，将 1 减 1 后得到 0。

（9）继续执行第 16 行，将 0 作为新的递归变量传递给函数 fact()。为了便于说明，将该层递归调用命名为第 4 层。

（10）重新返回到第 8 行开始执行。此时递归变量为 1，仍然大于 0，所以继续执行第 15 行，将 1 减 1 后得到 0。

（11）继续执行第 16 行，将 0 作为新的递归变量传递给函数 fact()。为了便于说明，将该层递归调用命名为第 5 层。

（12）此时递归变量的值为 0，所以满足第 10 行递归变量值等于 0 的条件，程序执行第 12 行的赋值语句。然后执行第 20 行的 return 语句，将 1 以退出状态码的形式返回，并且退出第 5 层的递归调用。

（13）执行第 17 行的算术运算。其中，变量 n 的值为 1，而系统变量$?获取的是第 5 层递归调用的退出状态码，即 1。此时，变量 result 的值就是 1 的阶乘值，即 1。

（14）继续执行第 20 行的 return 语句，退出第 4 层递归调用，将 1 的阶乘值以退出状态码的形式返回。

（15）重复执行第（14）步，依次退出第 3 层、第 2 层和第 1 层递归调用，便依次得到 2、3 和 4 的阶乘值。

（16）待程序退出第 1 层递归调用后执行第 20 行代码，将最后的 4 阶乘值以退出状态码的形式返回。

（17）执行第 26 行，输出最终的结果。

虽然例 6-18 已经实现了阶乘计算，但是前面已经说过，return 返回的只能是 255 以内的数值。因此，当阶乘值超出这个范围时便得到错误的结果。但是用户可以使用 6.1 节介绍的方法进行改进。

6.5　小　结

本章详细介绍了 Shell 语言中函数的使用方法，主要内容包括函数的基础知识、函数的参数传递、函数库文件的定义和调用，以及递归函数的实现等。重点在于掌握 Shell 函数的定义方法、函数的返回值、通过位置变量和 getopts 命令传递参数，以及如何将通用的函数写成库文件以提高代码的重用性。在下一章中，将介绍数组的相关知识。

6.6 习　　题

一、填空题

1．函数就是一个_____到_____的映射。
2．函数链接是指在_____的过程。
3．函数的变量有两种，分别为_____和_____。

二、选择题

1．下面（　　）函数名是合法的。
A．class　　　　　　B．user1　　　　　　C．123　　　　　　D．_pass
2．在 Shell 中，使用（　　）系统变量获取函数参数的个数。
A．$#　　　　　　B．$?　　　　　　C．$@　　　　　　D．$*
3．在 Shell 中，载入库文件的命令是（　　）。
A．!　　　　　　B．.　　　　　　C．#　　　　　　D．$

三、判断题

1．定义函数时使用的关键字为 function，该关键字也可以省略。　　　　（　　）
2．由于函数库文件是由主程序载入并执行的，所以用户不需要拥有库文件的执行权限，只要拥有读取权限即可。　　　　（　　）

四、操作题

1．创建一个 Shell 脚本 function.sh，定义一个名称为 test 的函数，输出 This is a test function。
2．定义一个函数库文件 func_hello.sh 并输出 hello shell。然后创建 Shell 脚本 fun.sh，调用函数库文件。

第 7 章 数 组

Shell 是一种非常强大的脚本语言。在前面几章中我们已经学习了 Shell 的相关基础知识，包括变量的使用。实际上，Shell 的功能远不止这些。Shell 语言还支持数组，提供了数组的定义、访问及删除等一系列操作。本章将介绍如何在 Shell 中使用数组类型。

本章涉及的主要知识点如下：

- 定义数组：主要介绍在 Shell 中定义数组变量的各种方法，包括通过指定元素值来定义数组、通过 declare 语句定义数组、通过元素值集合定义数组、通过键值对定义数组，以及通过字符串定义数组等。
- 数组的赋值：主要介绍如何为数组元素赋值，包括通过循环为数组元素赋值、通过索引为数组元素赋值、通过集合为数组元素赋值，以及在数组末尾追加新元素等。
- 访问数组：主要介绍如何访问数组元素，包括访问数组的第一个元素、通过索引访问数组元素、计算数组长度、通过循环遍历数组元素、以字符串的形式输出所有数组元素、以切片方式获取部分数组元素，以及数组元素的替换等。
- 删除数组：介绍如何销毁数组变量，包括删除某个指定的数组元素以及删除整个数组等。
- 数组的其他操作：主要包括数组的复制、数组的连接，以及如何将数据从文本文件中加载到数组中等。

7.1 定义数组

所谓数组，是指将具有相同类型的若干变量按照一定的顺序组织起来的一种数据类型。Shell 语言对于数组的支持非常强大。在 Shell 中，用户可以通过多种方式创建一个数组。为了能够使读者充分了解数组的创建方法，本节将介绍最常用的几种数组定义方法。

7.1.1 通过指定元素值定义数组

在 Shell 中，可以通过直接指定数组中的元素值来定义一个新的数组变量，其基本语法如下：

```
array[key]=value
```

其中：array 表示数组变量的名称；key 参数表示数组元素的索引，通常是一个整数值；value 表示 key 所对应的数组元素的值。通过以上语句可以定义名称为 array 的新数组变量。

【例 7-1】 演示如何通过直接指定元素值来定义数组，代码如下：

```
01  #-----------------------------/chapter7/ex7-1.sh--------------------
02  #! /bin/bash
03
04  #指定数组元素值
05  array[1]=one
06  array[3]=three
07
08  #输出数组元素
09  echo "${array[@]}"
```

在上面的代码中，第 5 行和第 6 行分别指定索引为 1 和 3 的两个元素的值，其中，数组名称为 array。虽然没有明确定义这个变量名，但是通过第 5 行和第 6 行代码，Shell 会自动创建一个名称为 array 的数组，并且将第 2 个元素和第 3 个元素的值分别赋为 one 和 three 这两个字符串。第 9 行以字符串的形式输出整个数组元素的值，其中，${array[@]} 表示获取所有数组元素的值。关于该语句的使用方法将在后面介绍。

> 注意：Shell 中的数组下标（索引）从 0 开始。这一点与 C、C++或者 Java 等语言是相同的。

程序的执行结果如下：

```
[root@linux chapter7]# ./ex7-1.sh
one three
```

从上面的执行结果中可以看出，第 9 行的 echo 语句输出了第 5 行和第 6 行定义的两个元素的值，这两个值之间用空格隔开。

7.1.2 通过 declare 语句定义数组

在第 3 章中已经介绍过，可以通过 declare 语句来声明变量。除此之外，可以使用该语句来定义数组。在使用该语句定义数组时，其基本语法如下：

```
declare -a array
```

在上面的语法中，-a 选项表示后面定义的是一个数组（array），其名称为 array。

【例 7-2】 演示如何通过 declare 语句来声明数组，代码如下：

```
01  #-----------------------------/chapter7/ex7-2.sh--------------------
02  #! /bin/bash
03
04  #定义数组
05  declare -a array
06  #为元素赋值
07  array[0]=1
08  array[1]=2
09  #输出元素值
10  echo "${array[@]}"
```

在上面的代码中，第 5 行通过 declare 语句声明了一个名称为 array 的数组，接下来的两行代码是为数组元素赋值，第 10 行输出所有元素的值。

虽然上面的代码看起来并没有什么问题，但是实际上在 Shell 中，这样的声明并不是必要的。因为在 Shell 中，所有的变量不必显式定义就可以用作数组。从某种意义上讲，所有的变量都是数组，而且赋值给没有下标的变量与赋值给下标为 0 的元素的效果是相同的。

程序的执行结果如下：

```
[root@linux chapter7]# ./ex7-2.sh
1 2
```

7.1.3　通过元素值集合定义数组

有时可能需要一次性为数组的所有元素提供一个值。此时可以以元素值集合的形式来定义数组，基本语法如下：

```
array=( v₀ v₁ v₂ ... vₙ)
```

在上面的语法中，array 表示数组名称，等号后面是所有元素值的集合，这些值按照一定的顺序排列，元素之间用空格隔开，最后所有的值用圆括号括起来。Shell 会将这些值从下标为 0 的第 1 个元素开始，依次赋给数组的所有元素。

另外，在上面的语法中并没有显式指定数组元素的具体个数。在这种情况下，数组元素的个数与值的个数相同。

💡注意：Shell 中的数组下标从 0 开始，因此这里所说的第 1 个数组元素是指下标为 0 的元素。

【例 7-3】　演示如何通过元素值集合来创建数组变量，代码如下：

```
01  #----------------------------/chapter7/ex7-3.sh-------------------
02  #!/bin/bash
03
04  #定义数组
05  array=(1 2 3 4 5 6 7 8)
06  #输出第一个数组元素的值
07  echo "the first element is ${#array[0]}"
08  #输出所有元素的值
09  echo "the elements of this array are ${array[@]}"
10  #输出数组的长度
11  echo "the size of the array is ${#array[@]}"
```

在上面的代码中，第 5 行通过 8 个值来创建一个名称为 array 的数组。第 7 行输出第一个元素的值，第 9 行输出所有元素的值，第 11 行输出数组的长度，其中，变量${#array[@]}表示数组元素的个数。关于该变量的使用方法将在后面介绍。

程序的执行结果如下：

```
[root@linux chapter7]# ./ex7-3.sh
the first element is 1
the elements of this array are 1 2 3 4 5 6 7 8
the size of the array is 8
```

从上面的执行结果中可以看出，第一个值 1 赋给了下标为 0 的第一个元素。同时，所有元素的值按照用户指定的顺序进行排列，而且创建的数组的长度与用户提供的值的个数相同。

7.1.4 通过键值对定义数组

在前面的例子中已经介绍了许多创建数组的方法。但是在为数组元素提供值时，一般都是连续赋值的。实际上，在 Shell 中，数组元素的索引并不一定是连续的。

当需要定义索引不连续的数组时，需要显式指定要赋值的数组元素，也就是要为哪个数组元素指定值。此时可以使用键值对的方式来定义数组，基本语法如下：

```
array=([0]=value₀ [1]=vlaue₁ [2]=value₂ … [n]=valueₙ)
```

在上面的语法中，等号左边的 array 表示数组名，等号右边的圆括号表示数组元素及其值，方括号里面的数字表示数组元素的索引（下标），$value_0$、$value_1$、$value_2$、…、$value_n$ 表示对应的元素值。每个索引和值组成一个键值对，键和值之间用等号隔开。

当通过键值对定义数组时，用户所提供的键值对中的元素索引不一定是连续的，可以任意指定要赋值的元素的索引。之所以可以这样操作，是因为用户已经显式指定了索引，Shell 就可以知道值和索引的对应关系。

【例 7-4】 演示通过键值对定义数组的方法，代码如下：

```
01  #------------------------------/chapter7/ex7-4.sh------------------
02  #! /bin/bash
03
04  #定义数组
05  array=([1]=one [4]=four)
06  #输出数组的长度
07  echo "the size of the array is  ${#array[@]}"
08  #输出索引为 4 的元素的值
09  echo "the fourth element is ${array[4]}"
```

在上面的代码中，第 5 行定义了一个名称为 array 的数组变量，同时为该数组指定了两个元素的值，其索引分别为 1 和 4。第 7 行输出数组元素的个数，第 9 行输出索引为 4 的元素的值。

程序的执行结果如下：

```
[root@linux chapter7]# ./ex7-4.sh
the size of the array is 2
the fourth element is four
```

从上面的执行结果中可以看出，例 7-4 所定义的数组元素的个数为 2，其中，索引为 4 的元素的值为 four。

在例 7-4 中，数组元素的索引为整数。实际上，Shell 中的数组索引不仅可以是数字，还可以是字符串，这称为关联数组。在使用关联数组时，首先需要使用 declare 语句来声明数组，然后通过键值对的形式为数组元素提供值。

【例 7-5】 演示关联数组的使用方法，代码如下：

```
01  #------------------------------/chapter7/ex7-5.sh------------------
02  #! /bin/bash
03
04  #声明数组
05  declare -A array
06
07  #为数组赋值
08  array=([flower]=rose [fruit]=apple)
```

```
09    #输出第 1 个元素的值
10    echo "the flower is ${array[flower]}"
11    #输出第 2 个元素的值
12    echo "the fruit is ${array[fruit]}"
13    #输出数组的长度
14    echo "the size of the array is ${#array[@]}"
```

在上面的代码中，第 5 行通过含有-A 选项的 declare 语句声明了一个名称为 array 的数组，为该数组提供了两个键值对，第 1 个键值对的索引为字符串 flower，第 2 个键值对的索引为 fruit。第 10 行输出索引为 flower 的元素值，第 12 行输出索引为 fruit 的元素值，第 14 行输出数组的元素个数。

程序的执行结果如下：

```
[root@linux chapter7]# ./ex7-5.sh
the flower is rose
the fruit is apple
the size of the array is 2
```

从上面的执行结果中可以看出，所有元素的值都被正确地输出。

注意：关联数组在 Bash 4.0 及以上版本中获得支持。

7.1.5 数组和普通变量

在 Shell 中，所有的普通变量实际上都可以当作数组变量来使用。对普通变量操作与对相同名称的下标为 0 的元素操作是等效的。

【例 7-6】 演示如何将普通变量作为数组来处理，代码如下：

```
01    #-----------------------------/chapter7/ex7-6.sh------------------
02    #! /bin/bash
03
04    #定义字符串变量
05    array="hello, world."
06    #输出下标为 0 的元素值
07    echo "${array[0]}"
08    #输出所有元素的值
09    echo "${array[@]}"
10    #输出所有元素的值
11    echo "${array[*]}"
```

在上面的代码中，第 5 行定义了一个名称为 array 的普通变量，并且赋予一个字符串作为初始值。第 7 行输出下标为 0 的第 1 个元素的值，第 9 行和第 11 行都是输出所有元素的值，其中的符号@和*都是通配符，表示匹配所有的元素。

程序的执行结果如下：

```
[root@linux chapter7]# ./ex7-6.sh
hello, world.
hello, world.
hello, world.
```

由上面的执行结果可以看出，3 条 echo 语句都输出了相同的内容，都是第 5 行代码赋予普通变量的字符串。所以，数组的第 1 个元素的值与同名普通变量的值是相同的。另外，当定义一个普通变量时，实际上可以通过数组的形式来操作该变量，但是这个数组只有一个元素。

7.2 数组的赋值

定义好数组之后，就可以用它来存储数据了，这就需要为数组赋值。数组的赋值与普通变量的赋值有许多不同之处，本节将介绍如何在 Shell 中为数组赋值。

7.2.1 按索引为元素赋值

在 Shell 中，为数组元素赋值有两种基本方法，分别是按索引赋值和以集合的形式赋值。其中，按索引赋值是最基本的赋值方法，其基本语法如下：

```
array[n]=valueₙ
```

其中，array 是数组名称，方括号里面的 n 表示元素的索引，等号右边的 $value_n$ 表示元素 n 的值。以上语法表示将索引为 n 的元素的值赋为 $value_n$。

【例 7-7】 演示通过索引为数组赋值的方法，代码如下：

```
01  #----------------------------/chapter7/ex7-7.sh------------------
02  #! /bin/bash
03
04  #定义数组
05  students=(John Rose Tom Tim)
06
07  #输出元素值
08  echo "the old students are: ${students[*]}"
09
10  #改变第 1 个元素的值
11  students[0]=Susan
12  #改变第 4 个元素的值
13  students[3]=Jack
14  #输出数组新的值
15  echo "the new students are: ${students[*]}"
16
17  #声明关联数组
18  declare -A grades
19  #初始化新的数组
20  grades=([john]=90 [rose]=87 [tim]=78 [tom]=85 [jack]=76)
21  #输出数组元素值
22  echo "the old grades are: ${grades[@]}"
23  #改变 Tim 的分数
24  grades[tim]=84
25  #重新输出数组元素值
26  echo "the new grades are: ${grades[@]}"
```

在上面的代码中一共定义了两个数组。其中，第 4～15 行是关于第 1 个数组的操作。第 5 行定义了名称为 students 的数组，并且赋予一组初始值。第 8 行输出所有元素的值。第 11 行和第 13 行分别修改第 1 个和第 4 个元素的值。第 15 行重新输出数组的值。

第 17～26 行是关于第 2 个数组的操作，该数组是一个关联数组，其索引是一组姓名，而值则是一组分数。第 18 行是通过 declare 语句声明的数组变量，第 20 行以键值对的形式定义了数组 grades。第 22 行输出数组 grades 所有元素的值。第 24 行修改索引为 tim 的元素的值。第 26 行重新输出数组 grades 的值。

程序的执行结果如下：

```
[root@linux chapter7]# ./ex7-7.sh
the old students are: John Rose Tom Tim
the new students are: Susan Rose Tom Jack
the old grades are: 85 78 87 90 76
the new grades are: 85 84 87 90 76
```

由上面的执行结果可以看出，通过索引可以明确指定要修改数组中哪个元素的值。在执行赋值语句之后，目标元素的值将会发生改变。

7.2.2 通过集合为数组赋值

通过集合为数组赋值与通过集合定义数组的语法完全相同。当为某个数组提供一组值时，Shell 会从第 1 个元素开始，依次将这些值赋给每个元素。当新的值的个数超过原来的数组长度时，Shell 会在数组末尾追加新的元素；当新的值的个数少于原来的数组长度时，Shell 会将新的值从第 1 个元素开始赋值，然后删除超出的元素。

【例 7-8】 演示通过集合为数组元素赋值的方法，代码如下：

```
01  #----------------------------/chapter7/ex7-8.sh--------------------
02  #! /bin/bash
03
04  #定义数组
05  a=(a b c def)
06  #输出所有元素的值
07  echo "${a[@]}"
08
09  #为数组元素重新赋值
10  a=(h i j k l)
11  #输出所有元素的值
12  echo "${a[@]}"
13  #为数组元素重新赋值
14
15  a=(m n)
16  echo "${a[@]}"
```

在上面的代码中，第 5 行定义了一个名称为 a 的数组并且赋予了 4 个初始值。第 10 行以集合的形式为该数组重新赋值并提供了 5 个值。第 15 行再次为该数组重新赋值，这次只提供了 2 个值。

程序的执行结果如下：

```
[root@linux chapter7]# ./ex7-8.sh
a b c def
h i j k l
m n
```

由上面的执行结果可以看出，第 1 次输出了最初的 4 个值，第 2 次输出了新的 5 个值，而第 3 次只输出了 2 个值。

> 注意：在使用值集合时，如果某个值中含有空格，则需要使用单引号或者双引号将其引用起来；否则，Shell 会认为其是两个元素值。

7.2.3 在数组末尾追加新元素

在 Shell 中，向已有的数组末尾追加新的元素非常方便。当通过索引为数组元素赋值时，如果指定的索引不存在，则 Shell 会自动添加一个新的元素，并且将指定的值赋给该元素。

【例 7-9】 演示如何在数组末尾追加新的数组元素，代码如下：

```
01  #----------------------------/chapter7/ex7-9.sh------------------
02  #! /bin/bash
03
04  #定义数组
05  array=(1 2)
06  #输出数组
07  echo "${array[@]}"
08  #向数组末尾追加元素
09  array[2]=3
10  array[3]=4
11  echo "${array[@]}"
```

程序的执行结果如下：

```
[root@linux chapter7]# ./ex7-9.sh
1 2
1 2 3 4
```

由上面的执行结果可以看出，当执行第 9 行和第 10 行代码时，数组元素的数量由原来的 2 个增加为 4 个，同时，原来的数组元素仍然保持不变。

对于关联数组来说，向数组末尾追加元素同样非常方便。下面举例说明如何在关联数组后面追加新元素。

【例 7-10】 演示向关联数组追加新元素的方法，代码如下：

```
01  #----------------------------/chapter7/ex7-10.sh-----------------
02  #! /bin/bash
03
04  #定义数组
05  declare -A array
06  #初始化数组
07  array=([a]=a [b]=b)
08
09  echo "the old elements are ${array[@]}"
10  #向数组追加元素
11  array[c]=c
12
13  echo "the new elements are ${array[@]}"
```

在上面的代码中，第 5 行使用 declare 语句定义了一个关联数组，第 7 行以键值对的形式赋予数组初始值，第 11 行向数组末尾追加了一个新的元素。

程序的执行结果如下：

```
[root@linux chapter7]# ./ex7-10.sh
the old elements are a b
the new elements are c b a
```

由上面的执行结果可以看出，新的数组元素已经被追加。

⚠ 注意：无论以何种方式为关联数组赋值，都需要显式指定元素的下标，否则会出现以下错误。

```
./ex7-9.sh: line 7: array: 1: must use subscript when assigning associative array
```

7.2.4 通过循环为数组元素赋值

在实践中，最常用的数组赋值方法是通过一个循环语句逐个为每个元素提供值。这个循环语句可以是前面介绍的任意一种循环语句，如 for、while 或者 until 等。

【例 7-11】 演示为数组元素逐个赋值的方法。在本例中，通过 for 循环语句将 1~10 这 10 个数字赋给一个数组，代码如下：

```
01  #----------------------------/chapter7/ex7-11.sh--------------------
02  #! /bin/bash
03
04  #通过循环为数组赋值
05  for i in {1..10}
06  do
07      array[$i]=$i
08  done
09  #输出元素的值
10  echo "${array[@]}"
```

在上面的代码中，第 5 行是 for 循环语句的开始，其中，变量 i 为循环变量。for 循环语句将依次把 1~10 这 10 个整数赋给该变量。第 7 行是赋值语句，其中，等号左边的方括号里面的变量 i 为数组元素的索引，等号右边为将要赋给数组元素的值。第 10 行输出所有元素的值。在循环执行的过程中，Shell 会逐个向数组 array 末尾追加元素并且赋予新的值。

程序的执行结果如下：

```
[root@linux chapter7]# ./ex7-11.sh
1 2 3 4 5 6 7 8 9 10
```

7.3 访问数组

将数据存储到数组中之后，下一步就是如何读取这些数组元素的值。对于数组的读取操作，Shell 也提供了许多非常灵活的手段。本节介绍如何访问数组元素。

7.3.1 访问第 1 个数组元素

这里所指的第 1 个数组元素是指下标为 0 的元素。前面已经介绍过，所有的普通变量都可以作为数组变量来处理。当对普通变量进行赋值操作时，与对同名数组中下标为 0 的第 1 个数组元素的操作效果是相同的。反过来，如果把数组变量看作普通的变量，直接使用数组名称来访问数组会出现什么结果呢？

【例7-12】 通过数组名访问第1个元素的值，代码如下：

```
01  #----------------------------/chapter7/ex7-12.sh--------------------
02  #! /bin/bash
03
04  #定义数组
05  array=(1 2 3 4 5)
06  #通过数组名访问数组
07  echo "${array}"
```

在上面的代码中，第7行的花括号里不再是array[@]，而是数组名。下面看一下程序的执行结果：

```
[root@linux chapter7]# ./ex7-12.sh
1
```

可以发现，例7-12输出了数组的第1个元素的值。事实上确实如此，在Shell中，当直接使用数组名来访问数组时，得到的是下标为0的元素的值。

7.3.2 通过下标访问数组元素

与其他程序设计语言一样，通常情况下，访问数组中某个具体的元素都是通过下标来指定的，其基本语法如下：

```
array[n]
```

其中，array表示数组名称，n表示下标。在Shell中，下标从0开始，因此第1个数组元素是array[0]。如果数组的长度为n，则最后一个元素的下标为n-1。

【例7-13】 演示如何通过下标访问数组的元素，代码如下：

```
01  #----------------------------/chapter7/ex7-13.sh--------------------
02  #! /bin/bash
03
04  #定义数组
05  array=(Mon Tue Wed Thu Fri Sat Sun)
06  #输出下标为0的元素
07  echo "the first element is ${array[0]}"
08  #输出下标为3的元素
09  echo "the fourth element is ${array[3]}"
```

程序的执行结果如下：

```
[root@linux chapter7]# ./ex7-13.sh
the first element is Mon
the fourth element is Thu
```

当使用下标访问数组元素时，一定要注意Shell的数组的下标是从0开始的，与Java或者C++等语言保持一致。

7.3.3 计算数组的长度

在Shell中，可以通过特殊操作符$#来获得数组的长度。该操作符的基本语法如下：

```
${#array[@]}
```

或者：

```
${#array[*]}
```

在上面的语法中，array 表示数组名称，方括号中的@或者*是通配符，表示匹配所有元素。

【例 7-14】 演示如何使用$#操作符来获取数组长度，代码如下：

```
01  #-----------------------------/chapter7/ex7-14.sh-------------------
02  #! /bin/bash
03
04  #定义数组
05  array=(Mon Tue Wed Thu Fri Sat Sun)
06  #输出数组长度
07  echo "the length of the array is ${#array[@]}"
```

第 5 行定义了一个含有 7 个元素的数组。第 7 行输出数组的长度。

程序的执行结果如下：

```
[root@linux chapter7]# ./ex7-14.sh
the length of the array is 7
```

通过$#操作符，除了可以获取整个数组的长度之外，还可以获取某个数组元素的长度。当使用该操作符获取具体元素的长度时，其基本语法如下：

```
${#array[n]}
```

在上面的语法中，array 表示数组名称，n 表示元素的下标。

【例 7-15】 演示如何通过$#操作符获取某个数组元素的长度，代码如下：

```
01  #-----------------------------/chapter7/ex7-15.sh-------------------
02  #! /bin/bash
03
04  #定义数组
05  linux[0]="Debian"
06  linux[1]="RedHat"
07  linux[2]="Ubuntu"
08  linux[3]="Suse"
09
10  #输出第 4 个元素的值
11  echo "the fourth element is ${linux[3]}"
12  #输出第 4 个元素的长度
13  echo "the length of the fourth element is ${#linux[3]}"
14  #输出第 1 个元素的值
15  echo "the first element is ${linux}"
16  #输出第 1 个元素的长度
17  echo "the length of the first element is ${#linux}"
```

在上面的代码中，第 5～8 行定义了含有 4 个元素的数组，第 11 行输出第 4 个元素的值，第 13 行输出第 4 个元素的长度，第 15 行输出第 1 个元素的值，第 17 行输出第 1 个元素的长度。前面已经讲过，在 Shell 中，通过数组名称可以访问第 1 个元素。

程序的执行结果如下：

```
[root@linux chapter7]# ./ex7-15.sh
the fourth element is Suse
the length of the fourth element is 4
the first element is Debian
the length of the first element is 6
```

从上面的执行结果中可以看出，第 4 个元素为 Suse，其字符串长度为 4。第 1 个元素为 Debian，其长度为 6。

7.3.4 通过循环遍历数组元素

在进行程序设计时，数组的遍历是极其常见的操作。通常情况下，需要使用循环结构实现对数组元素的遍历。

【例 7-16】 演示如何通过 for 循环结构来遍历数组，代码如下：

```
01  #-------------------------------/chapter7/ex7-16.sh-------------------
02  #! /bin/bash
03
04  #定义数组
05  array=(Mon Tue Wed Thu Fri Sat Sun)
06  #通过下标访问数组
07  for i in {0..6}
08  do
09      echo "${array[$i]}"
10  done
```

在上面的代码中，第 7～9 行通过循环依次输出数组的各个元素。

程序的执行结果如下：

```
[root@linux chapter7]# ./ex7-16.sh
Mon
Tue
Wed
Thu
Fri
Sat
Sun
```

在例 7-16 中，for 循环结构需要预先知道数组元素的个数。如果不知道数组的长度，则无法使用例 7-16 中的方法。因此，需要对其进行改进，使其能够自动判断数组的长度。

在 7.3.3 节中我们介绍了计算数组长度的方法。如果将计算数组的长度和循环结构结合起来，则会使得遍历数组元素的算法更加灵活。

【例 7-17】 对例 7-16 中的算法进行改进，代码如下：

```
01  #-------------------------------/chapter7/ex7-17.sh-------------------
02  #! /bin/bash
03
04  array=(Mon Tue Wed Thu Fri Sat Sun)
05  #获取数组长度
06  len="${#array[@]}"
07  #通过循环结构遍历数组
08  for ((i=0;i<$len;i++))
09  do
10      echo "${array[$i]}"
11  done
```

在上面的代码中，第 6 行通过操作符$#获取当前数组 array 的长度，并且将其赋给变量 len，在第 8 行中将数组长度 len 作为循环终止条件。通过以上改进，使得遍历数组的操作更加灵活，用户无须预先知道数组的长度。

7.3.5 引用所有的数组元素

在 Shell 脚本中，可以通过多种不同的方法来输出整个数组。前面介绍过，可以通过下标来访问某个具体的数组元素。如果指定下标为@或者*，则表示引用当前数组中的所有元素。其中，符号@或者*称为通配符，表示匹配所有的元素。

实际上，这种引用所有数组元素的方法在前面的许多例子中已经使用过，在此做一个系统的介绍。当使用@或者*引用所有的数组元素时，Shell 会将所有数组元素的值列举出来，这些值之间用空格隔开，有时需要用这种方式来处理数组元素。

【例 7-18】 演示通过通配符引用数组元素的方法。本例通过通配符来获取所有的数组元素，并且将其作为 for 循环的条件，然后在循环体中依次对各个数组元素进行处理，代码如下：

```
01  #-----------------------------/chapter7/ex7-18.sh-----------------
02  #! /bin/bash
03
04  array=(Mon Tue Wed Thu Fri Sat Sun)
05  #通过循环输出所有的数组元素
06  for e in "${array[@]}"
07  do
08     echo "$e"
09  done
```

for 循环结构中的一种方式就是使用列表作为循环条件。而使用通配符@或者*获取的数组元素的值恰好是以列表形式呈现的，因此可以很方便地将其作为 for 循环语句的列表条件。

程序的执行结果如下：

```
[root@linux chapter7]# ./ex7-18.sh
Mon
Tue
Wed
Thu
Fri
Sat
Sun
```

7.3.6 以切片方式获取部分数组元素

所谓切片，是指截取数组的部分元素或者某个元素的部分内容。例如，指定一个具体的数组，截取从第 2 个元素开始的 5 个元素，或者截取某个数组中指定元素的前几个字符。

当然，对于上面所说的切片，完全可以使用循环结构来实现，但是 Shell 提供了更加快捷的方式。用户可以像获取数组元素的值一样来获取数组的某个切片。获取切片的基本语法如下：

```
${array[@|*]:start:length}
```

在上面的语法中，array 表示数组名称，方括号中的符号@和*的含义与前面介绍的完全相同，都是通配符，表示匹配所有的数组元素，两者只能选择一个。start 参数表示起始元素的下标。length 表示要截取的数组元素的个数。通过以上切片操作，得到的是一个以空格隔开的多个元素值组成的字符串。

【例 7-19】 演示如何进行数组切片，代码如下：

```
01  #-----------------------------/chapter7/ex7-19.sh-----------------
02  #! /bin/bash
```

```
03
04    linux=("Debian" "RedHat" "Ubuntu" "Suse" "Fedora" "UTS" "CentOS")
05    #数组切片
06    echo ${linux[@]:2:4}
```

在上面的代码中,第 4 行定义了一个含有 7 个元素的数组。第 6 行从下标为 2 的数组元素开始截取其中的 4 个元素。

程序的执行结果如下:

```
[root@linux chapter7]# ./ex7-19.sh
Ubuntu Suse Fedora UTS
```

由上面的执行结果可以看出,程序从 Ubuntu 开始输出一直到 UTS 结束。

上面的方式得到的切片是一个字符串,并非数组。当然,也可以将这个切片赋给其他的变量,以供其他地方使用。下面的例子就验证了这一点。

【例 7-20】 演示将切片结果赋给变量的方法,代码如下:

```
01    #-----------------------------/chapter7/ex7-20.sh-------------------
02    #! /bin/bash
03
04    linux=("Debian" "RedHat" "Ubuntu" "Suse" "Fedora" "UTS" "CentOS")
05    #将切片结果赋给一个变量
06    var=${linux[@]:2:4}
07
08    echo "$var"
```

在上面的代码中,第 6 行将切片结果赋给了一个名称为 var 的变量,第 8 行输出该变量的值。

程序的执行结果与例 7-19 完全相同:

```
[root@linux chapter7]# ./ex7-20.sh
Ubuntu Suse Fedora UTS
```

但是,在某些情况下,用户希望切片得到的结果仍然是一个数组。要得到这个结果,可以使用圆括号操作符,其基本语法如下:

```
(${array [@|*]:start:length})
```

上面的语法只是在原来的基础上增加了一对圆括号。

【例 7-21】 演示将切片结果以数组形式保存的方法。本例将切片的结果赋给了一个新的数组变量,然后输出新的数组长度,最后通过循环输出所有的数组元素,代码如下:

```
01    #-----------------------------/chapter7/ex7-21.sh-------------------
02    #! /bin/bash
03
04    #定义数组
05    linux=("Debian" "RedHat" "Ubuntu" "Suse" "Fedora" "UTS" "CentOS")
06    #切片
07    array=(${linux[@]:2:4})
08    #获取新数组的长度
09    length="${#array[@]}"
10    #输出数组长度
11    echo "the length of new array is $length"
12    #通过循环输出各个元素
13    for ((i=0;i<$length;i++))
14    do
15       echo "${array[$i]}"
16    done
```

在上面的代码中，第 7 行将切片结果赋给了新的数组变量 array，第 13 行通过 for 循环结果输出所有的数组元素。由于新数组的下标仍然是从 0 开始的，所以循环变量 i 的值也要从 0 开始。

程序的执行结果如下：

```
[root@linux chapter7]# ./ex7-21.sh
the length of new array is 4
Ubuntu
Suse
Fedora
UTS
```

由上面的执行结果可以看出，新数组的长度为 4，其数组元素为切片得到的 4 个数组元素。

除了可以对数组进行切片之外，还可以对数组元素进行切片，截取某个数组元素的一部分，得到一个子字符串。对数组元素进行切片的语法与对数组进行切片的语法基本相同，只是将其中的通配符换成某个具体的下标，语法如下：

```
${array [n]:start:length}
```

在上面的语法中，n 表示要切片的数组元素的下标，start 参数表示开始的位置，与前面介绍的一样，这个开始位置也从 0 开始计算，length 表示要截取的长度。

【例 7-22】 演示如何对数组元素进行切片，代码如下：

```
01  #----------------------------/chapter7/ex7-22.sh--------------------
02  #! /bin/bash
03
04  linux=("Debian" "RedHat" "Ubuntu" "Suse" "Fedora" "UTS" "CentOS")
05  #对数组元素进行切片
06  str=(${linux[4]:2:4})
07  #输出切片结果
08  echo "$str"
```

在上面的代码中，第 6 行对下标为 4 的第 5 个元素进行切片，从第 3 个字符开始截取其中的 4 个字符。

程序的执行结果如下：

```
[root@linux chapter7]# ./ex7-22.sh
dora
```

由上面的执行结果可以看出，下标为 4 的元素为 Fedora，从 0 开始计算，位于位置 2 的字符为 d，从 d 开始数，第 4 个字符为 a，因此最终得到的结果为 dora。

> 注意：无论对数组进行切片还是对数组元素进行切片，如果其长度值超过数组或者数组元素的长度，则会截取到数组或者数组元素的末尾为止。

7.3.7 数组元素的替换

在 Shell 中还可以对数组进行另外一种特殊的操作，称为数组元素的替换。所谓替换，是指将某个数组元素的部分内容用其他字符串来代替，但是并不影响原来的数组的值。

数组元素替换的基本语法如下：

```
${array[@|*]/pattern/replacement}
```

在上面的语法中，array 表示要操作的数组名称，pattern 参数表示要搜索的字符串，replacement 参数表示用来替换的字符串。

【例 7-23】 演示如何对数组进行替换，以及如何将替换的结果赋给一个新的数组变量，代码如下：

```
01  #-----------------------------/chapter7/ex7-23.sh-------------------
02  #! /bin/bash
03
04  #定义数组
05  a=(1 2 3 4 5)
06  #输出替换结果
07  echo "the result is ${a[@]/3/100}"
08  #输出原始数组
09  echo "the old array is ${a[@]}"
10  #将替换结果赋给一个数组变量
11  a=(${a[@]/3/100})
12  #输出新的数组变量的值
13  echo "the new array is ${a[@]}"
```

在上面的代码中，第 5 行定义了一个由数字组成的数组，第 7 行将其中的 3 替换成 100，然后输出替换后的结果，第 9 行输出原始数组的值，第 11 行将替换后的结果赋给一个新的数组变量，由于此处使用了圆括号，所以得到的仍然是一个数组，第 13 行输出新数组的所有元素的值。

程序的执行结果如下：

```
[root@linux chapter7]# ./ex7-23.sh
the result is 1 2 100 4 5
the old array is 1 2 3 4 5
the new array is 1 2 100 4 5
```

其中：第 1 行的字符串是代码第 7 行的输出结果，可以发现其中的 3 已经被替换成了 100；第 2 行的字符串是第 9 行代码的输出结果，之所以输出原始数组的值，是为了验证替换操作是否改变了原始数组的值。从上面的输出结果中可以得知，替换操作并不影响数组的原始值。第 3 行的字符串是第 13 行代码的输出，得到的是新的数组变量的值。

注意：在例 7-23 中，为了得到一个新的数组变量，需要使用圆括号操作符，否则得到的将是一个字符串变量。

7.4 删除数组

当某个数组变量不再需要时，可以将其删除，从而释放相应的内存。可以删除整个数组，也可以删除其中的数组元素。下面介绍如何删除数组或者元素。

7.4.1 删除指定的数组元素

与删除其他 Shell 变量一样，可以使用 unset 命令删除某个数组元素，其基本语法如下：

```
unset array[n]
```

在上面的语法中，array 表示数组名称，n 表示要删除的数组元素的下标，从 0 开始计算。

【例 7-24】 演示如何删除数组元素，代码如下：

```
01  #----------------------------/chapter7/ex7-24.sh------------------
02  #! /bin/bash
03
04  linux=("Debian" "RedHat" "Ubuntu" "Suse" "Fedora" "UTS" "CentOS")
05  #输出原始数组的长度
06  echo "the length of original array is ${#linux[@]}"
07  #输出数组的原始值
08  echo "the old array is ${linux[@]}"
09  #删除下标为 3 的元素
10  unset linux[3]
11  #输出新数组的长度
12  echo "the length of new array is ${#linux[@]}"
13  #输出新数组的值
14  echo "the new array is ${linux[@]}"
```

在上面的代码中，第 6 行输出原始数组的值，第 10 行删除下标为 3 的数组元素，第 14 行重新输出新数组的值。

程序的执行结果如下：

```
[root@linux chapter7]# ./ex7-24.sh
the length of original array is 7
the old array is Debian RedHat Ubuntu Suse Fedora UTS CentOS
the length of new array is 6
the new array is Debian RedHat Ubuntu Fedora UTS CentOS
```

由上面的执行结果可以看出，下标为 3 的数组元素 Suse 已经被删除。同时，数组的长度也由原来的 7 变成了 6。

7.4.2 删除整个数组

如果某个数组不再需要了，同样可以使用 unset 命令将其删除，基本语法如下：

```
unset array
```

其中，array 表示要删除的数组的名称。

【例 7-25】 演示如何删除整个数组，代码如下：

```
01  #----------------------------/chapter7/ex7-25.sh------------------
02  #! /bin/bash
03
04  linux=("Debian" "RedHat" "Ubuntu" "Suse" "Fedora" "UTS" "CentOS")
05  #删除整个数组
06  unset linux
07  echo "${linux[@]}"
```

在上面的代码中，第 6 行使用 unset 删除名称为 linux 的数组，第 7 行输出数组的内容。

程序的执行结果如下：

```
[root@linux chapter7]# ./ex7-25.sh
```

由上面的执行结果可以看出，输出被删除后，程序只输出了一个空行。

7.5 数组的其他操作

Shell 的数组还提供了许多操作，如数组的复制、数组的连接，以及从文本文件中加载数据到数组中。这些操作非常重要，本节详细介绍这些操作的实现方法。

7.5.1 复制数组

所谓复制数组，是指创建一个已经存在的数组的副本。也就是将一个数组的内容全部存储到另外一个新数组中。在 Shell 中，可以通过以下语法实现数组的复制：

```
newarray=("${array[@]}")
```

其中，newarray 表示新的数组，array 表示已有的数组，@表示匹配所有的数组元素，右边最外层是一对圆括号。

【例 7-26】 演示数组复制的方法，代码如下：

```
01  #------------------------------/chapter7/ex7-26.sh--------------------
02  #! /bin/bash
03
04  linux=("Debian" "RedHat" "Ubuntu" "Suse" "Fedora" "UTS" "CentOS")
05  #复制数组
06  linux2=("${linux[@]}")
07  echo "${linux2[@]}"
```

在上面的代码中，第 6 行创建了一个名称为 linux2 的数组副本，第 7 行输出新数组的内容。

程序的执行结果如下：

```
[root@linux chapter7]# ./ex7-26.sh
Debian RedHat Ubuntu Suse Fedora UTS CentOS
```

可以发现，新数组的内容与原来数组的内容完全相同。

注意：其中的@符号也可以使用*来代替。

7.5.2 连接数组

连接数组是指将两个数组的数组元素连接在一起，从而变成一个大的数组。新数组依次包含两个数组的所有元素。数组连接的语法如下：

```
("$array1[@]}" "${array2[@]}")
```

其中，array1 表示第一个数组，array2 表示第二个数组。这两个数组按照先后顺序用空格隔开，最外边用一对圆括号包围起来。

【例 7-27】 演示连接数组的方法，代码如下：

```
01  #------------------------------/chapter7/ex7-27.sh--------------------
02  #! /bin/bash
03
```

```
04      #定义两个数组
05      linux=("Debian" "RedHat" "Ubuntu" "Suse" "Fedora" "UTS" "CentOS")
06      shell=("bash" "csh" "ksh" "rsh" "sh" "rc" "tcsh")
07
08      #连接数组
09      linuxshell=("${linux[@]}" "${shell[@]}")
10
11      #输出合并后的数组
12      echo "the new array is ${linuxshell[@]}"
13      #输出新数组的长度
14      echo "the length of new array is ${#linuxshell[@]}"
```

在上面的代码中,第 5 行和第 6 行分别定义了两个数组,第 9 行将这两个数组连接在一起,第 12 行输出合并后的数组的所有元素,第 14 行输出合并后的数组的长度。

程序的执行结果如下:

```
[root@linux chapter7]# ./ex7-27.sh
the new array is Debian RedHat Ubuntu Suse Fedora UTS CentOS bash csh ksh
rsh sh rc tcsh
the length of new array is 14
```

由上面的执行结果可以看出,第一个数组的元素排在新数组的前面,第二个数组的元素排在新数组的后面。合并后的数组长度等于原来的两个数组的长度之和,即 14。

注意:在执行数组连接时,参与连接的数组之间要保留 1 个空格。

7.5.3 将文件内容加载到数组中

在 Shell 中,可以将普通的文本文件的内容直接加载到数组中,这在处理一些日志文件的时候非常有用。

首先准备一个文本文件,该文件比较简单,只包含 4 行文本,内容如下:

```
[root@linux chapter7]# cat demo.txt
Ubuntu
Suse
Fedora
UTS
```

【例 7-28】 演示如何将 demo.txt 文件的内容加载到一个数组中,然后将数组的内容依次打印出来,代码如下:

```
01      #----------------------------/chapter7/ex7-28.sh---------------------
02      #! /bin/bash
03
04      #加载文件内容
05      content=(`cat "demo.txt"`)
06      #通过循环输出数组内容
07      for s in "${content[@]}"
08      do
09          echo "$s"
10      done
```

在上面的代码中,第 5 行将 cat 命令的执行结果赋给数组变量 content,第 7~10 行依次输出数组 content 的各个元素的值。

程序的执行结果如下:

```
[root@linux chapter7]# ./ex7-28.sh
Ubuntu
Suse
Fedora
UTS
```

7.6 小　　结

本章详细介绍了 Shell 数组的使用方法。主要内容包括数组的定义和赋值、数组元素的访问方法、删除数组及数组的其他操作方法等。重点掌握 Shell 数组的定义方法、引用数组元素的基本语法、数组元素的赋值方法，以及如何删除某个数组元素或者整个数组变量等。第 8 章将介绍正则表达式的用法。

7.7 习　　题

一、填空题

1. 数组是指将_____按照一定的顺序组织起来的一种数据类型。
2. 在 Shell 中，可以通过 4 种方式来定义数组，分别是_____、_____、_____和_____。
3. 在 Shell 中，为数组元素赋值有两种方法，分别是_____和_____。

二、选择题

1. 在 Shell 中，可以通过（　　）符号获取数组的长度。
A．$?　　　　　　　B．$#　　　　　　　C．$@　　　　　　　D．$*
2. 当不需要某个数组时，可以使用（　　）命令删除数组。
A．declare　　　　　B．set　　　　　　　C．unset　　　　　　D．del

三、判断题

1. 在 Shell 中，数组的下标都是从 0 开始的。　　　　　　　　　　　　（　　）
2. 当为关联数组赋值时，必须指定元素的下标。　　　　　　　　　　　（　　）

四、操作题

1. 创建一个 Shell 脚本 arry.sh，定义一个名称为 fruits 的数组，指定其值为 apple、banana、pear，然后分别输出对应的值。
2. 计算 arry.sh 脚本中定义的数组长度。

第 8 章 正则表达式

正则表达式是一种非常有用的工具。它通过一个字符串来描述、匹配一系列符合某个语法规则的字符串，从而对这些字符串进行相应的处理，如替换或者修改。Shell 中的许多工具和命令都使用正则表达式来增强其功能，如 grep、sed 和 awk 等。因此不理解正则表达式就无法发挥这些工具的强大功能。本章将介绍正则表达式的基础知识，以及如何在 Shell 编程环境中使用正则表达式。

本章涉及的主要知识点如下：

- 什么是正则表达式：主要介绍什么是正则表达式、为什么要学习正则表达式，以及如何学习和实践正则表达式。
- 正则表达式基础：主要介绍正则表达式的元字符和扩展元字符、如何匹配单个字符、如何匹配多个字符、如何匹配字符串的开头或者结尾，以及运算符的优先级。
- grep 命令：主要介绍 grep 命令的基本语法，正则表达式在 grep 命令中的应用，以及 grep 命令族中的其他命令简介。

8.1 正则表达式简介

所谓正则表达式，实际上就是用来描述某些字符串匹配规则的工具。正则表达式语法简练，功能强大，得到了许多程序设计语言的支持，包括 Java、C++、Perl 及 Shell 等。对于初学者来说，首次接触正则表达式非常痛苦，本节将介绍正则表达式的入门知识，以利于后面几节内容的学习。

8.1.1 为什么使用正则表达式

在进行程序设计的过程中，不可避免地会遇到处理某些文本的情况。有时还需要查找符合某些复杂规则的字符串。对于这些情况，如果单纯依靠程序设计语言本身，则需要通过复杂的代码来实现。如果使用正则表达式，则可以用非常简短的代码来完成。

对于接触过 Linux 或者 UNIX 的读者，下面的命令并不陌生：

```
[root@linux ~]# ls -l *.txt
-rw-r--r--  1   root    root    598   Jun 29  2023   install.txt
-rw-r--r--  1   root    root    58    Jun 29  2023   robots.txt
-rw-r--r--  1   root    root    23    Jun 29  2023   version.txt
```

上面的命令非常简单，其作用是列出以.txt 结尾的文件名，其中的星号"*"表示匹配任意的字符串。通常情况下，称上面命令中的"*"为通配符。当 Shell 遇到该符号时，会将其解释为任意的字符串。与通配符类似，正则表达式也是用来匹配文本的。通配符只是实现了一些非常简单的正则表达式的功能，而正则表达式能够更加准确地描述用户的需求。

正则表达式的历史非常悠久，并且与 UNIX 有着不可分割的联系。1940 年，美国新泽西州的 Warren McCulloch 和出生在美国底特律的 Walter Pitts 这两位神经生理学家，研究出了一种使用数学方式来描述神经网络的方法。他们将神经系统中的神经元描述成小而简单的自动控制元，这是正则表达式的雏形。

1956 年，美国数学家斯蒂芬·科尔·克莱尼使用称为正则集合的数学符号来描述 Warren McCulloch 和 Walter Pitts 建立的模型，并由此引入了正则表达式的概念。

后来，美国的另外一位著名的计算机科学家肯·汤普逊（Ken Thompson），也就是大名鼎鼎的 UNIX 之父，将正则表达式引入了 UNIX 一个名称为 QED 的编辑器中。之后又将正则表达式引入了另外一个非常流行的编辑器 ed 中。后来，某些 UNIX 的命令（如 grep）也提供了对于正则表达式的支持。

目前，正则表达式在 UNIX 或者 Linux 中得到了广泛的应用。常见的支持正则表达式的 UNIX 工具如下：

- grep 命令族：用于匹配文本行。
- sed 流编辑器：用于改变输入流。
- awk：用于处理字符串的语言。
- more 或者 less 等：文件查看程序。
- ed、vi 或者 vim 等：文本编辑器。

从上面列出的工具中可以发现，非常多的 UNIX 工具都提供了对正则表达式的支持。因此，只有掌握正则表达式，才能更好地利用这些工具。

8.1.2 如何学习正则表达式

学习正则表达式的最好方法是从简单的例子开始。在读者对简单的例子完全理解之后，可以在例子的基础上不断地进行修改，然后自己进行测试。如此不断反复地实践，最终达到融会贯通的境界。

通常来说，读者在学习正则表达式时，需要注意以下几点。

1．理解元字符

在正则表达式里，处于核心地位的就是元字符。正则表达式所描述的规则最终都是由元字符表达出来的。因此，对于常见的正则表达式元字符，必须完全理解和掌握其含义，只有这样才有可能达到灵活运用的程序。

2．掌握正则表达式的语法

正则表达式之所以简练，是因为它有着严格的语法规则。例如，元字符"*"表示匹配该符号前面的一个普通字符 0 次或者多次。也就是说，"*"的作用范围只是紧靠该字符前面的一个字符，而非多个字符。只有掌握这些语法，才会理解所举的例子，才能写出好的正则表达式。

3．开拓思路，寻找最佳的表达方法

对于同一个需求，可能会有许多种编写正则表达式的方法。在这些方法中，总会有一种或者较少的几种方法是最简练并且是最完备的。因此，初学者在学习正则表达式的时候，不要满足于把问题解决就可以了，而要不断思考有没有更好的解决方法。

8.1.3 如何实践正则表达式

一个正则表达式完成之后，要保证这个表达式是准确的，就需要不断地测试，这样才可以确定其正确与否。在不同的环境下，需要不同的工具来帮助完成测试的过程。如果是在 Shell 命令行中，则可以使用 grep 命令来测试。本节的大部分例子也是通过该命令讲解的。关于该命令的详细使用方法，将在 8.4 节中介绍。

【例 8-1】 演示如何通过正则表达式查找字符串，代码如下：

```
01  #------------------------------/chapter8/ex8-1.sh------------------
02  #! /bin/bash
03
04  str=`cat version.txt|grep rev`
05  echo "$str"
```

在上面的代码中，第 4 行将 Shell 命令 cat 和 grep 的执行结果赋给变量 str，第 5 行输出该变量的值。其中，文本文件 version.txt 的内容如下：

```
app= 4.8.5
rev= 55324
```

上面文件的内容比较简单，只有两行。

例 8-1 的执行结果如下：

```
[root@linux chapter8]# ./ex8-1.sh
rev= 55324
```

在例 8-1 中，cat 命令用来显示文件的内容，其后的竖线"|"是管道，表示将 cat 命令的输出结果作为后面命令的输入。grep 命令用来查找文本，后面的 rev 是要匹配的字符串。上面的命令的执行结果表示在 version.txt 文件的某一行中含有 rev 这个字符串。

实际上，grep 命令后面的参数可以换成任意的正则表达式，而不只是一个普通的字符串，具体将在后面的例子中介绍。

8.2 正则表达式基础

通过 8.1 节的学习，读者对正则表达式有了初步的了解。本节将在 8.1 节的基础上逐步介绍正则表达式的基础知识，主要是各种元字符及其使用方法。

8.2.1 正则表达式的原理

简单地讲，正则表达式（Regular Expression，RE）是对文本进行过滤的工具。而正则

表达式之所以拥有过滤文本的功能，是因为它定义了一系列的元字符，通过元字符配合其他字符来表达出一种规则，只有符合该规则的文本才能保留下来，而不符合该规则的文本则会被过滤掉。如图8-1所示，描述了正则表达式处理文本的过程。

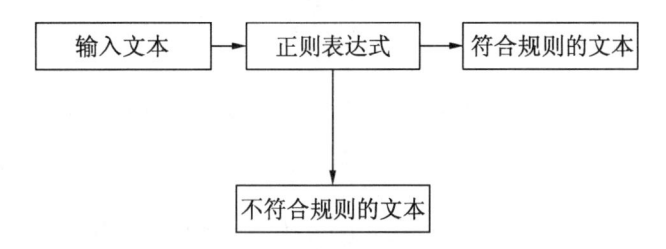

图 8-1 正则表达式处理文本的流程

所谓元字符，是指用来描述字符的字符。元字符的作用是对字符表达式的内容、转换及各种操作信息进行描述。而正则表达式就是由各种元字符和一般字符构成的字符串。

8.2.2 标准正则表达式

标准正则表达式（Basic Regular Expression，BRE）是最早制定的正则表达式规范，仅支持最基本的元字符集。标准正则表达式是POSIX规范制定的两种正则表达式语法标准之一，另外一种语法标准称为扩展正则表达式，将在后面介绍。

标准正则表达式所定义的元字符主要有以下几种。

1. 行首定位符 "^"

"^"称为行首定位符，其是正则表达式中的定位符之一，用来匹配行首的字符，表示行首的字符是"^"后面的那个字符。正则表达式中的定位符的作用与其他元字符不同，它们不是用来匹配具体的文本，而是匹配某个具体的位置。例如，行首定位符"^"就是用来匹配文本行的开头字符的。

【例8-2】 演示行首定位符"^"的用法，代码如下：

```
01  #--------------------------------/chapter8/ex8-2.sh--------------------
02  #! /bin/bash
03
04  #列出/etc目录下以字符串po开头的文件
05  str=`ls /etc | grep "^po"`
06  echo "$str"
```

在上面的代码中，第5行通过ls命令列出/etc目录下的文件，然后将执行结果传递给grep命令，通过grep命令筛选出以字符串po开头的文件名。

注意：虽然这里在解释行首定位符的时候使用了"以某个字符串开头"的说法，但是希望读者养成按照字符来理解正则表达式的习惯，即不要将"^po"理解为以字符串po开头的文本行，而是理解为第一个字符为字母p，紧跟着一个字母o的文本行。这一点非常重要，在学习正则表达式时必须注意。

程序的执行结果如下：

```
[root@linux chapter8]# ./ex8-2.sh
polkit-1
popt.d
portreserve
postfix
```

2. 行尾定位符 "$"

与行首定位符的作用恰恰相反，行尾定位符用来定位文本行的末尾。从语法上讲，行尾定位符的位置也与行首定位符相反，行首定位符位于所作用的字符之前，而行尾定位符位于所作用的字符之后。

【例 8-3】 演示行尾定位符 "$" 的使用方法，代码如下：

```
01  #-----------------------------/chapter8/ex8-3.sh-------------------
02  #! /bin/bash
03
04  #列出/etc 目录下以 conf 结尾的文件名
05  str=`ls /etc | grep "conf$"`
06
07  echo "$str"
```

与例 8-2 相反，该例将/etc 目录下以 conf 结尾的文件名罗列出来。该例的执行结果如下：

```
[root@linux chapter8]# ./ex8-3.sh
anthy-conf
asound.conf
autofs_ldap_auth.conf
cas.conf
cgconfig.conf
…
```

同样，读者在理解行尾定位符的时候，也应该从字符的角度去理解，也就是说例 8-3 匹配的是以字母 f 结尾，同时倒数第 2～4 个字符分别为 n、o 和 c 的文本行。

学习完行首定位符和行尾定位符之后，细心的读者可能会提出一个疑问，即如何精确地匹配一个文本行？实际上，配合使用行首定位符和行尾定位符，可以很方便地解决这个问题，那就是将需要匹配的字符全部放在行首定位符和行尾定位符之间就可以了。例如，下面的表达式可以筛选出完全匹配 cat 的文本行：

```
^cat$
```

上面的表达式表示匹配以字符 c 开头，紧接着一个字母 a，最后以字符 t 结尾的文本行，除了这 3 个字符之外，文本行中不包含其他字符。

如果将行首定位符和行尾定位符直接连起来变成以下表达式，会发生什么情况呢？

```
^$
```

上面的表达式所描述的规则就是同时匹配文本行的开头和结尾，所匹配的字符为空字符。另外，上述表达式也可以理解为先匹配行首，然后是行尾，中间没有任何字符。因此，表达式 "^$" 的含义是匹配所有的空行，行中没有任何字符，包括空白字符。

下面两种情况：

```
^
```

和

```
$
```

则没有任何应用意义，因为任何一个文本行都有开头和结尾，所以上面两个表达式匹配所有的行，包括表达式"^$"所表示的空行。

3．单个字符匹配"."

圆点"."用来匹配任意单个字符，包括空格，但是不包括换行符"\n"。当使用"."符号时，意味着该位置一定有一个字符，无论它是什么字符。

【例8-4】 演示圆点"."的用法，代码如下：

```
01   #-----------------------------/chapter8/ex8-4.sh--------------------
02   #! /bin/bash
03
04   #列出所有包含字符串samba的文件名
05   str=`ls /etc | grep "samba"`
06
07   echo "$str"
08
09   echo "=============================="
10
11   #列出包含字符串samba及另外一个字符的文件名
12   str=`ls /etc | grep "samba."`
13
14   echo "$str"
```

在上面的代码中，一共输出了两次文件名。其中,第5行直接使用字符串samba去匹配文件名，这样的话，只要包含这个字符串的文件名都会被筛选出来，无论这个字符串的后面有没有其他字符。第12行使用了圆点符号"."，表示字符串samba后面至少有一个字符。

程序的执行结果如下：

```
[root@linux chapter8]# ./ex8-4.sh
samba
samba4
==============================
samba4
```

在上面的输出结果中，双横线上面是第一次的筛选结果，可以发现，在/etc目录下有两个文件名都包含字符串samba。双横线下面是第二次的筛选结果，可以发现只有末尾为"4"的文件名被筛选出来。

注意：可以连续使用圆点符号来匹配多个字符，如"l..p"匹配含有一个字母l，然后是任意两个字符，接着是一个字母p的字符串。

4．限定符"*"

星号"*"是正则表达式中的限定符之一。限定符本身不代表任何字符，它用来指定其前面的一个字符必须重复出现多少次才能满足匹配。星号"*"表示匹配其前导字符的任意次数，包括0次。

【例8-5】 演示星号"*"通配符的使用方法，代码如下：

```
01   #-----------------------------/chapter8/ex8-5.sh--------------------
02   #! /bin/bash
03
04   #筛选出以字符s开头，后面紧跟着一个字符s，接着是任意个字符s的文件名
```

```
05    str=`ls /etc | grep "^sss*"`
06
07    echo "$str"
```

在上面的代码中，第 5 行的正则表达式为"^sss*"，表示匹配以字符 s 开头，紧跟着一个字符 s，接着是 0 个或者多个字符 s 的文本行。

程序的执行结果如下：

```
[root@linux chapter8]# ./ex8-5.sh
ssh
ssl
sssd
```

在上面的执行结果中，第 1 行和第 2 行都是以字符 s 开头，紧接着是一个字符 s，后面是 0 个字符 s，因此符合正则表达式所描述的规则。第 3 行的前面同样是两个字符 ss，但是紧跟着一个字符 s，这个文本行同样符合正则表达式所描述的规则。

5．字符集匹配"[]"

方括号"[]"的功能比较特殊，它用来指定一个字符集合，其基本语法为：

```
[abc]
```

其中，a、b 和 c 表示任意的单个字符。只要某个字符串在方括号所在的位置上出现了方括号中的任意一个字符，就满足匹配规则。另外，对于连续的数字或者字母，可以使用连字符"-"来表示一个范围。例如，"[a-f]"表示匹配字母表中 a 到 f 中的任意一个字母，而"[0-9]"表示匹配任意单个数字。

【例 8-6】 演示方括号"[]"的使用方法，代码如下：

```
01    #-----------------------------/chapter8/ex8-6.sh-------------------
02    #! /bin/bash
03
04    #筛选所有以字符 r 开头并且紧跟着一个字符 c 的文本行
05    str=`ls /etc |grep "^rc"`
06
07    echo "$str"
08
09    echo "============================="
10
11    #筛选所有以字符 r 开头，后面紧跟着一个字符 c，再后面的一个字符为单个数字的文本行
12    str=`ls /etc | grep "^rc[0-9]"`
13
14    echo "$str"
```

在上面的代码中，第 5 行的正则表达式表示匹配所有以字符 r 开头，后面紧跟着一个字符为 c 的文本行。第 12 行的正则表达式表示匹配以字符 r 开头，后面一个字符为 c，再后面一个字符为单个数字的文本行。

程序的执行结果如下：

```
[root@linux chapter8]# ./ex8-6.sh
rc
rc0.d
rc1.d
rc2.d
rc3.d
rc4.d
rc5.d
```

```
rc6.d
rc.d
rc.local
rc.sysinit
==============================
rc0.d
rc1.d
rc2.d
rc3.d
rc4.d
rc5.d
rc6.d
```

在上面的结果中，双横线上面是所有以字符串 rc 开头的文本行，而双横线下面是第 3 个字符为数字的文本行。

> 注意：当元字符"*"或者"."等位于字符集匹配符"[]"之后时，其就变成了一个普通的字符，只有字面意义，没有特殊意义。

6. 字符集不匹配"[^]"

前面已经介绍过行首定位符"^"和字符集匹配符"[]"。如果将这两个符号结合起来，则其意义会发生变化。符号"[^]"表示不匹配其中列出的任意字符，其语法如下：

```
[^abc]
```

其中，a、b 和 c 表示任意的单个字符。符号"[^]"的用法与符号"[]"的用法相同，不再举例说明。

除了前面介绍的 6 个元字符之外，在标准正则表达式中还定义了一些元字符。这些元字符使用较少，语法较烦琐，并且在扩展正则表达式和 PERL 正则表达式中都有替代的元字符，因此不再详细说明。如表 8-1 列出了不常用的标准正则表达式元字符。

表 8-1 不常用的标准正则表达式元字符

元 字 符	说 明	举 例
\(\)	定义子表达式的开始和结束位置。在后续正则表达式中可以通过转义序列来引用子正则表达式。最多可以定义9个子表达式，通过\1~\9来引用	正则表达式"\(love\).*\1"表示匹配两个 love 中间包含任意个字符的文本行，其中"\1"表示引用前面的 love
x\{m,n\}	区间表达式，匹配字符x重复的次数区间。其中，x\{n\}表示最多重复n次，x\{m,\}表示最少重复m次，x\{m,n\}表示重复m~n次	正则表达式"a\{2,3\}"表示字符a重复2或3次
\<	词首定位符	"\<hello"匹配含有以字符串hello开头的单词的文本行
\>	词尾定位符	"hello\>"匹配含有以字符串hello结尾的单词的文本行

8.2.3 扩展正则表达式

扩展正则表达式（Extended Regular Expression，ERE）支持比基本正则表达式更多的元字符，但是扩展正则表达式对基本正则表达式所支持的部分元字符并不支持。8.2.2 节介绍的"^""$""。""*""[]"及"[^]"这 6 个元字符在扩展正则表达式中都得到了支持，并且其意义和用法完全相同，这里不再重复介绍。接下来重点介绍在扩展正则表达式中新增加的一些元字符。

1. 限定符"+"

加号"+"的含义与限定符"*"基本相同，但是星号"*"限定前面的字符可以出现任意次，而加号"+"却限定前面的字符至少出现一次。

【例 8-7】 演示加号"+"的使用方法，代码如下：

```
01  #-------------------------------/chapter8/ex8-7.sh-------------------
02  #! /bin/bash
03
04  #筛选以字符串 ss 开头，后面至少紧跟着一个字符 s 的文本行
05  str=`ls /etc | egrep "^sss+"`
06
07  echo "$str"
```

从上面的代码中可以看出，本例只是对例 8-5 进行了一些改动，将其中的星号"*"换成了加号"+"。

程序的执行结果如下：

```
[root@linux chapter8]# ./ex8-7.sh
sssd
```

对比例 8-5 和例 8-7 可以发现，在例 8-7 中少了两个文本行 ssh 和 ssl，这是因为这两个文本行只包含两个字符 s。

> 注意：在介绍扩展正则表达式时我们使用了 egrep 命令而不是 grep 命令，这是因为 grep 命令使用的是基本正则表达式，而 egrep 命令默认使用扩展正则表达式。

2. 限定符"?"

问号"?"是另外一个限定符，它用来限定前面的字符最多只出现 1 次，即前面的字符可以重复 0 次或者 1 次。

【例 8-8】 演示问号通配符的使用方法，代码如下：

```
01  #-------------------------------/chapter8/ex8-8.sh-------------------
02  #! /bin/bash
03
04  #筛选以字符串 ss 开头，后面跟着 0 个或者 1 个 s 的文本行
05  str=`ls /etc | egrep "^sss?"`
06
07  echo "$str"
```

程序的执行结果如下：

```
[root@linux chapter8]# ./ex8-8.sh
ssh
ssl
sssd
```

可以发现，例 8-8 的执行结果与例 8-5 完全相同，这是因为在目录/etc 下只包含不超过 3 个字符 s 的文件名，如果有超过 3 个字符 s 的文件名，则会在例 8-5 中出现，但是不会在例 8-8 中出现。

3. 竖线 "|" 和圆括号 "()"

竖线 "|" 表示多个正则表达式之间 "或" 的关系，其语法为：

expression₁|expression₂|expression₃|…|expressionₙ

圆括号 "()" 用来表示一组可选值的集合。竖线和圆括号经常在一起使用，表示一组可选值。

【例 8-9】 演示圆括号和竖线的使用方法，代码如下：

```
01   #---------------------------/chapter8/ex8-9.sh------------------
02   #! /bin/bash
03
04   #筛选含有字符串 ssh、ssl 或者以字符串 yum 开头的文本行
05   str=`ls /etc | egrep "(ssh|ssl|^yum)"`
06
07   echo "$str"
```

在上面的代码中，第 5 行的正则表达式表示匹配正则表达式 ssh、ssl 或者 "^yum" 的文本行。

程序的执行结果如下：

```
[root@linux chapter8]# ./ex8-9.sh
ssh
ssl
yum
yum.conf
yum.repos.d
```

在上面的输出结果中，第 1 行文本符合 ssh，第 2 行文本符合 ssl，第 3～6 行文本符合 "^yum"。

前面介绍过方括号 "[]" 也可以用来表示一组可选字符集。例如下面的表达式：

```
[abc]
```

表示可以匹配字符 a、b 或者 c 中的任意一个。这个表达式也可以使用竖线和圆括号来表达：

```
(a|b|c)
```

上面两个表达式是等价的。

另外，下面 3 个表达式也是等价的：

```
(Jeffrey|Jeffery)
Jeff(rey|ery)
Jeff(re|er)y
```

看了上面这些例子后，读者可能会觉得方括号和竖线结合圆括号这两种元字符没有太大的区别。但是不要混淆它们的概念。使用方括号只能匹配目标文本中的单个字符，而竖线的两边则可能是完整的正则表达式，也可能是任意长度的文本。

注意：扩展正则表达式取消了子表达式 "()" 和次数匹配 "{m,n}" 语法符号的转义符引用语法，在使用这两种语法符号时，不需要再添加转义符。

8.2.4　Perl 正则表达式

正则表达式是 Perl 语言的一大特色。Shell 中的 grep 和 egrep 命令都支持 Perl 正则表

达式。Perl 正则表达式的元字符与扩展正则表达式的元字符大致相同，扩展正则表达式中的元字符在 Perl 正则表达式中都得到了支持。另外，Perl 正则表达式还增加了一些元字符。下面对增加的常用元字符进行介绍。

1．数字匹配\d

符号"\d"匹配 0~9 中的任意一个数字（digit）字符，等价于表达式"[0-9]"。

【例 8-10】 演示符号"\d"的使用方法，代码如下：

```
01    #------------------------------/chapter8/ex8-10.sh--------------------
02    #! /bin/bash
03
04    #筛选以字符串 rc 开头，后面紧跟着一个数字的文本行
05    str=`ls /etc | grep -P "^rc\d"`
06
07    echo "$str"
```

在上面的代码中，第 5 行使用正则表达式"^rc\d"筛选以字符 r 开头，后面紧跟着一个字符 c，然后是 0~9 任意一个数字的文本行。

程序的执行结果如下：

```
[root@linux chapter8]# ./ex8-10.sh
rc0.d
rc1.d
rc2.d
rc3.d
rc4.d
rc5.d
rc6.d
```

2．非数字匹配\D

符号"\D"和符号"\d"的作用恰好相反，后者是匹配一个 0~9 的单个数字字符，而前者则匹配一个非数字字符。"\D"等价于表达式"[^0-9]"。

3．空白字符匹配\s

符号"\s"匹配任何空白字符，包括空格、制表符及换页符等，等价于表达式"[\f\n\r\t\v]"。

4．非空白字符匹配\S

符号"\S"匹配任何非空白字符，等价于表达式"[^\f\n\r\t\v]"。

8.2.5 正则表达式的字符集

前面已经讲过，一个正则表达式就是由一系列字符组成的字符串，其中包括元字符和普通字符。由于元字符和普通字符有许多个，所以形成了元字符集和普通字符集这两个集合。关于元字符集，前面已经在基本正则表达式、扩展正则表达式和 Perl 正则表达式中介绍过了，扩展正则表达式和 Perl 正则表达式都是在基本正则表达式的基础上加以扩展形成的。由于基本正则表达式产生的时间比较早，所以有些元字符比较烦琐，这些元字符在扩展正则表达式和 Perl 正则表达式中得到了改进。

接下来详细介绍普通字符集。在正则表达式中,普通字符集中的字符只代表它们的字面意思,不会对其他字符产生影响。正则表达式最简单的形式就是只由普通字符集中的字符组成,不包含元字符。

正则表达式的字符集通常使用方括号表达式来表示,例如:

```
[cC]hina
[^hello]
[a-zA-Z]
[0123456789]
[0-9]
```

第 1 个表达式表示匹配 china 或者 China 这两个字符串,第 2 个表达式表示不匹配 hello 这个字符串,第 3 个表达式表示匹配所有的大小写字母,第 4 个表达式表示匹配所有的个位数字,第 5 个表达式的含义与第 4 个表达式等价,只是使用了连字符 "-" 来表示一段连续的数字。上面这些例子都是使用方括号表达式来表示某个字符集的具体应用。

在方括号表达式中,除了可以使用 a~z、A~Z 或者 0~9 字符之外,还可以使用 POSIX 字符集。POSIX 字符集是为了在不同国家的字符编码中保持一致而定义的一些特殊的字符类。如表 8-2 列出了常用的 POSIX 字符类。

表 8-2 常用的POSIX字符类

字 符 类	说　　明
[:alnum:]	匹配任意一个字母(alpha)或者数字(number),等价于A~Z、a~z、0~9
[:alpha:]	匹配任意一个字母(alpha),等价于A~Z、a~z
[:digit:]	匹配任意一个数字(digit),等价于0~9
[:lower:]	匹配任意一个小写(lowercase)字母,等价于a~z
[:upper:]	匹配任意一个大写(uppercase)字母,等价于A~Z
[:space:]	匹配任意一个空白(space)字符,包括空格、制表符、换行符及分页符等
[:blank:]	匹配空格(blank)和制表符
[:graph:]	匹配任意一个看得见的可打印字符,不包括空白字符
[:print:]	匹配任何一个可以打印(printable)的字符,包括空白字符,但是不包括控制字符、字符串结束符'\0'、EOF文件结束符(-1)
[:cntrl:]	匹配任何一个控制(control)字符,即ASCII字符集中的前32个字符,如换行符、制表符等
[:punct:]	匹配任何一个标点(punctuation)符号,例如"[]"、"{}"或者","等
[:xdigit:]	匹配十六进制(hexadecimal)数字,即0~9、a~f及A~F

与其他普通字符一样,表 8-2 中列出的字符类也需要放在方括号中。例如:

```
[[:alnum:]]
```

等价于以下表达式:

```
[a-zA-Z0-9]
```

8.3 正则表达式的应用

前面几节详细介绍了正则表达式的基础知识。为了使读者更加清楚如何使用正则表达式,本节详细介绍正则表达式的相关应用。

8.3.1 匹配单个字符

在所有的正则表达式中，单个字符的匹配是最基本、最简单的。对于初学者来说，只有掌握了最基本的正则表达式，才有可能去学习和理解复杂的正则表达式。因此，我们首先介绍最简单的单个字符的匹配。

在正则表达式中，可以用来匹配单个字符的表达式大致有 4 种，分别是单个一般字符、转义后的元字符、圆点"."表达式，以及方括号"[]"表达式，下面分别进行介绍。

1．单个一般字符

所谓一般字符，是指除了正则表达式中已经定义的元字符之外的所有字符，如英文字符、数字、空白字符及标点符号等。这些一般字符在正则表达式中只代表它们自身的意思，没有特殊的含义。当需要匹配某个一般字符时，可以直接将该字符作为表达式或者表达式的一部分。

【例 8-11】 演示如何使用普通字符作为表达式来匹配单个字符，代码如下：

```
01  #----------------------------/chapter8/ex8-11.sh--------------------
02  #! /bin/bash
03
04  #搜索含有字符 a 的文本行
05  str=`grep "a" demo2.txt`
06
07  echo "$str"
```

在上面的代码中，正则表达式比较简单，只有一个普通字符 a，这个表达式表示匹配含有字符 a 的文本行。其中，demo2.txt 文件的内容如下：

```
the school report of the class is
name    score
bob     85
alice   89
test    90
```

程序的执行结果如下：

```
[root@linux chapter8]# ./ex8-11.sh
the school report of the class is
name    score
alice   89
```

从上面的执行结果中可以看出，一共有 3 行内容中含有字符 a。

2．转义后的元字符

前面在介绍基本正则表达式、扩展正则表达式及 Perl 正则表达式时还介绍了一些元字符。如果想要匹配这些元字符，则需要在这些字符的前面加上转义字符"\"。通过这个操作，就可以关闭这些元字符的特殊意义，只保留其字面意思。

例如，想要匹配圆点"."，就可以使用表达式"\."。经过转义之后，这个表达式就表示一个圆点符号，而不是任意单个字符。如果想要匹配其他元字符，如问号"?"，同样可以使用表达式"\?"。

假设有一个名称为 demo3.txt 的文本文件，其内容如下：

```
01  No matter what you're looking for, our motto is "keep it simple"
02  Start by entering a basic name or word.
03  If you're looking for a place or product in a specific location,
04  enter the name along with the town or zip code.
```

上面的 demo3.txt 只有 4 行，其中，第 2 行和第 4 行都含有句号。

【例 8-12】 演示直接使用元字符圆点"."作为表达式导致匹配结果出错，代码如下：

```
01  #--------------------------------/chapter8/ex8-12.sh------------------
02  #! /bin/bash
03
04  str=`grep "." demo3.txt`
05
06  echo "$str"
```

在上面的代码中，第 4 行直接使用了圆点"."，没有经过转义。在这种情况下，Shell 会认为这是一个元字符，其含义为表示任意的单个字符，而非普通字符圆点。

程序的执行结果如下：

```
[root@linux chapter8]# ./ex8-12.sh
No matter what you're looking for, our motto is "keep it simple"
Start by entering a basic name or word.
If you're looking for a place or product in a specific location,
enter the name along with the town or zip code.
```

正因为 Shell 把其中的圆点看作一个元字符，所以在例 8-12 中把所有的文本行都输出了。为了能够得到正确的结果，可以对例 8-12 进行修改，在圆点的前面加上转义字符，修改后的代码如下：

```
01  #! /bin/bash
02
03  str=`grep "\." demo3.txt`
04
05  echo "$str"
```

代码的执行结果如下：

```
[root@linux chapter8]# ./ex8-12.sh
Start by entering a basic name or word.
enter the name along with the town or zip code.
```

可以发现，含有圆点的第 2 行和第 4 行都被输出了，而其他两行则没有被输出。

注意：反斜线"\"也是一个元字符，如果想要匹配反斜线，则需要在其前面加上转义字符，即表达式"\\"表示匹配一个反斜线。

3. 圆点"."表达式

圆点"."表示匹配任意单个字符（除了换行符之外）。关于圆点表达式的使用方法，请参见例 8-4，此处不再重复介绍。

4. 方括号"[]"表达式

前面已经介绍过，方括号"[]"表达式用来表示一个可选字符的集合。通常情况下在方括号中含有多个字符，但是一次只能从这些字符中选择一个。因此，方括号表达式仍然表示匹配单个字符。例如，表达式[abc]就表示匹配字符 a、b 或者 c 中的任意一个。同时，这种表示方法也是最简单的一种形式，即直接将所要匹配的字符都在方括号中罗列出来。

如果在方括号中的字符列表前面加上符号"^"，则表示取反，即不匹配方括号中列出来的任何一个字符。例如，表达式[^abc]表示不匹配 a、b 和 c 这 3 个字符中的任何一个。

对于一段或者几段连续的字符，可以使用连字符来简化书写形式。例如，想要匹配所有的英文字母，可以使用表达式[a-z,A-Z]。如果想要匹配所有的单个数字，可以使用表达式[0-9]。

另外，前面还介绍了 POSIX 字符集，这些字符集都可以用在方括号表达式中，用来表示某些字符。例如，所有的字母和数字，可以使用表达式[[:alnum:]]表示，等价于[a-z,A-Z,0-9]。所有的数字可以使用表达式[[:digit:]]来表示，等价于[0-9]。所有的字母可以使用表达式[[:alpha:]]来表示，等价于[a-z,A-Z]。

> 注意：当元字符位于方括号中时，除了极少的几个元字符，如连字符"-"或者"^"之外，其他元字符都将失去其特殊意义而只保留字面意思。例如，表达式"[\.]"表示反斜线"\"和圆点"."这两个字符。如果想要匹配圆点，则只要使用"[.]"就可以了。

8.3.2 匹配多个字符

接下来介绍如何匹配多个字符。正则表达式可以使用多种方法来匹配多个字符，其中最简单的一种就是将多个字符按照指定的顺序拼接起来。

【例 8-13】 演示如何匹配一个由多个字符组成的字符串，代码如下：

```
01  #----------------------------/chapter8/ex8-13.sh--------------------
02  #! /bin/bash
03
04  #搜索字符串 matter
05  str=`grep "matter" demo3.txt`
06
07  echo "$str"
```

在上面的代码中，第 5 行的正则表达式为 matter，这个表达式是由 6 个普通字符组成的一个单词。因此，这个表达式将匹配含有这个字符串的文本行。

程序的执行结果如下：

```
[root@linux chapter8]# ./ex8-13.sh
No matter what you're looking for, our motto is "keep it simple"
```

可以发现，在上面输出的一行文本中包含字符串 matter。

除了使用普通字符之外，还可以使用其他字符集，如方括号表达式。下面演示方括号和普通字符混合使用的方法。

【例 8-14】 演示如何将普通字符和方括号表达式混合起来使用，代码如下：

```
01  #----------------------------/chapter8/ex8-14.sh--------------------
02  #! /bin/bash
03
04  #匹配含有字符 o，后面紧跟着字符 r 或者 u 的文本行
05  str=`grep "o[ru]" demo3.txt`
06
07  echo "$str"
```

第 5 行的表达式表示首先匹配一个字符 o，紧接着是一个字符 r 或者 u 的文本行。

程序的执行结果如下：

```
[root@linux chapter8]# ./ex8-14.sh
No matter what you're looking for, our motto is "keep it simple"
Start by entering a basic name or word.
If you're looking for a place or product in a specific location,
enter the name along with the town or zip code.
```

从结果中可以看出，上面的每一行都含有字符串 or 或者 ou。

在某些情况下，直接将字符拼接起来不失为一种非常直观的方法。但是，当字符比较多时，会导致表达式非常长。因此，可以使用其他方式来表达。

在前面的内容中，介绍了两个限定符，分别是星号"*"和加号"+"。其中，星号可以在前面所讲的 3 种正则表达式中使用，而加号则不能在基本正则表达式中使用。这两个元字符的区别在于星号表示匹配 0 个或者多个任意字符，而加号表示匹配 1 个或者多个任意字符。

【例 8-15】 使用星号匹配多个字符 o，代码如下：

```
01    #--------------------------------/chapter8/ex8-15.sh-------------------
02    #! /bin/bash
03
04    #匹配任意多个字符"o"
05    str=`grep "lo*king" demo3.txt`
06
07    echo "$str"
```

在上面的代码中，第 5 行的表达式将匹配字符串 lking、loking、looking 及 loooking 等。程序的执行结果如下：

```
[root@linux chapter8]# ./ex8-15.sh
No matter what you're looking for, our motto is "keep it simple"
If you're looking for a place or product in a specific location,
```

在本例中，由于所有字符"l"后面都跟字符"o"的字符串，所以将其中的星号换成加号也会得到同样的结果。

虽然星号或者加号非常好用，但是不能精确地控制字符重复的次数。为了能够准确地表达前置字符重复出现的次数，还需要使用其他元字符。在基本正则表达式中，可以使用元字符"\{m,n\}"来表示，而在扩展正则表达式和 Perl 正则表达式中，在使用前面的元字符时无须将花括号进行转义，直接使用"{m,n}"即可。其中的参数 m 表示前置字符最少出现的次数，而参数 n 表示前置字符最多出现的次数。

由元字符"{m,n}"可以衍生出另外两种表示方法。其中，元字符"{m}"表示前置字符出现 m 次，元字符"{m,}"表示前置字符最少出现 m 次。

例如，我国的免费电话号码的前缀是 800，其格式通常如下：

```
800-xxx-xxxx
```

其中，前面 3 位是固定的，后面 6 位都是数字，通常使用连字符将其分隔开。为了能够匹配这种格式的电话号码，可以使用正则表达式。

假设存在一个名称为 demo4.txt 的文本文件，其内容如下：

```
Intel:800-820-1100
Abit:800-820-0323
Asus:800-820-6655
Sony:800-810-2228
HP:8008100716
```

```
IBM:800-810-1818#
```

可以得知，每一行都是一个 800 的免费电话号码。其中，有些电话号码并不符合上面的格式。

【例 8-16】 演示如何通过正则表达式来筛选符合指定格式的电话号码，代码如下：

```
01  #-----------------------------/chapter8/ex8-16.sh-------------------
02  #! /bin/bash
03
04  #筛选符合格式的电话号码
05  str=`egrep "800-[[:digit:]]{3}-[[:digit:]]{4}$" demo4.txt`
06
07  echo "$str"
```

在上面的代码中，第 5 行的正则表达式的前面 4 个字符都是固定的普通字符，所以可以用普通字符来表示；紧接着是 3 个数字，在此使用的是 POSIX 字符类，当然其中的"[:digit:]"也可以直接写为"[0-9]"；接下来是一个连字符，最后是 4 个数字，并且以数字结尾。由于 grep 命令默认使用的是基本正则表达式，而在基本正则表达式中花括号表达式需要转义，所以在本例中使用 egrep 命令。

程序的执行结果如下：

```
[root@linux chapter8]# ./ex8-16.sh
Intel:800-820-1100
Abit:800-820-0323
Asus:800-820-6655
Sony:800-810-2228
```

从上面的执行结果中可以看出，demo4.txt 文件中不符合格式要求的最后两个电话号码被过滤掉了。

注意：例 8-16 中的正则表达式一定要在最后加上"$"符号，否则最后一个电话号码不能被过滤掉。

8.3.3 匹配字符串的开头或者结尾

匹配字符串的开头或者结尾非常有用，在某些情况下必须对字符串的开头和结尾进行限制。在例 8-16 中，我们使用美元符号"$"对电话号码的结尾数字进行了匹配。

在正则表达式中，可以通过定位符对字符串开头或者结尾进行匹配，定位符又称为锚点。一共有两个定位符，分别为行首定位符"^"和行尾定位符"$"。前者用来匹配文本行的开头字符，后者用来匹配文本行的结尾字符。

如果行首定位符和行尾定位符一起使用，则这两个符号之间的表达式就匹配整个字符串或者文本行。如果"^"符号后面紧跟着"$"符号，即"^$"，则其为一个空行，表示行首后面紧跟着行尾，中间没有任何字符。

在使用定位符时一定要注意，定位符只会影响其后置字符或者前置字符，而不是整个字符串。

假设存在一个名称为 demo5.txt 的文本文件，其内容如下：

```
020-85222213
86754234
```

```
800-820-1100
8008100716
abc123
98-3876
```

在上面的内容中，有些行是以 3 个数字开头，有些行是以其他字符开头，有些行是以两个数字开头。下面的例子是将上面内容中以 3 个数字开头的文本行筛选出来。

【例 8-17】 演示如何使用行首定位符筛选数据行，代码如下：

```
01  #----------------------------/chapter8/ex8-17.sh--------------------
02  #! /bin/bash
03
04  #筛选以 3 个数字开头的文本行
05  str=`egrep "^[[:digit:]]{3}" demo5.txt`
06
07  echo "$str"
```

在上面的代码中，第 5 行的表达式使用了 egrep 命令，其中，^[[:digit:]]{3}表示以任意 3 个数字开头，当然也可以写为^[0-9]{3}。

程序的执行结果如下：

```
[root@linux chapter8]# ./ex8-17.sh
020-85222213
86754234
800-820-1100
8008100716
```

从上面的结果中可以看出，在 demo5.txt 文件中以两个数字和字母开头的行已经被过滤掉。

如果想要匹配以 4 个数字结尾的文本行，则可以使用行尾定位符，见下面的例子。

【例 8-18】 演示行尾定位符的使用方法，代码如下：

```
01  #----------------------------/chapter8/ex8-18.sh--------------------
02  #! /bin/bash
03
04  #筛选以 4 个数字结尾的文本行
05  str=`egrep "[[:digit:]]{4}$" demo5.txt`
06
07  echo "$str"
```

在上面的代码中，第 5 行的表达式[[:digit:]]{4}$表示以 4 个数字结尾的文本行。

程序的执行结果如下：

```
[root@linux chapter8]# ./ex8-18.sh
020-85222213
86754234
800-820-1100
8008100716
98-3876
```

8.3.4 运算符的优先级

正则表达式按照从左到右的顺序进行计算，并且遵循一定的优先级，这一点与算术表达式非常相似。所谓优先级，是指在正则表达式中，当多个运算符同时出现时，高优先级的运算符将被先处理，低优先级的运算符将被后处理。如表 8-3 按照从高到低的顺序依次列出了正则表达式运算符的优先级。

表 8-3　正则表达式运算符的优先级

运　算　符	说　　明
\	转义符
[]	方括号表达式
()	分组
*、+、?、{m}、{m,}、{m, n}	限定符
普通字符	按照从左到右的顺序
^、$	定位符
|	或运算

在表 8-3 中，有些运算符在基本正则表达式中并不存在或者有不同的表示方法。例如，在基本正则表达式中没有加号元字符+和分组元字符()；{m}、{m,}及{m, n}这 3 种元字符需要将花括号进行转义，分别变成\{m\}、\{m,\}及\{m, n\}。另外，在基本正则表达式中也没有或运算符|，但是这不影响总体的优先级顺序。

了解了运算符的优先级之后，可以加深对例 8-17 和例 8-18 中两个正则表达式的理解。在表达式^[[:digit:]]{3}中，由于方括号的优先级最高，所以先计算方括号表达式，得到匹配数字的结果。接下来是计算限定符，得到 3 个数字的结果。最后计算定位符，得到以 3 个数字开头的结果。读者可以按照这个思路对表达式[[:digit:]]{4}$加深理解。

8.3.5　子表达式

在 8.2 节中讲过，在学习正则表达式的时候应该从字符的角度去理解。因此，限定符*或者+都作用于其前面的字符或者元字符上面。虽然这样可以保证正则表达式的基本功能，但是还会出现一些无法正常表达的情况。

例如，在进行网页设计的时候，开发者经常会使用空格来对齐页面中的文本。而在 HTML 语言中，空格是使用 表示的，这 6 个字符连在一起表示一个 HTML 文档中的空格符。在 HTML 文档的不同位置，空格符重复出现的次数也不一致。

下面的代码是一个 HTML 文档片段：

```
01  <div class="kd-appbar"><div id='notify-box'> ; ;
    <span class="notify">
02  <span id="notify-text">  </span></span></div>
03  <div class="kd-appname-wrapper">  
04  <div class="goog-inline-block kd-appname" id="app-name">News
05  <div class="goog-inline-block goog-flat-menu-button-dropdown">
     </div></div></div>
```

在上面的代码中，第 1 行含有两个不连续的空格符，这两个空格符之间有一个分号。第 2 行中含有两个连续的 表示的空格符，第 3 行含有两个连续的空格符，第 5 行含有一个空格符。

【例 8-19】　通过正则表达式定位两个连续的所有 HTML 空格符，代码如下：

```
01  #-----------------------------/chapter8/ex8-19.sh-------------------
02  #! /bin/bash
03
04  str=`egrep " {2}" html.txt`
05  echo "$str"
```

在上面的代码中，第 4 行表达式为 {2}，使用该表达式来匹配两个连续的 。程序的执行结果如下：

```
[root@linux chapter8]# ./ex8-19.sh
<div class="kd-appbar"><div id='notify-box'> ; ;<span class=
"notify">
```

从上面的执行结果中可以看出，程序并没有输出我们希望的结果，而是输出了含有两个不连续的空格符的文本行。为什么会出现以上结果？根据前面的介绍，限定符仅仅作用于其前置字符，在表达式 {2}中，限定符{2}仅仅作用于字符;。因此，这个表达式的意思是匹配字符串 后面跟着两个分号的文本行，这与我们的真实意图有着明显的区别。

为了能够正确表达需求，我们可以使用子表达式来表示。所谓子表达式，是指由多个普通字符或者元字符组成的一个小的正则表达式。与正则表达式一样，子表达式本身也是一个完整的表达式，但是子表达式是作为一个大的正则表达式的一部分来使用的，而不是单独使用。在正则表达式中，子表达式作为一个整体来看待。子表达式使用圆括号()括起来。

对于例 8-19，可以使用子表达式来解决匹配的问题，修改后的代码如下：

```
01  #! /bin/bash
02
03  str=`egrep "( ){2}" html.txt`
04  echo "$str"
```

在上面的代码中，第 3 行使用圆括号将空格符 括起来，从而形成一个子表达式，这样其就被看作一个整体，后面的限定符{2}的作用对象就是这个子表达式。

修改后的程序执行结果如下：

```
[root@linux chapter8]# ./ex8-19.sh
<span id="notify-text">  </span></span></div>
<div class="kd-appname-wrapper">  
```

可以发现，引入子表达式后，程序输出了正确的匹配结果。

下面再看另外一个例子，用正则表达式来匹配 IP 地址。IP 地址是由圆点隔开的四组数字，如 202.116.0.2 就是一个合法的 IP 地址。在 IP 地址的四组数字中，每一组的最小值为十进制 0，最大值为十进制 255。

假设存在一个存储 IP 地址的文本文件，名称为 ip.txt，其内容如下：

```
01  202.116.3.2
02  3.4.2
03  10.0.0.1
04  255.255.255.255.0
05  256.45.2.1
```

在上面的代码中，每一行都描述了一个 IP 地址，其中，第 1 行和第 3 行的 IP 地址是正确的，而其他行的 IP 地址则是错误的。

【例 8-20】 演示通过正则表达式匹配 IP 地址的方法，代码如下：

```
01  #---------------------------/chapter8/ex8-20.sh-------------------
02  #! /bin/bash
03
04  #匹配 IP 地址
05  str=`egrep "^([[:digit:]]{1,3}\.){3}[[:digit:]]{1,3}$" ip.txt`
06
07  echo "$str"
```

第 5 行的正则表达式为^([[:digit;]]{1,3}\.){3}([[:digit:]]{1,3}$)，其中，[[:digit:]]{1,3}\.

· 173 ·

是一个子表达式，表示匹配 1～3 个数字，然后是一个圆点。整个表达式描述的字符串以 3 组重复的 1～3 个数字后跟一个圆点为开头，然后以 1～3 个数字结尾。

程序的执行结果如下：

```
[root@linux chapter8]# ./ex8-20.sh
202.116.3.2
10.0.0.1
256.45.2.1
```

从上面的执行结果中可以发现，前面两行是正确的 IP 地址，而第 3 行却是一个错误的 IP 地址。之所以会输出这个错误的 IP 地址，是因为例 8-20 中的正则表达式并没有严格规定每组数组的范围，从而导致每组中的数字范围超出了 255。

为了改进 IP 地址的匹配规则，对例 8-20 的表达式进行改进，使其对每组数字进行更加精确地限制。

【例 8-21】 通过正则表达式分别对 IP 地址的 3 组数字给出明确的匹配规则，代码如下：

```
01    #----------------------------/chapter8/ex8-21.sh--------------------
02    #! /bin/bash
03
04    #匹配正确的 IP 地址
05    str=`egrep "^([0-9]{1,2}|1[0-9]{2}|2[0-4][0-9]|25[0-5])\.([0-9]
      {1,2}|1[0-9]{2}|2[0-4][0-9]|25[0-5])\.([0-9]{1,2}|1[0-9]{2}|2[0-4]
      [0-9]|25[0-5])\.([0-9]{1,2}|1[0-9]{2}|2[0-4][0-9]|25[0-5])$" ip.txt`
06
07    echo "$str"
```

第 5 行的表达式比较复杂，下面对其进行简单地分析。为了能够准确地表达 IP 地址的规则，可以进一步分析 IP 地址中的每组数字的特征，将每组数字分为 4 段，分别为 0～99、100～199、200～249 及 250～255，可用子表达式[0-9]{1,2}|1[0-9]{2}|2[0-4][0-9]|25[0-5]来表达。其中，[0-9]{1,2}表示 0～99，1[0-9]{2}表示 100～199，2[0-4][0-9]表示 200～249，25[0-5]表示 250～255。然后各个组之间使用圆点隔开。因为 IP 地址是由四组数字组成的，任何多于或者少于四组数字都是错误的，所以在表达式的开头加上行首定位符，在表达式的结尾加上行尾定位符。

程序的执行结果如下：

```
[root@linux chapter8]# ./ex8-21.sh
202.116.3.2
10.0.0.1
```

注意：出于便于阅读的目的，有的用户习惯使用圆括号对表达式进行分组，不管是否需要。虽然这对执行结果并没有什么影响，但是会影响表达式的解释效率。

8.3.6 通配符

有一点需要明确，那就是 Shell 本身并不支持正则表达式，使用正则表达式的是一些 Shell 命令和工具，如 grep、awk 及 sed 等。但是，Shell 使用正则表达式中某些元字符作为其通配符，常用的有*、?、[]、{}及^等。这些字符在 Shell 中的意义与它们在正则表达式中的意义有些区别。例如：*表示匹配任意字符，而在正则表达式中表示限制其前导字符 0

次或者多次重复；?表示一个字符，而非其前导字符的 0 次或者 1 次重复。

为了使读者了解通配符的使用方法，下面以 ls 命令为例依次介绍常用的通配符的使用方法。

如果想要列出以 ex 开头的当前目录中所有的文件，可以使用以下命令：

```
[root@linux chapter8]# ls -l ex*
-rwxr-xr-x  1    root        root        60   Jun 30 01:15    ex8-10.sh
-rwxr-xr-x  1    root        root        52   Jun 30 23:53    ex8-11.sh
-rwxr-xr-x  1    root        root        53   Jun 30 00:32    ex8-12.sh
-rwxr-xr-x  1    root        root        57   Jun 30 17:56    ex8-13.sh
…
```

在上面的命令中，ex*表示匹配以字符串 ex 开头的所有文件名。

如果想要列出以字符 d 或者 e 开头的文件名，则可以使用方括号将这些字符列出来：

```
[root@linux chapter8]# ls -l [de]*
-rw-r--r--  1    root        root        63   Jun 30 19:21    demo2.txt
-rw-r--r--  1    root        root        221  Jun 30 00:17    demo3.txt
-rw-r--r--  1    root        root        105  Jun 30 01:22    demo4.txt
…
-rwxr-xr-x  1    root        root        60   Jun 30 01:15    ex8-10.sh
-rwxr-xr-x  1    root        root        52   Jun 30 23:53    ex8-11.sh
```

在某些情况下，文件名是按照字母或者数字顺序来编号的，此时可以使用连字符来表示一个范围，这与正则表达式中的表达方法是一致的：

```
[root@linux chapter8]# ls -l ex8-[1-9].sh
-rwxr-xr-x  1    root        root        57   Jun 30 19:05    ex8-1.sh
-rwxr-xr-x  1    root        root        53   Jun 30 11:31    ex8-2.sh
-rwxr-xr-x  1    root        root        59   Jun 30 14:43    ex8-3.sh
-rwxr-xr-x  1    root        root        142  Jun 30 15:28    ex8-4.sh
-rwxr-xr-x  1    root        root        56   Jun 30 15:54    ex8-5.sh
-rwxr-xr-x  1    root        root        138  Jun 30 17:00    ex8-6.sh
-rwxr-xr-x  1    root        root        57   Jun 30 17:47    ex8-7.sh
-rwxr-xr-x  1    root        root        57   Jun 30 18:11    ex8-8.sh
-rwxr-xr-x  1    root        root        67   Jun 30 18:51    ex8-9.sh
```

上面的命令表示列出以 ex8-开头、后面是编号 1~9 接着是.sh 的文件名。

8.4　grep 命令

在 Shell 的命令中，grep 命令是一个与正则表达式关系非常密切并且使用也非常频繁的命令。为了使读者掌握这个命令的使用方法，下面对其进行详细介绍。

8.4.1　grep 命令的基本语法

grep 命令的名称来自全局搜索正则表达式并打印文本行（Global search Regular Expression and Print out the line）的缩写。它是一个非常古老的 UNIX 命令，也是一种强大的文本搜索工具。grep 命令使用正则表达式来搜索文本，并且把匹配的文本行打印出来。

grep 命令的基本语法如下：

```
grep [options] pattern [file…]
```

在上面的语法中，options 表示选项，常用的命令选项如表 8-4 所示。pattern 表示要匹配的模式，file 表示一系列的文件名。grep 命令会从一个或者多个文件中搜索满足指定模式的文本行并且打印出来。模式后面的所有字符串参数都被看作文件名。

表 8-4　常用的grep命令选项

选项	说明
-c	计算（count）并打印匹配的文本行的行数，但不显示匹配的内容
-i	匹配时忽略（ignore）字母的大小写
-h	当搜索多个文件时，不显示匹配文件名前缀
-l	只列出（list）含有匹配的文本行的文件名，不显示具体的匹配内容
-n	列出所有匹配的文本行并显示行号（number）
-s	抑制（suppress）关于不存在或者无法读取文件的错误信息
-v	反转（invert）匹配规则，只显示不匹配的文本行
-w	匹配整个单词（word）
-x	完整（exactly）匹配整个文本行
-r	递归（recursive）搜索，不仅搜索当前目录，还要搜索其各级子目录
-q	执行安静（quiet）模式，禁止输出任何匹配结果，而是以退出状态码的形式表示搜索是否成功。其中0表示找到了匹配的文本行
-b	打印匹配的文本行到文件头的偏移量，以字节（byte）为单位
-E	支持扩展（extended）正则表达式
-P	支持Perl正则表达式
-F	不支持正则表达式，按字面意思（fixed string）进行匹配

grep 命令的模式非常灵活，可以是字符串，也可以是变量，还可以是正则表达式。如果模式中含有空格，则需要将模式使用双引号引起来，以避免 grep 命令将空格后面的模式误认为文件名。当然，在绝大部分情况下，使用单引号将模式引用起来也可以。

例如，下面的命令将搜索名称为 demo3.txt 的文件中是否包含字符串 simple 的文本行，命令如下：

```
[root@linux chapter8]# grep simple demo3.txt
No matter what you're looking for, our motto is "keep it simple"
```

从上面的输出结果中可以看出，在 demo3.txt 文件中有一行包含指定的字符串 simple。如果只想统计包含某个模式的行数，则可以使用-c 选项：

```
[root@linux chapter8]# grep -c simple demo3.txt
1
```

从上面的输出结果中可以看出，包含字符串 simple 的文本行只有一行。

8.4.2　grep 命令族简介

随着 UNIX 的发展，grep 命令也在不断地完善。到目前为止，grep 命令族已经包括 grep、egrep 及 fgrep 这 3 个命令。egrep 和 fgrep 命令与 grep 命令的区别不大。egrep 命令是 grep 命令的扩展，它使用扩展正则表达式作为默认的正则表达式引擎。因此，egrep 命令支持更多的元字符。fgrep 命令是 fixed grep 或者 fast grep 的缩写。在 fgrep 命令中，所有字母都视为单词。也就是说，在 fgrep 命令中，正则表达式中的所有元字符都将作为一般字符，仅代表其字面意思，不再拥有特殊的含义。

8.5 小　　结

本章详细介绍了 Shell 正则表达式的相关知识，包括什么是正则表达式、正则表达式的基础知识、正则表达式的具体应用及 grep 命令族。读者需要重点掌握基本正则表达式、扩展正则表达式及 Perl 正则表达式的元字符及其使用方法，了解匹配单个字符和多个字符的方法。了解定位符的使用方法及子表达式等。第 9 章将介绍 Shell 的文本处理方法。

8.6 习　　题

一、填空题

1．正则表达式是对_____进行过滤的工具。
2．一个正则表达式是由_____组成的字符串，其中包括_____和_____。
3．grep 命令使用_____来搜索文本，并且把匹配的文本行打印出来。

二、选择题

1．在正则表达式中，通常使用（　　）符号作为通配符。
A．@　　　　　　　B．#　　　　　　　C．$　　　　　　　D．*
2．在正则表达式中，（　　）符号用来匹配行首的字符。
A．$　　　　　　　B．^　　　　　　　C．*　　　　　　　D．.
3．在正则表达式中，（　　）符号用来匹配字符集。
A．$　　　　　　　B．^　　　　　　　C．*　　　　　　　D．[ ]

三、判断题

1．在正则表达式中，正则表达式的运算符也遵循一定的优先级。　　　　　　（　　）
2．在使用正则表达式时，一些特殊符号必须进行转义。　　　　　　　　　　（　　）

四、操作题

1．创建一个文本文件 test.txt，内容如下：

```
test
bob
abc
12345
654321
root
```

使用 grep 命令过滤文件 test.txt 中，r 开头的字符串。
2．使用 grep 命令过滤文件 test.txt 中的所有字符串。

第 9 章 文 本 处 理

无论在 UNIX 中还是在 Linux 中，文本的处理都非常重要。在 Linux 中，一切都是文件，而与普通用户关系最密切的就是文本文件。同时，文本处理也成为 Shell 程序设计中很重要的一部分，Linux 系统中许多程序的相互协作都是通过文本文件来实现的。本章将介绍如何在 Shell 程序中对文本进行处理。

本章涉及的主要知识点如下：

- 使用 echo 命令输出文本：主要介绍 echo 命令的基本语法，如显示普通字符串、转义字符、变量和命令执行结果等。
- 文本的格式化输出：主要介绍对文本格式化输出的各种方法，包括制表符、fold、fmt 及 pr 等命令的使用方法。
- 使用 sort 命令对文本排序：主要介绍 sort 命令的基本语法，以及如何根据不同的标准对文本进行排序。
- 文本的统计：主要介绍如何创建行号，如何统计行数、单词数及字符数等。
- 使用 cut 命令选取文本列：主要介绍 cut 命令的基本语法，以及如何根据不同的要求对文本列进行选择。
- 使用 paste 命令拼接文本列：主要介绍 paste 命令的基本语法，以及如何根据用户需求来并行拼接多个文件的列。
- 使用 join 命令连接文本列：主要介绍 join 命令的基本语法，以及如何使用不同的方法来连接两个文本文件。
- 使用 tr 命令替换文件内容：主要介绍 tr 命令的基本语法，以及去除重复出现的字符、删除空行、大小写转换、删除指定字符的方法等。

9.1 使用 echo 命令输出文本

在进行 Shell 程序设计的过程中，文本的输出非常重要。例如，程序为用户提供的提示信息及程序的执行结果等，这些信息都是作为文本输出的。本节将介绍最简单的文本输出命令 echo。

9.1.1 显示普通字符串

其实在前面几章的例子中我们已经接触过 echo 命令了。echo 命令的功能就是输出一行文本。在 Shell 程序中，echo 命令多用于显示提示信息或者程序产生的数据。

echo 命令的基本语法如下：

```
echo [options] string...
```

在上面的语法中，options 表示命令选项。echo 命令的常用选项比较少，只有一个-n，该选项表示不输出（do not output）行尾的换行符。默认情况下每执行一次 echo 命令，都会在输出信息的行尾加上一个换行符。参数 string 表示要输出的文本，可以同时指定多个文本，这些文本之间用空格隔开。

【例 9-1】 演示如何使用 echo 命令输出提示信息，代码如下：

```
01  #-----------------------------/chapter9/ex9-1.sh-------------------
02  ...#!/bin/bash
03  echo -n "What is your first name? "
04  read first
05  echo -n "What is your last name? "
06  read last
07  echo -n "What is your middle name? "
08  read middle
09  echo -n "What is your birthday? "
10  read birthday
```

在上面的代码中，每个 echo 语句都提示用户输入一条信息，然后使用 read 语句读取用户输入的数据。之所以使用-n 选项，主要是禁止 echo 语句执行完之后附加换行符，从而使得光标可以停留在提示信息后面，如图 9-1 所示。

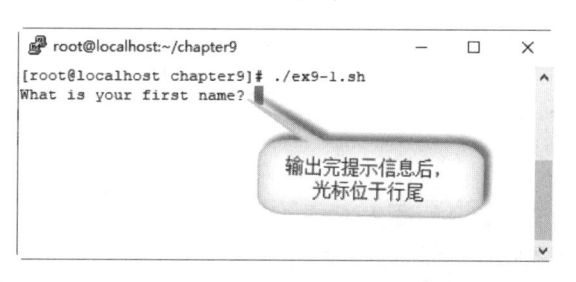

图 9-1 使用-n 选项禁止附加换行符

程序的执行结果如下：

```
[root@linux chapter9]# ./ex9-1.sh
What is your first name? Chunxiao
What is your last name? Zhang
What is your middle name?
What is your birthday? 1973-07-19
```

在使用 echo 命令输出文本时，如果要输出的文本是由多个单词组成的，那么可以使用双引号或者单引号将其引起来。当然，如果不使用引号引起来，在绝大部分情况下也不会影响输出的结果，只是 echo 命令会将一个字符串根据空格分成多个字符串进行输出。例如，下面两条命令的执行结果并没有不同之处：

```
[root@linux chapter9]# echo "Hello world."
Hello world.
[root@linux chapter9]# echo Hello world
Hello world
```

9.1.2 显示转义字符

除了支持普通文本的输出之外，echo 命令还支持简单的转义字符的输出。通过转义字符，echo 命令可以控制输出的格式，或者输出某些特殊的字符，如退格符、换页符及制表符等。如表 9-1 列出了 echo 命令支持的转义字符。如果要使 echo 命令支持转义字符，那么必须使用-e 选项。

表 9-1 echo命令支持的转义字符

字　　符	说　　明
\a	报警（alarm）符，相当于ASCII码的BEL字符
\b	退格符（backspace）
\c	禁止继续（continue）输出文本
\f	换页符（form feed）
\n	换行符（new line）
\r	回车符（return）
\t	水平制表符（horizontal tab）
\v	垂直制表符（vertical tab）
\\	反斜线

在表 9-1 列出的转义字符中，\c 字符使 echo 停止继续输出该字符后面的文本，包括最后的换行符。

【例 9-2】　演示各种转义字符的使用方法，代码如下：

```
01  #-----------------------------/chapter9/ex9-2.sh------------------
02  #! /bin/bash
03
04  #退格符
05  echo -e "this is a\b string."
06  #禁止继续输出后面的文本
07  echo -e "hello \c world."
08  #换行符
09  echo -e "hello \n world."
10  #使用制表符输出表格
11  echo -e "Alice\t99"
12  echo -e "John\t82"
13  echo -e "Tom\t91"
```

在上面的代码中，第 5 行使用了退格符，该字符会使光标从当前位置向左后退一个字符，然后继续输出文本。因此，该字符会导致前面的一个字符被覆盖。第 7 行使用了\c 字符，该字符会导致 echo 语句忽略 hello 后面的文本。第 9 行使用了换行符\n，该字符会使光标跳到下一行的开始位置。第 11～13 行使用制表符\t 输出了一个简单的表格，该字符会使后面的内容在垂直方向上对齐。

程序的执行结果如下：

```
[root@linux chapter9]# ./ex9-2.sh
01   this is string.
02   hello hello
03    world.
04   Alice   99
05   John    82
06   Tom     91
```

在上面的输出结果中，第 1 行代码中的字符 a 消失了，这是因为使用了退格符，从而导致字符 a 被后面的空格覆盖。第 2 行有两个 hello，其中，第 1 个 hello 是代码第 7 行 echo

语句的输出结果。由于字符\c 会使 echo 语句忽略后面的内容，包括换行符，所以代码第 9 行的 echo 语句并没有转到下一行输出。同时，由于代码第 9 行使用了换行符，所以单词 world 转到了下一行输出。输出结果中的第 4~6 行是使用制表符输出的简单表格。

9.1.3 显示变量

可以使用 echo 语句将程序中变量的值打印出来，在前面的许多例子中都使用了 echo 语句来输出某些信息。

【例 9-3】 演示使用 echo 语句显示变量的方法，代码如下：

```
01   #-----------------------------/chapter9/ex9-3.sh------------------
02   #! /bin/bash
03
04   echo -n "Please input a name:"
05
06   read name
07   #输出变量的值
08   echo "Hello, $name"
09
10   v1="sing"
11   v2="danc"
12   #错误的输出变量值的方法
13   echo "We are $v1ing, we are $v2ing."
```

在上面的代码中，第 4 行输出一行提示信息，第 6 行使用 read 语句读取用户输入的信息，第 8 行将变量 name 的值输出。第 10 和 11 行分别定义了两个变量，第 13 行输出这两个变量的值。

程序的执行结果如下：

```
[root@linux chapter9]# ./ex9-3.sh
Please input a name:Chunxiao
Hello, Chunxiao
We are , we are .
```

在上面的执行结果中，可以发现用户输入的文本已经被正常输出。但是在第 11 和 12 行代码中定义的两个变量却没有正确输出。之所以会得到这样的结果，是因为第 13 行代码中的变量名是与其他字符连接在一起的，从而导致 Shell 不清楚变量名到底由哪些字符组成。而在第 8 行代码中，变量名 name 与其他字符并没有连接在一起。为了使 Shell 能够正确地解析变量名，需要使用花括号将变量名括起来。

【例 9-4】 使用花括号界定变量名，代码如下：

```
01   #-----------------------------/chapter9/ex9-4.sh------------------
02   #! /bin/bash
03
04   echo -n "Please input a name:"
05
06   read name
07
08   echo "Hello, $name"
09
10   v1="sing"
11   v2="danc"
12
13   echo "We are ${v1}ing, we are ${v2}ing."
```

在上面的代码中，第 13 行使用花括号将变量名 v1 和 v2 分别括起来，括号里面的就是变量名。

程序的执行结果如下：

```
[root@linux chapter9]# ./ex9-4.sh
Please input a name:Chunxiao
Hello, Chunxiao
We are singing, we are dancing.
```

可以看到，这次得到了正确的结果。

💡 注意：如果变量名与不能作为变量名的字符（如-、'及/等）连接在一起时，可以不使用花括号。

9.1.4 换行和不换行

在默认情况下，echo 命令在输出文本的末尾会自动追加一个换行符，见下面的例子。

【例 9-5】 演示 echo 命令会自动追加换行符，代码如下：

```
01  #-------------------------------/chapter9/ex9-5.sh-------------------
02  #! /bin/bash
03
04  echo "You are always in control of your search settings."
05  echo " Here's a quick review of the options that you can set."
```

在上面的代码中，第 4、5 行分别输出一行文本。虽然没有使用换行符，但是 echo 语句会自动追加一个换行符。也就是说，第 5 行的文本会在下面一行输出。

程序的执行结果如下：

```
[root@linux chapter9]# ./ex9-5.sh
You are always in control of your search settings.
 Here's a quick review of the options that you can set.
```

为了避免 echo 语句自动换行，可以使用两种方法来解决：首先，可以使用 echo 命令的-n 选项，其次，可以使用转义字符\c。-n 选项可以使 echo 命令不输出结尾的换行符；转义字符\c 可以使 echo 命令忽略其后的字符。

【例 9-6】 演示使用-n 选项使多条 echo 语句输出到同一行中，代码如下：

```
01  #-------------------------------/chapter9/ex9-6.sh-------------------
02  #! /bin/bash
03
04  #使用-n 选项输出文本
05  echo -n "You are always in control of your search settings."
06  echo " Here's a quick review of the options that you can set."
```

程序的执行结果如下：

```
[root@linux chapter9]# ./ex9-6.sh
You are always in control of your search settings. Here's a quick review of the options that you can set.
```

从上面的输出结果中可以看出，使用-n 选项之后，第 5 行的 echo 语句在结尾并没有输出换行符，所以第 6 行的 echo 语句会紧接着在同一行继续输出。

如果使用转义字符\c，也可以达到同样的效果，但是\c 会忽略该字符后面的所有文本。因此如果只想解决换行问题，那么应该将转义字符\c 放在文本的最后。

【例9-7】 演示如何使用\c避免换行，代码如下：

```
01  #----------------------------/chapter9/ex9-7.sh------------------
02  #! /bin/bash
03
04  #使用转义字符避免换行
05  echo -e "You are always in control of your search settings.\c"
06  echo " Here's a quick review of the options that you can set."
```

在第5行中，为了使得echo命令支持转义字符，需要使用-e选项。

程序的执行结果与例9-6完全相同。

```
[root@linux chapter9]# ./ex9-7.sh
You are always in control of your search settings. Here's a quick review
of the options that you can set.
```

9.1.5 显示命令的执行结果

除了显示文本之外，echo命令还可以将Shell命令的执行结果显示出来。不过，在显示命令执行结果的时候，需要使用反引号将命令引用起来，其语法如下：

```
echo `command`
```

【例9-8】 演示如何使用echo命令显示命令的执行结果，代码如下：

```
01  #----------------------------/chapter9/ex9-8.sh------------------
02  #! /bin/bash
03
04  #显示date命令的执行结果
05  echo `date`
06  #显示ls命令的执行结果
07  echo `ls`
```

程序的执行结果如下：

```
[root@linux chapter9]# ./ex9-8.sh
Thu Jul 6 11:58:35 AM CST 2023
ex9-1.sh ex9-2.sh ex9-3.sh ex9-5.sh ex9-6.sh ex9-7.sh ex9-8.sh
```

9.1.6 echo命令的执行结果重定向

关于重定向的详细介绍，请参考第12章。简单地讲，重定向就是将Shell命令的标准输出重新定向到一个文件中。在默认情况下，echo命令的标准输出设备为显示器。但是在某些情况下，可能不需要将echo命令显示的信息输出到屏幕上，而是需要将其保存到一个磁盘文件中，此时就需要使用重定向。

重定向的操作符为>或者>>，在目标文件已经存在的情况下，前者会覆盖目标文件的原有内容，而后者则会将数据追加到原始文件的末尾。

将echo命令的执行结果重定向的语法比较简单，直接将重定向操作符放在echo语句的结尾，然后指定一个文件名即可。

【例9-9】 演示将echo命令执行结果重定向的方法，代码如下：

```
01  #----------------------------/chapter9/ex9-9.sh------------------
02  #! /bin/bash
03
```

```
04    #将要输出的信息写入文件
05    echo "Hello, world." > hello.txt
06    #将输出的信息追加到文件的结尾
07    echo "Hello, Chunxiao." >> hello.txt
```

在上面的代码中,第 5 行语句是将字符串 Hello, world.写入 hello.txt 文件,并且会覆盖原有文件的内容(如果 hello.txt 文件已经存在的话)。第 7 行是将字符串 Hello, Chunxiao 追加到 hello.txt 文件的末尾。

程序的执行结果如下:

```
[root@linux chapter9]# ./ex9-9.sh
[root@linux chapter9]# more hello.txt
Hello, world.
Hello, Chunxiao.
```

从上面的执行结果中可以看出,第 5 行和第 7 行语句中的字符串已经被写入 hello.txt 文件中,并且第 7 行的 echo 语句并没有覆盖原来的内容。

9.2 文本格式化的输出

虽然 echo 命令语句提供了最基本的输出功能,但是在某些场合可能需要对文本的输出格式进行控制。在 Shell 程序中,文本的格式化输出主要有制表符、pr 命令及 fmt 命令等。本节将介绍这几个命令的使用方法。

9.2.1 使用 UNIX 制表符

制表符的功能是在不使用表格的情况下,在垂直方向上按列对齐文本。对于输出一些简单的表格如名单及简单列表,使用制表符是非常方便、快捷的。尤其是在字符界面下输出表格,使用制表符可以达到事半功倍的效果。

在 Shell 中,制表符通常使用转义字符\t 表示,其中,字母 t 表示 Tab,即表格的英文单词 Table 的前 3 个字母。前面已经讲过,echo 命令支持制表符的输出。但是为了使用转义字符,需要使用-n 选项。

【例 9-10】 使用 echo 命令结合制表符输出九九乘法表,代码如下:

```
01    #----------------------------/chapter9/ex9-10.sh--------------------
02    #! /bin/bash
03
04    #双层嵌套循环输出乘法表
05    for((i=1;i<10;i++))
06    do
07        for((j=1;j<=$i;j++))
08        do
09            #使用制表符对齐列
10            echo -n -e "$i*$j\t"
11        done
12        #换行
13        echo ""
14    done
```

关于 for 循环语句的使用方法,前面已经详细介绍过了。在本例中,使用双层 for 循环结构，依次以表格的形式输出两个循环中的循环变量的乘积。在第 10 行中，echo 语句用来输出数据，最后附加了一个制表符，是为了纵向对齐每列。第 13 行的 echo 语句的作用是每当内层循环结束之后，就打印一个换行符。

程序的执行结果如下：

```
[root@linux chapter9]# ./ex9-10.sh
1*1
2*1     2*2
3*1     3*2     3*3
4*1     4*2     4*3     4*4
5*1     5*2     5*3     5*4     5*5
6*1     6*2     6*3     6*4     6*5     6*6
7*1     7*2     7*3     7*4     7*5     7*6     7*7
8*1     8*2     8*3     8*4     8*5     8*6     8*7     8*8
9*1     9*2     9*3     9*4     9*5     9*6     9*7     9*8     9*9
```

注意：在不同的场合，制表符的大小可能会有所不同。在通常情况下，制表符默认为 4 个或者 5 个空格。

9.2.2 使用 fold 命令格式化行

顾名思义，fold 命令的功能是将超过指定宽度的文本行进行折叠（fold）处理，使得超过指定宽度的字符转到下一行输出。fold 命令的基本语法如下：

```
fold [options] [file...]
```

在上面的语法中，options 表示选项，fold 命令常用的选项如下：
- -b：按字节（byte）计算宽度。默认情况下 fold 命令按列计算宽度。
- -s：在空格处（space）换行。
- -w：指定宽度（width），默认值是 80 列。

file 参数用来指定要输出的文件名，可以是多个文件，文件名之间用空格隔开。

【例 9-11】 演示使用 fold 命令格式化输出文本的方法。首先准备一个文本文件，其内容如下：

```
[root@linux chapter9]# cat demo1.txt
You are always in control of your search settings. Here's a quick review
of the options that you can set (and change whenever you like) on the search
settings page. You can reach that page by clicking the  gear icon in the top
right corner of the search results page, then clicking Search settings. You
can also visit the page directly at google.com/preferences. The options are
grouped into three categories: Search results, Languages, and Location. Click
the three links on the left side of the page to change categories.
```

然后使用 fold 命令格式化输出该文件的内容，命令如下：

```
[root@linux chapter9]# fold -w 90 demo1.txt
```

以上命令的执行结果如图 9-2 所示。

从图 9-2 中可以看出，指定宽度之后，当文本行的宽度达到指定列数时便立即换行，即使一个单词，也会被截断。因此，从外观上看整个文本非常整齐。但是，由于换行处的单词被截断了，所以这并不符合用户的习惯。

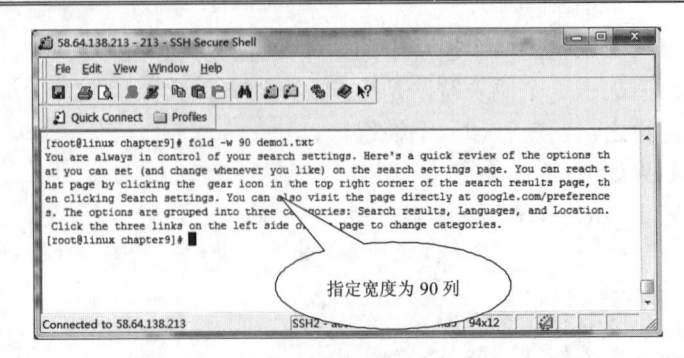

图 9-2　指定输出宽度

对于以空格作为单词分隔符的语言来说，可以使用-s 选项，使 fold 命令在空格处换行，从而保持单词的完整性。也就是说，当 fold 命令输出到指定列数时，如果发现输出的一个单词没有输出完整，此时 fold 命令会在当前行将没有输出完的单词输出，然后转到下一行继续输出。

【例 9-12】　通过-s 选项使文本行在换行时保留单词的完整性，同样指定文本行的宽度为 90 列，命令如下：

```
[root@linux chapter9]# fold -s -w 90 demo1.txt
```

以上命令的执行结果如图 9-3 所示。

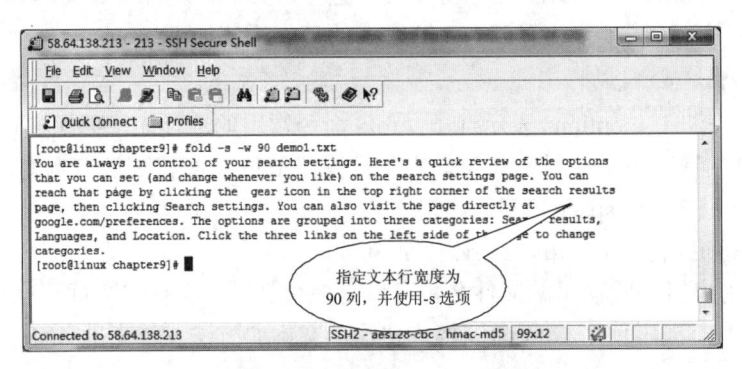

图 9-3　指定宽度并在空格处换行

比较图 9-2 和图 9-3 可以发现，在图 9-3 中，所有行尾的单词都是完整的。虽然在图 9-3 中输出的文本没有图 9-2 整齐，但是它更符合用户的习惯。

注意：fold 命令的-w 选项会使文本行被生硬地截断，并不判断单词的完整性，因此在使用时一定要留心这一点。

通常情况下，用户使用 fold 命令的目的是将结果输出到屏幕或者打印机等设备上。如果想要将格式化的结果保存下来，可以使用重定向操作符将输出重定向到磁盘文件中。

【例 9-13】　通过重定向将 fold 命令的输出结果保存到文件中，命令如下：

```
[root@linux chapter9]# fold -w 90 demo1.txt > formtedtext.txt
```

上面的命令将格式化的结果保存到 formtedtext.txt 文件中。命令执行完成之后，可以使用 cat 或者 more 等命令查看文件的内容，命令如下：

```
[root@linux chapter9]# cat formtedtext.txt
```

以上命令的执行结果如图 9-4 所示。

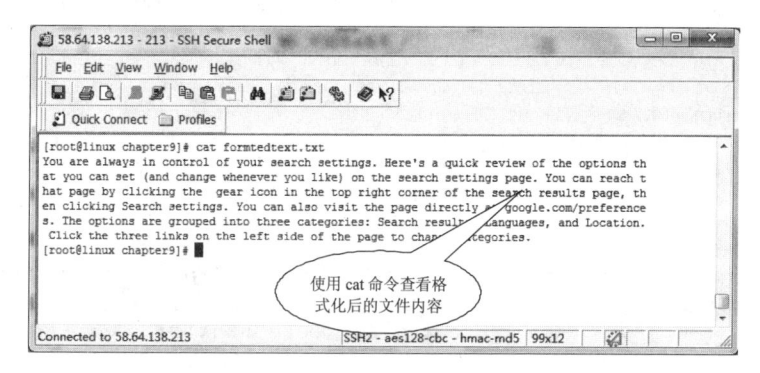

图 9-4 使用 cat 命令查看格式化输出生成的文本文件

从图 9-4 中可以看到，formatedtext.txt 文件完整地保存了 fold 命令的格式化结果。

9.2.3 使用 fmt 命令格式化段落

与 fold 命令相比，fmt 命令提供了更多的功能。fmt 命令是 Shell 中一个简单的文本格式化工具，其名称来自格式化（format）的缩写。fmt 命令的基本语法如下：

```
fmt [-width] [option] … [file] …
```

其中，-width 选项用来指定文本行显示的列数，默认为 75 列，一列一个字符，即每行显示 75 个字符。option 表示各种命令选项，常用的选项如下：

- -c：在段落顶端（crown）进行缩进，即保留每个段落前两行的缩进，该段落剩余的行的左边距与第 2 行相同。
- -t：进行标记（tagged）段落式缩进，该选项的功能与-c 选项基本相同，但是在使用-t 选项时，每个段落的第 1 行和第 2 行的缩进必须是不相同的，否则第 1 行将被看作一个单独的段落。
- -s：只分割（split）超出指定宽度的行，不合并少于指定宽度的行。
- -u：统一（uniform）空格的个数，单词之间保留 1 个空格，句子之间保留 2 个空格。
- -w：指定每行的最大宽度（width），默认值为 75 列。

file 参数为要格式化其内容的文件名，可以同时指定多个文件，文件名之间用空格隔开。如果指定文件名为-，则 fmt 命令会从标准输入即键盘读取文本。

为了演示 fmt 命令的使用方法，需要先创建一个文本文件，其内容如下：

```
[root@linux chapter9]# cat demo2.txt
  Linux is a UNIX-like computer operating system assembled under the model
of free and open source software development and distribution.
The defining component of Linux is the Linux kernel, an operating system
kernel first released 5 October 1991 by Linus Torvalds.[11][12]
  Linux was originally developed as a free operating system for Intel
x86-based personal computers.
It has since been ported to more computer hardware platforms than any other
operating system. It is a leading operating system on servers and other big
iron systems such as mainframe computers and supercomputers:[13][14][15][16]
more than 90% of today's 500 fastest supercomputers run some variant of
```

Linux,[17] including the 10 fastest.[18] Linux also runs on embedded systems (devices where the operating system is typically built into the firmware and highly tailored to the system) such as mobile phones, tablet computers, network routers, televisions[19][20] and video game consoles; the Android system in wide use on mobile devices is built on the Linux kernel.
   The development of Linux is one of the most prominent examples of free and open source software collaboration: the underlying source code may be used, modified, and distributed commercially or non-commercially by anyone under licenses such as the GNU General Public License.
   Typically Linux is packaged in a format known as a Linux distribution for desktop and server use. Some popular mainstream Linux distributions include Debian (and its derivatives such as Ubuntu and Linux Mint), Fedora (and its derivatives such as Red Hat Enterprise Linux and CentOS), Mandriva/Mageia, OpenSUSE, and Arch Linux. Linux distributions include the Linux kernel, supporting utilities and libraries and usually a large amount of application software to fulfill the distribution's intended use.

【例 9-14】 使用-w 选项指定行的最大长度为 80 列，代码如下：

```
01   #-----------------------------/chapter9/ex9-14.sh-------------------
02   #!/bin/bash
03
04   #指定行长度
05   str=`fmt -c -w 80 demo2.txt`
06   echo "$str"
```

在上面的代码中，第 5 行使用-w 选项指定文本行的最大长度为 80 列。

以上代码的执行结果如图 9-5 所示。

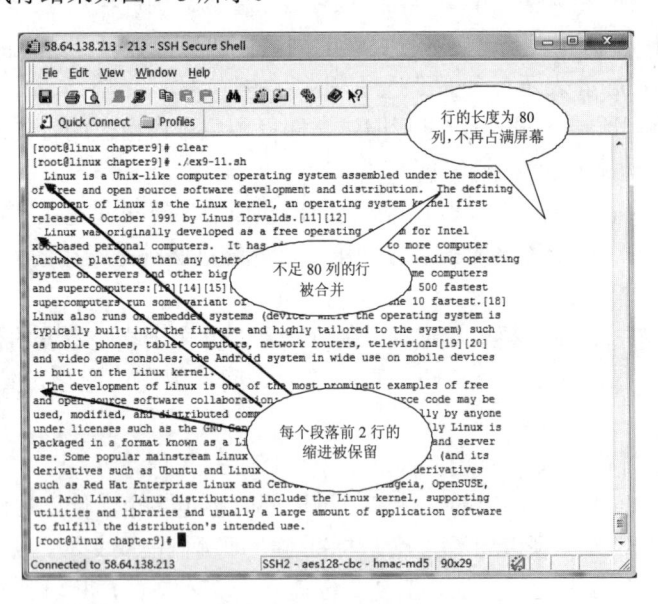

图 9-5　指定行宽和缩进

通过图 9-5 可以看出，使用-w 选项指定文本行的最大长度为 80 列之后，fmt 命令输出的文本超过 80 个字符时便会自动换行。如果达到 80 个字符时 fmt 命令发现还有未完整显示的单词，便将该单词移至下一行显示。

使用-c 选项之后，每个文本的每个段落前面两行的缩进格式将被保留下来，同时，该段落从第 3 行开始，其缩进格式与第 2 行相同。

如果不想让 fmt 命令将不足指定行长度的行合并，则可以使用-s 选项。

【例 9-15】 对例 9-14 进行改进，加上-s 选项，以避免合并行，代码如下：

```
01  #--------------------------------/chapter9/ex9-15.sh--------------------
02  #! /bin/bash
03
04  #不合并不足指定行宽的行
05  str=`fmt -s -c -w 80 demo2.txt`
06  echo "$str"
```

以上代码的执行结果如图 9-6 所示。

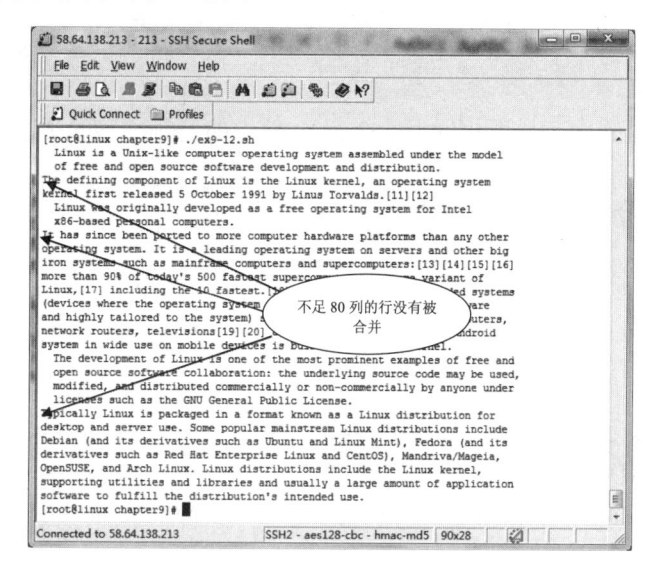

图 9-6 不合并不足指定行宽的行

对比图 9-5 和图 9-6 可以发现，在图 9-6 中，The defining component...行、It has since...行，以及 Typically Linux is...这 3 行并没有被合并到上面一行中。

关于 fmt 命令的其他选项不再举例说明，读者可以自己去尝试操作。与 fold 命令一样，也可以通过输出重定向将 fmt 命令格式化结果输出到文件中。这个操作与 fold 基本相同，读者可以参考 fold 命令的使用方法进行练习，这里不再详细说明。

> 注意：fmt 命令的着重点在于文本的段落。另外，fmt 命令的-w 选项和 fold 命令的-w 选项的功能并不相同，前者会考虑单词的完整性，而后者则是直接将单词截断。

9.2.4 使用 rev 命令反转字符顺序

rev 命令用来反转文件中文本行的字符顺序，其名称来自 reverse（反转）的前 3 个字母。rev 命令的基本语法如下：

```
rev [file …]
```

其中，file 表示要处理的文件名列表，如果是多个文件，则文件名之间用空格隔开。
假设存在一个名称为 demo3.txt 的文本文件，其内容如下：

```
[root@linux chapter9]# cat demo3.txt
1 2 3 4 5 6 7 8 9
Hello, world.
```

【例9-16】 演示 rev 命令的使用方法，代码如下：

```
01  #-----------------------------/chapter9/ex9-16.sh-------------------
02  #! /bin/bash
03
04  #反转文本行
05  str=`rev demo3.txt`
06  echo "$str"
```

程序的执行结果如下：

```
[root@linux chapter9]# ./ex9-16.sh
9 8 7 6 5 4 3 2 1
.dlrow ,olleH
```

从上面的执行结果中可以看出，demo3.txt 文件中的两行字符的顺序被反转了。

9.2.5 使用 pr 命令格式化文本页

pr 命令是一个非常有用的工具，其功能主要是将文本文件的内容转换成适合打印的格式。pr 命令的名称来自 print（打印）的前两个字母，其基本语法如下：

```
pr [option] … [file] …
```

其中，option 表示命令选项，常用的选项如下：
- -column：指定输出的栏数，默认值为 1。
- -a：修改-column 的显示效果，水平创建栏，与-column 选项配合使用。
- -d：产生两个空格（double space）的输出。
- -F 或者-f：使用换页符（form feed）代替换行符实现分页。
- -h：指定页眉（page header），如果没有指定，则默认使用文件名作为页眉。
- -l：指定每页的行数（lines），默认为 66 行。
- -o：指定每行偏移（offset）缩进的字符数量。
- -w：指定页面宽度（width），默认为 72 个字符。

在使用-column 等选项时，一定要注意指定的栏数不能超过页面的宽度。默认情况下，pr 命令的分栏是垂直划分的。也就是说，文件的前面几行会作为第 1 栏的内容，接下来的几行会作为第 2 栏的内容，以此类推。可以使用-a 选项改变这种显示效果，进行水平划分栏。也就是说，将文件的第 1 行作为第 1 栏的第 1 行，第 2 行作为第 2 栏的第 1 行，以此类推。当所有栏的第 1 行都输出时，再重新回到第 1 栏输出第 2 行。

为了演示 pr 命令的使用方法，首先准备一个文件，其内容如下：

```
[root@linux chapter9]# cat demo4.txt
Niger
Mali
Afghanistan
Burkina Faso
Malawi
Uganda
Zambia
Chad
DR Congo
Somalia
Rwanda
Mozambique
```

```
Angola
Tanzania
Guinea-Bissau
East Timor
Sierra Leone
Equatorial Guinea
Benin
Guinea
Nigeria
South Sudan
Senegal
Liberia
Kenya
```

上面的文件包含一个国家名称的列表。为了打印输出，需要使用 pr 命令对该文件进行格式化处理。

【例 9-17】 使用 pr 命令将 demo4.txt 文件的内容进行格式化处理，代码如下：

```
01  #--------------------------/chapter9/ex9-17.sh------------------
02  #! /bin/bash
03
04  #格式化文本页
05  str='pr -4 demo4.txt'
06  echo "$str"
```

其中，第 5 行将 demo4.txt 的内容分成 4 栏输出。页面宽度为默认值，即 72 个字符。程序的执行结果如图 9-7 所示。

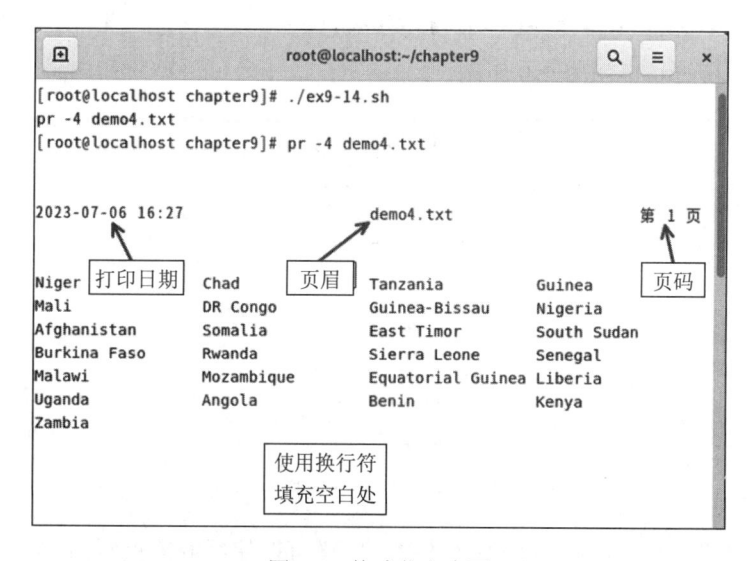

图 9-7　格式化文本页

从图 9-7 中可以看到，pr 命令生成了一个可以输出到打印机的基本页面，包括打印日期、页眉及页码。同时，pr 命令将内容分成指定的栏进行输出。如果文本的行数达不到一个完整的页面的高度，则使用换行符进行填充。

【例 9-18】 自定义页眉，并使用文本进行水平分栏，然后使用换页符代替换行符，代码如下：

```
01  #--------------------------/chapter9/ex9-18.sh------------------
02  #! /bin/bash
03
```

```
04    #自定义页眉
05    str='pr -h "List of Countries" -a -f -4 demo4.txt'
06    echo "$str"
```

程序的执行结果如图 9-8 所示。

```
[root@localhost chapter9]# ./ex9-14.sh
pr -h "List of Countries" -a -f -4 demo4.txt
[root@localhost chapter9]# pr -h "List of Countries" -a -f -4 demo4.txt


2023-07-06 16:27          List of Countries              第 1 页


Niger           Mali            Afghanistan     Burkina Faso
Malawi          Uganda          Zambia          Chad
DR Congo        Somalia         Rwanda          Mozambique
Angola          Tanzania        Guinea-Bissau   East Timor
Sierra Leone    Equatorial Guinea Benin         Guinea
Nigeria         South Sudan     Senegal         Liberia
Kenya


[root@localhost chapter9]#
```

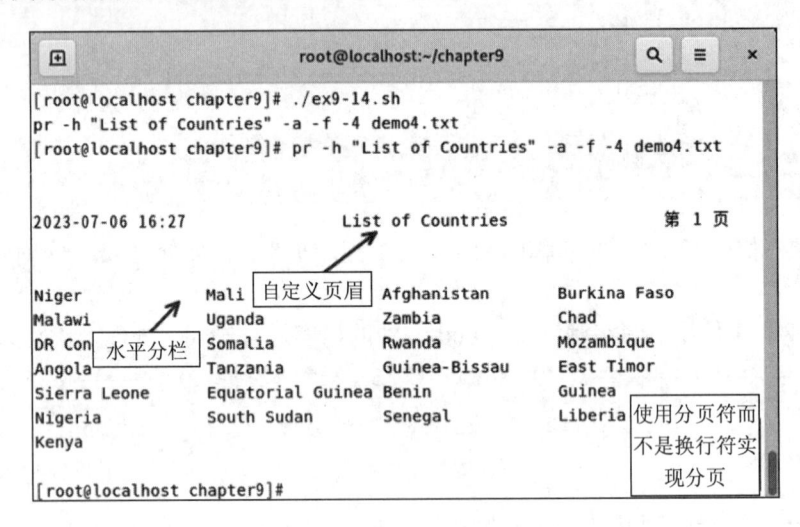

图 9-8 自定义页眉并进行水平分栏

除了以上常用选项之外，如果不想显示标题，则可以使用-t 选项，命令如下：

```
[root@linux chapter9]# pr -t -4 demo4.txt
```

以上命令的执行结果如图 9-9 所示。

```
[root@localhost chapter9]# pr -t -4 demo4.txt
Niger           Chad            Tanzania        Guinea
Mali            DR Congo        Guinea-Bissau   Nigeria
Afghanistan     Somalia         East Timor      South Sudan
Burkina Faso    Rwanda          Sierra Leone    Senegal
Malawi          Mozambique      Equatorial Guinea Liberia
Uganda          Angola          Benin           Kenya
Zambia
[root@localhost chapter9]#
```

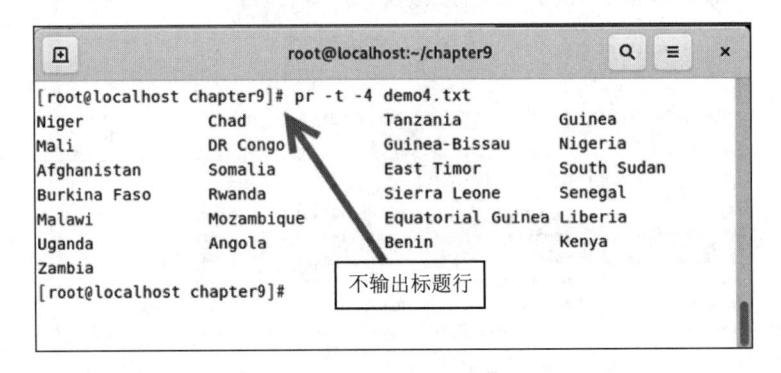

图 9-9 省略标题栏

如果想要将格式化的结果保存到文件中，同样可以使用输出重定向操作符：

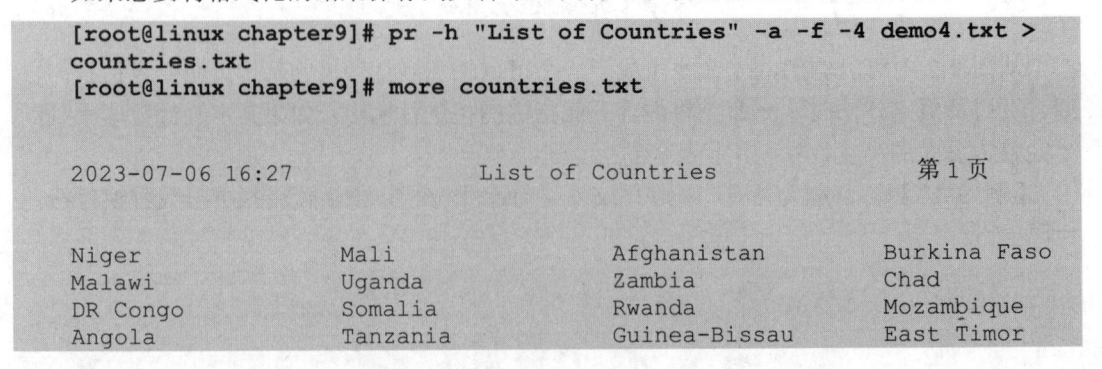

```
[root@linux chapter9]# pr -h "List of Countries" -a -f -4 demo4.txt > countries.txt
[root@linux chapter9]# more countries.txt


2023-07-06 16:27          List of Countries              第 1 页


Niger           Mali            Afghanistan     Burkina Faso
Malawi          Uganda          Zambia          Chad
DR Congo        Somalia         Rwanda          Mozambique
Angola          Tanzania        Guinea-Bissau   East Timor
```

```
Sierra Leone          Equatorial Guinea     Benin                 Guinea
Nigeria               South Sudan           Senegal               Liberia
Kenya
^L
```

> 注意：与 fold 和 fmt 命令不同，pr 命令主要用于设置打印输出页面。

9.3 使用 sort 命令对文本进行排序

在 Linux 或者 UNIX 中，许多数据都是以文本文件形式存在的，因此经常需要对这些文本进行排序。为此，Shell 提供了 sort 命令来完成这个任务。本节介绍 sort 命令的使用方法。

9.3.1 sort 命令的基本用法

Shell 中的 sort 命令有 3 种执行模式，分别为排序文本、检查文件是否已经排序以及合并文件。本节将对这 3 种执行模式进行详细介绍。首先介绍最基本的排序功能。

sort 命令的基本语法如下：

```
sort [option] … [file] …
```

在上面的语法中，option 表示 sort 命令的选项，常用的选项如下：
- -b：忽略前导空格（blank）或者制表符，找出第一个非空格字符。
- -c：测试（check）文件是否已经排序。
- -d：根据字典（dictionary）顺序排序。该选项仅比较数字、字母和空格等字符。
- -f：忽略大小写。将小写字母转换（fold）成大写字母后参与比较。
- -i：仅比较可打印的字符，即忽略（ignore）不可打印的字符。
- -n：根据算术值（numerical value）进行比较，参与比较的字符有空格、十进制数字以及减号等。如果对非数值字符进行算术值比较，将会产生无法预知的结果。
- -R：根据哈希值随机（random）排序。
- -r：颠倒（reverse）排序结果。
- -k：定义排序关键字（key）。
- -m：仅合并（merge）已经排好序的文件，不执行排序操作。
- -o：指定输出结果（output）为文件，而不是标准输出设备。
- -t：指定字段分隔符。默认值为空格。
- -u：删除重复的行，只保留唯一的（unique）第一次出现的行。

file 参数是要排序的文件列表，多个文件名之间用空格隔开。如果使用符号-作为文件名，则从标准输入读取数据。

虽然 sort 命令的语法相对比较简单，没有非常多的选项参数。但是其功能非常强大，完全可以满足用户对简单数据的管理。

为了学习 sort 命令的使用方法，需要首先准备一个文本文件，其名称为 demo5.txt，内容如下：

```
[root@linux chapter9]# cat demo5.txt
Toy_Story               HK      239     3972
The_Hill                KL      63      2972
Star_Wars               HK      301     4102
Boys_in_Company_C       HK      192     2192
Aliens                  HK      532     4892
Alien                   HK      119     1982
A_Few_Good_Men          KL      445     5851
```

上面文件的内容分为 4 列,第 1 列为商场名称,第 2 列为供货区代码,第 3 列为本季度租金金额,第 4 列为本年度租金金额。这些列之间使用制表符隔开。

sort 命令最简单的用法就是不使用任何选项。如果不指定任何选项,则 sort 命令会将整个文本行作为一个关键字进行排序。

【例 9-19】 使用 sort 命令对 demo5.txt 文件进行排序,代码如下:

```
01  #--------------------------------/chapter9/ex9-19.sh-------------------
02  #! /bin/bash
03
04  #使用默认选项对文件进行排序
05  result=`sort demo5.txt`
06  #将输出结果保存到文件中
07  echo "$result" > sorted_default.txt
08  #显示排序结果
09  cat sorted_default.txt
```

程序的执行结果如下:

```
[root@linux chapter9]# ./ex9-19.sh
A_Few_Good_Men          KL      445     5851
Alien                   HK      119     1982
Aliens                  HK      532     4892
Boys_in_Company_C       HK      192     2192
Star_Wars               HK      301     4102
The_Hill                KL      63      2972
Toy_Story               HK      239     3972
```

对比 demo5.txt 文件的内容可以发现,使用 sort 命令之后,文件的内容已经处于有序状态了。如果不提供任何关键字,则 sort 会将整个文本行作为关键字进行排序,其排序规则是首先比较第 1 列,如果第 1 列的值相同,则比较第 2 列,以此类推,直至比较完所有的列。如果所有的列都相同,则判定它们是重复的行。

注意:sort 命令处理数据是以行为单位的,与关系数据库中的表非常相似。

9.3.2 使用单个关键字进行排序

前面讲过,如果不指定任何选项,则 sort 命令会根据整个文本行进行排序,文本行中的所有列都会参与排序。但是在某些情况下可能不需要比较所有的列,只需要对其中的某几个列进行排序。对于这种情况,可以使用-k 选项来定义排序关键字,其基本语法如下:

```
-k pos1[,pos2]
```

其中,pos1 表示排序关键字的起始位置,pos2 表示排序关键字的结束位置,两者之间用逗号隔开。通常情况下,组成排序关键字都是以列为单位的。此时,pos1 和 pos2 就是关键字的起始列和结束列的列号。列号从 1 开始,即第 1 列为 1,第 2 列为 2,以此类推。

> **注意**：在 sort 命令中，一个文本行最多只能包括 10 列。

通过关键字进行排序时，sort 命令首先会根据关键字中的第 1 个列进行排序，如果关键字的第 1 个列相同，则会根据关键字中的第 2 个列进行排序，以此类推。

【例 9-20】 演示使用两个列作为一个关键字进行排序的方法，代码如下：

```
01    #---------------------------/chapter9/ex9-20.sh-------------------
02    #! /bin/bash
03
04    #通过第 2 列和第 3 列进行排序
05    result=`sort -k 2,3 demo5.txt`
06
07    echo "$result"
```

在上面的代码中，第 5 行使用-k 选项定义了一个关键字，包括第 2 列和第 3 列，程序首先根据第 2 列进行排序，在第 2 列相同的情况下，再根据第 3 列进行排序。

程序的执行结果如下：

```
[root@linux chapter9]# ./ex9-20.sh
Alien                    HK          119         1982
Boys_in_Company_C        HK          192         2192
Toy_Story                HK          239         3972
Star_Wars                HK          301         4102
Aliens                   HK          532         4892
A_Few_Good_Men           KL          445         5851
The_Hill                 KL          63          2972
```

观察上面的排序结果可以发现，第 3 列中的 63 比同列的其他值都小，但是却排到了最后，这是因为在默认情况下，sort 命令会将列的值作为字符串进行排序。而"63"中的第 1 个字符"6"的 ASCII 码比其余值的第 1 个字符的 ASCII 码值都大，所以排到了最后。通常情况下，这种排序方法并不符合用户的要求，关于如何解决这个问题，将在后面的内容中介绍。

在理解了排序关键字的定义方法之后，接下来再介绍几种特殊的情况。一般情况下，排序关键字是由起始列和终止列定义的，但是在某些情况下可能会省略终止列，只保留起始列，那么其语法就变成以下形式：

```
-k pos
```

上面是一种合法的语法，它表示从 pos 参数指定的列开始，一直到文本行的结尾都是排序关键字。这意味着 sort 在排序的时候会从 pos 指定的列开始比较，一直比较到行尾。

> **注意**：关键字-k pos 并不是根据第 pos 个列进行排序，而是指从第 pos 列开始一直到行尾的所有列进行排序，初学者往往会在这个问题上犯错。

为了能够观察 sort 命令排序的过程，这里新创建一个文本文件，其名称为 demo6.txt，内容与 demo5.txt 基本相同（除了在第 3 列中有两个相同的值之外），文件内容如下：

```
[root@linux chapter9]# cat demo6.txt
Toy_Story                HK          239         3972
The_Hill                 KL          63          2972
Star_Wars                HK          301         4102
Boys_in_Company_C        HK          239         2192
Aliens                   HK          532         4892
Alien                    HK          119         1982
A_Few_Good_Men           KL          445         5851
```

【例 9-21】 使用 sort 命令指定排序关键字的起始列，代码如下：

```
01   #-----------------------------/chapter9/ex9-21.sh-------------------
02   #! /bin/bash
03
04   if [ $1 -gt 4 ]
05   then
06      echo "column no. could not be greater than 4."
07      exit
08   fi
09
10   #仅指定起始列
11   result=`sort -k $1 demo6.txt`
12
13   echo "$result"
```

在上面的代码中，第 4 行判断用户输入的列号是否超过文件的列数。如果超过了文本的实际列数，则给用户相关的提示。第 11 行使用位置变量获取用户指定的列号，并且将 demo6.txt 文件进行排序。

程序的执行结果如下：

```
[root@linux chapter9]# ./ex9-21.sh 2
Alien              HK      119     1982
Boys_in_Company_C  HK      239     2192
Toy_Story          HK      239     3972
Star_Wars          HK      301     4102
Aliens             HK      532     4892
A_Few_Good_Men     KL      445     5851
The_Hill           KL      63      2972
```

分析上面的排序结果可以发现，例 9-21 首先会根据第 2 列进行排序，当第 2 列相同时，再根据第 3 列进行排序，当第 3 列相同时，再根据第 4 列进行排序。由于在第 4 列中，"2192"的第 1 个字符"2"的 ASCII 码值小于"3972"的第 1 个字符"3"的 ASCII 码值，所以"2192"排在"3972"前面。如图 9-10 所示为 sort 命令的排序过程。

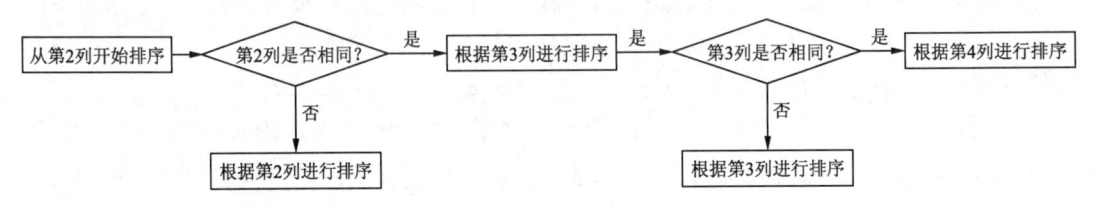

图 9-10　sort 命令的排序过程

除了只指定起始列之外，还存在两种特殊的情况，即起始列的列号大于终止列的列号，以及起始列的列号等于终止列的列号。当用户指定的起始列的列号大于终止列的列号时，指定的关键字不会发挥任何作用。如果起始列的列号等于终止列的列号，则是一种比较常见的情况，具体将在接下来的内容中介绍。

> 注意：不能只提供终止列号而不提供起始列号，这是语法错误。

在上面的例子中，所有关键字都是由一个个完整的列组成的。实际上，在某些情况下，还需要只将列中的一个子串作为排序关键字的组成部分。例如，在 Linux 系统中，绝大部分软件的日志文件都是由空格分隔的许多列组成的文本文件：

```
[root@linux chapter9]# more demo7.txt
61.152.107.126 - - [6/Jul/2023:05:28:55 +0800] "\x80}\x01\x03\x01" 302 -
61.152.107.126 - - [6/Jul/2023:05:28:55 +0800] "\x80}\x01\x03\x01" 302 -
38.229.1.15 - - [6/Jul/2023:06:40:28 +0800] "\x16\x03\x01" 302 -
180.168.208.28 - - [6/Jul/2023:10:10:16 +0800] "\x80w\x01\x03\x01" 302 -
222.186.24.118 - - [6/Jul/2023:10:45:27 +0800] "GET http://www.baidu.com/
HTTP/1.1" 200 28538
222.186.24.118 - - [6/Jul/2023:10:45:27 +0800] "GET http://www.baidu.com/
HTTP/1.1" 200 28538
222.186.24.118 - - [6/Jul/2023:13:58:38 +0800] "GET http://www.baidu.com/
HTTP/1.1" 200 28537
222.186.24.118 - - [6/Jul/2023:13:58:46 +0800] "GET http://www.baidu.com/
HTTP/1.1" 200 28537
```

在上面的文件中，第 4 列是访问日期，其中，第 14、15 个字符代表访问的小时，如果用户需要根据访问的小时来排序，那么将整个列作为关键字的一部分参与排序就无法实现了。

为了处理这种情况，在-k 选项的起始列中可以指定开始的字符，在终止列中可以指定结束的字符，其语法如下：

```
-k pos1[.start][,pos2.[end]]
```

在上面的语法中，pos1 同样表示起始列的列号，小数点后面的 start 表示起始列中开始的字符位置。pos2 同样表示终止列的列号，小数点后面的 end 表示终止列中结束的字符位置。也就是说，从 pos1 列的第 start 个字符开始到第 pos2 列的第 end 个字符结束，都是排序关键字的组成部分。

在上面的语法中，列号和字符位置编号都是从 1 开始的。如果省略了 start，则表示从第 1 个字符开始；如果省略了 end，则表示到最后一个字符结束。

【例 9-22】 演示使用某个列的子串作为关键字的组成部分的方法，代码如下：

```
01   #---------------------------/chapter9/ex9-22.sh------------------
02   #! /bin/bash
03
04   #根据第 4 列的第 14、15 个字符进行排序并输出到文件中
05   sort -t ' ' -n -k 4.14,4.15 demo7.txt > sorted_log
06
07   cat sorted_log
```

在上面的第 5 行代码中：-t 选项用来指定列分隔符为空格，关于该选项的使用方法将在后面介绍；-n 选项表示将关键字作为数值进行排序，该选项的用法也将在后面介绍；-k 4.14,4.15 表示从第 4 列的第 14 个字符开始，到第 4 列的第 15 个字符结束，中间的子串作为排序关键字。最后，通过输出重定向操作符将排序结果输出到文件中。

程序的执行结果如下：

```
[root@linux chapter9]# ./ex9-22.sh
180.168.208.28 - - [6/Jul/2023:10:10:16 +0800] "\x80w\x01\x03\x01" 302 -
222.186.24.118 - - [6/Jul/2023:10:45:27 +0800] "GET http://www.baidu.com/
HTTP/1.1" 200 28538
222.186.24.118 - - [6/Jul/2023:10:45:27 +0800] "GET http://www.baidu.com/
HTTP/1.1" 200 28538
222.186.24.118 - - [6/Jul/2023:13:58:38 +0800] "GET http://www.baidu.com/
HTTP/1.1" 200 28537
61.152.107.126 - - [6/Jul/2023:05:28:55 +0800] "\x80}\x01\x03\x01" 302 -
61.152.107.126 - - [6/Jul/2023:05:28:55 +0800] "\x80}\x01\x03\x01" 302 -
38.229.1.15 - - [6/Jul/2023:06:40:28 +0800] "\x16\x03\x01" 302 -
```

```
222.186.24.118 - - [6/Jul/2023:13:58:46 +0800] "GET http://www.baidu.com/ HTTP/1.1" 200 28537
```

9.3.3 根据指定的列进行排序

一般情况下，sort 命令都是使用几个列组成一个关键字进行排序的。如果用户只想根据某一个列进行排序，同样可以通过-k 选项来实现。实际上这是一种特殊的情况，即起始列的列号和终止列的列号相同。根据某个指定的列进行排序的语法如下：

```
-k pos, pos
```

其中，pos 表示要排序的列的列号。同样，列号也是从 1 开始编号。如果只想根据某个列中的子串进行排序，可以指定起始字符和终止字符，语法如下：

```
-k pos.[start],pos[.end]
```

【例 9-23】 演示根据用户输入的列号对文件进行排序的方法，代码如下：

```
01  #----------------------------/chapter9/ex9-23.sh--------------------
02  #! /bin/bash
03
04  if [ $1 -gt 4 ]
05  then
06      echo "column no. could not be greater than 4."
07      exit
08  fi
09
10  #根据指定的列进行排序
11  result=`sort -k $1,$1 demo6.txt`
12
13  echo "$result"
```

在上面的代码中，第 11 行使用位置变量$1 来获取用户输入的列号，并且将该列号作为起始列号和终止列号。

程序的执行结果如下：

```
[root@linux chapter9]# ./ex9-23.sh 1
A_Few_Good_Men           KL       445      5851
Alien                    HK       119      1982
Aliens                   HK       532      4892
Boys_in_Company_C        HK       239      2192
Star_Wars                HK       301      4102
The_Hill                 KL       63       2972
Toy_Story                HK       239      3972
```

9.3.4 根据关键字进行降序排序

在前面的例子中，都是根据关键字进行升序排序。sort 命令还提供了-r 选项和 r 修饰符，可以实现根据关键字进行降序排序。其中：-r 选项是作为全局选项使用的，其作用对象为 sort 命令中所有没有附件修饰符的列；修饰符 r 可以附加在组成关键字的列号后面，其作用域为所附加的列。

【例 9-24】 使用-r 选项对文本进行降序排序，代码如下：

```
01  #----------------------------/chapter9/ex9-24.sh--------------------
02  #! /bin/bash
```

```
03
04    #使用-r 选项进行降序排序
05    result=`sort -r -k 2,3 demo5.txt`
06
07    echo "$result"
```

在上面的代码中，-r 选项将作用于第 2 列和第 3 列。sort 命令首先根据第 2 列进行降序排序，然后根据第 3 列进行降序排序。

程序的执行结果如下：

```
[root@linux chapter9]# ./ex9-24.sh
The_Hill                    KL      63      2972
A_Few_Good_Men              KL      445     5851
Aliens                      HK      532     4892
Star_Wars                   HK      301     4102
Toy_Story                   HK      239     3972
Boys_in_Company_C           HK      192     2192
Alien                       HK      119     1982
```

从上面的例子中可以看出，使用-r 选项会同时作用于所有的关键字。如果用户只想根据某个关键字进行降序排序，而其他关键字进行升序排序，那么使用-r 选项就很难实现，因此给用户带来了一些不便。

与全局选项-r 相比，修饰符 r 就显得更加灵活了。它附加在关键字的后面，其作用域仅限于所附加的关键字，对其他关键字不会产生影响。

【例 9-25】 演示如何使用修饰符实现例 9-24 的降序操作，代码如下：

```
01    #-------------------------------/chapter9/ex9-25.sh--------------------
02    #! /bin/bash
03
04    #使用修饰符实现降序
05    result=`sort -k 2,3r demo5.txt`
06
07    echo "$result"
```

上面代码中的第 5 行的排序语句与下面两条语句是等价的：

```
result=`sort -k 2r,3 demo5.txt`
result=`sort -k 2r,3r demo5.txt`
```

也就是说，修饰符可以附加在起始列后面，也可以附加在终止列后面，或者同时附加在两者后面都可以。修饰符的位置不影响排序的效果。

程序的执行结果如下：

```
[root@linux chapter9]# ./ex9-25.sh
The_Hill                    KL      63      2972
A_Few_Good_Men              KL      445     5851
Aliens                      HK      532     4892
Star_Wars                   HK      301     4102
Toy_Story                   HK      239     3972
Boys_in_Company_C           HK      192     2192
Alien                       HK      119     1982
```

分析上面的排序结果，可以发现与例 9-24 是完全相同的。

注意：修饰符的作用对象是整个关键字而不是某个列。

9.3.5 数值列的排序

在例 9-20 中我们曾经提到一个问题,即数值列的排序问题。默认情况下,sort 命令会将所有的列看作字符串,并且按照字符串的排序规则进行排序。为了使 sort 命令能够正确处理数值字段,需要使用-n 选项或者修饰符 n。

【例 9-26】 使用-n 选项对 demo5.txt 的第 3 列进行排序,代码如下:

```
01  #-----------------------------/chapter9/ex9-26.sh------------------
02  #! /bin/bash
03
04  #对第 3 列按数值进行排序
05  result=`sort -n -k 3,3  demo5.txt`
06
07  echo "$result"
```

在上面的代码中,第 5 行的排序关键字为-k 3,3,表示对第 3 列进行排序,同时使用-n 选项,该全局选项会对前面的关键字产生影响。

程序的执行结果如下:

```
[root@linux chapter9]# ./ex9-26.sh
The_Hill            KL      63      2972
Alien               HK      119     1982
Boys_in_Company_C   HK      192     2192
Toy_Story           HK      239     3972
Star_Wars           HK      301     4102
A_Few_Good_Men      KL      445     5851
Aliens              HK      532     4892
```

从上面的执行结果中可以看出,通过使用-n 选项之后,sort 命令已经将第 3 列作为数值来排序,其中,数值 63 排到了最前面。

如果使用修饰符 n,则可以将例 9-26 的第 5 行代码进行以下修改:

```
result=`sort -k 3,3n demo5.txt`
```

就是将其中的-n 选项去掉,在关键字后面附加修饰符 n。以上代码的执行效果与例 9-26 完全相同。

修饰符可以同时使用多个,如果想要根据第 3 列的数值降序排序,可以将例 9-26 的第 5 行代码修改如下:

```
result=`sort -k 3,3nr demo5.txt`
```

在上面的代码中,同时使用了修饰符 n 和 r,前者表示按照数值排序,后面表示根据当前关键字降序排序。

初学者经常会将例 9-26 中的关键字写成以下形式:

```
result=`sort -k 3n demo5.txt`
```

以为上面的语句就是根据第 3 列的数值进行升序排序,实际上这条语句是错误的。前面已经讲过,如果用户只提供了起始列的列号,那么 sort 会将从起始列开始到文本行的结尾这部分内容作为一个关键字进行排序。因此,上面语句中的关键字实际上包括两列,而非只有一列。

注意:如果对非数值列使用-n 选项或者修饰符,则会导致不可预料的后果。

9.3.6 自定义列分隔符

在默认情况下，sort 命令会将连续的空格或者制表符作为列的分隔符。但是在实际中还存在着其他分隔符，如冒号、逗号或者分号。用户完全有可能使用这些符号来分隔各个列。例如，在 UNIX 或者 Linux 中，/etc/passwd 文件就是以冒号分隔各个列的：

```
[root@linux chapter9]# cat /etc/passwd
root:x:0:0:root:/root:/bin/bash
bin:x:1:1:bin:/bin:/sbin/nologin
daemon:x:2:2:daemon:/sbin:/sbin/nologin
adm:x:3:4:adm:/var/adm:/sbin/nologin
lp:x:4:7:lp:/var/spool/lpd:/sbin/nologin
sync:x:5:0:sync:/sbin:/bin/sync
shutdown:x:6:0:shutdown:/sbin:/sbin/shutdown
halt:x:7:0:halt:/sbin:/sbin/halt
mail:x:8:12:mail:/var/spool/mail:/sbin/nologin
…
```

从上面的内容中可以看出，/etc/passwd 文件的每一行都是由 7 列组成，列与列之间通过冒号隔开。其中，第 1 列是用户的登录名，第 2 列是密码位，第 3 列是用户 ID，第 4 列是用户的主组 ID，第 5 列是备注，第 6 列是用户的主目录，第 7 列是用户默认的 Shell 程序。

因此，在对类似/etc/passwd 文件的文本文件进行排序时，必须指定列的分隔符。sort 命令提供了一个-t 选项，可以让用户自己指定需要的列分隔符。

【例 9-27】 演示自定义列分隔符的方法，代码如下：

```
01    #-----------------------------/chapter9/ex9-27.sh-------------------
02    #! /bin/bash
03
04    #自定义列分隔符
05    result=`sort -t : -k3n,3 /etc/passwd`
06
07    echo "$result"
```

在上面的代码中，第 5 行使用-t 选项指定分隔符为冒号，同时使用-k 选项指定排序关键字为 3n,3，表示根据第 3 列进行排序，并且将第 3 列作为数值来处理。前面已经介绍过，/etc/passwd 文件的第 3 列是用户 ID，因此，例 9-27 的目的是根据用户 ID 将当前系统中的用户进行升序排序。

程序的执行结果如下：

```
[root@linux chapter9]# ./ex9-27.sh
root:x:0:0:root:/root:/bin/bash
bin:x:1:1:bin:/bin:/sbin/nologin
daemon:x:2:2:daemon:/sbin:/sbin/nologin
adm:x:3:4:adm:/var/adm:/sbin/nologin
lp:x:4:7:lp:/var/spool/lpd:/sbin/nologin
…
```

注意：可以使用-t " "指定空格作为分隔符。

9.3.7 删除重复的行

在处理文本数据时,去掉重复的行通常是一件非常棘手的事情,尤其是在数据量比较大的情况下。sort 命令提供了一个 -u 选项,可以很方便地完成这个任务。

为了演示 sort 命令删除重复行的方法,在 demo5.txt 文件中插入一条重复的行,内容如下:

```
[root@linux chapter9]# cat demo5.txt
Toy_Story              HK      239     3972
The_Hill               KL      63      2972
Star_Wars              HK      301     4102
Boys_in_Company_C      HK      192     2192
Aliens                 HK      532     4892
Alien                  HK      119     1982
A_Few_Good_Men         KL      445     5851
Boys_in_Company_C      HK      192     2192
```

其中,第 4 行和第 8 行是重复的。在下面的命令中,分别使用不含 -u 选项的 sort 命令和含有 -u 选项的 sort 命令对 demo5.txt 文件进行排序,结果如下:

```
[root@linux chapter9]# sort demo5.txt
A_Few_Good_Men         KL      445     5851
Alien                  HK      119     1982
Aliens                 HK      532     4892
Boys_in_Company_C      HK      192     2192
Boys_in_Company_C      HK      192     2192
Star_Wars              HK      301     4102
The_Hill               KL      63      2972
Toy_Story              HK      239     3972
[root@linux chapter9]# sort -u demo5.txt
A_Few_Good_Men         KL      445     5851
Alien                  HK      119     1982
Aliens                 HK      532     4892
Boys_in_Company_C      HK      192     2192
Star_Wars              HK      301     4102
The_Hill               KL      63      2972
Toy_Story              HK      239     3972
```

对比两次执行结果可以发现,当没有使用 -u 选项时,sort 命令不会去掉重复的行;而使用 -u 选项之后,对于重复的行,sort 命令只保留第 1 条。

9.3.8 根据多个关键字进行排序

前面介绍的例子都是根据一个关键字进行排序,实际上,sort 命令的功能远不止如此。可以在 sort 命令中同时指定多个关键字,sort 命令会依次根据各个关键字进行排序。也就是说,如果同时指定 3 个关键字,则 sort 命令首先会根据第 1 个关键字进行排序,如果遇到第 1 个关键字相同的情况,则会根据第 2 个关键字进行排序。同理,如果前面两个关键字相同,再根据第 3 个关键字进行排序,以此类推。如果用户指定的关键字的值全部相同,则对整个文本行根据当前系统环境的排序规则进行排序。

使用多个关键字排序的语法如下:

```
sort [option] -k pos1,pos2 -k pos3,pos4, … [file…]
```

也就是说，可以同时使用多个-k 选项来定义多个排序关键字，这些关键字会依次作用于要排序的文本。

【例 9-28】 演示根据多个关键字排序的方法，代码如下：

```
01  #----------------------------/chapter9/ex9-28.sh-------------------
02  #! /bin/bash
03
04  #第 3 列的数值降序排序，第 4 列的数值升序排序
05  result=`sort -k 3,3nr -k 4,4n demo6.txt`
06
07  echo "$result"
```

在上面的代码中，第 5 行定义的两个排序关键字分别为-k 3,3nr 和-k 4,4n，前者表示根据第 3 列的数值进行降序排序，后者表示根据第 4 列的数值进行升序排序。sort 命令在处理文本时，首先会使用第 1 个关键字，在第 1 个关键字相同的情况下，再使用第 2 个关键字。

程序的执行结果如下：

```
[root@linux chapter9]# cat demo6.txt
Toy_Story              HK          239         3972
The_Hill               KL          63          2972
Star_Wars              HK          301         4102
Boys_in_Company_C      HK          239         2192
Aliens                 HK          532         4892
Alien                  HK          119         1982
A_Few_Good_Men         KL          445         5851
[root@linux chapter9]# ./ex9-28.sh
Aliens                 HK          532         4892
A_Few_Good_Men         KL          445         5851
Star_Wars              HK          301         4102
Boys_in_Company_C      HK          239         2192
Toy_Story              HK          239         3972
Alien                  HK          119         1982
The_Hill               KL          63          2972
```

在上面的例 9-28 中定义的两个关键字都使用了修饰符，这些修饰符仅作用于所附加的关键字本身，并不影响其他关键字。

在使用多个关键字的时候，用户可以根据自己的情况选择使用全局选项或者修饰符。全局选项的作用对象是没有附加修饰符的关键字。

为了能够使读者更加深入地理解全局选项、修饰符与多个关键字之间的关系，下面给出一些多个关键字的排序语句：

```
sort -t : -k 2,2n -k 5.3,5.4
sort -t : -k 5b,5 -k 3,3n /etc/passwd
sort -t : -n -k 5b,5 -k 3,3 /etc/passwd
sort -t : -b -k 5,5 -k 3,3n /etc/passwd
sort -s -t '.' -k 1,1n -k 2,2n -k 3,3n -k 4,4n
```

第 1 条语句只使用了修饰符，其作用是将冒号作为列分隔符，将第 2 列作为数值升序排序，然后根据第 5 列的第 3、4 个字符进行升序排序。

第 2~4 条语句是等价的。其中，第 2 条语句是去除第 5 列的前导空格，并且首先根据第 5 列排序，然后按照数值对第 3 列进行升序排序。第 3 条语句使用了全局选项-n，由于第 1 个关键字已经有一个修饰符 b，所以 sort 命令会认为第 1 个关键字不再需要修饰符，只将-n 选项作用于第 2 个关键字-k 3,3。因此第 2 条语句与第 1 条是等价的。第 4 条语句使

用了全局选项-b，基于同样的原因，该选项仅作用于第 1 个关键字。

第 5 条语句使用了-s 和-t 这两个全局选项，前者表示 sort 命令使用的是稳定的排序算法，而后者指定列分隔符为小数点。接下来定义了 4 个关键字，分别按照数值根据第 1～4 列进行排序。

> 注意：所谓排序的稳定性是指在待排序的记录序列中存在多个具有相同关键字的记录，经过排序，这些记录的相对次序保持不变。

9.3.9 使用 sort 命令合并文件

使用 sort 命令可以很方便地合并多个文件，同时将文本文件的内容进行排序。当使用 sort 命令合并文件时，其基本语法如下：

```
sort file1 file2 …
```

其中，file1、file2 等表示要合并的文件的文件名，这些文件名之间用空格隔开。sort 命令会根据指定的顺序依次将各个文件的内容进行合并。

【例 9-29】 使用默认选项合并两个文件，代码如下：

```
01  #---------------------------/chapter9/ex9-29.sh--------------------
02  #! /bin/bash
03
04  #合并文件并输出磁盘文件
05  result=`sort demo5.txt demo6.txt > result.txt`
06
07  cat result.txt
```

在上面的代码中，第 5 行将 demo5.txt 和 demo6.txt 这个两个文件有序地合并，并且通过重定向输出到文件中。关于这两个文件的内容，请参见前面的例子。

程序的执行结果如下：

```
[root@linux chapter9]# ./ex9-29.sh
A_Few_Good_Men      KL      445     5851
A_Few_Good_Men      KL      445     5851
Alien               HK      119     1982
Alien               HK      119     1982
Aliens              HK      532     4892
Aliens              HK      532     4892
Boys_in_Company_C   HK      192     2192
Boys_in_Company_C   HK      239     2192
Star_Wars           HK      301     4102
Star_Wars           HK      301     4102
The_Hill            KL      63      2972
The_Hill            KL      63      2972
Toy_Story           HK      239     3972
Toy_Story           HK      239     3972
```

从上面的执行结果中可以看出，合并后的文件是有序的，文件的内容是按照 sort 命令默认的排序规则进行排序的。另外，这两个文件中有许多重复的行，如果想要去掉重复的行，可以使用 sort 命令的-u 选项，将代码第 4 行进行以下修改：

```
result=`sort -u demo5.txt demo6.txt > result.txt`
```

修改后的例 9-29 的执行结果如下：

```
[root@linux chapter9]# ./ex9-29.sh
A_Few_Good_Men      KL      445     5851
Alien               HK      119     1982
Aliens              HK      532     4892
Boys_in_Company_C   HK      192     2192
Boys_in_Company_C   HK      239     2192
Star_Wars           HK      301     4102
The_Hill            KL      63      2972
Toy_Story           HK      239     3972
```

如果用户只想将两个文件合并，不想执行排序处理，可以使用 sort 命令的-m 选项。将例 9-29 的第 4 行代码修改如下：

```
result=`sort -m demo5.txt demo6.txt > result.txt`
```

修改后的程序执行结果如下：

```
[root@linux chapter9]# ./ex9-29.sh
Toy_Story           HK      239     3972
The_Hill            KL      63      2972
Star_Wars           HK      301     4102
Boys_in_Company_C   HK      192     2192
Aliens              HK      532     4892
Alien               HK      119     1982
A_Few_Good_Men      KL      445     5851
Toy_Story           HK      239     3972
The_Hill            KL      63      2972
Star_Wars           HK      301     4102
Boys_in_Company_C   HK      239     2192
Aliens              HK      532     4892
Alien               HK      119     1982
A_Few_Good_Men      KL      445     5851
```

9.4 文本的统计

在 Shell 编程中，对文本的统计也非常重要。为了统计文本，Shell 提供了许多有用的工具，如 wc、cat 及 grep 等。本节介绍如何使用这些工具实现对文本的统计。

9.4.1 输出包含行号的文本行

对于程序设计者来说，输出含有行号的源代码非常有用。通过行号，用户可以快速地定位出现错误的行。因此，行号的显示和输出已经成为编辑器的必备功能。如图 9-11 所示为 gedit 的编辑界面，可以看到，在每行代码的前面都有一个行号。

在 Shell 中，有许多命令都可以输出行号，其中包括 cat、grep 及 wc 等。下面介绍如何使用这些命令输出行号。

cat 命令提供了一个-n 选项，通过该选项，cat 命令会在每个文本行的前面添加一个行号（line number），如下：

```
[root@linux chapter9]# cat -n ex9-1.sh
     1  #! /bin/bash
     2
     3  echo -n "What is your first name? "
     4  read first
```

```
 5  echo -n "What is your last name? "
 6  read last
 7  echo -n "What is your middle name? "
 8  read middle
 9  echo -n "What is your birthday? "
10  read birthday
```

从上面的输出结果中可以看出，文件 ex9-1.sh 一共有 10 行。

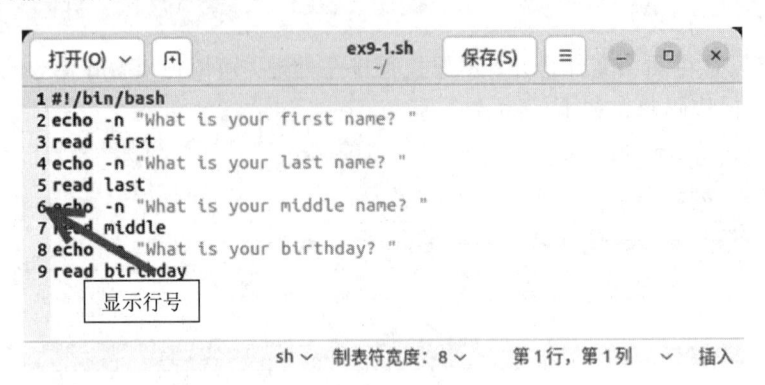

图 9-11　gedit 的编辑界面

与 cat 命令一样，grep 命令也有一个名称为-n 的选项，该选项使 grep 命令在输出结果时会显示符合指定的筛选条件的行号。为了能够输出所有的文本行，用户可以使用空串作为 grep 命令的参数，代码如下：

```
[root@linux chapter9]# grep -n "" ex9-1.sh
1:#! /bin/bash
2:
3:echo -n "What is your first name? "
4:read first
5:echo -n "What is your last name? "
6:read last
7:echo -n "What is your middle name? "
8:read middle
9:echo -n "What is your birthday? "
10:read birthday
```

在上面的输出结果中，每行的前面都有行号，行号与文本行之间用冒号隔开。

除了前面介绍的几个命令之外，Shell 还提供了一个名称为 nl 的命令，用来为文本添加行号，其基本语法如下：

```
nl [option] ... [file] ...
```

nl 命令的常用选项如下：

- -b：为主体行（body line）设置显示风格，可以取 a、t 及 n 等值，a 表示为所有行添加行号，t 表示仅为非空行添加行号，n 表示不添加行号。
- -i：行号的增量（increment），默认值为 1。
- -v：行号的起始值，默认值为 1。

参数 file 表示要添加行号的文件列表。

【例 9-30】　演示使用 nl 命令为文本添加行号的方法，代码如下：

```
01  #----------------------------/chapter9/ex9-30.sh--------------------
02  #! /bin/bash
03
```

```
04    #为文本添加行号并输出文件
05    nl -b a ex9-1.sh > textwithlineno.txt
06
07    cat textwithlineno.txt
```

程序的执行结果如下：

```
[root@linux chapter9]# ./ex9-30.sh
    1  #! /bin/bash
    2
    3  echo -n "What is your first name? "
    4  read first
    5  echo -n "What is your last name? "
    6  read last
    7  echo -n "What is your middle name? "
    8  read middle
    9  echo -n "What is your birthday? "
   10  read birthday
```

注意：如果不使用-b a 选项，则 nl 命令只编号非空行。

9.4.2 统计行数

在 Linux 或者 UNIX 中，许多用户数据都是存储在文本文件中的。例如，系统用户的信息存储在/etc/passwd 及/etc/shadow 等文件中。通常情况下，每行内容都是一条完整的记录，用来描述一个事物。因此，只要统计文件中的文本行数就可以知道文件的记录数。

在 Shell 程序中，可以使用 grep 及 wc 等命令来统计文本行的数量。下面分别介绍这两种方法。

grep 命令提供了一个名称为-c 的选项，用来统计（count）符合筛选条件的文本行的行数，见下面的例子。

【例 9-31】 使用 grep 命令统计记录数，代码如下：

```
01    #------------------------------/chapter9/ex9-31.sh-------------------
02    #! /bin/bash
03
04    echo -n "Please input a name:"
05    #读取用户输入的数据
06    read name
07
08    while [ $name != "e" ]
09    do
10        #统计含有用户输入数据的行数
11        quantity=`grep -c "$name" demo5.txt`
12        echo "$quantity records contains $name."
13        echo -n "Please input a name:"
14        read name
15    done
```

上面的程序与关系数据库的查询操作类似。第 6 行通过 read 语句接收用户输入的数据，第 11 行通过 grep 命令查询含有用户输入数据的记录数，第 12 行输出统计结果。当用户输入字符 e 时，程序终止运行。

程序的执行结果如下：

```
[root@linux chapter9]# ./ex9-31.sh
```

```
Please input a name:a
2 records contains a.
Please input a name:A
3 records contains A.
Please input a name:C
1 records contains C.
Please input a name:e
[root@linux chapter9]#
```

wc 命令是 Shell 中用来对文本进行各种统计的命令，其基本语法如下：

```
wc [option] … [file] …
```

其中，wc 命令常用的选项如下：

- -c：统计文本的字节数（byte counts）。
- -m：统计字符数。
- -l：统计行数（line counts）。
- -L：统计最长行的长度（length）。
- -w：统计单词数（word counts）。

与其他命令一样，wc 命令可以接收多个文件名作为参数，这些文件名之间用空格隔开。如果想要统计某个文件的行数，可以使用以下命令：

```
[root@linux chapter9]# wc -l ex9-1.sh
10 ex9-1.sh
```

上面的命令使用-l 选项统计 ex9-1.sh 文件的行数，得到的结果为 10 行。可以发现，如果直接使用 wc -l 命令统计文本的行数，则在输出行数的同时还会输出被统计的文件的文件名。而在 Shell 程序中，用户通常需要的只是行数，这为用户带来了不便。下面介绍一个小技巧，那就是去掉 wc -l 命令中的文件名，只得到行数。

【例 9-32】 通过-l 选项统计文本文件的行数，代码如下：

```
01   #-----------------------------/chapter9/ex9-32.sh--------------------
02   #! /bin/bash
03
04   #统计文本行数
05   lines=`cat ex9-1.sh | wc -l`
06
07   echo "the file has $lines lines."
```

上面代码的第 5 行，首先使用 cat 命令显示文件的内容，然后通过管道将结果发送给 wc –l 命令并且将得到的结果赋给变量 lines。

程序的执行结果如下：

```
[root@linux chapter9]# ./ex9-32.sh
the file has 10 lines.
```

除了直接统计文本的行数之外，wc 命令还有许多其他用法，在下面的例子中，我们通过 find 命令和 wc 命令，来统计查找到的文件数。

【例 9-33】 使用 find 结合 wc 命令来统计/etc 目录下面以.conf 为扩展名的文件的数量，代码如下：

```
01   #-----------------------------/chapter9/ex9-33.sh--------------------
02   #! /bin/bash
03
04   #统计/etc 目录下有多少个以 conf 为扩展名的文件
05   count=`find /etc -name "*.conf" | wc -l`
```

```
06
07    echo "$count files have been found."
```

在上面的代码中，第 5 行首先使用 find 命令查找/etc 目录下以.conf 为扩展名的文件列表。我们知道，在 find 命令的输出结果中，每一行都是一个文件名。然后通过管道将这个列表输出到 wc 命令中，通过 wc 命令统计搜索结果列表的行数。

程序的执行结果如下：

```
[root@linux chapter9]# ./ex9-33.sh
411 files have been found.
```

以上结果表明，在/etc 目录下有 411 个文件以.conf 为扩展名。

注意：通过 cat、管道以及 wc 等命令获得文本行数是一个非常有用的技巧。

9.4.3 统计单词数和字符数

在许多语言中，如英语，单词之间都是通过空格来隔开的。在 wc 命令中，也是通过空格来区分单词的。用户可以通过-w 选项来统计文本中的单词数量。另外，通过-m 选项可以统计文本的字符数。

【例 9-34】 使用 cat 命令配合 wc 命令获取文件中的单词数量和字符数量，代码如下：

```
01    #---------------------------------/chapter9/ex9-34.sh--------------------
02    #! /bin/bash
03
04    #统计单词数，只取得数量
05    words=`cat demo1.txt | wc -w`
06
07    echo "there are $words words in file demo1.txt"
08    #统计字符数
09    chars=`cat demo1.txt | wc -m`
10
11    echo "there are $chars characters in file demo1.txt"
```

在上面的代码中，第 5 行使用 cat 命令显示文件内容，然后使用 wc -w 命令统计单词数，两者之间用管道连接起来。这样操作是为了取消 wc 命令输出结果中的文件名。第 9 行使用同样的方法获得文本的字符数。

程序的输出结果如下：

```
[root@linux chapter9]# ./ex9-34.sh
there are 89 words in file demo1.txt
there are 528 characters in file demo1.txt
```

注意：wc 命令的执行结果会随着系统的区域设置不同而不同。

9.5 使用 cut 命令选取文本列

对于关系数据库而言，用户可以在水平方向上选择行，也可以在垂直方向上选择列。与此相对应，针对文本文件，Shell 也提供了相应的操作方法。前面介绍的排序和筛选都是以行为单位进行的，操作的结果也是行，而 cut 命令则是从垂直方向上对文本进行操作。本节将介绍如何使用 cut 命令操作文本列。

9.5.1 cut 命令及其语法

在进行文本处理的时候，经常会遇到选择某个文件的某些列的情况。例如，用户使用文本文件存储了一个电话本，包括姓名、性别、电话号码及家庭住址等信息。其中的每项信息都作为一列，所有的列组成一条完整的记录。现在用户需要从这个文件中选择姓名和电话号码这两列，排除其余的列。在这种情况下，需要对文本文件从垂直方向上选取部分列。Shell 中的 cut 命令就可以完成这样的功能。通过 cut 命令，用户可以从文本文件或者文本流中选择某些文本列。如图 9-12 所示为 cut 命令的工作原理。

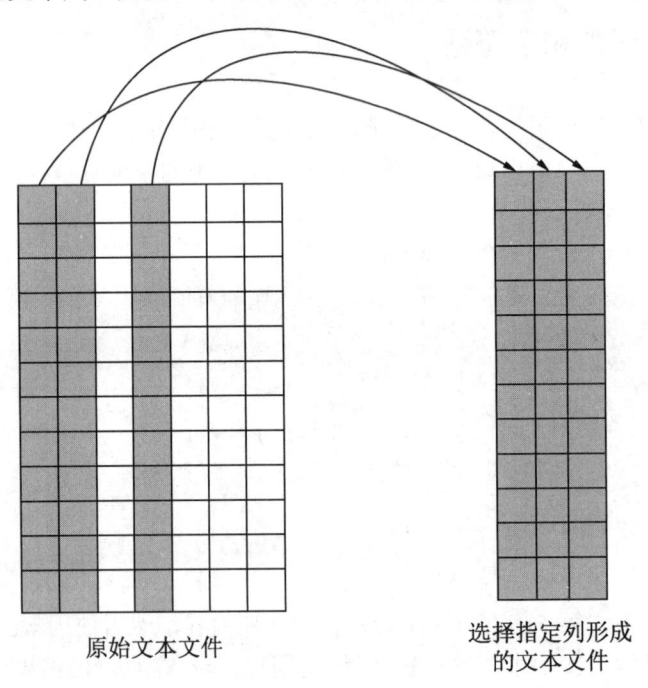

图 9-12　cut 命令的工作原理

cut 命令的基本语法如下：

```
cut option… [file] …
```

在上面的语法中，option 表示选项，cut 命令常用的选项如下：

- -b：只选择指定的字节（byte）。
- -c：只选择指定的字符（character）。
- -d：自定义列分隔符（delimiter），默认值为制表符。
- -f：只选择列表中指定的文本列（field），文本列用列号表示，多个列之间用逗号隔开。
- -n：取消多字节字符的分隔。
- -s：不输出不包含列分隔符的行。

file 参数表示要处理的文件列表，多个文件名之间用空格分隔。

9.5.2 选择指定的文本列

选取指定的文本列需要使用 cut 命令的-f 选项，该选项接收一个文本列的列表，cut 命令会从文本文件中选择列表中列出的列。

前面已经介绍过，在 Linux 系统中，许多文件都有固定格式的文本文件，如/etc/passwd、/etc/shadow、/etc/group，以及各种日志文件等。这些文件有的以空格分隔各列，有的以冒号分隔各列。

下面以/etc/passwd 文件为例，说明 cut 命令的使用方法。某个系统中的 passwd 文件的内容如下：

```
[root@linux chapter9]# cat /etc/passwd
root:x:0:0:root:/root:/bin/bash
bin:x:1:1:bin:/bin:/sbin/nologin
daemon:x:2:2:daemon:/sbin:/sbin/nologin
adm:x:3:4:adm:/var/adm:/sbin/nologin
lp:x:4:7:lp:/var/spool/lpd:/sbin/nologin
sync:x:5:0:sync:/sbin:/bin/sync
shutdown:x:6:0:shutdown:/sbin:/sbin/shutdown
halt:x:7:0:halt:/sbin:/sbin/halt
mail:x:8:12:mail:/var/spool/mail:/sbin/nologin
…
```

在 9.3.6 节中我们已经介绍过 passwd 文件各列的含义了。如果读者对该文件的格式不太清楚，可以参考 9.3.6 节的内容。

【例 9-35】 演示如何通过 cut 命令从 passwd 文件中选择某些列，代码如下：

```
01    #---------------------------/chapter9/ex9-35.sh-------------------
02    #! /bin/bash
03
04    #自定义分隔符为冒号，选择第 1 列和第 6 列
05    result=`cut -d ":" -f 1,6 /etc/passwd`
06
07    echo "$result"
```

在上面的代码中，第 5 行使用-d 选项指定列的分隔符为冒号，然后使用-f 选项指定要选择的列为第 1 列和第 6 列。

程序的执行结果如下：

```
[root@linux chapter9]# ./ex9-35.sh
root:/root
bin:/bin
daemon:/sbin
adm:/var/adm
…
```

在/etc/passwd 文件中，第 1 列为用户的登录名，第 6 列为用户的主目录。因此，例 9-35 的目的是从 passwd 文件中选择当前系统中用户的登录名和主目录这两列数据。在上面的输出结果中只输出了两列，但是这两列仍然以原来的分隔符分隔各列。因此，cut 命令的功能是从文本文件中抽取指定的列，但是并不影响文件的其他属性。

在-f 选项中指定选择列的列表时，除了将所有需要的列罗列出来并且用逗号隔开之外，还可以使用连字符表示一段连续的列号。例如，要选择第 1～3 列，可以将例 9-35 的第 5 行代码修改如下：

```
result=`cut -d ":" -f 1-3 /etc/passwd`
```

如果选择范围是从第 3 列开始一直到文本行的结尾，则可以使用以下语句：

```
result=`cut -d ":" -f 3- /etc/passwd`
```

即省略了连字符后面的终止列的列号。除此之外，还可以将逗号与连字符混合使用，例如：

```
result=`cut -d ":" -f 1,2,4-5 /etc/passwd`
```

上面的语句表示选择第 1、2、4、5 列。

9.5.3 选择指定数量的字符

除了从文本中选择列之外，还可以通过 cut 命令从每一行中选择指定数量的字符。在选择字符时，cut 命令的语法如下：

```
cut -c list
```

其中，-c 选项表示选择字符（character）。list 参数表示要选择的范围，可以是以下语法形式：

```
1-4,6
3,5,8
-4,8
3-
```

在上面的语法中，第 1 行表示选择每行的第 1～4 个字符和第 6 个字符，第 2 行表示选择第 3、5、8 列，第 3 行表示选择第 1～4 列和第 8 列，第 4 行表示选择从第 3 列开始一直到行尾。

【例 9-36】 演示通过 cut 命令从文本文件中选择指定列的方法，代码如下：

```
01  #-----------------------------/chapter9/ex9-36.sh--------------------
02  #!/bin/bash
03
04  #选择指定的列
05  result=`cut -c1-3,5 /etc/passwd`
06
07  echo "$result"
```

在上面的代码中，第 5 行的语句表示选择每个文本行的第 1～3 列和第 5 列。
程序的执行结果如下：

```
[root@linux chapter9]# ./ex9-36.sh
roo:
binx
daeo
admx
lp::
syn:
shud
...
```

🔔 注意：由于选择字符是将整个文本行看作一个字符串，所以不需要也不能指定列分隔符。

9.5.4 排除不包含列分隔符的行

在某些情况下，用户的数据文件可能会存在错误的数据行。这些错误的数据行在格式上与正确的数据行有所区别，如不包含正确的列分隔符。cut 命令的-s 选项可以帮助用户排除这些不包含列分隔符的行。

为了排除不包含列分隔符的行，我们在 passwd 文件的末尾追加一条记录如下：

```
[root@linux chapter9]# cat passwd
root:x:0:0:root:/root:/bin/bash
bin:x:1:1:bin:/bin:/sbin/nologin
daemon:x:2:2:daemon:/sbin:/sbin/nologin
…
user
```

上面的最后一行只包含一个单词 user。

【例 9-37】 分别使用不含-s 选项的 cut 命令和包含-s 选项的 cut 命令来提取 passwd 文件的第 1 列，代码如下：

```
01   #-----------------------------/chapter9/ex9-37.sh-------------------
02   #! /bin/bash
03
04   #提取所有行的第1列
05   cut -d ":" -f 1 /etc/passwd > allusers.txt
06   echo "all users:"
07   #显示所有的行
08   cat allusers.txt
09   #只提取正确的行
10   cut -s -d ":" -f 1 /etc/passwd > validusers.txt
11   echo "valid users:"
12   #显示所有正确的行
13   cat validusers.txt
```

程序的执行结果如下：

```
[root@linux chapter9]# ./ex9-37.sh
all users:
root
bin
…
user
valid users:
root
bin
…
openvpn_as
```

从上面的执行结果中可以看出，当不使用-s 选项时，cut 命令会输出所有的文本行；使用-s 选项之后，cut 命令只输出被列分隔符分隔的行。

🔔 注意：只要文本行中包含一个列分隔符，都会被带有-s 选项的 cut 命令输出。

9.6 使用 paste 命令拼接文本列

9.5 节中我们介绍了 cut 命令，这个命令的功能非常强大，可以从文本中选择某些列。有了这个命令之后，可能读者会思考，如果能够将多个文件的列合并起来，那岂是不更方便？Linux 中的 paste 命令就可以实现这个功能，本节介绍如何使用 paste 命令来处理文本文件。

9.6.1 paste 命令及其语法

前面介绍的 cut 命令可以将文本文件纵向分隔，使得原始文件的某些列重新生成一个新的文件。paste 命令的功能恰好与 cut 命令相反。该命令的主要功能是将某些文件的文本行并行地连接在一起，形成一个新的文件。新文件的列数等于参与组合的所有文件的列数总和，新文件的行数与参与组合的文件的行数相等。paste 命令的工作原理如图 9-13 所示。

文件1　　　　文件2　　　　　　　合并后的文件

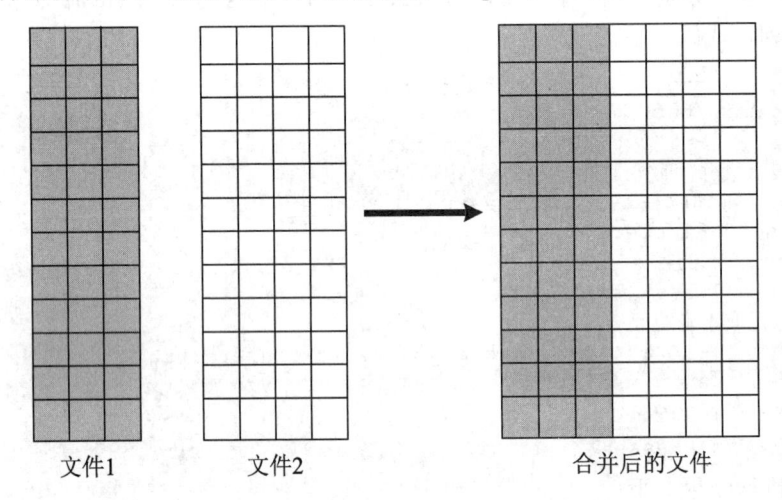

图 9-13　paste 命令的工作原理

在图 9-13 中，文件 1 包含 3 列，文件 2 包含 4 列，这两个文件都是 14 行。合并以后的文件包含 7 列，其中前 3 列来自文件 1，后 4 列来自文件 2。合并后的文件同样有 14 行。

paste 命令的基本语法如下：

```
paste [option] ... [file]..
```

其中，paste 命令常用的选项如下：

- -d：指定拼接结果中的列分隔符。默认情况下 paste 命令生成的文件使用制表符分隔列。
- -s：将多个文件串行地拼接在一起，即将后面文件的内容追加到前一个文件的末尾。其中，-s 选项表示将各个文件依次连接在一起。也就是说，将后面一个文件的文本行追加在前一个文件内容的最后。因此，如果使用-s 选项，则生成的文件列数与参与组合的文件列数相同，但是行数等于参与组合的所有文件的行数之和。

file 参数表示参与拼接的文件列表，文件名之间用空格隔开。如果省略文件名，则表示从标准输入接收文本数据。

> 注意：从原理上看，paste 命令与关系数据库中的连接命令非常相似，但是 paste 命令只是简单地拼接列，并不涉及关键字的比较，而 9.7 节将介绍的 join 命令基本等同于关系数据库中的连接命令。

为了学习 paste 命令的使用方法，用户需要首先准备两个文件，其文件名分别为 students.txt 和 phones.txt。其中，前者存储学生的学号和姓名，后者存储学生的学号和电话号码，如下：

```
[root@linux chapter9]# cat students.txt
202300110        Abdul
202300164        Abram
202300167        Bartley
202300168        Bennett
202300172        Cecil
202300173        John
202300187        Cat
[root@linux chapter9]# cat phones.txt
202300110        13611499594
202300164        13682239867
202300167        13710153203
202300168        13622259071
202300172        13430324699
202300179        13640656767
```

【例 9-38】 通过 paste 命令和重定向将 students.txt 和 phones.txt 文件拼接起来，代码如下：

```
01  #-----------------------------/chapter9/ex9-38.sh-------------------
02  #! /bin/bash
03
04  #拼接2个文件并输出到磁盘文件中
05  paste students.txt phones.txt > contactinfo.txt
06
07  #显示拼接结果
08  cat contactinfo.txt
```

在上面的代码中，第 5 行使用 paste 命令将 students.txt 和 phones.txt 文件依次拼接在一起，并且使用制表符作为列分隔符，最后将拼接结果输出到名称为 contactinfo.txt 的文件中。

程序的执行结果如下：

```
[root@linux chapter9]# ./ex9-38.sh
202300110        Abdul         202300110        13611499594
202300164        Abram         202300164        13682239867
202300167        Bartley       202300167        13710153203
202300168        Bennett       202300168        13622259071
202300172        Cecil         202300172        13430324699
202300173        John          202300179        13640656767
202300187        Cat
```

从上面的执行结果中可以看出，以上两个文件的每一行都并行地拼接在一起了，其中，第 1 个文件的所有行成为新文件的第 1、2 列，第 2 个文件的所有行成为新文件的第 3、4 列。另外，paste 命令是将两个文件的行按照它们在各自文件中出现的顺序进行拼接。由于 students.txt 文件的行数多于 phones.txt 文件的行数，所以最后一行只出现了 students.txt 文件中的行所产生的前两列，而后面的两列是空白的。

> ⚠ 注意：paste 命令并不要求参与拼接文件的文本行是有序的。另外，paste 命令只是简单地进行文本行的拼接，并不进行任何关键字的比较。例如，在上面的拼接结果中，students.txt 文件第 6 行的学号为 202300173，phones.txt 文件第 6 行的学号为 202300179，paste 命令只是机械地将这两行拼接在一起。

9.6.2 自定义列分隔符

在默认情况下，paste 命令会使用制表符作为新生成的文件的列分隔符。用户可以使用 -d 选项自定义所需要的分隔符，如逗号或者分号等。

【例 9-39】 使用逗号作为 paste 命令拼接结果的列分隔符，代码如下：

```
01  #---------------------------/chapter9/ex9-39.sh--------------------
02  #! /bin/bash
03
04  #自定义列分隔符
05  paste -d "," students.txt phones.txt > contactinfo.txt
06
07  cat contactinfo.txt
```

程序的执行结果如下：

```
[root@linux chapter9]# ./ex9-39.sh
202300110       Abdul,202300110  13611499594
202300164       Abram,202300164  13682239867
202300167       Bartley,202300167    13710153203
202300168       Bennett,202300168    13622259071
202300172       Cecil,202300172  13430324699
202300173       John,202300179   13640656767
202300187       Cat,
```

9.6.3 拼接指定的文本列

paste 命令并不支持只选择文件中的某些列进行拼接。但是，用户可以通过间接的途径使最后生成的文件中只包含指定的列。这里介绍两种方法：第一种是先使用 cut 命令将需要的列从各个文件中提取出来，然后使用 paste 命令进行拼接；第二种与第一种顺序恰好相反，先使用 paste 命令拼接各个文件，然后使用 cut 命令从生成的文件中提取所需要的列。由于第一种方法的执行效率相对较高，所以建议使用第一种方法来拼接指定的文本列。

【例 9-40】 通过 cut 命令和重定向将 students.txt 的第 1 列和 phones.txt 的第 2 列拼接起来并且去掉其他列，代码如下：

```
01  #---------------------------/chapter9/ex9-40.sh--------------------
02  #! /bin/bash
03
04  #选择 students.txt 文件的第 1 列
05  cut -f1 students.txt > students.tmp
06
07  #选择 phones.txt 文件的第 2 列
08  cut -f2 phones.txt > phones.tmp
09
```

```
10    #将生成的两个临时文件进行拼接
11    paste students.tmp phones.tmp > contactinfo.txt
12
13    #输出拼接结果
14    cat contactinfo.txt
```

在上面的代码中,第 5 行和第 8 行分别提取 students.txt 文件的第 1 列和 phones.txt 文件的第 2 列,各自生成一个临时文件,第 11 行将生成的两个临时文件进行拼接。

程序的执行结果如下:

```
[root@linux chapter9]# ./ex9-40.sh
202300110          13611499594
202300164          13682239867
202300167          13710153203
202300168          13622259071
202300172          13430324699
202300173          13640656767
202300187
```

【例 9-41】 先通过 paste 命令连接两个文件,再通过 cut 命令提取指定的数据列,代码如下:

```
01    #--------------------------------/chapter9/ex9-41.sh--------------------
02    #! /bin/bash
03
04    #先将两个文件进行拼接
05    paste students.txt phones.txt > contactinfo.tmp
06    #再从拼接结果中选择第 1 列和第 4 列
07    cut -f1,4 contactinfo.tmp > contactinfo.txt
08    #输出拼接结果
09    cat contactinfo.txt
```

例 9-41 的执行结果与例 9-40 完全相同,请读者自行验证。

> **注意**:由于 paste 命令只是简单地拼接文本行,如果用户想要将两个文件中的某个关键字相同的行进行拼接的话是无法实现的。在 9.7 节中将介绍如何使用 join 命令来解决这个问题。

9.7 使用 join 命令连接文本列

在 9.6 节中我们介绍了 paste 命令,使用该命令可以将多个文件的文本行进行拼接。同时也提出了一个问题,那就是 paste 命令只能根据文本行的顺序进行拼接,而不能基于某个关键字进行连接。在 Shell 中,可以使用 join 命令来解决这个问题。本节将介绍 join 命令的使用方法。

9.7.1 join 命令及其语法

join 命令是一个非常有趣的 Shell 命令。熟悉关系数据库的读者一定了解数据表连接的概念。所谓连接,就是根据用户指定的条件,将多个数据表中的数据行连接起来,形成一个新的表,这个表的列由参与连接的多个表的列构成。

在 Linux 中，许多数据都是通过文本文件来存储的，而不是以数据表的形式存储的。与数据表的形式相似，这些文本文件也由许多列构成，列与列之间由列分隔符隔开，常用的列分隔符有制表符、空格、逗号及分号等。

join 命令用来连接这些文本文件中的数据行，它根据参与联接的两个文本文件的公共列来连接数据行，其基本语法如下：

```
join [option] … file1 file2
```

在上面的语法中，option 表示 join 命令的相关选项，常用的选项如下：

- -1 field：根据第 1 个文件的指定列进行连接。其中，参数 field 指定第 1 个文件中用来连接的关键字列。
- -2 field：根据第 2 个文件的指定列进行连接。其中，参数 field 指定第 2 个文件中用来连接的关键字列。
- -a filenum：指定是否输出不匹配的行。其中，参数 filenum 可以取值为 1 或者 2，分别代表参与连接的第 1 个文件和第 2 个文件。
- -e string：使用参数 string 指定的字符串代替空列。
- -i：在比较关键字时忽略大小写。
- -o：自定义输出列。
- -t：自定义列分隔符。
- -v filenum：输出参数 filenum 指定的文件的所有行。

在上面的选项中，-a 选项用来指定是否需要输出参与连接的两个文件中不匹配的文本行。该选项可以取 1 或者 2，当取值为 1 时，表示输出第 1 个文件中的所有文本行，包括关键字不匹配的行；当取值为 2 时，表示输出第 2 个文件中的所有文本行。该选项可以重复指定，如想要同时输出两个文件中的所有行，可以指定-a1 -a 2。

file1 和 file2 代表参与连接的两个文本文件，与前面介绍的其他命令不同的是，join 命令只能连接两个文件。如果需要连接两个以上的文件，则需要多次执行 join 命令。

join 命令最简单的使用方法就是不带任何选项，见下面的例子。

【例 9-42】 演示 join 命令最简单的使用方法，代码如下：

```
01  #-----------------------------/chapter9/ex9-42.sh------------------
02  #! /bin/bash
03
04  #使用默认选项连接两个文件
05  result=`join students.txt phones.txt > contactinfo.txt`
06
07  cat contactinfo.txt
```

在上面的代码中，第 5 行使用 join 命令将 students.txt 和 phones.txt 文件连接起来并且输出到磁盘文件 contactinfo.txt 中。

程序的执行结果如下：

```
[root@linux chapter9]# ./ex9-42.sh
202300110    Abdul      13611499594
202300164    Abram      13682239867
202300167    Bartley    13710153203
202300168    Bennett    13622259071
202300172    Cecil      13430324699
```

用户可以对比例 9-38 和例 9-42 的输出结果。首先，paste 命令输出两个文件中的所有列，而默认情况下，join 命令对于两个文件共同的列只输出一次；其次，paste 命令只是根据文本行在文件中出现的顺序进行拼接，并不考虑关键字列，因此 students.txt 文件的第 6 行和 phones.txt 文件的第 6 行会拼接在一起，而 join 命令则会比较关键字列，只将关键字相同的行进行连接，因此例 9-42 只输出了 5 行。除了上面介绍的两点不同之外，paste 命令和 join 命令还有许多不同之处，将在后面的内容中介绍。

注意：在 students.txt 和 phones.txt 文件中，列分隔符为制表符，可以使用-t 选项指定输入文件及输出文件的列分隔符。

9.7.2 指定连接关键字列

默认情况下，join 命令会将两个文件的第 1 列作为关键字列进行比较。因此，在例 9-40 中，虽然没有明确指定关键字列，但是 join 命令仍然将 students.txt 和 phones.txt 这两个文件的第 1 列作为关键字列进行了比较。

但是，在实际情况中，作为关键字的列并不总是第 1 列。用户还可以使用-1 或者-2 选项分别作为关键字的列。其中，-1 代表从第 1 个文件中指定关键字列，-2 代表从第 2 个文件中指定关键字列。这两个选项都使用列号作为参数值。

新创建一个名称为 scores.txt 的文件，其内容如下：

```
[root@linux chapter9]# cat scores.txt
1       202300110       78
1       202300164       78
2       202300167       92
3       202300168       87
4       202300172       65
```

其中，第 1 列为记录号，第 2 列为学号，第 3 列为分数。由于在 scores.txt 文件中，学号并不位于第 1 列，所以不能使用默认的 join 命令来连接 students.txt 和 scores.txt 这两个文件。下面介绍如何通过选项指定作为连接关键字的数据列。

【例 9-43】 使用-1 和-2 选项来指定关键字列，代码如下：

```
01  #----------------------------/chapter9/ex9-43.sh-------------------
02  #!/bin/bash
03
04  #指定 students.txt 的第 1 列和 scores.txt 的第 2 列作为列关键字
05  result=`join -1 1 -2 2 students.txt scores.txt > studentsscores.txt`
06
07  cat studentsscores.txt
```

其中，第 5 行通过-1 选项指定文件 students.txt 的关键字列为第 1 列，通过-2 选项指定文件 scores.txt 的关键字为第 2 列，然后将连接结果输出到 studentsscores.txt 文件中。

程序的执行结果如下：

```
[root@linux chapter9]# ./ex9-43.sh
202300110       Abdul       1       78
202300164       Abram       1       78
202300167       Bartley     2       92
202300168       Bennett     3       87
202300172       Cecil       4       65
```

在上面的输出结果中，前两列来自 students.txt 文件，后两列来自 scores.txt 文件。join

命令将 students.txt 文件的第 1 列与 scores.txt 文件的第 2 列相同的行连接在一起。

> 注意：默认情况下，join 命令在比较关键字时会区分大小写，但是可以通过指定-i 选项来忽略大小写。

9.7.3　内连接文本文件

所谓内连接文本文件，实际上就是使用默认选项的 join 命令对两个文本文件的连接操作。默认情况下，join 命令只输出关键字匹配的文本行，忽略关键字不匹配的文本行。如图 9-14 所示为内连接的原理示意，在图 9-14 中，左边的圆代表第 1 个文件的行，右边的圆代表第 2 个文件的行，中间的阴影代表内连接的结果，表示只有关键字匹配的文本行才会出现在结果中。

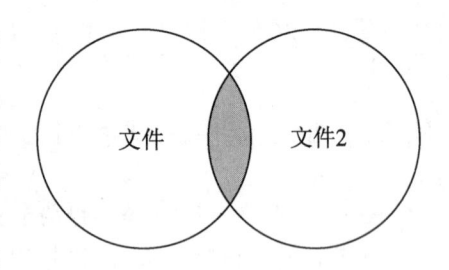

图 9-14　内连接文本文件原理示意

例如，在 students.txt 文件中存在 202300173 和 202300187 这两个关键字，在 phones.txt 文件中存在 202300179 关键字，这 3 个关键字没有匹配成功，所以这 3 行全部都被忽略。

关于内连接文本文件的例子请参照例 9-40，这里不再举例说明。

> 注意：参与连接的两个文件必须按照关键字排序，否则会出现错误。可以通过指定 --nocheck-order 选项使 join 命令不检查文件是否按照关键字进行排序。

9.7.4　左连接文本文件

所谓左连接，是指在连接结果中输出左边文件的所有行，即使在右边的文件中没有匹配的行。在左连接中，如果在右边的文件中没有相应关键字的行，那么右边文件所形成的列使用空白符进行填充。如图 9-15 所示为左连接文本文件的原理示意。在图 9-15 中，左右两个圆分别代表参与连接的两个文件，阴影部分代表左连接的结果。从图 9-15 中可以看出，左边文件的所有行都包含在输出结果中。

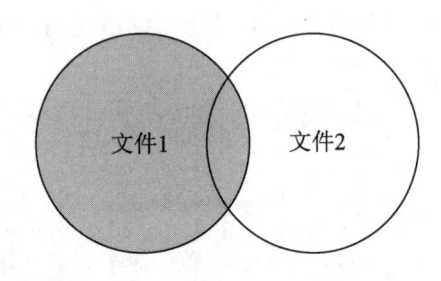

图 9-15　左连接文本文件原理示意

在 join 命令中，要实现左连接可以使用以下语法：

```
join -a 1 filenum file1 file2
```

其中，选项-a 1 表示显示第 1 个文件的所有（all）行，无论是否匹配成功。

【例 9-44】　演示通过 join 命令左连接文件的方法，代码如下：

```
01  #----------------------------/chapter9/ex9-44.sh-------------------
02  #!/bin/bash
03
04  #左连接文件
05  result=`join -a 1 students.txt phones.txt > contactinfo.txt`
```

```
06
07    cat contactinfo.txt
```

在上面的代码中，第 5 行的 join 命令使用了 -a 1 选项，表示列出 student.txt 文件的所有行。

程序的执行结果如下：

```
[root@linux chapter9]# ./ex9-44.sh
202300110      Abdul      13611499594
202300164      Abram      13682239867
202300167      Bartley    13710153203
202300168      Bennett    13622259071
202300172      Cecil      13430324699
202300173      John
202300187      Cat
```

从上面的执行结果中可以看出，students.txt 文件中的 7 行全部被输出，其中，第 6、7 行在 phones.txt 文件中没有相应的学号，所以这两行的第 3 列是空白的。

9.7.5 右连接文本文件

右连接的原理与左连接恰好相反，它是将右边文件的所有行全部显示出来，而在匹配不成功的行中，使用空白填充由左边文件形成的列。如图 9-16 所示为右连接的原理示意，图中的阴影部分代表右连接的结果。通过图 9-16 可以看出，右连接的结果中包含文件 2 的所有行，而文件 1 仅包含匹配成功的行。

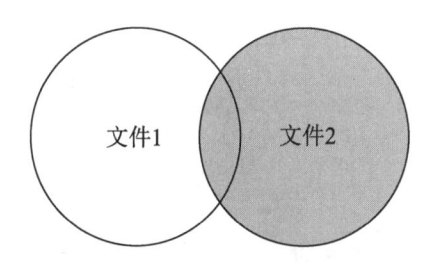

图 9-16 右连接文本文件原理示意

右连接文本文件的语法如下：

```
join -a 2 filenum file1 file2
```

其中，-a 2 表示输出第 2 个文件的所有行。

【例 9-45】 演示通过 join 命令右连接文本文件的方法，代码如下：

```
01    #--------------------------------/chapter9/ex9-45.sh--------------------
02    #! /bin/bash
03
04    #右连接文件
05    result=`join -a 2 students.txt phones.txt > contactinfo.txt`
06
07    cat contactinfo.txt
```

在上面的代码中，第 5 行的 join 命令使用了 -a 2 选项，表示输出第 2 个文件的所有行。

程序的执行结果如下：

```
[root@linux chapter9]# ./ex9-45.sh
202300110      Abdul      13611499594
202300164      Abram      13682239867
202300167      Bartley    13710153203
202300168      Bennett    13622259071
202300172      Cecil      13430324699
202300179                 13640656767
```

由于最后一行在 phones.txt 中只有学号和电话号码，而在 students.txt 文件中没有姓名，所以第 2 列是空白的。

9.7.6 全连接文本文件

所谓全连接,是指除了显示两个文件中关键字匹配成功的行之外,还包括前后两个文件中所有不匹配的行。同样,对于第 1 个文件中关键字匹配不成功的行,通过空白由第 2 个文件形成的列;反之,对于第 2 个文件中关键字匹配不成功的行,通过空白由第 1 个文件形成的列。如图 9-17 所示为全连接的原理示意,图中的阴影代表全连接的结果,可以看出,全连接的结果中包含两个文件的所有的行。

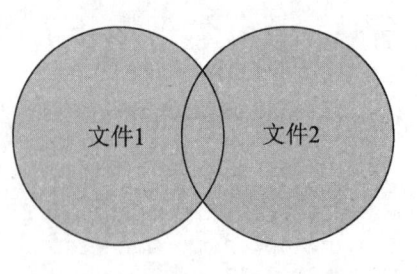

图 9-17 全连接文本文件原理示意

全连接文本文件的语法如下:

```
join -a 1 -a 2 filenum file1 file2
```

在上面的语法中同时使用了-a 1 和-a 2 两个选项,表示输出第 1 个和第 2 个文件的所有行。

【例 9-46】 演示使用 join 命令全连接两个文本文件的方法,代码如下:

```
01  #------------------------------/chapter9/ex9-46.sh--------------------
02  #! /bin/bash
03
04  #全连接文本文件
05  result=`join -a 1 -a 2 students.txt phones.txt > contactinfo.txt`
06
07  cat contactinfo.txt
```

程序的执行结果如下:

```
[root@linux chapter9]# ./ex9-46.sh
202300110       Abdul       13611499594
202300164       Abram       13682239867
202300167       Bartley     13710153203
202300168       Bennett     13622259071
202300172       Cecil       13430324699
202300173       John
202300179                   13640656767
202300187       Cat
```

> 注意:在进行全连接时,选项-a 1 -a 2 不能写在一个-a 选项中,只能重复使用两个-a 选项。

9.7.7 自定义输出列

默认情况下,join 命令会输出参与连接的两个文件的所有列。但是某些情况下用户可能并不需要得到所有的列,此时可以使用-o 选项来指定输出(output)列的清单。-o 选项可以接收一个字段列表,其语法如下:

```
filenum.filed
```

其中,filenum 表示文件号,可以取值为 1 或者 2,分别代表第 1 个和第 2 个文件。field

代表输出列的列号，为一个十进制数字。文件号和列号之间用圆点连接起来，从而组成一个整体，代表某个文件的第几列。如果同时指定了多个列，则多个列之间用空格隔开。

另外，可以直接为-o 选项指定参数值 0，表示仅输出关键字列。

【例 9-47】 演示使用 join 命令的-o 选项自定义输出列的方法，代码如下：

```
01  #--------------------------/chapter9/ex9-47.sh--------------------
02  #! /bin/bash
03
04  #连接文件并指定输出列的清单
05  result=`join -1 1 -2 2 -o 1.1 1.2 2.3 students.txt scores.txt > studentsscores.txt`
06
07  cat studentsscores.txt
```

在上面代码的第 5 行中，指定输出的列包括第 1 个文件的第 1、2 列和第 2 个文件的第 3 列。

文件的执行结果如下：

```
[root@linux chapter9]# ./ex9-47.sh
200200110       Abdul      78
200200164       Abram      78
200200167       Bartley    92
200200168       Bennett    87
200200172       Cecil      65
```

从上面的执行结果中可以看出，scores.txt 文件中的记录号已经被省略了。

9.8 使用 tr 命令替换文件内容

在 Shell 提供的文本处理工具中还有一种非常实用的工具，用于批量替换文本中的字符。其中最常用的命令就是 tr，本节介绍 tr 命令的使用方法。

9.8.1 tr 命令及其语法

tr 命令（translate）的功能是转换或者删除指定的字符。与其他文本处理命令不同，tr 命令不能直接从文件中读取数据，只能从标准输入中获取数据，并且将处理结果写到标准输出设备上。

tr 命令的基本语法如下：

```
tr [option] … set1 [set2]
```

在上面的语法中，option 表示 tr 命令的选项，常用的选项如下：

- -c：用字符集 set2 替换字符集 set1 中没有包含的字符（character）。
- -d：删除（delete）字符集 set1 中的所有字符，不执行替换操作。
- -s：压缩 set1 中重复的字符序列（sequence）。
- -t：将字符集 set1 用 set2 进行替换（translate）。

参数 set1 和 set2 表示参与操作的两个字符集，其中，set1 用于查询，set2 用于处理各种转换操作。也就是说，凡是在字符集 set1 中出现的字符，都将被替换为字符集 set2 相应位置上的字符。

tr 命令中的字符集使用类似正则表达式的形式来表示，常用的语法形式如下：
- [a-z]：所有的小写字母。
- [A-Z]：所有的大写字母。
- [0-9]：单个数字。
- /octal：一个三位的八进制（octal）数，对应有效的 ASCII 字符。
- [char*n]：字符 char 重复出现指定的 n 次。

另外，tr 命令还支持字符类，常用的字符类如下：
- [:alnum:]：所有字母字符（alpha）与数字（number）。
- [:alpha:]：所有字母字符（alpha）。
- [:blank:]：所有水平空格（blank）。
- [:cntrl:]：所有控制（control）字符。
- [:digit:]：所有数字（digit）。
- [:graph:]：所有可打印的字符，不包含空格符。
- [:lower:]：所有小写（lowercase）字母。
- [:print:]：所有可打印（print）的字符，包含空格。
- [:punct:]：所有标点（punctuation）字符。
- [:space:]：所有水平与垂直空格符（whitespace）。
- [:upper:]：所有大写（uppercase）字母。
- [:xdigit:]：所有十六进位制的数字（hexadecimal digit）。

9.8.2 去除重复出现的字符

使用 tr 命令可以快速地将文本中连续出现的多个相同的字符压缩为一个字符。例如，在下面的 demo9.txt 文件中就存在许多由于输入错误导致的重复字符：

```
[root@linux chapter9]# cat demo9.txt
Windows RT is a new Windows-based operating systemmmmmmmmmmm that's optimized
for thin and ligggggggggggggggggggggggggght PCs that have extended battery
life and are designed for life on the go.
```

对于上面的语法错误，人工删除非常麻烦，下面介绍如何通过 tr 命令去掉连续的重复字符。

【例 9-48】 使用 tr 命令删除多余的重复字符，代码如下：

```
01  #-------------------------------/chapter9/ex9-48.sh--------------------
02  #! /bin/bash
03
04  #压缩重复字符
05  result=`tr -s "[a-z]" < demo9.txt`
06
07  echo "$result"
```

在上面的代码中，由于 tr 命令不直接接受文件作为参数，所以第 5 行使用了输入重定向将文本文件 demo9.txt 的内容输入到 tr 命令。当然，为了解决这个问题，也可以使用其他的文本显示命令配合管道来完成。tr 命令中使用了-s 选项，表示压缩重复字符。由于在 demo9.txt 文件中出现重复的字符都是小写字母，所以使用[a-z]表示要处理的字符集。

该程序的执行结果如下：

```
[root@linux chapter9]# ./ex9-48.sh
Windows RT is a new Windows-based operating system that's optimized for thin
and light PCs that have extended batery life and are designed for life on
the go.
```

从上面的输出结果中可以看出，多余的字符已经被全部删除了。

9.8.3 删除空行

有的文本存在许多空行。所谓空行，是指只有换行符，除此之外没有其他字符的行。在下面的demo10.txt文件中，除了两行文本之外，其他所有行都是空行。

```
[root@linux chapter9]# cat demo10.txt
Hello, world.


I love Linux.



```

【例 9-49】 使用 tr 命令快速删除 demo10.txt 文件中多余的空行，代码如下：

```
01  #-----------------------------/chapter9/ex9-49.sh-------------------
02  #! /bin/bash
03
04  #删除空白行
05  result=`cat demo10.txt | tr -s ["\n"]`
06
07  echo "$result"
```

其中，第 5 行使用 cat 命令显示文件内容，然后通过管道将结果发送给 tr 命令。在 tr 命令中，由于空行只含有换行符，所以可以使用\n 表示空行。

程序的执行结果如下：

```
[root@linux chapter9]# ./ex9-49.sh
Hello, world.
I love Linux.
```

注意：换行符也可以使用八进制数值\012 表示。因此，例 9-49 中的第 5 行可以修改为：

```
result=`cat demo10.txt | tr -s ["\012"]`
```

9.8.4 大小写转换

在前面的例子中，实际上只为 tr 命令提供了一个字符集。当使用 tr 进行大小写转换时，需要同时提供两个字符集。前者是目标字符集，后者是用来替换的字符集，其语法如下：

```
tr [a-z] [A-Z]
```

在使用以上命令时，出现在输入文本中的字符集[a-z]中的小写字母将被字符集[A-Z]中相应位置的大写字母代替。

【例 9-50】 使用 tr 命令将当前目录下所有文件的文件名转换为大写，代码如下：

```
01  #------------------------------/chapter9/ex9-50.sh------------------
02  #! /bin/bash
03
04  #将当前目录下的所有文件的文件名转换为大写
05  for file in `ls`;do
06      echo "$file" | tr 'a-z' 'A-Z'
07  done
```

在上面的代码中，第 5~7 行使用 for 循环对当前目录中的每个文件名进行转换。从第 5 行中可以看出，字符集也可以使用'a-z'及'A-Z'等语法来表示。

程序的执行结果如下：

```
[root@linux chapter9]# ./ex9-50.sh
ALLUSERS.TXT
COUNTRIES.TXT
DEMO10.TXT
DEMO1.TXT
DEMO2.TXT
DEMO3.TXT
...
```

> 注意：如果想要将大写转为小写，只要将两个字符集颠倒就可以了。

9.8.5 删除指定的字符

使用 tr 命令可以快速删除文本中出现的某些字符，这在某些情况下非常有效。当使用 tr 命令删除指定的字符时，需要使用-d 选项。

例如，有一个内容如下的文件 demo11.txt：

```
[root@linux chapter9]# cat demo11.txt
Monday      09:00
Tuesday     09:10
Wednesday   10:11
Thursday    11:30
Friday      08:00
Saturday    07:40
Sunday      10:00
```

现在想要把其中的时间字符去掉。通过观察发现，时间字符是由数字和冒号组成的，所以可以通过 tr 命令来删除这些字符。

【例 9-51】 使用 tr 命令删除 demo11.txt 文件中的时间列，代码如下：

```
01  #------------------------------/chapter9/ex9-51.sh------------------
02  #! /bin/bash
03
04  #删除数字和冒号
05  result=`tr -d "[0-9][:]" < demo11.txt`
06
07  echo "$result"
```

在上面的代码中，第 5 行使用含有-d 选项的 tr 命令删除字符集中指定的字符。其中，字符集为 0~9 和冒号。

程序的执行结果如下：

```
[root@linux chapter9]# ./ex9-51.sh
Monday
Tuesday
Wednesday
Thursday
Friday
Saturday
Sunday
```

> 注意：在使用 tr 命令时，字符集表示单独的字符而非字符串。因此，tr -d "[Hello]"表示文本中出现的 5 个字符，而非 Hello 这个字符串。

除了使用-d 选项之外，还可以使用间接的方法删除文本中的字符，见下面的例子。

【例 9-52】 通过补集的方式删除指定的字符，代码如下：

```
01    #--------------------------------/chapter9/ex9-52.sh------------------
02    #! /bin/bash
03
04    #使用补集删除某些字符
05    result=`tr -cs "[a-z][A-Z]" "[\n*]" < demo11.txt`
06
07    echo "$result"
```

在上面的代码中，第 5 行通过 tr 命令的-c 选项用空行来代替文本中不在[a-z][A-Z]中出现的字符。由于在 demo11.txt 中用户需要的字符都是大写字母或者小写字母，而需要删除的字符都是非字母字符，所以第 5 行的语句首先将 demo11.txt 中的非字母字符替换为换行符，然后通过-s 选项压缩文本中的重复字符，从而达到删除时间字符的目的。

例 9-52 的执行结果与例 9-51 完全相同，请读者自行执行并验证。

9.9 小　　结

本章详细介绍了 Shell 程序中处理文本的各种命令及其使用方法，主要包括使用 echo 命令输出文本、文本的格式化输出、使用 sort 命令对文本进行排序、文本的统计、使用 cut 命令选取文本列、使用 paste 命令拼接文本列、使用 join 命令连接文本列，以及使用 tr 命令替换文本内容等，需要重点掌握文本处理命令的基本用法。第 10 章将介绍流编辑器命令 sed 的使用方法。

9.10 习　　题

一、填空题

1．在 Shell 中，制表符通常使用＿＿＿＿＿＿＿表示。

2．fold 命令就是将超过指定宽度的文本进行＿＿＿＿＿＿＿，使得超过指定宽度的字符转到下一行输出。

3．sort 命令有 3 种执行模式，分别为＿＿＿＿＿＿＿、＿＿＿＿＿＿＿ 及＿＿＿＿＿＿＿。

二、选择题

1. sort 命令的（　　）选项用来排序关键字。
A．-c   B．-d   C．-f   D．-k

2. wc 命令的（　　）选项用来统计单词数。
A．-c   B．-w   C．-m   D．-l

3. cut 命令的（　　）选项用来自定义列分隔符。
A．-b   B．-c   C．-d   D．-f

三、操作题

1. 创建一个 Shell 脚本 test.sh，使用 echo 命令输出"Hello World!"。
2. 使用 wc 命令统计/etc/passwd 文件中的行数。

第 10 章　流 编 辑 器

在第 9 章中我们介绍了许多处理文本的命令，但是，Shell 所提供的文本处理工具还有许多，可以说是应有尽有。在众多的文本处理工具中，有一类称为流编辑器的工具却不得不提。流编辑器在处理文本中发挥着重要的作用，许多工具无法完成的工作，使用流编辑器可以非常方便地完成。本章将对 Shell 中的流编辑器进行介绍。

本章涉及的主要知识点如下：
- sed 命令简介：主要介绍 sed 命令的语法和工作方式，以及如何使用行号定位文本，如何在 sed 命令中使用正则表达式等。
- sed 命令的常用操作：主要介绍 sed 命令的基本语法，以及选择文本、替换文本、删除文本、追加文本、插入文本等操作。
- 组合命令：主要介绍如何在 sed 中执行多个子命令，以及如何将多个子命令应用到一个地址范围中等。

10.1　sed 命令简介

sed 命令是将一系列编辑命令应用于一批文本中的理想工具。在应用中，文本数据 sed 命令拥有非交互式和高效的特点，可以为用户节约大量的时间。本节将介绍 sed 命令的基础知识。

10.1.1　sed 命令的基本语法

sed 命令是一个非交互式的文本编辑器，也称为流编辑器，它可以对来自文本文件及标准输入的文本进行编辑。其中，标准输入可以是来自键盘、文件重定向、字符串、变量或者管道的文本。

sed 命令从文件或者标准输入中一次读取一行数据并将其复制到缓冲区，然后读取命令行或者脚本的编辑子命令，对缓冲区中的文本行进行编辑。重复此过程，一直到所有的文本行都处理完毕。如图 10-1 所示为 sed 命令的工作流程。

通常情况下，sed 命令适用于以下几种场景：
- 编辑一个非常大的文本文件，使用普通的交互式编辑器非常慢。
- 编辑命令比较复杂，在普通的文本编辑器中难以完成。
- 扫描一个比较大的文本文件，并且需要经过一系列的操作。

sed 命令编辑的文件是原始文件在缓冲区中的副本，因此编辑操作并不会影响原始文件，操作结果会输出到屏幕上。如果想要将处理结果保存下来，可以将输出重定向到一个磁盘文件中。

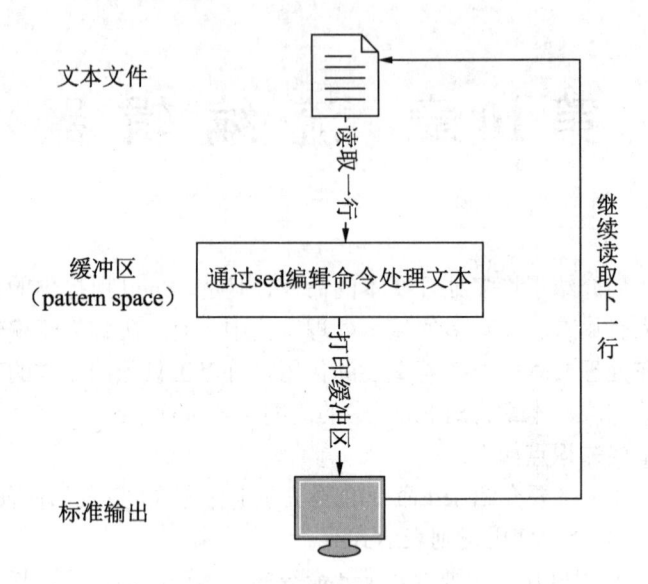

图 10-1　sed 命令的工作流程

sed 命令的基本语法如下：

```
sed [options] [script] [inputfile…]
```

在上面的语法中，options 代表 sed 命令的选项，常用的选项如下：
- -n：取消默认输出。
- -e：执行一个表达式（expression），其中可以包含多条命令。
- -f：从脚本文件（file）中读取命令。
- -i：直接修改原始文件（in place）。
- -l：指定行的长度（length）。
- -r：在脚本中使用扩展正则表达式。
- -s：默认情况下，sed 把命令行指定的多个文件名作为一个长的连续的输入流。而 GNU sed 则允许把它们作为单独（separate）的文件，这样的话，正则表达式就不会进行跨文件匹配。
- -u：最低限度的缓存输入与输出，通常不采用缓存（unbuffered）。

script 参数表示 sed 脚本文件，可以将一系列的 sed 命令写在一个脚本文件中，sed 会从该文件中读取并依次执行各个命令。inputfile 表示输入文本文件，如果没有指定输入的文件，则从标准输入中读取。

在上面的选项中，-n 选项需要特别说明一下。前面已经讲过 sed 命令的工作流程。在开始处理文本之前，sed 命令的缓冲区是空的。当 sed 读入一行内容时，先删除尾部的换行符，然后将读入的内容存入缓冲区，再执行相应的编辑命令。如果没有使用-n 选项，则缓冲区中的内容会被输出到标准输出；如果使用了-n 选项，则 sed 命令不会输出任何内容，而是直接读取下一行数据，重复上面的步骤。

在这里就会出现一个问题，如果想要在屏幕上输出 sed 命令的处理结果，应该怎么办？这就需要用到下面要介绍的 sed 的编辑命令，sed 的子命令 p 可以强制输出缓冲区的内容。

10.1.2　sed 命令的工作方式

通常情况下，可以通过 3 种方式使用 sed 命令，下面分别进行介绍。

方式 1，可以在命令行直接执行 sed 命令，其基本语法如下：

```
sed [options] commands inputfile
```

在上面的语法中，commands 表示 sed 的相关操作命令，如打印文本、删除文件及插入文本等。

方式 2，可以将 sed 操作命令写入脚本文件，然后通过 sed 命令读取该文件并且执行其中的命令，其基本语法如下：

```
sed [options] -f script inputfile
```

在上面的语法中，参数 script 代表一系列的 sed 操作命令。

方式 3，通过将 sed 操作命令写入脚本文件，然后授予用户具有执行该脚本文件的权限，这样用户可以直接执行文件，其基本语法如下：

```
./scrpt inputfile
```

其中，script 代表保存 sed 命令的脚本文件。在前面已经讲过，在脚本文件中，应该在 #! 符号后面执行该脚本的解释器，因此 sed 脚本文件的第一行应该如下：

```
#! /bin/sed
```

> 注意：在第 2 种方式中，不需要指定脚本的解释器，因为在调用的时候已经指定使用 sed 命令载入并解释该脚本。但是，在第 3 种方式中必须指定解释器程序。

10.1.3　使用行号定位文本行

通常情况下，一个完整的 sed 命令由定位参数和编辑命令两部分组成。通过定位参数，sed 命令可以对特定的文本行进行操作。sed 命令提供了两种方式来实现文本行的定位，一种是行号定位，另一种是正则表达式定位。本节介绍使用行号定位文本行的方法。

1．定位某个特定的行

在 sed 命令中，指定某个特定的文本行的语法如下：

```
x
```

其中，x 是一个整数，代表特定的文本行的行号。例如，现在想要定位到第 10 行，则可以使用以下语句：

```
10
```

2．定位某段连续的行

sed 使用以下语法指定某一段连续的文本行：

```
x,y
```

在上面的语法中，x 表示起始行的行号，y 表示终止行的行号。以上语法表示指定从 x

开始一直到 y 行的所有文本行。

3．指定起始行和步长

在某些情况下，用户需要的不是一段连续的文本行，而是一段有固定间隔的行，如偶数行、奇数行或者每隔 3 行等。在这种情况下，用户可以使用以下语法来指定文本行的步长：

```
first~step
```

在上面的语法中，first 和 step 都是整数，first 表示起始行，step 表示行号增长的步长。例如，要指定文本文件的偶数行，可以使用以下语句：

```
0~2
```

如果想要指定文本文件的奇数行，则可以使用以下语句：

```
1~2
```

4．指定文件的第一行和最后一行

指定文件的第一行比较简单，直接使用数字 1 即可：

```
1
```

对于文件的最后一行，sed 命令专门提供了一个操作符$。因此，指定文件最后一行的语句如下：

```
$
```

5．指定某行后面的几行

在 sed 命令中，可以采用相对定位的方法来指定行：

```
x,+n
```

以上语法表示指定 x 行及后面的 n 行文本。例如：

```
2,+5
```

表示指定第 2 行及其后面的 5 行，即第 2~7 行。

10.1.4 使用正则表达式定位文本行

除了可以使用行号定位文本行之外，sed 命令还支持使用正则表达式定位文本行。在 sed 命令中，正则表达式的语法如下：

```
/regexp/
```

在上面的语法中，两个斜线之间的 regexp 表示正则表达式，其中，常用的正则表达式元字符如下：

- ❏ 一般字符：字符本身就匹配。例如，/abc/就是定位包含 abc 的行。
- ❏ *：前置表达式重复 0 次或者多次。例如，/a*/表示匹配字符 a 出现 0 次或者多次的情况。
- ❏ \+：与星号类似，但是该元字符匹配前置表达式出现 1 次以上，属于扩展正则表达式。

- \?：匹配前置表达式重复出现 0 次或者 1 次。
- \{i\}：与星号类似，但匹配前置表达式出现 i 次，如 a\{3\}匹配 aaa。
- \{i,j\}：匹配前置表达式最少出现 i 次，最多出现 j 次。例如，a\{1,2\}可以匹配 a 或者 aa 这两种情况。
- \{i,\}：匹配前置表达式至少出现 i 次。
- .：匹配任意字符。
- ^：匹配行首字符。
- $：匹配行尾字符。
- []：匹配方括号中的任意单个字符。
- [^]：匹配不出现在方括号中的任意单个字符。
- \n：匹配换行符。

从上面的介绍可以得知，sed 命令中的元字符的含义与前面介绍的正则表达式中的元字符的含义基本相同。

> 注意：与正则表达式一样，如果要匹配元字符本身，则需要使用转义字符。例如，想要匹配字符*，则需要使用*。

10.2　sed 命令的常用操作

除了定位参数之外，sed 命令的另外一个组成部分就是编辑命令。常用的编辑命令有打印、插入、删除及替换等，本节介绍如何在 sed 命令中使用这些编辑命令。

10.2.1　sed 命令的基本语法

sed 命令的基本语法如下：

```
[address1[,address2]] command [argument]
```

在上面的语法中，address1 和 address2 都称为位置参数，在 10.1 节中已经讲过，sed 命令的位置参数可以使用两种方式来表示，分别为行号和正则表达式。位置参数用来限制 sed 命令所影响的文本行的范围。如果某个 sed 命令没有提供位置参数，则表示对指定的文本文件中的所有文本行执行编辑操作；如果只有一个位置参数，则表示只对符合指定位置的文本行进行操作；如果有两个位置参数，则表示对从 address1 所表示的文本行开始，一直到 address2 所表示的文本行结束的所有文本行进行操作。

command 表示 sed 所提供的子命令，用来实现编辑操作。argument 则表示子命令的参数，例如替换命令 s 需要两个参数，分别为要查找的模式和用来替换的字符串。

> 注意：sed 命令的两个位置参数可以同时使用行号或者正则表达式，也可以混合使用，即其中一个位置参数使用行号，另外一个位置参数使用正则表达式。

10.2.2 选择文本

前面介绍正则表达式时使用了 grep 及 egrep 等命令对文本进行筛选。实际上 sed 命令也可以实现这个功能。在 sed 命令中，选择文本行主要通过位置参数来完成，基本语法如下：

```
[address1[,address2]] p
```

在上面的语法中，address1 和 address2 都是位置参数。如果省略位置参数，则表示选择整个文件。子命令 p 表示对缓冲区中的文本行执行输出操作，即打印（print）缓冲区中的文本行。

🔔注意：sed 命令的缓冲区又称为模式空间（pattern space）。

【例 10-1】 使用行定位方法选择输出某些文本行，其中使用的文本文件仍然是第 9 章中的 students.txt 文件，代码如下：

```
01  #--------------------------/chapter10/ex10-1.sh--------------------
02  #! /bin/bash
03  
04  #输出 1~3 行，不使用-n 选项
05  sed '1,3p' students.txt
06  
07  echo "================================="
08  
09  #输出 1~3 行，使用-n 选项
10  sed -n '1,3p' students.txt
```

在上面的代码中，第 5 行没有使用-n 选项输出 students.txt 文件的第 1~3 行，第 10 行使用了-n 选项打印同样的文本行。

程序的输出结果如下：

```
[root@linux chapter10]# ./ex10-1.sh
200200110        Abdul
200200110        Abdul
200200164        Abram
200200164        Abram
200200167        Bartley
200200167        Bartley
200200168        Bennett
200200172        Cecil
200200173        John
200200187        Cat
=================================
200200110        Abdul
200200164        Abram
200200167        Bartley
```

在上面的执行结果中，横线上面是没有使用-n 选项的 sed 命令的输出结果，横线下面是使用-n 选项的 sed 命令的输出结果。分析输出结果中的文本行可以发现，在不使用-n 选项的情况下，sed 命令将文本文件的前 3 行输出了两次。之所以会出现这个结果，是因为 sed 命令首先会读取一行文本，然后自动将缓冲区中的该行文本输出到标准输出。接着执行 sed 的子命令，遇到 p 命令之后，该命令又会强制 sed 命令输出一次缓冲区中的文本。

这样就导致前面 3 行输出了两次。而后面的行是 sed 命令的默认输出，没有受到位置参数的影响，所以只输出了 1 次。

使用-n 选项之后，sed 命令的默认输出被取消，所以只有受 p 子命令影响的前面 3 行被输出。

【例 10-2】 使用正则表达式作为定位参数，代码如下：

```
01  #---------------------------/chapter10/ex10-2.sh------------------
02  #! /bin/bash
03
04  #使用正则表达式定位
05  result=`sed -n '/^20230017/ p' students.txt`
06
07  echo "$result"
```

在上面的代码中，第 5 行使用正则表达式/^20230017/来定位文本，表示以字符 2 开头，然后紧跟着字符串 0230017 的文本行，对于这些文本行执行定位参数后面的子命令 p。

程序的执行结果如下：

```
[root@linux chapter10]# ./ex10-2.sh
202300172        Cecil
202300173        John
```

还有一些特殊的情况。例如，用户需要输出第一行，则可以使用以下命令：

```
[root@linux chapter10]# sed -n '1 p' students.txt
202300110        Abdul
```

其中，位置参数 1 表示第一行文本。

如果想要打印最后一行，则可以使用以下命令：

```
[root@linux chapter10]# sed -n '$ p' students.txt
202300187        Cat
```

其中的位置参数$表示定位文本文件的最后一行。

如果想要输出奇数行，则可以使用以下命令：

```
[root@linux chapter10]# sed -n '1~2 p' students.txt
202300110        Abdul
202300167        Bartley
202300172        Cecil
202300187        Cat
```

其中的位置参数 1~2 表示从第一行开始，每隔两行输出一次。

同理，如果想要输出偶数行，则只要将上面的位置参数 1 改为 0 即可：

```
[root@linux chapter10]# sed -n '0~2 p' students.txt
202300164        Abram
202300168        Bennett
202300173        John
```

下面命令的位置参数使用正则表达式和行号来表达：

```
[root@linux chapter10]# sed -n '/Abdul/,5 p' students.txt
202300110        Abdul
202300164        Abram
202300167        Bartley
202300168        Bennett
202300172        Cecil
```

在上面的命令中，第一个位置参数使用正则表达式/Abtul/表达，表示从含有字符串

Abtul 的文本行开始,第二个位置参数使用行号 5 表达,表示到第 5 行结束。

10.2.3 替换文本

使用 sed 命令,可以很方便地对文本文件中指定的文本进行替换操作。文本的替换需要使用 s 子命令,其语法如下:

```
[address1[ ,address2]] s/pattern/replacemen/[flag]
```

在上面的语法中,address1 与 address2 都是位置参数,关于它们的用法请参见前面几节的介绍。在 s 命令中,位置参数通常被省略,表示在所有的文本行中进行替换操作,其语法如下:

```
s/pattern/replacemen/[flag]
```

s 子命令表示执行替换(substitute)操作。pattern 为使用正则表达式表示的匹配模式,replacement 为用来替换的由一般字符组成的字符串。

flag 为替换标志,它的值会影响 s 命令的行为,常用的选项有以下值。

- g:全局(global)匹配,会替换文本行中所有符合规则的字符串。
- 十进制数字:如果 flag 为一个十进制数字 n,则表示替换文本行中第 n 个符合规则的字符串。
- p:替换第 1 个符合规则的字符串,并且将缓冲区输出(output)到标准输出。
- w:替换第 1 个符合规则的字符串,并且将受影响的行写入(write)磁盘文件中。
- 空:如果没有指定 flag,则表示替换文本行中第 1 个符合规则的字符串。

【例 10-3】 演示使用 s 子命令替换文本的方法,代码如下:

```
01  #---------------------------/chapter10/ex10-3.sh------------------
02  #! /bin/bash
03
04  echo "substitute the first pattern."
05  #只将每行中第 1 次出现的小写字母 e 替换为大写字母 E
06  result=`sed 's/e/E/' students.txt`
07
08  echo "$result"
09
10  echo "substitute all the patterns."
11  #将每一处的小写字母 e 都替换为大写字母 E
12  result=`sed 's/e/E/g' students.txt`
13
14  echo "$result"
```

在上面的代码中,第 6 行中的正则表达式/e/表示匹配小写字母 e,后面的 E 为用来替换的字符串。第 12 行使用了 g 选项来执行相同的替换。

程序的执行结果如下:

```
[root@linux chapter10]# ./ex10-3.sh
substitute the first pattern.
202300110        Abdul
202300164        Abram
202300167        BartlEy
202300168        BEnnett
202300172        CEcil
202300173        John
```

```
202300187        Cat
substitute all the patterns.
202300110        Abdul
202300164        Abram
202300167        BartlEy
202300168        BEnnEtt
202300172        CEcil
202300173        John
202300187        Cat
```

通过分析上面的输出结果可以发现，代码第 6 行的 sed 语句只替换了每行中第一次出现的字母 e，其他字母 e 却没有被替换。例如，Bennett 中被替换成了 BEnnett。但是代码中第 12 行的 sed 语句却替换了所有的小写字母 e。

上面的两个例子都省略了位置参数，表示在所有文本行中搜索匹配的模式。除此之外，可以指定 sed 命令搜索的文本行的范围，见下面的例子。

【例 10-4】 使用行号定位方法来定位文本行，代码如下：

```
01  #---------------------------/chapter10/ex10-4.sh-------------------
02  #! /bin/bash
03
04  #将 1~3 行中的所有小写字母 e 替换为大写字母 E
05  result=`sed '1,3 s/e/E/g' students.txt`
06
07  echo "$result"
```

在上面的代码中，第 5 行表示将指定文本文件 1～3 行中的所有小写字母 e 替换为大写字母 E，其余的文本行不受影响。

程序的执行结果如下：

```
[root@linux chapter10]# ./ex10-4.sh
202300110        Abdul
202300164        Abram
202300167        BartlEy
202300168        Bennett
202300172        Cecil
202300173        John
202300187        Cat
```

分析上面的输出结果可以发现，只有 1～3 行中的小写字母 e 被替换，而其余的小写字母并没有被替换。这说明在上面的语句中，位置参数已经发挥了作用。

前面已经介绍过，在 sed 命令中，位置参数的表示非常灵活，可以使用行号，也可以使用正则表达式，还可以将这两种方式混合使用。

【例 10-5】 通过两种方式来定位文本行。第一个位置参数使用行号，而第二个位置参数则使用正则表达式来表示，代码如下：

```
01  #---------------------------/chapter10/ex10-5.sh-------------------
02  #! /bin/bash
03
04  #使用混合位置参数
05  result=`sed '1,/^202300167/ s/e/E/g' students.txt`
06
07  echo "$result"
```

在上面的代码中，第 5 行的位置参数为 "1,/^202300167/"。其中：第 1 个位置参数为 1，表示从第 1 行开始；第 2 个位置参数为正则表达式 "/^202300167/"，表示以字符 2 开头，到字符串 02300167 的文本行为止。

由于在 students.txt 文件中，符合上面正则表达式的行恰好为第 3 行，所以例 10-5 的执行结果与例 10-4 完全相同。

要掌握 sed 命令，必须学会灵活地运用正则表达式。下面再举一个更加实用的例子。开发人员经常会遇到这个问题：对于一段 HTML 代码，怎样将其中的 HTML 标记全部过滤掉？下面的例子就给出了一种解决方法。

假设有下面一段 HTML 代码需要处理：

```
01  <div class="xspace-itemdata">
02  <a href="#xspace-tracks">view(1881)</a>
03  <a href="#xspace-itemreply">review(5)</a>
04  <a href="#xspace-itemform">score</a>
05  </div>
```

【例 10-6】 使用 sed 命令结合正则表达式将上面的 HTML 代码中的文本提取出来，代码如下：

```
01  #----------------------------/chapter10/ex10-6.sh-------------------
02  #! /bin/bash
03
04  #将文件中的 HTML 标记替换为空
05  result=`sed 's/<[^>]*>//g' html.txt`
06
07  echo "$result"
```

需要特别注意代码第 5 行中的正则表达式/<[^>]*>/，这个正则表达式所描述的匹配规则为：首先是一个左尖括号，然后是匹配任意多个字符，最后是一个右尖括号。因此，这个正则表达式会匹配<...>这样的字符串，并且左右两个尖括号之间不会出现另外的右尖括号。

另外，代码第 5 行的 sed 语句也需要进行说明。在这个语句中，并没有为 sed 命令提供第 2 个参数值，这意味着使用空串来替换匹配的模式。

程序的执行结果如下：

```
[root@linux chapter10]# ./ex10-6.sh

view(1881)
review(5)
score
```

从上面的执行结果中可以看出，所有的 HTML 标记全部被过滤掉了。

注意：在 s 命令中，各个参数之间并不一定要使用斜线/分隔，还可以使用除空格及换行符之外的任意字符，如冒号或者分号等。总之，s 命令会将紧跟在后面的那个字符作为参数分隔符。因此，下面的两条语句与例 10-6 中的第 5 行代码是等价的：

```
result=`sed 's:<[^>]*>::g' html.txt`
result=`sed 's;<[^>]*>;;g' html.txt`
```

其中，第 1 条语句使用了冒号作为参数分隔符，第 2 条语句使用分号作为参数分隔符。

前面讲过，在 s 子命令中，作为替换的字符串中通常只包含一般字符。如果替换字符串包含字符&或者反斜线加上数字，即\n，n 是一个 1～9 的数字，则表示引用子字符串。其中，&符号表示引用匹配的模式，即在某个文本行中与模式相匹配的那部分子串；而\n 表示第 n 个由圆括号括起来的子串。

【例 10-7】 演示&符号的使用方法，demo1.txt 文件的内容如下：

```
[root@linux chapter10]# cat demo1.txt
This is a string.
```

本例代码如下：

```
01  #----------------------------/chapter10/ex10-7.sh--------------------
02  #! /bin/bash
03
04  #引用与模式相匹配的子串
05  result=`sed 's/string/long &/' demo1.txt`
06
07  echo "$result"
```

在上面的代码中，第 5 行中的&表示引用模式 string，因此每个文本行中第 1 个与模式 string 相匹配的子串都将被替换为 long string 这个字符串。

程序的执行结果如下：

```
[root@linux chapter10]# ./ex10-7.sh
This is a long string.
```

注意：由于在例 10-7 中没有使用全局替换标志 g，所以只会替换每个文本行中第 1 次匹配的子串。

【例 10-8】 使用\n 的形式引用模式中的子串，代码如下：

```
01  #----------------------------/chapter10/ex10-8.sh--------------------
02  #! /bin/bash
03
04  #通过数字来引用模式中的子串
05  result=`sed 's/\(This\) \(is\) \(a\) \(string\)/\2 \1 \3 \4/' demo1.txt`
06
07  echo "$result"
```

在上面的代码中，第 5 行的匹配模式被圆括号分隔成 4 个子串，在后面的替换字符串中，\2 表示引用第 2 个子串，即 is，\1 表示引用第 1 个子串，即 This，\3 和\4 分别引用第 3 个和第 4 个子串，分别为 a 和 string。

程序的执行结果如下：

```
[root@linux chapter10]# ./ex10-8.sh
is This a string.
```

从上面的执行结果中可以看出，例 10-8 中重新排列了模式中单词的次序。

注意：在使用\n 的形式引用模式的子串时，不能定义 9 个以上的子串，因此 n 的取值为 1～9。

10.2.4 删除文本

本节介绍如何使用 sed 命令删除某些文本行。sed 提供了 d 子命令来实现文本行的删除（delete），其语法如下：

```
[address1[ ,address2]] d
```

在上面的语法中，两个位置参数的含义及用法请参见前面的内容。命令 d 表示删除位置参数指定的行。如果省略位置参数，则表示删除文本文件中的所有行。在执行删除操作时，sed 命令首先读取一行文本到缓冲区，然后将符合位置参数的文本行删除，接着读取并处理下一行。下面的例子演示了如何删除指定的文本行。

【例 10-9】 通过 sed 命令删除指定的文本行，代码如下：

```
01  #----------------------------/chapter10/ex10-9.sh--------------------
02  #! /bin/bash
03
04  #删除第1行
05  result=`sed -e '1 d' students.txt`
06
07  echo "$result"
```

在上面的代码中，第 5 行的 sed 语句中多了一个选项-e，这个选项的功能是告诉 sed，将后面的字符串作为子命令来处理。当然，如果只有一个子命令，这个选项可以省略。因此，前面的所有例子（包括例 10-9）都可以省略-e 选项。子命令 1 d 表示将第 1 行删除，其中，数字 1 为定位参数。

程序的执行结果如下：

```
[root@linux chapter10]# ./ex10-9.sh
202300164        Abram
202300167        Bartley
202300168        Bennett
202300172        Cecil
202300173        John
202300187        Cat
```

对比前面列出的 students.txt 文件的内容可以发现，第一行即学号为 202300110 的一行数据已经被删除。

如果想要删除文本文件的最后一行，可以使用符号$作为定位参数，见下面的例子。

【例 10-10】 演示删除文本文件最后一行的方法，代码如下：

```
01  #----------------------------/chapter10/ex10-10.sh--------------------
02  #! /bin/bash
03
04  #删除最后一行
05  result=`sed -e '$ d' students.txt`
06
07  echo "$result"
```

程序的执行结果如下：

```
[root@linux chapter10]# ./ex10-10.sh
202300110        Abdul
202300164        Abram
202300167        Bartley
202300168        Bennett
202300172        Cecil
202300173        John
```

从上面的执行结果中可以看出，最后一行即学号为 202300187 的文本行已经被删除。

d 子命令最多支持两个定位符，在上面的例子中只使用了一个定位符。实际上，sed 命令的定位符非常灵活，可以指定某一段文本行，也可以指定间隔数量的文本行，还可以指定从某一行开始一直到文件结尾。下面的例子就实现了这些复杂的定位。

【例 10-11】 演示使用 sed 命令对文本行的不同定位方法，代码如下：

```
01  #----------------------------/chapter10/ex10-11.sh--------------------
02  #! /bin/bash
03
04  #删除 1~4 行
05  result=`sed -e '1,4 d' students.txt`
06
07  echo "$result"
08
09  echo "============================="
10
11  #删除奇数行
12  result=`sed -e '1~2 d' students.txt`
13
14  echo "$result"
15
16  echo "============================="
17
18  #删除偶数行
19  result=`sed -e '0~2 d' students.txt`
20
21  echo "$result"
22
23  echo "============================="
24
25  #删除从第 1 行开始，一直到以 202300172 开头的行
26  result=`sed -e '1,/^202300172/ d' students.txt`
27
28  echo "$result"
29
30  echo "============================="
31
32  #删除从第 4 行开始，一直到最后一行的所有行
33  result=`sed '4,$ d' students.txt`
34
35  echo "$result"
```

在上面的代码中，第 5 行代码的子命令为 "1,4 d"，表示从第 1 个文本行开始，一直删除到第 4 个文本行为止。第 12 行代码的子命令为 "1~2 d"，表示从第 1 个文本行开始，每隔 2 行删除 1 行文本，即删除行号为奇数的文本行。第 19 行代码的子命令为 "0~2 d"，表示从第 0 个文本行开始，每隔 2 行删除 1 行文本，即删除行号为偶数的文本行。第 26 行代码的子命令为 "1,/^202300172/ d"，表示从第 1 个文本行开始，到以字符串 02300172 开头的文本行为止，删除这一段文本行。第 33 行的子命令为 "4,$ d"，表示删除从第 4 个文本行开始，到文件末尾的所有文本行。

程序的执行结果如下：

```
[root@linux chapter10]# ./ex10-11.sh
202300172       Cecil
202300173       John
202300187       Cat
=============================
202300164       Abram
202300168       Bennett
202300173       John
=============================
202300110       Abdul
```

```
202300167         Bartley
202300172         Cecil
202300187         Cat
===========================
202300173         John
202300187         Cat
===========================
202300110         Abdul
202300164         Abram
202300167         Bartley
```

> 注意：还记得在介绍正则表达式的时候讲过的空白行表示方法吗？在正则表达式中，可以使用表达式^$来表示空白行。因此，用户可以使用以下命令删除文件中的所有空白行：

```
sed '^$ d' students.txt
```

10.2.5 追加文本

所谓追加文本，是指将某些文本插入某个位置的后面。sed 命令提供了 a 子命令来实现文本的追加（append），其基本语法如下：

```
[address1] a string
```

从上面的语法中可以看出，子命令 a 最多只能使用一个位置参数。参数 string 表示将要追加的文本。子命令 a 会将 string 代表的文本插入 address1 所表示的位置后面。这一点也是追加文本与后面将要介绍的插入文本的区别。

【例 10-12】 演示通过 sed 命令追加文本的方法，代码如下：

```
01    #--------------------------/chapter10/ex10-12.sh--------------------
02    #! /bin/bash
03
04    #在第2行后面追加文本
05    result=`sed '2 a 202300109      Tom' students.txt`
06
07    echo "$result"
```

在上面的代码中，使用行号 2 作为位置参数，表示在第 2 行后面追加一行文本。

程序的执行结果如下：

```
[root@linux chapter10]# ./ex10-12.sh
202300110         Abdul
202300164         Abram
202300109         Tom
202300167         Bartley
202300168         Bennett
...
```

从上面的执行结果中可以看出，学号为 202300109 的文本在第 2 行后面被插入。

除了使用行号来定位之外，还可以使用正则表达式作为位置参数，见下面的例子。

【例 10-13】 通过正则表达式指定追加文本的位置，代码如下：

```
01    #--------------------------/chapter10/ex10-13.sh--------------------
02    #! /bin/bash
03
04    #在以 202300110 开头的文本行后面追加文本
05    result=`sed '/^202300110/ a 202300109     Tom' students.txt`
```

```
06
07    echo "$result"
```

程序的执行结果如下：

```
[root@linux chapter10]# ./ex10-13.sh
202300110          Abdul
202300109          Tom
202300164          Abram
202300167          Bartley
…
```

10.2.6 插入文本

插入文本的操作与追加文本非常相似，只是插入的位置不同。追加文本是在位置参数指定位置的后面插入文本，而插入文本则是在位置参数指定的位置前面插入文本。在 sed 命令中，子命令 i 用来实现文本的插入，其语法如下：

```
[address1] i string
```

与子命令 a 一样，子命令 i 也是最多只能使用一个位置参数。位置参数 address1 用来指定要插入的文本位置，子命令 i 表示当前的操作是插入文本，参数 string 表示将要插入的文本。

从上面的语法中可以看出，i 子命令和 a 子命令的使用方法并没有太大的区别。下面以具体的例子来说明插入文本的方法。

【例 10-14】 演示通过 sed 命令插入文本的方法。为了便于比较 i 子命令和 a 子命令的区别，本例对例 10-12 进行了修改，将其中的 a 子命令换成 i 子命令，代码如下：

```
01    #--------------------------/chapter10/ex10-14.sh--------------------
02    #! /bin/bash
03
04    #在以 202300110 开头的文本行前面插入文本
05    result=`sed '1 i 202300109          Tom' students.txt`
06
07    echo "$result"
```

程序的执行结果如下：

```
[root@linux chapter10]# ./ex10-14.sh
202300109          Tom
202300110          Abdul

202300164          Abram
…
```

对比例 10-14 和例 10-12 的执行结果可以发现，文本行的插入位置不同。

读者可以使用其他位置参数来指定插入的位置，可以对例 10-13 进行修改并观察两者的不同之处。

10.3 组合命令

sed 命令支持将多个子命令组合在一起使用，这一点非常重要，因为通常情况下需要对文本进行不同的操作。如果不支持组合命令，则需要使用多个 sed 命令完成操作；如果使用组合命令，则可以在一条 sed 命令中完成这些操作。本节介绍 sed 中的组合命令的使用方法。

10.3.1　使用-e 选项执行多个子命令

sed 命令的-e 选项可以将跟在其后的字符串作为子命令来执行。前面的大部分例子都是一个子命令，所以将该选项省略了。如果想要为 sed 命令同时指定多个子命令，则必须使用多个-e 选项。

【例 10-15】　演示 sed 命令-e 选项的使用方法，代码如下：

```
01  #---------------------------/chapter10/ex10-15.sh--------------------
02  #! /bin/bash
03
04  #将所有的小写字母 e 替换为大写字母，然后打印第 2 行和第 3 行
05  result=`sed -n -e 's/e/E/g' -e '2,3 p' students.txt`
06
07  echo "$result"
```

在上面的代码中，第 5 行的语句执行了两个 sed 子命令，首先是子命令 s，其将所有的小写字母 e 替换为大写字母 E，然后是 p 子命令，其将第 2 行和第 3 行文本输出到屏幕上。

程序的执行结果如下：

```
[root@linux chapter10]# ./ex10-15.sh
202300164         Abram
202300167         BartlEy
```

从上面的执行结果中可以看出，第 2 个子命令输出的是第 1 个子命令处理后的结果。这是因为 sed 是一个行编辑工具，也就是说，sed 命令会逐行读取文本到缓冲区中，然后依次应用各个子命令。所有的子命令都是对缓冲区中的数据进行处理的，而 p 子命令将缓冲区中的数据输出到标准输出。

> 注意：如果在 sed 命令中只有 1 个子命令，则-e 选项可以省略。

10.3.2　使用分号执行多个子命令

可以使用分号将各个子命令隔开，语法如下：

```
sed -e 'command1;command2…' filename
```

其中，command1 及 command2 等表示多个子命令，这些子命令之间用分号隔开。filename 参数表示要处理的文本文件。

【例 10-16】　演示通过分号执行多个子命令的方法，代码如下：

```
01  #---------------------------/chapter10/ex10-16.sh--------------------
02  #! /bin/bash
03
04  #使用分号隔开多个子命令
05  result=`sed -e 's/e/E/g;2 i 202300001    Ellen' students.txt`
06
07  echo "$result"
```

在上面的代码中，第 5 行包含两个子命令，第 1 个是 s 子命令，第 2 个是 i 子命令。

程序的执行结果如下：

```
[root@linux chapter10]# ./ex10-16.sh
202300110    Abdul
202300001    Ellen
202300164    Abram
202300167    BartlEy
202300168    BEnnEtt
202300172    CEcil
202300173    John
202300187    Cat
```

在上面的执行结果中，除了新插入的第 2 行文本之外，其他文本行中的小写字母 e 都被替换成了大写字母 E，这正是 s 子命令的处理结果。第 2 行中的小写字母 e 并没有被替换，因为 sed 命令的子命令是按照从左到右的顺序依次执行的，s 子命令在前，i 子命令在后，所以 i 子命令插入的行并没有被 s 子命令处理。

10.3.3 对一个地址使用多个子命令

有时需要对同一个地址使用多个子命令，如对某个文件的前 20 行进行多次替换操作等。sed 命令提供了对同一个地址使用多个子命令的语法：

```
address {
    command1
    command2
    command3
    …
}
```

在上面的语法中，address 为位置参数，表示后面一组命令的应用对象。command1 及 command2 等为一组 sed 子命令，这些子命令使用花括号括起来。在花括号中的每个子命令都允许有自己的位置参数。

除了上面将多个子命令分行书写的语法之外，还可以将所有子命令写在一行里，语法如下：

```
[address] {command1;command2;command3;…}
```

> **注意**：在不同的 sed 版本中，对于组合命令的语法要求可能不同。例如，有的版本中要求右花括号必须单独一行，子命令后面不能有空格等，在使用组合命令时需要考虑到这一点。

【例 10-17】 演示对同一个地址使用多个子命令的方法，代码如下：

```
01  #--------------------------/chapter10/ex10-17.sh--------------------
02  #! /bin/bash
03
04  #组合命令
05  result=`sed -n '1,5 {
06      s/e/E/g
07      s/a/A/g
08      2 i 201303009 Tom
09      p
10  }' students.txt`
11
12  echo "$result"
```

在上面的代码中，第 5 行 sed 命令中的位置参数为 1,5，表示对第 1~5 行文本使用后面的一组子命令，接下来是左花括号。第 6 行是第 1 个子命令 s，将小写字母 e 替换为大写字母 E，第 7 行是第 2 个子命令 s，表示将小写字母 a 替换为大写字母 A，第 8 行是第 3 个子命令 i，表示在第 2 行文本的前面插入一行，代码的第 9 行是子命令 p，用来输出缓冲区中的数据。

程序的执行结果如下：

```
[root@linux chapter10]# ./ex10-17.sh
202300110        Abdul
202303009        Tom
202300164        AbrAm
202300167        BArtlEy
202300168        BEnnEtt
202300172        CEcil
```

从上面的执行结果中可以看出，sed 会依次执行各个子命令。另外，在花括号里面还可以指定位置参数，如代码第 8 行的 i 子命令。

> 注意：花括号中的子命令可以写在一行里，子命令之间需要使用分号隔开。但是不鼓励这样做，因为会导致程序的可读性变差。

10.3.4　sed 脚本文件

虽然直接将子命令写在 sed 命令中非常方便，但是在需求比较复杂、子命令较多的情况下，直接在 sed 命令中输入子命令会导致程序的可读性变差，会让用户分不清哪些是子命令，以及这些子命令的功能是什么。

为了避免这个问题，sed 提供了-f 选项，通过这个选项，sed 命令可以从指定的脚本文件中读取子命令，然后对每个文本行依次执行各个子命令，其语法如下：

```
sed -f script
```

其中，script 表示 sed 脚本文件。

sed 脚本文件的语法比较简单，就是将各个子命令依次列出来，不必使用引号。如果将多条子命令写在同一行中，则需要使用分号将其隔开。另外，sed 脚本文件支持代码注释，如果某一行以#开头，则表示该行为注释。sed 脚本的注释仅限于行注释，不能跨行。

下面以一个具体的例子来说明 sed 脚本文件的使用方法。在进行程序设计时，经常会遇到格式编排的问题，良好的格式有利于阅读和理解程序。通过 sed 命令，可以对一些格式错乱的代码进行编排。例如，下面显示的是一段 Java 代码：

```
01    import java.rmi.RemoteException;
02
03    public class HelloClient
04    {
05        /**
06         * @param args
07         */
08
09        public static void main(String[] args)
10        {
```

```
11              // TODO Auto-generated method stub
12          HelloProxy ws = new HelloProxy();
13          try
14          {
15              System.out.println(ws.sayHello("dfasdfasdfsd"));
16          }
17          catch (RemoteException e)
18          {
19              // TODO Auto-generated catch block
20              e.printStackTrace();
21          }
22      }
23
24  }
```

可以发现，上面的代码中存在许多空行，另外代码缩进也不整齐。为了整理上面的代码格式，需要执行一些操作，如删除空行、调整代码缩进字符数，以及删除不必要的注释等。

为了处理以上操作，下面编写一个 sed 脚本文件，名称为 java.sed，具体代码如下：

```
01  #----------------------------/chapter10/java.sed-------------------
02  s/^[[:blank:]][[:blank:]]*/\t/g
03  /^$/d
04  /^[[:blank:]]\/\//d
05  /^[[:blank:]]\/\*/d
06  /^[[:blank:]]\*/d
```

在上面的代码中，第 2 行使用 s 子命令将超过 1 个空格或 1 个制表符的部分替换为 1 个制表符；第 3 行使用 d 子命令删除所有的空行；第 3 行删除以 1 个空格开头，后跟 2 个斜线/的行；第 5 行删除以 2 个空格开头，后跟字符串/*的行；第 6 行删除以 2 个空格开头，后跟 1 个星号的行。

然后可以使用以下命令执行 sed 脚本文件中的子命令：

```
[root@linux chapter10]# sed -f java.sed code.java
import java.rmi.RemoteException;
public class HelloClient
{
    public static void main(String[] args)
    {
    HelloProxy ws = new HelloProxy();
    try
    {
    System.out.println(ws.sayHello("dfasdfasdfsd"));
    }
    catch (RemoteException e)
    {
    e.printStackTrace();
    }
    }
}
```

通过上面的输出结果可以发现，代码中的空行和注释都已经被删除了，另外，代码的缩进也变得非常整齐。

前面我们讲过 sed 命令有 3 种工作方式，分别是命令行、sed 脚本文件及可执行脚本。这两种方式前面都已经介绍过了，这里再着重介绍一下第 3 种方式。

第 3 种方式就是将所有的命令都写在一个脚本文件中，然后赋予该脚本文件可执行的权限，这样用户就不需要再在命令行中调用 sed 命令，而是直接执行脚本文件。

从总体上讲，sed 可执行脚本文件的语法与其他 Shell 脚本文件非常相似，首先在第 1 行指定解释器，然后是一系列代码。但是，在 sed 可执行脚本中，解释器不再是/bin/bash，而是/bin/sed。然后，脚本文件中的语句不再是 Shell 命令，而是 sed 子命令。

下面将上面的 java.sed 文件进行修改，变成一个可执行的脚本文件，内容如下：

```
01  #! /bin/sed -f
02
03  s/^[[:blank:]][[:blank:]]*/\t/g
04  /^$/d
05  /^[[:blank:]]\//d
06  /^[[:blank:]]\/\*/d
07  /^[[:blank:]]\*/d
```

在上面的代码中，第 1 行指定解释器程序，此处需要使用-f 选项，因为下面的子命令都来自脚本文件。第 3~7 行是一系列子命令。

修改完成之后，使用 chmod 命令修改文件的权限：

[root@linux chapter10]# chmod +x java.sed

接下来就可以使用以下方式直接执行脚本文件了：

```
[root@linux chapter10]# ./java.sed code.java
import java.rmi.RemoteException;
public class HelloClient
{
    public static void main(String[] args)
    {
        HelloProxy ws = new HelloProxy();
        try
        {
            System.out.println(ws.sayHello("dfasdfasdfsd"));
        }
        catch (RemoteException e)
        {
            e.printStackTrace();
        }
    }
}
```

10.4　小　　结

本章详细介绍了流编辑器 sed 的使用方法，主要包括 sed 命令简介，sed 命令的常用操作，如查找、替换、删除、插入以及追加文本等，还介绍了 sed 组合命令的使用方法。本章的重点是掌握 sed 命令的工作原理，以及基本的编辑操作命令。除了本章介绍的内容之外，还有一些内容如读写文本及缓冲区的管理等并未介绍，这些内容请读者参考相关技术手册。第 11 章将介绍另外一个文本处理工具 awk 的使用方法。

10.5 习　　题

一、填空题

1. sed 命令是一个_____的文本编辑器，它可以对来自文本文件以及标准输入的文本进行编辑。

2. sed 命令有 3 种工作方式，分别为_____、_____和_____。

3. 一个完整的 sed 命令由_____和_____两部分组成。

二、选择题

1. sed 命令适用于下面的（　　）场合。
   A. 编辑一个大文件　　　　　　　　B. 编辑命令比较复杂
   C. 扫描一个比较大的文件　　　　　D. 编辑命令比较简单

2. sed 命令中的（　　）命令用来显示文本。
   A. p　　　　　　　B. s　　　　　　　C. d　　　　　　　D. a

3. sed 命令支持将多个子命令组合在一起使用。其中，（　　）选项用来实现组合命令。
   A. -n　　　　　　B. -e　　　　　　C. -f　　　　　　D. -l

三、判断题

1. sed 命令在使用任何一种工作方式时，都必须指定解释器程序。　　　　　　　（　　）

2. 使用 sed 命令追加文本和插入文本类似，只是插入的位置不同。其中，追加文本是在位置参数指定的位置后面插入文本，而插入文本则是在位置参数指定的位置前面插入文本。　　　　　　　　　　　　　　　　　　　　　　　　　　　　　　　　　（　　）

四、操作题

1. 创建文件 file.txt，其内容如下：

```
This is a test text.
This is a old_text.
This is a new_text.
The old_text is very big.
```

使用 sed 命令将文件 file.txt 中的所有 old_text 替换成 new_text。

2. 删除文件 file.txt 中的第 3 行。

第 11 章 文本处理利器 awk 命令

第 10 章详细介绍了流编辑器 sed 命令。通过这个命令，可以非常方便地处理格式化的文本数据。与 sed 命令相比，awk 命令的功能更强大，甚至称它为一种程序设计语言也为不过。awk 命令特别适合处理文本化的数据，它不仅是进行简单的字符串匹配，而且包含变量、函数、表达式及流程控制等一系列功能。因此，对于系统管理员来说，掌握好 awk 命令，可以更加方便地处理文本数据。本章将对 awk 进行详细介绍。

本章涉及的主要知识点如下：
- awk 命令入门：主要介绍 awk 命令的功能、基本语法及工作流程等。
- awk 命令的模式匹配：主要介绍 awk 命令中的匹配模式，包括关系表达式、正则表达式、混合模式等。
- 变量：主要介绍 awk 命令中的变量的定义和引用、系统内置变量、记录分隔符和字段分隔符等。
- 运算符和表达式：主要介绍各种运算符，包括算术运算符、赋值运算符、条件运算符、逻辑运算符及关系运算符等。
- 函数：主要介绍 awk 内置的常用字符串函数和算术函数。
- 数组：主要介绍数组的定义和赋值方法，以及数组的遍历等。
- 流程控制：主要介绍 awk 中的 if、while、do…while、for、break、continue、next 及 exit 流程控制语句的使用方法。
- awk 命令的格式化输出：主要介绍 awk 命令中的输出语句，包括 print 及 printf 等。
- awk 命令与 Shell 的交互：主要介绍如何通过管道和 system 函数实现 awk 程序与 Shell 的交互。

11.1 awk 命令简介

awk 是一种功能非常强大的数据处理工具，其本身可以称为一种程序设计语言，因而具有其他程序设计语言共同拥有的一些特征，如变量、函数及表达式等。通过 awk 命令，用户可以编写一些非常实用的文本处理工具。下面介绍 awk 的基础知识。

11.1.1 awk 命令的功能

awk 的名称来自于其三位开发者的名字的缩写，分别为阿尔佛雷德·艾侯（Alfred Aho）、彼得·杰·温伯格（Peter Jay Weinberger）和布莱恩·威尔森·柯林汉（Brian Wilson Kernighan）。awk 大约在 1977 年开发完成，然后在 1979 年作为 UNIX 第 7 版的一部分分发布。后来，awk 衍生出许多版本，主要有兼容 POSIX 标准的 mawk，以及同时兼容 POSIX 和 GNU 标准的 gawk。目前，在绝大部分的 Linux 发行版中，默认安装的是 gawk，即 GNU awk。

awk 是 Linux 及 UNIX 环境中现有的功能最强大的数据处理工具。简单地讲，awk 是一种处理文本数据的编程语言。awk 的设计使得它非常适合处理由行和列组成的文本数据。而在 Linux 或者 UNIX 环境中，这种类型的数据是非常普遍的。

除此之外，awk 还是一种编程语言环境，它提供了正则表达式的匹配、流程控制、运算符、表达式、变量及函数等一系列程序设计语言所具备的特性。它从 C 语言等编程语言中获取了一些优秀的思想。awk 命令可以读取文本文件，对数据进行排序，对其中的数值执行计算并生成报表等。

注意：在许多 Linux 发行版中，/bin/awk 命令是/bin/gawk 命令的符号链接。

11.1.2 awk 命令的基本语法

awk 命令的基本语法如下：

```
awk pattern { actions }
```

在上面的语法中，pattern 表示匹配模式，actions 表示要执行的操作。以上语法表示当某个文本行符合 pattern 指定的匹配规则时，执行 actions 所执行的操作。在上面的语法中，pattern 和 actions 都是可选的，但是二者中至少选择一个。如果省略匹配模式 pattern，则表示对所有的文本行执行 actions 所代表的操作；如果省略 actions，则表示将匹配成功的行输出到屏幕上。

注意：actions 前面的左花括号需与 pattern 位于同一行中。

awk 命令的匹配模式非常灵活，可以是以下任意一种。
- 正则表达式：需要使用斜线将正则表达式包围起来。
- 关系表达式：例如 $x > 34$，判断变量 x 与 34 是否存在大于的关系。
- 模式 1、模式 2：指定一个行的范围。该语法不能包括 BEGIN 和 END 模式。
- BEGIN：指定在第 1 行文本被处理之前所做的操作，通常可以在这里设置全局变量。
- END：指定在最后一行文本被读取之后发生的操作。

关于 awk 的匹配模式，将在 11.2 节中详细介绍。

awk 命令的操作由一个或者多个命令、函数或者表达式组成，它们之间由换行符或者分号隔开，并且位于花括号内。通常情况下，有以下 4 种操作：
- 变量或者数组赋值。
- 输出命令，如 printf 或者 print。
- 内置函数。
- 流程控制语句，如 if、while 或者 for 等。

注意：awk 命令的语法隐含一个条件结构，即如果符合匹配规则，则执行后面的操作。

11.1.3 awk 命令的工作流程

对于初学者来说，清楚 awk 命令的工作流程非常重要。只有在掌握了 awk 命令的工作流程之后，才可以用 awk 命令来处理数据。在使用 awk 命令处理数据时，会反复执行以下 4 个步骤：

（1）自动从指定的数据文件中读取行文本。

（2）自动更新 awk 的内置系统变量的值，如列数变量 NF、行数变量 NR、行变量$0 及各个列变量$1、$2 等。

（3）依次执行程序中所有的匹配模式及其操作。

（4）执行完程序中所有的匹配模式及其操作之后，如果数据文件中仍然有未读取的数据行，则返回第（1）步，重复执行（1）～（4）步的操作。

awk 命令的工作流程如图 11-1 所示。

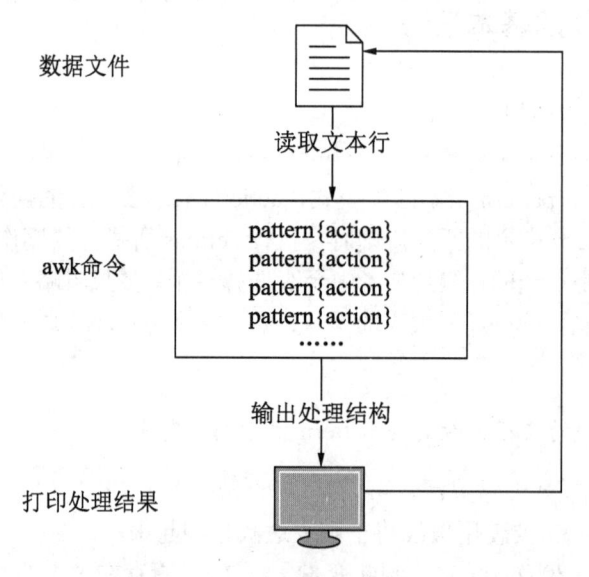

图 11-1　awk 命令的工作流程

⚠️注意：awk 命令会自动逐行读取数据文件的所有文本行，无须用户自己来处理这个循环操作。

11.1.4 执行 awk 命令的几种方式

与 sed 命令相似，用户也可以通过 3 种方式来执行 awk 命令，分别是命令行、awk 脚本及可执行脚本文件。当然，单独在命令行中使用 awk 命令的机会比较少，更多的是在 Shell 脚本中使用 awk 命令。

为了学习 awk 命令的使用方法，首先需要准备一个数据文件，名称为 scores.txt，内容如下：

```
[root@linux chapter11]# cat scores.txt
John            85              92              79              87
```

```
Nancy      89           90           73           82
Tom        81           88           92           81
Kity       79           65           83           90
Han        92           89           80           83
Kon        88           76           85           97
```

在上面的内容中,第 1 列为学生姓名,后面 4 列为学生成绩。接下来,我们以该文件为例介绍执行 awk 命令的几种方式。

1. 通过命令行执行awk命令

用户可以像执行其他 Shell 命令一样执行 awk 命令,其语法如下:

```
awk 'program-text' datafile
```

在上面的语法中,program-text 表示要执行的 awk 语句,必须使用单引号将其引用起来,以防止 Shell 解释该语句。datafile 表示要处理的数据文件。

【例 11-1】 演示通过命令行执行 awk 语句的方法,具体命令如下:

```
[root@linux chapter11]# awk '{ print }' scores.txt
John       85           92           79           87
Nancy      89           90           73           82
Tom        81           88           92           81
Kity       79           65           83           90
Han        92           89           80           83
Kon        88           76           85           97
```

在上面的命令中,awk 语句非常简单,在花括号中只有一条 print 语句,表示输出 scores.txt 文件中所有的文本行。

虽然这样非常方便,但是当程序语句比较多时,在命令行中直接输入是一件非常头疼的事情。因此,如果需要执行较长的 awk 语句,可以使用下面介绍的 awk 脚本。

2. 执行awk脚本

在 awk 语句比较多的情况下,可以将所有语句写在一个脚本文件中,然后通过 awk 命令来解释并执行其中的语句。awk 调用脚本的语法如下:

```
awk -f program-file file ..
```

在上面的语法中,-f 选项表示从脚本文件(file)中读取 awk 语句,program-file 表示 awk 脚本文件的名称,file 表示要处理的数据文件。

【例 11-2】 演示编写并执行 awk 脚本的方法,其中 awk 脚本代码如下:

```
01  #----------------------------/chapter11/ex11-2.awk--------------------
02  #输出所有的行
03  { print }
```

上面的代码实际上是将例 11-1 中放在命令行里的程序写入一个专门的脚本文件中,然后通过以下命令执行该脚本:

```
[root@linux chapter11]# awk -f ex11-2.awk scores.txt
John       85           92           79           87
Nancy      89           90           73           82
Tom        81           88           92           81
Kity       79           65           83           90
Han        92           89           80           83
Kon        88           76           85           97
```

可以发现，例 11-2 的执行结果与例 11-1 完全相同。

> **注意**：awk 脚本中不能包含除 awk 语句之外的其他命令或者语句，如 Shell 命令等。

3. 可执行脚本文件

上面介绍的两种方式需要输入 awk 命令才能执行程序。除此之外，还可以通过类似 Shell 脚本的方式来执行 awk 命令。在这种方式中，需要在 awk 命令中指定命令解释器，并且赋予脚本文件可执行的权限。其中，指定命令解释器的语法如下：

```
#!/bin/awk -f
```

以上语句必须位于脚本文件的第一行，然后通过以下命令执行 awk 命令：

```
awk-script file
```

其中，awk-script 为 awk 脚本文件名称，file 为要处理的文本数据文件。

【例 11-3】 演示以可执行脚本文件的方式执行 awk 命令的方法，代码如下：

```
01  #-----------------------------/chapter11/ex11-3.sh--------------------
02  #! /bin/awk -f
03
04  #输出所有的行
05  { print }
```

在上面的代码中，第 2 行指定解释器为/bin/awk，第 5 行为 awk 语句。

以上代码的执行结果如下：

```
[root@linux chapter11]# chmod +x ex11-3.sh
[root@linux chapter11]# ./ex11-3.sh scores.txt
John        85          92          79          87
Nancy       89          90          73          82
Tom         81          88          92          81
Kity        79          65          83          90
Han         92          89          80          83
Kon         88          76          85          97
```

在上面的命令中，第 1 个命令将执行权限赋予 ex11-3.sh，第 2 个命令执行 ex11-3.sh 脚本文件。可以发现，例 11-3 的执行结果与前面两个例子完全相同。

11.2　awk 命令的模式匹配

在 awk 命令中，匹配模式处于非常重要的地位，它决定着匹配模式后面的操作会影响哪些文本行。awk 命令中的匹配模式主要包括关系表达式、正则表达式、混合模式，BEGIN 模式及 END 模式等，本节将对这些模式匹配进行详细地介绍。

11.2.1　关系表达式

awk 命令提供了许多关系运算符，如大于＞、小于＜、等于==等，关于关系运算符的详细使用方法，将在 11.4 节中详细介绍。awk 允许用户使用关系表达式作为匹配模式，当某个文本行满足关系表达式时，将会执行相应的操作。

【例 11-4】 演示如何使用关系表达式作为 awk 命令的匹配模式，代码如下：

```
01  #---------------------------------/chapter11/ex11-4.sh-------------------
02  #! /bin/bash
03
04  #打印第 2 列成绩超过 80 的行
05  result=`awk '$2 > 80 { print }' scores.txt`
06
07  echo "$result"
```

在上面第 5 行的 awk 语句中，$2 > 80 为关系表达式，表示第 2 列的成绩超过 80 分，其中，变量$2 为列变量，表示第 2 列的值。花括号中的 print 语句表示打印匹配成功的行。

程序的执行结果如下：

```
[root@linux chapter11]# ./ex11-4.sh
John        85          92          79          87
Nancy       89          90          73          82
Tom         81          88          92          81
Han         92          89          80          83
Kon         88          76          85          97
```

从上面的执行结果中可以看出，第 2 列的值为 79 的文本行已经被过滤掉。

> **注意**：变量$2 为列变量，表示引用第 2 列的值。关于列变量的使用方法将在 11.3 节中详细介绍。print 为 awk 语句中的操作，表示将符合条件的行输出到屏幕。

11.2.2 正则表达式

awk 命令支持以正则表达式作为匹配模式，与 sed 一样，用户需要将正则表达式放在两条斜线之间，其基本语法如下：

```
/regular_expression/
```

【例 11-5】 演示使用正则表达式作为匹配模式的方法，代码如下：

```
01  #---------------------------------/chapter11/ex11-5.sh-------------------
02  #! /bin/bash
03
04  #输出以字符 T 开头的行
05  result=`awk '/^T/ { print }' scores.txt`
06
07  echo "$result"
```

在上面的代码中，第 5 行的 awk 语句中的正则表达式为/^T/，表示筛选以字符 T 开头的文本行。

以上代码的执行结果如下：

```
[root@linux chapter11]# ./ex11-5.sh
Tom         81          88          92          81
```

【例 11-6】 使用更为复杂的正则表达式来充当匹配模式，代码如下：

```
01  #---------------------------------/chapter11/ex11-6.sh-------------------
02  #! /bin/bash
03
04  #输出以 Tom 或者 Kon 开头的行
05  result=`awk '/^(Tom|Kon)/ { print }' scores.txt`
06
```

```
07    echo "$result"
```

其中，第 5 行的 awk 语句中的正则表达式为/^(Tom|Kon)/，表示匹配所有以 Tom 或者 Kon 开头的文本行。

以上代码的执行结果如下：

```
[root@linux chapter11]# ./ex11-6.sh
Tom        81        88        92        81
Kon        88        76        85        97
```

11.2.3 混合模式

awk 命令不仅支持单个关系表达式或者正则表达式模式，还支持使用逻辑运算符&&、||或者!将多个表达式组合起来的模式。其中，&&表示逻辑与，||表示逻辑或，!表示逻辑非，关于这 3 个运算符的详细用法将在 11.4 节中介绍。

【例 11-7】 演示在 awk 命令中混合模式的使用方法，代码如下：

```
01    #---------------------------/chapter11/ex11-7.sh------------------
02    #! /bin/bash
03
04    #混合模式
05    result=`awk '/^K/ && $2 > 80 { print }' scores.txt`
06
07    echo "$result"
```

在上面的代码中，第 5 行的模式由一个正则表达式和一个关系表达式通过&&运算符连接起来，表示同时匹配以字符 K 开头并且第 2 列的值大于 80 的行。

以上代码的执行结果如下：

```
[root@linux chapter11]# ./ex11-7.sh
Kon        88        76        85        97
```

在 scores.txt 文件中，以字符 K 开头的行一共有两行，其中一个文本行第 2 列的值为 79，而另外一行第 2 列的值为 88。通过上面的执行结果可以发现，例 11-7 只输出了第 2 列值为 88 的那一行，这意味着代码第 5 行的混合模式已经生效。

> 注意：awk 命令的混合模式可以将正则表达式和关系表达式混合在一起使用，而不只是单纯使用正则表达式或者关系表达式。

11.2.4 区间模式

awk 命令还支持一种区间模式，也就是说通过模式可以匹配一段连续的文本行。区间模式的语法如下：

```
pattern1, pattern2
```

其中，pattern1 和 pattern2 都是前面所讲的匹配模式，可以是关系表达式，也可以是正则表达式等。当然，也可以是这些模式的混合形式。

【例 11-8】 在 awk 命令中使用区间模式匹配一段连续的文本行，代码如下：

```
01    #---------------------------/chapter11/ex11-8.sh------------------
02    #! /bin/bash
```

```
03
04     #区间模式
05     result=`awk '/^Nancy/, $2==92 { print }' scores.txt`
06
07     echo "$result"
```

在上面的代码中,第 5 行的 awk 命令语句中使用了区间模式来匹配文本行,其中:第 1 个模式为正则表达式,表示匹配以 Nancy 开头的文本行;第 2 个模式为关系表达式,表示匹配第 2 列的值为 92 的文本行。因此,上面的代码将输出匹配前后两个模式的所有行。

以上代码的执行结果如下:

```
[root@linux chapter11]# ./ex11-8.sh
Nancy           89              90              73              82
Tom             81              88              92              81
Kity            79              65              83              90
Han             92              89              80              83
```

> 注意:在使用区间模式时,一定要留心前后边界。如果有多个行符合匹配模式,则 awk 命令会匹配第一次符合要求的行。

11.2.5 BEGIN 模式

BEGIN 模式是一种特殊的内置模式,其成立的时机为 awk 命令刚开始执行,但是尚未读取任何数据。因此,该模式所对应的操作仅被执行一次,当 awk 命令读取数据时,BEGIN 模式便不再成立。所以,用户可以将与数据文件无关,而且在整个程序的生命周期中只需执行一次的代码放在 BEGIN 模式对应的操作中。

【例 11-9】 演示在 awk 命令中 BEGIN 模式的使用方法,代码如下:

```
01     #----------------------------/chapter11/ex11-9.sh-------------------
02     #! /bin/awk -f
03
04     #通过 BEGIN 模式输出字符串
05     BEGIN { print "Hello! World." }
```

在上面的代码中,第 2 行指定命令解释器为 awk,第 5 行指定模式为 BEGIN,其对应的操作为 print 语句。

以上代码的执行结果如下:

```
[root@linux chapter11]# ./ex11-9.sh
Hello! World.
```

对于例 11-9 有几点需要特别指出。首先,例 11-9 是通过可执行脚本文件执行 awk 命令的;其次,在 awk 中只包含 BEGIN 模式,在这种情况下,awk 不需要读取任何数据行,因此我们并没有指定数据文件。

通常情况下可以将一些初始化的操作放在 BEGIN 模式的操作中,如自定义列分隔符、行分隔符,以及初始化变量等,见下面的例子。

【例 11-10】 在 BEGIN 模式中进行变量的初始化操作,代码如下:

```
01     #----------------------------/chapter11/ex11-10.sh------------------
02     #! /bin/awk -f
03
04     #通过 BEGIN 模式初始化变量
```

```
05      BEGIN {
06          FS="[\t:]"
07          RS="\n"
08          count=30
09          print "The report is about students's scores."
10      }
```

在上面的代码中，第 5 行是 BEGIN 模式的开始，在花括号里是一系列的操作，其中第 6 行指定列分隔符为制表符，第 7 行指定行分隔符为换行符，第 8 行定义了一个名称为 count 的变量，第 9 行输出一条信息。

以上代码的执行结果如下：

```
[root@linux chapter11]# ./ex11-10.sh
The report is about students's scores.
```

由于例 11-10 只有一条输出语句，所以只输出一行信息。

> 注意：对于只包含 BEGIN 模式的 awk 命令，awk 不会打开任何数据文件。

11.2.6 END 模式

END 模式是 awk 命令的另外一种特殊模式，该模式成立的时机与 BEGIN 模式恰好相反，它是在 awk 命令处理完所有数据，将要退出程序时成立，在此之前，END 模式并不成立。无论数据文件中包含多少行数据，在整个程序的生命周期中，该模式所对应的操作只被执行一次。因此，一般情况下，可以将许多善后工作放在 END 模式对应的操作中。

【例 11-11】 演示在 awk 命令中 END 模式的使用方法，代码如下：

```
01   #---------------------------/chapter11/ex11-11.sh--------------------
02   #!/bin/awk -f
03
04   #输出报表头
05   BEGIN {
06       print "scores report"
07       print "================================"
08   }
09
10   #输出数据
11   { print }
12
13   #报表完成
14   END {
15       print "================================"
16       print "printing is over"
17   }
```

在上面的代码中，第 5~8 行是 BEGIN 模式及操作，用于输出数据报表的头部，第 11 行输出报表数据，第 14~17 行是 END 模式及其操作，用于输出提示信息。

以上代码的执行结果如下：

```
[root@linux chapter11]# ./ex11-11.sh scores.txt
scores report
================================
John      85      92      79      87
Nancy     89      90      73      82
Tom       81      88      92      81
```

```
Kity            79              65              83              90
Han             92              89              80              83
Kon             88              76              85              97
==============================
printing is over
```

11.3 变　　量

与其他程序设计语言一样，awk 本身支持变量的相关操作，包括变量的定义和引用等，此外，awk 还包含许多内置的系统变量。本节将介绍在 awk 命令中变量的相关知识。

11.3.1 变量的定义和引用

变量是用来存储数据的。变量由变量名和值两部分组成，其中变量名是用来实现变量值引用的途径，而变量值则是内存空间中存储的用户数据。

awk 命令的变量名只能包含字母、数字和下画线，并且不能以数字开头。例如，abc、a_、_z 及 a123 都是合法的变量名，而 123abc 则是非法的变量名。另外，awk 命令的变量名是区分大小写的。因此，X 和 x 分别表示不同的变量。

在 awk 命令中定义变量的方法非常简单，只要给出一个变量名并且赋予适当的值即可。awk 命令中的变量类型分为两种，分别为字符串和数值。但是在定义 awk 变量时无须指定变量类型，awk 会根据变量所处的环境自动判断。如果没有指定值，则数值类型变量的默认值为 0，字符串类型变量的默认值为空串。

【例 11-12】 演示 awk 变量的定义、赋值及引用的方法。为了避免指定的数据文件，本例的变量定义和赋值都在 BEGIN 模式中，代码如下：

```
01    #---------------------------/chapter11/ex11-12.sh--------------------
02    #! /bin/awk -f
03
04    BEGIN {
05        #定义变量 x
06        x=3
07        #定义变量 message
08        message="Hello " "world"
09        #输出变量
10        print x
11        print message
12    }
```

在上面的代码中，第 6 行定义了变量 x 并将数值 3 赋给变量 x，第 8 行定义变量 message，并将两个字符串连接后的结果赋给变量 message，第 10 行和第 11 行分别输出这两个变量的值。

程序的执行结果如下：

```
[root@linux chapter11]# ./ex11-12.sh
3
Hello world
```

11.3.2 系统内置变量

akw 命令提供了许多非常实用的系统变量，如字段变量、字段数变量及记录数变量等。如表 11-1 列出了在 awk 命令中常用的系统变量。

表 11-1　awk命令常用的系统变量

变　　量	说　　明
$0	记录变量，表示当前正在处理的记录
$n	字段变量，其中，n为整数且n大于1，表示第n个字段的值
NF	整数值，表示当前记录（变量$0所代表的记录）的字段数（number of field）
NR	整数值，表示awk命令已经读入的记录数（number of record）
FILENAME	表示正在处理的数据文件的名称
FS	字段分隔字符（field separator），默认值是空格或者制表符
RS	记录分隔符（record separator），默认值是换行符

与关系数据库对应，awk 命令要处理的文件也是由许多记录（record）组成的。所谓记录是指用来描述某个具体事物的各个方面的信息。记录是由多个字段（field）组成的，每个字段描述某个事物的一个方面。我们引入记录和字段概念的主要原因是虽然 awk 命令是逐行读取数据的，但是在处理数据时却是以记录为单位的，而且在某些情况下，记录可以跨越多行。因此，读者应该清楚文本行、记录及字段等概念的区别。

在表 11-1 中，变量$0 表示 awk 命令正在处理的记录，该变量将整个记录作为一个字符串进行处理。变量$n 表示当前记录的第 n 个字段的值，如$1 表示第 1 个字段的值，$2 表示第 2 个字段的值，以此类推。

NF 代表当前记录的字段数，在某些特殊情况下，数据文件的各条记录的字段数并不一定完全相同，因此对于所有的记录来说，该变量的值也不一定相同。NR 代表 awk 命令已经读取的记录数量。

FS 是一个比较常用的变量，用来表示字段分隔符。FS 的默认值为空格或者制表符，其也是最常见的分隔字段的方式。但是在某些情况下，例如在/etc/passwd 文件中，字段的分隔符是冒号。为了处理这种情况，用户可以使用 FS 变量自定义当前数据文件的字段分隔符，awk 命令会在处理数据文件之前参考该变量的值来分隔记录中的各个字段。

记录分隔符变量 RS 用来自定义数据文件中记录的分隔符。默认情况下，awk 命令会将换行符\n 作为记录分隔符，因此绝大部分的数据文件都是一行包含一条记录。如果某些文件中的一条记录跨越多行，则不能使用默认的分隔符，此时可以使用 RS 变量自定义记录分隔符。例如，可以将记录分隔符指定为空行。

注意：awk 命令会在读取数据行之前通过 FS 及 RS 确定记录和字段的分隔符，然后进行记录和字段的分隔。每读取一条记录之后，$0、$1 及$2 等变量都会自动更新。

11.3.3 记录分隔符和字段分隔符

对于文本形式的数据来说，记录分隔符和字段分隔符非常重要。因此本节对这两个分隔符专门进行介绍。

记录分隔符使用系统变量 RS 来指定，如果没有指定，则默认为换行符\n。在大多数的情况下，这种方式都是有效的，因为 awk 命令每次都是从数据文件中只读取一行数据进行处理。所以正常情况下，一行数据就代表一条记录。但是这并不意味着一直是这样的，有些数据文件使用多行文本来描述一条记录，articles.txt 文件内容如下：

```
Xiong, Yi
Can live xPlane imaging of the in-plane view…?
Pentacyclic hemiacetal sterol with antifouling…

Song Lin
Incidence of brain injuries in premature infants…
Identification of Ichthyotoxic Microalgae Species…
Rifampicin and Parkinson's disease

Li, Zhaohui
Frequency-locked multicarrier generator based…
Behavioral Stress Fails to Accelerate the Onset…
```

在上面的文件中，每条记录由作者及其发表的论文组成，首先是作者姓名，然后是所发表的论文标题，每个字段都是独占一行，记录之间用空行隔开。

对于上面的文件，如果使用默认的记录分隔符，则会将一条完整的记录拆分开，如下面的例子所示。

【例 11-13】 使用默认的记录分隔符处理数据，代码如下：

```
01  #---------------------------/chapter11/ex11-13.sh-------------------
02  #! /bin/awk -f
03
04  {
05      #输出每行数据
06      print
07      print "========================================="
08  }
```

在上面的代码中，第 6 行的作用是输出 awk 命令读取的数据行，第 7 行打印一行双横线作为屏幕上记录之间的分隔线。

程序的执行结果如下：

```
[root@linux chapter11]# ./ex11-13.sh articles.txt
Xiong, Yi
=========================================
Can live xPlane imaging of the in-plane view…?
=========================================
Pentacyclic hemiacetal sterol with antifouling…
=========================================

=========================================
Song Lin
=========================================
Incidence of brain injuries in premature infants…
=========================================
Identification of Ichthyotoxic Microalgae Species…
=========================================
Rifampicin and Parkinson's disease
=========================================
…
```

从上面的执行结果中可以看出，例 11-13 将一条完整的记录拆分成了多条记录，即原本是字段的数据现在也作为记录来显示了，显然这种结果并不是我们希望看到的。

为了解决这个问题，我们可以根据数据文件的实际情况指定记录分隔符。在 articles.txt 文件中，记录分隔符为空行。下面的例子通过指定记录分隔符，避免了记录分隔错误的问题。

【例 11-14】 通过自定义记录分隔符解决例 11-13 中出现的问题，代码如下：

```
01  #---------------------------/chapter11/ex11-14.sh--------------------
02  #! /bin/awk -f
03
04  BEGIN {
05      #定义记录分隔符
06      RS=""
07  }
08
09  {
10      print
11      print "========================================"
12  }
```

在上面的代码中，第 6 行定义记录分隔符为空串。此时，awk 命令会将空白行作为记录分隔符。前面已经讲过，awk 会在读取数据之前执行 BEGIN 模式所对应的操作。因此，把 RS 变量的定义放在 BEGIN 模式的操作中是最恰当的。

程序的执行结果如下：

```
[root@linux chapter11]# ./ex11-14.sh articles.txt
Xiong, Yi
Can live xPlane imaging of the in-plane view…?
Pentacyclic hemiacetal sterol with antifouling…
========================================
Song Lin
Incidence of brain injuries in premature infants…
Identification of Ichthyotoxic Microalgae Species…
Rifampicin and Parkinson's disease
========================================
Li, Zhaohui
Frequency-locked multicarrier generator based…
Behavioral Stress Fails to Accelerate the Onset…
========================================
```

从上面的执行结果中可以看出，在指定列分隔符之后，程序已经正确处理文件中的记录了。

注意：当将记录分隔符指定为空字符串时，awk 命令会将多个连续的空白行看作一个单一的记录分隔符。也就是说，awk 命令不会再将空白行作为一条空白记录。另外，awk 也会忽略文件开头和末尾处的空白行。

接下来介绍字段分隔符。默认情况下，awk 命令会将空格或者制表符作为字段分隔符。但是在某些情况下，如在上面的 articles.txt 文件中，每行为一个字段，当处理这种类型的数据时，必须自己来指定字段分隔符。

【例 11-15】 演示如何通过自定义记录分隔符和字段分隔符来处理 articles.txt 文件，代码如下：

```
01  #---------------------------/chapter11/ex11-15.sh--------------------
02  #! /bin/awk -f
03
```

```
04      BEGIN {
05          #定义记录分隔符
06          RS=""
07          #定义字段分隔符
08          FS="\n"
09      }
10      #输出第 1 个字段
11      { print $1 }
```

在上面的代码中，第 6 行指定记录分隔符为空字符串，第 8 行指定字段分隔符为换行符，第 11 行输出每条记录的第 1 个字段的值。

程序的执行结果如下：

```
[root@linux chapter11]# ./ex11-15.sh articles.txt
Xiong, Yi
Song Lin
Li, Zhaohui
```

从上面的执行结果中可以看出，程序已经正确输出了第 1 列的值。

11.3.4 记录和字段的引用

在 awk 命令中，可以使用系统变量来引用数据文件中的记录和字段。与关系数据库不同，awk 命令每次只是读取一行文本，因此，在 awk 命令中，记录和字段的引用都是针对当前记录而言的。

变量$0 表示正在读取的当前的记录，该变量将整个记录作为一个字符串来处理。因此，如果想要在程序中输出该变量的值，可以通过下面的例子来验证。

【例 11-16】 在 awk 脚本中引用当前记录，代码如下：

```
01  #--------------------------/chapter11/ex11-16.sh--------------------
02  #! /bin/awk -f
03
04  #通过$0 引用整个记录
05  { print $0 }
```

程序的执行结果如下：

```
[root@linux chapter11]# ./ex11-16.sh scores.txt
John    85      92      79      87
Nancy   89      90      73      82
Tom     81      88      92      81
Kity    79      65      83      90
Han     92      89      80      83
Kon     88      76      85      97
```

从上面的执行结果中可以看出，变量$0 的值正是当前的记录。

如果想单独引用某个具体的字段，可以使用系统变量$n 来实现，如下面的例子。

【例 11-17】 演示如何通过系统变量输出具体的字段，代码如下：

```
01  #--------------------------/chapter11/ex11-17.sh--------------------
02  #! /bin/awk -f
03
04  {
05      #输出第 1 个字段以及第 2~5 个字段的和
06      print $1, $2+$3+$4+$5
07  }
```

在上面的代码中，第 6 行用于输出第 1 个字段以及第 2～5 个字段的和。

程序的执行结果如下：

```
[root@linux chapter11]# ./ex11-17.sh scores.txt
John 343
Nancy 334
Tom 342
Kity 317
Han 344
Kon 346
```

> 注意：对于用户来说，变量$0 并不是只读的，用户可以自己把数据存储到$0 变量中，awk 仍然会自动分隔成多个字段。

11.4 运算符和表达式

awk 可以视为一种编程语言环境，因此，它也支持常用的运算符及表达式，如算术运算、逻辑运算及关系运算等。本节将对 awk 命令支持的常用的运算符及表达式进行介绍。

11.4.1 算术运算符

awk 命令支持常用的算术运算，这一点与其他程序设计语言基本相同。如表 11-2 所示为 awk 命令支持的算术运算符。

表 11-2 awk命令支持的算术运算符

运算符	说明	举例
+	加法运算	1+2表示计算1和2的和
-	减法运算	82-2表示计算82和2的差
*	乘法运算	2*5表示计算2和5的积
/	除法运算	6/3表示计算6和3的商
%	求模运算	5/2表示计算5除以2的余数
^	指数运算	2^3表示计算2的3次方

【例 11-18】 演示 awk 命令各种算术运算的操作，代码如下：

```
01  #---------------------------/chapter11/ex11-18.sh-------------------
02  #! /bin/awk -f
03
04  BEGIN {
05      #除法运算
06      x=5/2
07      print x
08      #求模运算
09      x=5%2
10      print x
11      #指数运算
12      x=2^3
13      print x
14  }
```

在上面的代码中,第 6 行计算表达式 5 除以 2 的商,第 9 行计算表达式 5 除以 2 的余数,第 12 行计算 2 的 3 次方。

程序的执行结果如下:

```
[root@linux chapter11]# ./ex11-18.sh
2.5
1
8
```

在上面的执行结果中,第 1 行是 5 除以 2 的商,可以得知,awk 支持浮点数。第 2 行是 5 除以 2 的余数,其值为 1。第 3 行是 2 的 3 次方,其值为 8。

11.4.2 赋值运算符

如表 11-3 所示为 awk 命令中常用的赋值运算符。

表 11-3 awk命令支持的赋值运算符

运算符	说 明	举 例
=	赋值运算	x=5表示将数值5赋给变量x
+=	复合赋值运算,表示将前后两个数值相加后的和赋给前面的变量	x+=5表示先将x的值与5相加,然后将和赋给变量x,等价于表达式x=x+5
-=	复合赋值运算,表示将前后两个数值相减后的差赋给前面的变量	x-=5表示先将变量x的值减去5,然后将得到的差赋给变量x,等价于表达式x=x-5
*=	复合赋值运算,表示将前后两个数值的乘积赋给前面的变量	x*=5表示先将变量x的值乘以5,然后将得到的乘积赋给变量x
/=	复合赋值运算,表示将前后两个数值的商赋给前面的变量	x/=5表示先将变量x除以5,然后将得到的商赋给变量x
%=	复合赋值运算,表示将前面的数值除以后面的数值所得的余数赋给前面的变量	x%=5表示将变量x与5相除后的余数赋给变量x
^=	复合运算符,表示将前面的数值和后面的数值次方赋给前面的变量	x^=3表示将变量x的3次方赋给变量x

在表 11-3 中,除了赋值运算符=之外,其他的都是复合赋值运算符,也就是先执行某个运算,然后将运算结果赋给前面的变量。

【例 11-19】 演示赋值运算符的使用方法,代码如下:

```
01  #-------------------------------/chapter11/ex11-19.sh--------------------
02  #! /bin/awk -f
03
04  BEGIN {
05      #简单赋值
06      x=4
07      print x
08      #求和赋值
09      x+=10
10      print x
11      #乘积赋值
12      x*=2
13      print x
14      #幂运算赋值
15      x^=2
```

```
16        print x
17    }
```

在上面的代码中，第 6 行是简单赋值语句，将整数值 4 赋给变量 x。第 9 行是加法复合赋值运算，将变量 x 的值先加上 10，然后赋给变量 x，此时变量 x 的值为 14。第 12 行是乘法复合赋值运算，先将变量 x 的值乘以 2，然后赋给变量 x，此时变量 x 的值为 28。第 15 行是幂赋值复合运算，先计算变量 x 的 2 次方，然后将计算结果赋给变量 x，最后得到的变量 x 的值为 784。

程序的执行结果如下：

```
[root@linux chapter11]# ./ex11-19.sh
4
14
28
784
```

可以发现，上面程序的执行结果与前面的分析完全一致。

11.4.3 条件运算符

awk 命令中的条件运算符只有一个，其语法如下：

```
expression?value1:value2
```

上面是一个三目运算符，当表达式 expression 的值为真时，返回值为 value1；否则，返回值为 value2。

【例 11-20】 演示条件运算符的使用方法，代码如下：

```
01    #---------------------------/chapter11/ex11-20.sh--------------------
02    #! /bin/awk -f
03
04    {
05        #如果大于 90，输出 A，否则输出 B
06        grade=($2>90?"A":"B")
07        print grade
08    }
```

在上面的代码中，第 6 行的条件运算符表示当第 2 个字段的值大于 90 时，变量 grade 的值为 A；否则，变量 grade 的值为 B。

程序的执行结果如下：

```
[root@linux chapter11]# ./ex11-20.sh scores.txt
B
B
B
B
A
B
```

11.4.4 逻辑运算符

awk 命令支持 3 种逻辑运算，分别为逻辑与、逻辑或和逻辑非，如表 11-4 列出了这 3 种运算的运算符。

表 11-4　awk命令支持的逻辑运算符

运算符	说　　明	举　　例
&&	逻辑与，当前后两个表达式的值全部为真时，其运算结果才为真，反之则为假	1>2&&3>2的值为假
||	逻辑或，在前后两个表达式中只要有一个为真，则其运算结果为真。当两个表达式的值都为假时，其运算结果才为假	1>2||3>2的值为真
!	逻辑非，当表达式的值为真时，其运算结果为假；当表达式的值为假时，其运算结果为真	!(1>2)的值为真

【例 11-21】　演示&&运算符的使用方法，代码如下：

```
01  #--------------------------/chapter11/ex11-21.sh--------------------
02  #! /bin/awk -f
03
04  #输出所有字段值都大于80的记录
05  $2 > 80 && $3 > 80 && $4 > 80 && $5 >80 {
06      print
07  }
```

在上面的代码中，第 5 行的匹配模式为第 2~5 个字段的值都大于 80。
程序的执行结果如下：

```
[root@linux chapter11]# ./ex11-21.sh scores.txt
Tom           81           88           92           81
```

11.4.5　关系运算符

awk 命令支持常用的关系运算符，如大于、小于及等于等。如表 11-5 列出了在 awk 命令中常用的关系运算符。

表 11-5　awk命令中的关系运算符

运算符	说　　明	举　　例
>	大于	5>2的值为真
>=	大于或等于	8>=8的值为真
<	小于	8<12的值为假
<=	小于或等于	4<=7的值为真
==	等于	8==8的值为真
!=	不等于	1!=3的值为真
~	匹配运算符	$1~/^T/表示匹配第1个字段以字符T开头的记录
!~	不匹配运算符	$1 !~/a/表示匹配第1个字段不含有字符a的记录

在表 11-5 中，匹配运算符"~"和不匹配运算符"!~"是 awk 命令特有的关系运算符，其语法如下：

A ~ B

和

A !~ B

在上面的语法中，A 表示一个字符串，B 表示一个正则表达式。匹配运算符用于判断在字符串 A 中是否包含符合正则表达式 B 所表达的子字符串；不匹配运算符用于判断在字符串 A 中是否不包含符合正则表达式 B 所表达的子字符串。

【例 11-22】 演示匹配运算符的使用方法,代码如下:

```
01  #--------------------------/chapter11/ex11-22.sh--------------------
02  #! /bin/awk -f
03
04  #匹配第 1 个字段以字符 K 开头的记录
05  $1 ~ /^K/ { print }
```

在上面的代码中,第 5 行的匹配模式为$1~/^K/,表示第 1 个字段是以字符 K 开头的记录。

程序的执行结果如下:

```
[root@linux chapter11]# ./ex11-22.sh scores.txt
Kity        79      65      83      90
Kon         88      76      85      97
```

11.4.6 其他运算符

除了前面介绍的运算符之外,awk 命令还支持一些运算符,如正号+、负号-、自增++及自减--等。这些运算符的使用方法与在其他语言中的使用方法完全相同,不再举例说明。

△注意:在 awk 命令中,各运算符的优先级与其他的程序设计语言相同,不再详细说明。

11.5 函　　数

awk 命令还提供了对函数的支持。awk 本身提供了许多系统函数,如字符串函数及算术函数。另外,用户还可以自定义函数。由于自定义函数的使用非常少,所以本节主要介绍 awk 命令提供的系统函数。

11.5.1 字符串函数

字符串是 awk 命令的两大类型之一,awk 命令提供了一些常见的字符串处理函数,如 index()、length()及 match()等。如表 11-6 所示为常用的字符串函数。

表 11-6　awk命令常用的字符串函数

函　　数	说　　明
index(string1, string2)	返回string2在string1中的位置。如果string2在string1中出现多次,则返回第1次出现的位置;如果string1不包含string2,则该函数返回0
length(string)	返回字符串string的长度
match(string, regexp)	在字符串string中搜索符合正则表达式regexp的子字符串。如果有多个匹配的字符串,则以第1个匹配的字符串为准。该函数的返回值体现在系统变量RSTART和RLENGTH中
split(string,array,seperator)	根据指定的分隔符seperator,将字符串string分隔成多个字段,并存储到数组array中

续表

函 数	说 明
sub(regexp,replacement,string)	将字符串string中第1个符合正则表达式regexp的子字符串替换为replacement
gsub(regexp,replacement,string)	将字符串string中所有符合正则表达式regexp的子字符串全部替换为replacement
substr(string,start,[length])	从字符串string中截取指定的子串，起始位置为start，长度为length。如果省略length，则表示从start开始一直截取到字符串结束

下面分别对表11-6中列出的函数进行详细介绍。

1．index(string1, string2)

index(string1, string2)函数用来定位字符串 string2 在字符串 string1 中出现的位置。如果出现多次，则返回第 1 次出现的位置；如果 string1 不包含 string2，则该函数返回 0。该函数区分字母的大小写，在使用时一定要注意。

【例 11-23】 演示 index()函数的使用方法，代码如下：

```
01  #---------------------------/chapter11/ex11-23.sh--------------------
02  #! /bin/awk -f
03
04  BEGIN {
05      #输出子串在父串中出现的位置
06      print index("Hello,world.","world")
07  }
```

在上面的代码中，第 6 行的 index()函数搜索字符串 world 在字符串 Hello,world 中出现的位置。

程序的执行结果如下：

```
[root@linux chapter11]# ./ex11-23.sh
7
```

2．length(string)

length(string)函数的返回值为整数，表示字符串 string 的长度。

【例 11-24】 演示 length()函数的使用方法，代码如下：

```
01  #---------------------------/chapter11/ex11-24.sh--------------------
02  #! /bin/awk -f
03
04  BEGIN {
05      #输出字符串的长度
06      print length("Hello, world.")
07  }
```

程序的执行结果如下：

```
[root@linux chapter11]# ./ex11-24.sh
13
```

3．match(string, regexp)

match(string, regexp)函数的第 1 个参数为字符串，第 2 个参数为正则表达式，其功能是在字符串 string 中搜索匹配正则表达式的子串。用户可以通过系统变量 RSTART 和

• 269 •

RLENGTH 来获取相关的返回值。其中，RSTART 用来返回正则表达式匹配的子串在父串中出现的位置，如果匹配不成功则返回 0。RLENGTH 用来返回正则表达式匹配的子串的长度，如果匹配不成功则返回-1。

【例 11-25】 演示 match()函数的使用方法，代码如下：

```
01  #--------------------------/chapter11/ex11-25.sh--------------------
02  #! /bin/awk -f
03
04  BEGIN {
05      #通过正则表达式搜索子串
06      match("Hello, world.",/o/)
07      print RSTART, RLENGTH
08  }
```

在上面的代码中，第 6 行的 match()函数中的正则表达式为/o/，表示匹配字符 o。第 7 行分别输出变量 RSTART 和 RLENGTH 的值。

程序的执行结果如下：

```
[root@linux chapter11]# ./ex11-25.sh
5 1
```

其中：第 1 个数字 5 表示正则表达式/o/匹配的子串在字符串 Hello, world 中第 1 次出现的位置为 5；第 2 个数字 1 表示正则表达式所匹配的子串的长度为 1。

4．split(string,array,seperator)

split(string,array,seperator)函数的功能是将一个字符串根据指定的分隔符拆分成一个数组。其中，第 1 个参数为要拆分的字符串，第 2 个参数是用来存储拆分结果的数组，第 3 个参数用来指定分隔符，分隔符可以使用正则表达式来表达。

【例 11-26】 演示 split()函数的使用方法，代码如下：

```
01  #--------------------------/chapter11/ex11-26.sh--------------------
02  #! /bin/awk -f
03
04  BEGIN {
05      string="5P12p89"
06      #使用分隔符 P 或者 p 分隔字符串
07      split(string,arr,/[Pp]/)
08      #输出第 1~3 个数组元素
09      print arr[1]
10      print arr[2]
11      print arr[3]
12  }
```

在上面的代码中，第 7 行的 split()函数中的分隔符为正则表达式/[Pp]/，表示使用大写字母 P 或者小写字母 p 来分隔字符串。同时，将分隔后的各个子串存储到数组 arr 中。第 9~11 行依次输出数组 arr 的各个元素的值。

程序的执行结果如下：

```
[root@linux chapter11]# ./ex11-26.sh
5
12
89
```

从上面的执行结果中可以看出，作为分隔符的字符并没有出现在拆分结果中。

5. sub(regexp,replacement,string)和gsub(regexp,replacement,string)

sub(regexp,replacement,string)和 gsub(regexp,replacement,string)函数的作用都是替换字符串中的子串,其区别在于前者只替换第 1 次出现的子串,而后者则替换所有出现的子串。这两个函数的参数完全相同,第 1 个参数为正则表达式,表示匹配规则,第 2 个参数为用来替换的字符串,第 3 个参数是将要被处理的字符串。

【例 11-27】 演示 sub()及 gsub()函数的使用方法,代码如下:

```
01  #--------------------------/chapter11/ex11-27.sh--------------------
02  #! /bin/awk -f
03
04  BEGIN {
05      #定义字符串
06      string="abcd6b12abcabc212@123465"
07      #将第 1 个符合正则表达式/(abc)+[0-9]*/的子串用括号括起来
08      sub(/(abc)+[0-9]*/,"(&)",string)
09      print string
10
11      #将所有符合正则表达式/(abc)+[0-9]*/的子串用括号括起来
12      gsub(/(abc)+[0-9]*/,"(&)",string)
13      print string
14  }
```

在上面的代码中,第 6 行定义了一个由各种字符组成的字符串。第 8 行的 sub()函数的第 1 个参数为正则表达式/(abc)+[0-9]*/,表示匹配 1 个或者多个字符串 abc,后面紧跟着 0 个或者多个数字的字符串;第 2 个参数为(&),其中的圆括号是普通字符,&符号表示引用前面匹配的子串,这个符号的作用在介绍正则表达式时已经详细介绍过了。

第 12 行代码的作用与第 8 行代码大致相同,不过使用的是 gsub()函数,因此第 8 行替换的是第 1 次出现的子串,而第 12 行替换的是所有出现的子串。

程序的执行结果如下:

```
[root@linux chapter11]# ./ex11-27.sh
(abc)d6b12abcabc212@123465
((abc))d6b12(abcabc212)@123465
```

在上面的执行结果中,第 1 行字符串是 sub()函数的替换结果,可以发现,sub()函数只替换了前 3 个字符 abc。而第 2 行字符串是 gsub()函数的替换结果,可以发现,gsub()函数进行了两处替换。

注意:在例 11-27 的执行结果中,第 2 行字符串的前 3 个字符由两层圆括号包裹,这是因为前面已经使用 sub()函数替换过 1 次了。另外,如果 sub()函数和 gsub()函数的第 2 个参数为空串,则表示将符合匹配规则的子串删除。

6. substr(string,start,[length])

substr(string,start,[length])函数的功能是截取指定长度的子串。第 1 个参数为父串,第 2 个参数表示子串开始截取的位置,第 3 个参数表示要截取的长度。其中,第 3 个参数可以省略,如果省略了该参数,则表示从 start 参数指定的位置开始,一直截取到父串的末尾。

通过 match()和 substr()函数可以将父串中所有符合规则的子串提取出来。

【例 11-28】 演示使用 substr()函数截取子串的方法，代码如下：

```awk
01  #---------------------------/chapter11/ex11-28.sh--------------------
02  #! /bin/awk -f
03
04  BEGIN {
05      #定义字符串变量
06      pages="p12-P34 P56-p78"
07      #通过循环依次匹配字符串中的数字
08      while(match(pages,/[0-9]+/)>0) {
09          #截取并输出匹配的子串
10          print substr(pages,RSTART,RLENGTH)
11          #删除匹配的子串
12          sub(/[0-9]+/,"",pages)
13      }
14  }
```

在上面的代码中，第 6 行定义了一个包含字母、数字及连字符的字符串。第 8～13 行是 while 循环结构，关于 while 循环结构，将在 11.7 节中介绍。第 8 行中的 while 循环语句的执行条件为 match(pages,/[0-9]+/)>0，表示当字符串变量 pages 中含有一个或者多个连续的数字时执行循环结构。第 10 行使用 substr()函数截取匹配的子串，第 1 个参数是 pages 变量，第 2 个参数为系统变量 RSTART，表示匹配的子串在父串中出现的位置，第 3 个参数为系统变量 RLENGTH，表示匹配的子串的长度，后两个参数都来自 match()函数的匹配结果。第 12 行使用 sub()函数将已经匹配过的子串删除。

程序的执行结果如下：

```
[root@linux chapter11]# ./ex11-28.sh
12
34
56
78
```

从上面的执行结果中可以看出，字符串中所有连续的数字都被提取出来了。

11.5.2 算术函数

awk 命令提供了基本的执行算术运算的函数，如表 11-7 所示。

表 11-7 awk命令中的算术函数

函　　数	说　　明
int(x)	返回数值x的整数部分
sqrt(x)	返回数值x的平方根
exp(x)	返回e的x次方
log(x)	返回以e为底的对数值
sin(x)	返回x的正弦值，x为弧度值
cos(x)	返回x的余弦值，x为弧度值
rand()	返回介于0～1的随机数
srand([x])	以x为种子返回一个随机数

关于算术函数的使用方法与其他程序设计语言基本相同，不再详细说明。

11.6 数　　组

用户可以在 awk 编程环境中使用数组。这种特性使用户在存储结构化的数据时变得非常方便。与其他程序设计语言相比，awk 中的数组有许多特殊的使用方法，本节将对这些使用方法进行详细介绍。

11.6.1 数组的定义和赋值

数组是用来存储一组相互关联的数据的结构体。在 awk 中可以自定义数组，并且在定义数组时，无须指定其类型和大小。实际上，awk 并没有提供数组定义的语句，当用户为数组第 1 个元素赋值时，awk 便会自动创建该数组。此时，数组中只有 1 个元素。当为数组中的第 2 个元素赋值时，数组中便会包含 2 个元素，以此类推。

awk 数组的命名规则与变量名基本相同，也是由字母、数字和下画线组成的。另外，awk 的数组名也是区分大小写的。例如，array 和 Array 是不同的数组名，初学者务必注意这一点。awk 数组的下标从 1 开始计算，即数组的第 1 个元素的下标为 1，第 2 个元素的下标为 2，以此类推。另外，awk 也支持关联数组，这与 Shell 是相同的。所谓关联数组，是指以字符串作为下标的数组。

在定义数组时，并不需要指定数组的数据类型。实际上，awk 数组可以存储任何简单类型的数据，如字符串、整数及浮点类型的数据，甚至在同一个数组，各个元素的类型也可以是不同的。

数组元素赋值的语法如下：

```
array[n]=value
```

其中，array 表示数组名称，n 表示数组元素的下标，等号为赋值运算符，value 为要赋给数组元素的数值。

用户可以使用以下语法引用数组元素的值：

```
array[n]
```

其中，array 表示数组名称，n 为数组元素的下标。

【例 11-29】　演示在 awk 脚本中数组的定义、数组元素的赋值以及引用数组元素的方法，代码如下：

```
01    #--------------------------/chapter11/ex11-29.sh--------------------
02    #! /bin/awk -f
03
04    BEGIN {
05        #为数组元素赋值
06        arr[1]="Tim"
07        arr[2]="John"
08        arr["a"]=12
09        arr[3]=3.1415
10        arr[4]=5
11        #输出数组元素的值
```

```
12      print arr[1],arr[2],arr["a"]*arr[3],arr[4]
13  }
```

在上面的代码中：第 6 行创建了一个名称为 arr 的数组，并且为下标为 1 的元素赋值一个字符串 Tim；第 7 行为下标为 2 的数组元素赋值一个字符串 John；第 8 行为下标为 a 的数组元素赋值一个整数 12；第 9 行为下标为 3 的数组元素赋值浮点数 3.1415；第 10 行为下标为 4 的数组元素赋值 5。第 12 行通过 print 语句依次输出下标为 1 和 2 的元素的值、下标为 a 和 3 的元素的乘积，以及下标为 4 的元素的值。

程序的执行结果如下：

```
[root@linux chapter11]# ./ex11-29.sh
Tim John 37.698 5
```

从上面的执行结果中可以看出，在同一个数组中，可以混合使用整数下标和字符串下标。另外，也可以将字符串、整数以及浮点数的数据赋给同一个数组的不同元素。数组的元素可以参与相关的运算。

11.6.2 遍历数组

所谓数组遍历，是指将数组中的每个元素的值依次输出。当然，也可以通过循环结构实现数组遍历。在使用正常的循环结构来遍历数组时，必须首先知道数组的长度，这样才能确定循环终止的条件。在 awk 中，数组的长度可以使用 length()函数获得，该函数以数组名作为参数，返回数组的长度。

【例 11-30】 演示通过正常的 for 循环结构来遍历数组，代码如下：

```
01  #---------------------------/chapter11/ex11-30.sh--------------------
02  #! /bin/awk -f
03
04  BEGIN {
05      #定义数组
06      stu[1]="200200110"
07      stu[2]="200200164"
08      stu[3]="200200167"
09      stu[4]="200200168"
10      stu[5]="200200172"
11
12      #计算数组的长度
13      len=length(stu)
14
15      #通过循环遍历数组
16      for(i=1;i<=len;i++)
17      {
18          print i,stu[i]
19      }
20  }
```

在上面的代码中，第 6~10 行定义了一个名称为 stu 的数组，其包含 5 个元素，第 13 行通过 length()函数获取数组的长度，第 16~19 行通过 for 循环结构遍历数组。

程序的执行结果如下：

```
[root@linux chapter11]# ./ex11-30.sh
1 200200110
2 200200164
3 200200167
```

```
4 200200168
5 200200172
```

使用上面的方法遍历数组有一个前提条件，即数组元素的下标必须是连续的，并且是以整数值作为下标。如果数组的下标是非连续的或者是字符串，那么使用上面的方法就不能实现数组的遍历。接下来介绍 awk 提供的另外一种遍历数组的方法。

awk 提供了一种更便捷的方法来遍历数组元素，其语法如下：

```
for (n in array) {
  print array[n]
}
```

在上面的语法中，n 表示数组元素的下标，array 表示数组的名称。当使用以上语法遍历数组时，awk 会将数组 array 中每个现有的下标依次赋给变量 n，每次赋值之后都执行一次循环体中的代码。可以发现，这是一种非常方便的方法，但是在这种方法中，数组元素的下标默认是无序的，因此导致通过以上语句得到的数组元素也是无序的。

【例 11-31】 演示使用 for 结构来遍历数组的方法，代码如下：

```
01  #--------------------------/chapter11/ex11-31.sh--------------------
02  #! /bin/awk -f
03
04  BEGIN {
05      #定义数组
06      arr[1]="Tim"
07      arr[2]="John"
08      arr["a"]=12
09      arr[3]=3.1415
10      arr[4]=5
11      arr[99]=23
12
13      #遍历数组
14      for(n in arr)
15      {
16          print arr[n]
17      }
18  }
```

在上面的代码中，第 6~11 行定义了一个名称为 arr 的数组，其下标包括整数和字符串。另外，数组的下标是不连续的。第 14~17 行通过 for 循环来遍历数组。

该程序的执行结果如下：

```
[root@linux chapter11]# ./ex11-31.sh
5
12
23
Tim
John
3.1415
```

从上面的执行结果中可以看出，for 循环并没有按照定义的顺序输出数组元素。为了更加清楚地显示 for 循环遍历的顺序，下面将代码第 16 行的 print 语句改为以下形式：

```
print n
```

即直接输出下标。修改以后的例 11-31 的执行结果如下：

```
[root@linux chapter11]# ./ex11-31.sh
4
a
```

```
99
1
2
3
```

在上面的输出结果中,下标并没有按顺序排列。另外,在 for 循环中输出的下标是用户定义时的下标,并没有转换为整数。

注意:如果要按照顺序遍历数组,则必须使用下标来引用数组元素。

除了上面所介绍的内容之外,awk 还提供了关于数组的其他操作,例如,可以使用 delete 语句来删除数组的某个元素,使用 in 运算符来判断数组中是否包含某个元素等。这些内容,读者可以参考相关的书籍,这里不再详细介绍。

11.7 流程控制

作为一种程序设计语言,awk 支持对程序流程的控制,如条件判断、循环及其他一些流程控制语句,如 continue、break,以及 exit 等。掌握这些基本的流程控制语句对于编写出结构良好的程序非常重要。本节介绍 awk 流程控制语句的使用方法。

11.7.1 if 语句

if 语句的功能是根据用户指定的条件决定执行程序的哪个分支,其语法如下:

```
if (expression)
{
    statement1
    statement2
}
else
{
    statement3
    statement4
}
```

在上面的语法中,当表达式 expression 的值为真时,执行语句 statement1 和 statement2;否则,执行语句 statement3 和 statement4。如果 if 及 else 后面的语句只有 1 条,则可以省略花括号,变成以下形式:

```
if (expression)
    statement1
else
    statement2
```

为了提高程序的可读性,有的开发者习惯无论是不是多条语句,都使用花括号将其括起来。

如果用户只想处理表达式 expression 的值为真的情况,而忽略为假的情况,则可以省略 else 语句,只保留 if 语句。例如:

```
if (expression)
{
```

```
   statement1
   statement2
}
```

除此之外，if 和 else 语句还可以嵌套，从而实现更复杂的条件分支结构。

【例 11-32】 演示多层嵌套 if 语句的使用方法，代码如下：

```
01  #------------------------/chapter11/ex11-32.sh------------------
02  #! /bin/awk -f
03
04  {
05    #90 分以上为 A
06    if ($2 >= 90) {
07       print $1,"A"
08    }
09    else {
10      #80 分以上为 B
11      if($2 >= 80 && $2 < 90)
12      {
13         print $1,"B"
14      }
15      #其余为 C
16      else
17      {
18         print $1,"C"
19      }
20    }
21  }
```

程序的功能是根据输入文件中的第 2 个字段的值进行分级，90 分以上输出 A，80 分以上但是 90 以下输出 B，其余分数输出 C。本例所使用的数据文件就是前面创建的 scores.txt 文件。

程序的执行结果如下：

```
[root@linux chapter11]# ./ex11-32.sh scores.txt
John B
Nancy B
Tom B
Kity C
Han A
Kon B
```

11.7.2 while 语句

while 语句是另外一种常用的循环结构，其语法如下：

```
while (expression)
{
   statement1
   statement2
   …
}
```

当表达式 expression 的值为真时，执行循环体中的 statement1 和 statement2 等语句。如果循环体中只包含一条语句，则可以省略花括号。

【例 11-33】 演示 while 循环语句的使用方法，代码如下：

```
01  #------------------------/chapter11/ex11-33.sh------------------
```

```
02    #! /bin/awk -f
03
04    BEGIN {
05        #定义循环变量
06        i=0
07        #while 循环开始
08        while (++i <= 9)
09        {
10            #输出循环变量 i 的平方
11            print i^2
12        }
13    }
```

在上面的代码中，第 6 行定义循环变量 i，并且赋初值为 0。第 8 行是 while 循环结构的开始，其中 i<=9 为循环条件，++i 是一个前置自增表达式。第 11 行输出循环变量的平方。

程序的执行结果如下：

```
[root@linux chapter11]# ./ex11-33.sh
1
4
9
16
25
36
49
64
81
```

从上面的执行结果中可以看出，本例实际上是输出了 1~9 这 9 个数字的平方。

11.7.3　do…while 语句

awk 还支持 do…while 循环语句，其语法如下：

```
do {
   statement1
   statement2
   …
}while (expression)
```

同样，当表达式 expression 的值为真时，执行循环体中的语句。

【例 11-34】　使用 do…while 循环结构实现输出 1~9 的平方，代码如下：

```
01    #---------------------------/chapter11/ex11-34.sh------------------
02    #! /bin/awk -f
03
04    BEGIN {
05        #定义循环变量
06        i=1
07        do
08        {
09            #输出循环变量的平方
10            print i^2
11        }while (++i<=9)
12    }
```

程序的执行结果如下：

```
[root@linux chapter11]# ./ex11-34.sh
1
4
9
16
25
36
49
64
81
```

> 注意：while 语句与 do…while 语句的区别在于后者首先会执行循环体中的语句，然后判断是否继续执行，因此 do…while 循环体中的语句至少执行一次。while 语句首先判断表达式的值是否为真，然后才决定是否执行循环体。

11.7.4 for 语句

for 循环语句通常用在循环次数已知的场合中，其语法如下：

```
for(expression1; expression2; expression3)
{
  statement1
  statement2
  …
}
```

在上面的语法中，表达式 expression1 通常用来初始化循环变量，表达式 expression2 通常用来指定循环执行的条件，表达式 expression3 通常用来改变循环变量的值。当表达式 expression2 的值为真时，执行循环体中的语句。

【例 11-35】 通过两层 for 循环实现九九乘法表的打印输出，代码如下：

```
01  #-------------------------/chapter11/ex11-35.sh-------------------
02  #! /bin/awk -f
03
04  BEGIN {
05      #外层循环
06      for(i=1;i<=9;i++)
07      {
08          #内层循环
09          for(j=1;j<=i;j++)
10          {
11              #将每一行的数值连接成一个字符串
12              if(i*j<10)
13              {
14                  row=row"  "i*j
15              }
16              else
17              {
18                  row=row" "i*j
19              }
20          }
21          #输出每行数值
22          print row
23          row=""
24      }
25  }
```

在上面的代码中，第 6～23 行是外层 for 循环，该循环从 1 开始，当循环变量 i 的值增加到 9 时终止。第 9～20 行是内层 for 循环，该循环从 1 开始，当循环变量 j 的值增加到外层循环的循环变量 i 时终止。为了能够使外层循环一次所得到的乘积在同一行中输出，所以使用了一个名称为 row 的变量将同一次外层循环中的所有乘积连接成一个字符串。为了使格式更加整齐，当乘积小于 10 时，乘积之间用 3 个空格隔开；当乘积大于或等于 10 时，乘积之间用两个空格隔开。第 22 行通过 print 语句将变量 row 的值输出。

程序的执行结果如下：

```
[root@linux chapter11]# ./ex11-35.sh
 1
 2   4
 3   6   9
 4   8  12  16
 5  10  15  20  25
 6  12  18  24  30  36
 7  14  21  28  35  42  49
 8  16  24  32  40  48  56  64
 9  18  27  36  45  54  63  72  81
```

> 注意：除了上面介绍的 for 循环之外，还有一种专门用来遍历数组的 for 循环结构，在介绍数组的时候已经讲过，这里不再重复说明。

11.7.5　break 语句

用户可以通过使用 break 语句在适当的时机退出 for 和 while 等循环结构，而不必等到循环结构自己退出。

【例 11-36】　在 awk 命令中通过 while 循环读取数据文件，当第 1 列的值为 Kity 时，退出 while 循环，代码如下：

```
01  #---------------------------/chapter11/ex11-36.sh--------------------
02  #! /bin/awk -f
03
04  BEGIN {
05      #循环读取数据
06      while( getline < "scores.txt" > 0)
07      {
08          #当第 1 个字段的值为 Kity 时退出
09          if($1=="Kity")
10              break
11          else
12              print $1,$2,$3,$4,$5
13      }
14  }
```

在上面的代码中，第 6 行的 getline 读取数据文件，该数据来自文件的输入重定向。getline 是 awk 中用于输入重定向的一个函数，它不仅可以从当前被处理的文件中读取数据，而且可以从标准输入、管道或者文件中读取输入数据。getline 函数读取一行数据之后，会自动更新 NF、NR 及 FNR 等系统变量。如果成功读取一条记录，则 getline 函数返回 1；如果到了文件末尾，则返回 0。因此，在上面的代码中，使用 getline 函数的返回值大于 0 作为 while 循环执行的条件。

第 9 行判断第 1 个字段的值是否等于 Kity。如果等于 Kity，则退出循环；否则输出第 1~5 个字段的值。

程序的执行结果如下：

```
[root@linux chapter11]# ./ex11-36.sh
John        85      92      79      87
Nancy       89      90      73      82
Tom         81      88      92      81
```

> 注意：break 语句不仅可以用在 while 循环结构中，还可以用在 for 及 do…while 循环结构中，包括嵌套循环结构，读者可以自己去练习。

11.7.6 continue 语句

continue 语句的主要功能是跳过循环结构中该语句后面尚未执行的语句。break 语句与 continue 语句的功能有明显的区别，前者是直接退出循环结构，而后者是跳过循环体中尚未执行的语句，重新执行下一次循环。

【例 11-37】 演示 continue 语句的使用方法，代码如下：

```
01    #---------------------------/chapter11/ex11-37.sh-------------------
02    #! /bin/awk -f
03
04    BEGIN {
05        #通过循环读取数据
06        while( getline < "scores.txt" > 0 )
07        {
08            #当第 1 个字段含有字符串 Kity 时跳过后面的语句
09            if($1 == "Kity")
10                continue
11            print $1,$2,$3,$4,$5
12        }
13    }
```

实际上，本例只是将例 11-36 中的第 10 行代码换成了 continue 语句，其他代码完全相同。

程序的执行结果如下：

```
[root@linux chapter11]# ./ex11-37.sh
John        85      92      79      87
Nancy       89      90      73      82
Tom         81      88      92      81
Han         92      89      80      83
Kon         88      76      85      97
```

对比例 11-36 和例 11-37 的输出结果可以发现，例 11-36 只输出了 3 行，其中包含第 1 个字段为 Kity 的行在内的后面 3 行并没有被输出。这说明当第 1 列的值为 Kity 时，break 语句导致 while 循环直接退出。而例 11-37 的输出结果只缺少第 1 列为 Kity 的那一行，该行后面的其他行仍然被输出了，这说明 continue 语句仅会在第 1 列的值为 Kity 时，其后面的 print 语句才会被跳过，但是并没有退出循环结构。

11.7.7　next 语句

next 语句的功能与 continue 语句非常相似,但是 next 语句并不是用在循环结构中,而是用在整个 awk 命令中。当执行 awk 命令时,如果遇到 next 语句,则该语句后面所有的程序语句都将被忽略,包括其他模式以及对应的操作。awk 会继续读取下一行数据,并且从第一个模式及其操作开始执行。

假设存在一个包含许多空行的文件,内容如下:

```
[root@linux chapter11]# cat scores3.txt
John            85          92          79          87


Nancy           89          90          73          82
Tom             81          88          92          81


Kity            79          65          83          90


Han             92          89          80          83
Kon             88          76          85          97
```

现在需要输出这些数据,并且忽略其中的空行。

【例 11-38】　使用 next 语句可以解决上面的问题,条件代码如下:

```
01  #--------------------------/chapter11/ex11-38.sh--------------------
02  #! /bin/awk -f
03
04  #当读取的行为空行时跳过后面的语句
05  /^[\t]*$/ {
06      next
07  }
08
09  #输出各个字段
10  {
11      print $1,$2,$3,$4,$5
12  }
```

在上面的代码中,第 5 行的模式为正则表达式/^[\t]*$/,表示匹配只含有 0 个或者多个制表符的行。当匹配成功时,执行第 6 行的 next 语句。第 10~12 行的 print 语句只有非空行时才会被执行。

程序的执行结果如下:

```
[root@linux chapter11]# ./ex11-38.sh scores3.txt
John            85          92          79          87
Nancy           89          90          73          82
Tom             81          88          92          81
Kity            79          65          83          90
Han             92          89          80          83
Kon             88          76          85          97
```

从上面的执行结果中可以看出,所有的空白行都被忽略,没有出现在输出结果中。next 语句还可以用在其他场合中,读者可以深入理解 next 语句的功能,在此基础上达到灵活运用的目的。

> **注意**：从执行效果上看，next 语句和 continue 语句非常相似，都是跳过后面的部分语句，但是二者的应用场合有所不同。

11.7.8　exit 语句

exit 语句的功能是终止 awk 命令的执行。该语句的使用方法与其他语句基本相同，在此不再举例说明。

11.8　awk 命令格式化的输出

对于程序来说，输出是一项非常重要的功能，而绝大部分用户对于数据输出都有一定的格式要求，awk 提供了基本的格式化输出功能。本节将介绍在 awk 命令中与输出有关的函数。

11.8.1　基本的 print 语句

print 语句提供了基本的输出功能。我们在前面的许多例子中已经使用该语句输出了各种数据。print 语句的基本语法如下：

```
print string1,string2, …
```

在上面的语法中，参数 string1 及 string2 等都是要输出的数据，各个参数之间使用逗号隔开。在输出数据的时候，print 语句会自动使用空格将各个参数值隔开。

关于 print 语句，在此不再详细举例说明，读者可以参考前面的例子了解其使用方法。

11.8.2　格式化输出 printf() 函数

虽然大多数情况下 awk 的 print 语句可以完成输出任务，但是有时还需要对格式进行更多的设置。awk 提供了 printf() 函数来实现字符串的格式化。这个函数的功能和语法与 C 语言中的 printf() 函数基本相同，语法如下：

```
printf(format, [arguments])
```

其中，圆括号是可选的，第 1 个参数 format 是一个用来描述输出格式的字符串，通常是以引号括起来的字符串常量。arguments 为一个参数列表，表示用来显示的数据，可以是变量名等，多个参数之间用逗号隔开。参数列表的项是有顺序的，与前面的格式化字符串中的格式说明相对应。

格式化字符串的语法如下：

```
%format
```

在每个格式描述符前面都要使用一个百分号%，awk 命令常用的格式化描述符如表 11-8 所示。

表 11-8 awk命令常用的格式化描述符

描 述 符	说 明	描 述 符	说 明
c	ASCII字符	s	字符串
d	十进制整数	%	百分号
e	浮点格式		

在表 11-8 中，最常用的格式描述符为 d 和 s，其中，d 表示以十进制整数的形式显示相应的参数，s 表示以字符串的形式显示相应的参数。

【例 11-39】 演示 printf()函数的使用方法，代码如下：

```
01  #----------------------------/chapter11/ex11-39.sh--------------------
02  #! /bin/awk -f
03
04  #格式化输出各个字段
05  {
06    printf ("%s\t%d\t%d\t%d\t%d\t%d\n",$1,$2,$3,$4,$5,($2 + $3 + $4 + $5))
07  }
```

在上面的代码中，第 6 行使用 printf()函数输出一个成绩报表，各个列分别为姓名、各科成绩及总成绩。

程序的执行结果如下：

```
[root@linux chapter11]# ./ex11-39.sh scores.txt
John         85        92        79        87        343
Nancy        89        90        73        82        334
…
```

⚠ 注意：与 print 语句不同，printf()函数不会自动在输出的末尾追加一个换行符，因此，用户需要在格式化字符串的最后追加一个\n 字符。

11.8.3 使用 sprintf()函数生成格式化字符串

上面介绍的 printf()函数会将格式化结果输出到标准输出设备。sprintf()函数的功能与 printf()函数的功能大致相同，但是该函数只是以字符串的形式返回格式化结果，并不输出到标准输出设备。可以将格式化的结果进行其他处理或者通过 print 语句和 printf()函数输出到标准输出。

【例 11-40】 演示 awk 工具的简单报表功能，代码如下：

```
01  #----------------------------/chapter11/ex11-40.sh--------------------
02  #! /bin/awk -f
03
04  BEGIN {
05    #输出报表头
06    print "Scores list"
07  }
08
09  {
10    #逐行输出学生成绩
11    printf ("%s\t%d\t%d\t%d\t%d\t%d\n",$1,$2,$3,$4,$5,($2 + $3 + $4 + $5))
```

```
12      #计算总成绩
13      total+=$2 + $3 + $4 + $5
14  }
15
16  END {
17      #计算平均分
18      average=total/NR
19      #格式化统计结果
20      sum=sprintf("Total: %d students, average: %.2f",NR,average)
21      print sum
22  }
```

在上面的代码中，第 4~7 行是 BEGIN 模式，用来输出报表头部。第 9~14 行匹配所有的记录，然后依次输出各条记录，其中，第 13 行用于计算总成绩。第 16~22 行是 END 模式，其功能是输出统计信息。其中，第 20 行使用 sprintf()函数格式化统计结果。格式化字符%.2f 表示以浮点形式显示对应的参数，并且保留 2 位小数。

程序的执行结果如下：

```
[root@linux chapter11]# ./ex11-40.sh scores.txt
Scores list
John        85          92          79          87          343
Nancy       89          90          73          82          334
Tom         81          88          92          81          342
Kity        79          65          83          90          317
Han         92          89          80          83          344
Kon         88          76          85          97          346
Total: 6 students, average: 337.67
```

11.9 awk 命令与 Shell 的交互

awk 命令提供了与 Shell 命令交互的功能，从而可以使用户在 awk 命令中使用系统资源。awk 命令主要通过两种机制来实现这种交互功能，分别为管道和 sytem()函数。本节将对这两种交互机制进行详细介绍。

11.9.1 通过管道实现与 Shell 的交换

awk 提供了管道来实现数据的双向交互，因此用户可以很容易地在 awk 命令中使用操作系统资源，包括调用 Shell 命令处理程序中的数据；或者在 awk 命令中获取 Shell 命令的执行结果。awk 的管道与 UNIX 或者 Linux 中的管道非常相似，但是特性不同。

【例 11-41】 使用管道调用 Shell 命令来获取当前在线的用户数，代码如下：

```
01  #--------------------------/chapter11/ex11-41.sh--------------------
02  #! /bin/awk -f
03
04  BEGIN {
05      #通过管道获取 who 命令的执行结果
06      while("who" | getline) n++
07      printf("There %d online users.\n",n)
08  }
```

在上面的代码中,第 6 行是一个 while 循环结果,其循环条件为"who" | getline。在执行的时候,awk 首先会调用 Shell 命令 who,该命令会列出当前系统中已经登录的用户,每一行描述一个用户的信息。然后将 who 命令的执行结果通过管道传递给 getline()函数,该函数依次读取每一行数据,在逐行读取数据的过程中,实现变量 n 的自增。其中变量 n 的最后值就代表当前在线的人数。

程序的执行结果如下:

```
[root@linux chapter11]# ./ex11-41.sh
There 1 online users.
```

> 注意:awk 的管道与 UNIX、Linux 的管道虽然名称相同,但是不是同一个概念。

11.9.2 通过 system()函数实现与 Shell 的交互

awk 提供了另一个调用 Shell 命令的方法,即使用 system()函数,其语法如下:

```
system(command)
```

其中,参数 command 表示要执行的 Shell 命令。与管道相比,system()函数有许多局限,如不能在 awk 中直接获取 Shell 命令的执行结果,也不能直接将 awk 中的数据传递给 Shell 命令。要实现这种数据传递,需要借助其他手段。

【例 11-42】 通过 awk 的 system()函数执行 Shell 中的 ls 命令,并且将得到的文件列表在程序中打印出来,代码如下:

```
01  #--------------------------/chapter11/ex11-42.sh--------------------
02  #! /bin/awk -f
03
04  BEGIN {
05      #使用 system()函数调用 Shell 命令
06      system("ls > filelist")
07      #通过 getline()函数获取数据
08      while(getline < "filelist" > 0)
09      {
10          print $1
11      }
12  }
```

在上面的代码中,第 6 行使用 system()函数执行 ls 命令,由于 system()不支持数据的传递,所以需要借助一个临时文件作为数据传递的桥梁,即将 ls 命令的执行结果重定向到名称为 filelist 的文件中。第 8 行使用 getline()函数从数据文件中读取数据,然后在第 10 行输出到屏幕上。

程序的执行结果如下:

```
[root@linux chapter11]# ./ex11-42.sh
articles.txt
8    ex11-10.sh
9    ex11-11.sh
10   ex11-12.sh
11   ex11-13.sh
…
```

11.10 小　　结

本章系统地介绍了 awk 命令的使用方法，主要内容包括 awk 命令的基础知识、awk 命令的模式匹配、变量、运算符和表达式、函数、数组、流程控制、格式化输出，以及 awk 与 Shell 的交互等。读者需要重点掌握 awk 命令的基本语法，理解 awk 的匹配模式、流程控制及其常用的函数等。第 12 章将介绍 Shell 程序中的文件操作。

11.11 习　　题

一、填空题

1. awk 是一款非常强大的_____工具。简单地说，它是一种处理_____的编程语言。
2. 用户可以通过 3 种方式执行 awk 命令，分别是_____、_____以及_____。
3. awk 中的匹配模式主要保存_____、_____、_____、_____及_____等。

二、选择题

1. 下面的变量名中，(　　)是一个合法的 awk 变量名。
   A．abc　　　　　　　B．123abc　　　　　　C．123_abc　　　　　　D．a123
2. 在 awk 支持的字符串函数中，(　　)函数用来获取字符串的长度。
   A．index()　　　　　B．length()　　　　　C．match()　　　　　　D．split()
3. 使用 awk 命令对数据输出有格式化要求时，可以使用(　　)语句实现。
   A．print　　　　　　B．next　　　　　　　C．exit　　　　　　　　D．printf

三、判断题

1. 在 awk 脚本中不能包含除 awk 语句之外的其他命令或者语句。　　　　　　(　　)
2. 在使用 awk 的区间模式时，如果有多个行符号匹配模式，则 awk 会匹配第一次符合要求的行。　　　　　　　　　　　　　　　　　　　　　　　　　　　　(　　)

四、操作题

1. 创建文件 awk.txt，内容如下：

```
101,oldgirl,CEO
102,zhangya,CTO
103,lidao007,COO
104,yy,CFO
105,feixue,CIO
```

使用 awk 命令读取从包含 old 到 lidao 的行。

2. 使用 awk 命令取出 /etc/passwd 中的每行内容并加上行号。

第 12 章 文 件 操 作

Linux 及 UNIX 始终秉持"一切即文件"的理念。因此，在 Shell 编程的过程中，对文件的操作是一件非常频繁的事情。本章将介绍 Shell 程序设计中与文件操作相关的知识。

本章涉及的主要知识点如下：

- ❏ 文件的基础知识：主要介绍如何列出文件、文件的类型及文件的权限等相关知识。
- ❏ 查找文件：主要介绍如何使用 find 命令来查找文件，包括 find 命令及语法、find 命令的路径参数、测试条件、如何使用!运算符对测试求反、如何处理文件权限错误信息，以及 find 命令的常用动作等。
- ❏ 比较文件：主要介绍如何使用 comm 及 diff 等命令来比较文件。
- ❏ 文件描述符：主要介绍什么是文件描述符、标准输入、标准输出及标准错误。
- ❏ 重定向：主要介绍输入重定向、输出重定向及其使用方法。

12.1 文件的基础知识

对于大多数的 Linux 及 UNIX 系统管理员来说，他们每天面对的都是各种类型的文件，包括系统配置的更改、软件的安装及调试等。因此，了解 Linux 系统中文件的基础知识非常重要。本节将介绍文件的类型及文件的权限等相关知识。

12.1.1 列出文件

相对于 Windows 等操作系统，Linux 系统管理员最常使用的不是图形界面而是字符界面。因此，所有的操作都依赖 Linux 命令来完成。一般情况下，在进入某个目录之后，用户总是需要查看当前目录下的文件列表，以确定需要操作的文件是否存在。

Linux 提供了 ls 命令来列出（list）某个目录下的内容，基本语法如下：

```
ls [option] … [file] …
```

在上面的语法中，option 表示 ls 命令的选项，file 参数表示文件名。

最简单的 ls 命令是不带任何选项和参数的，例如：

```
[root@linux chapter12]# ls
ex12-1.sh    iex12-1.sh      iex12-2.sh
```

当单独使用 ls 时，该命令会列出当前目录下的文件名称。这些文件名会以多列形式显示。某些情况下获取到文件名就可以判断文件是否存在，但是绝大部分情况下，使用不带任何选项和参数的 ls 命令所提供的信息非常少。因为在 Linux 中，除了文件名之外，文本还拥有许多属性，如文件的大小、文件的所有者及文件创建日期等。

用户可以使用 ls 命令的-l 选项来显示更详细的信息，例如：

```
[root@linux chapter12]# ls -l
total 12
-rwxr-xr-x  1    root     root     43     Jul 12 23:04    ex12-1.sh
-rwxr-xr-x  1    root     root     158    Jul 12 11:38    iex12-1.sh
-rwxr-xr-x  1    root     root     109    Jul 12 11:02    iex12-2.sh
…
```

在上面的输出结果中，第 1 列为文件类型和访问权限，其中，第 1 个字符为文件的类型，如果为常规文件，则使用一个连字符-表示。关于其他文件类型的表示方法，将在 12.1.2 节中介绍。后面的 9 个字符为文件的访问权限，分为 3 组，每 3 个字符为一组，分别表示文件的所有者、同组用户，以及其他组用户对该文件的访问权限。在每组权限中，使用 3 个字符 r、w 和 x 分别表示读、写和执行权限。如果当前用户没有该权限，则使用连字符-表示。

第 2 列为文件的硬链接数，在上面的例子中，所有的文件只有一个硬链接，即文件本身。第 3 列为文件的所有者，在上面的例子中，文件的所有者为 root。第 4 列为所有者的主用户组，第 5 列为文件的大小，第 6 列为文件的最后访问时间，第 7 列为文件名。

如果没有指定路径，则 ls 命令会列出当前工作目录的内容。用户可以在 ls 命令的后面加上具体的路径，以显示指定路径的内容。例如下面的命令列出/etc 目录下的文件：

```
[root@linux chapter12]# ls -l /etc
total 2228
drwxr-xr-x.  3    root     root     4096    Jul 12  2023    abrt
drwxr-xr-x.  4    root     root     4096    Jul 12  2023    acpi
-rw-r--r--.  1    root     root     45      Jul 12  2023    adjtime
-rw-r--r--.  1    root     root     1512    Jul 12  2023    aliases
…
```

在 Linux 或者 UNIX 中，隐藏文件的文件名以圆点.开头，默认情况下，ls 命令并不会列出隐藏文件。如果想要列出所有（all）的文件，包括隐藏文件，可以使用-a 选项。例如，下面的命令将列出用户 root 主目录下的所有文件：

```
[root@linux ~]# cd
[root@linux ~]# ls -la
total 2129964
dr-xr-x---+   76    root     root     4096     Jul 12 15:25    .
dr-xr-xr-x.   28    root     root     4096     Jul 12 12:51    ..
-rw-------.   1     root     root     14402    Jul 12 04:46    .bash_history
-rw-r--r--.   1     root     root     18       Jul 12  2023    .bash_logout
-rw-r--r--    1     root     root     195      Jul 12 08:34    .bash_profile
-rw-r--r--.   1     root     root     176      Jul 12  2023    .bashrc
drwxr-xr-x.   4     root     root     4096     Jul 12 22:23    .cache
…
```

在上面的执行结果中，第 1 行的文件名为一个圆点，表示当前的目录。第 2 行的文件名为两个圆点，表示当前目录的父目录。所有的目录中都包含"."和".."这两个特殊的目录。第 3 行开始都是以圆点开头的普通的隐藏文件。

注意：关于 ls 命令的其他选项，读者可以参考 Shell 手册。

12.1.2 文件的类型

具体地讲，UNIX 的文件类型非常多。但是这些类型大致可以分为 3 类，分别为普通文件、目录和伪文件。在伪文件中，有 3 种类型最常见，分别为特殊文件、命名管道及 proc 文件。下面分别对这些文件类型进行介绍。

1．普通文件

普通文件又称为常规文件或者一般文件，是与人直接打交道最多的文件类型。普通文件包含数据，通常位于某种类型的存储设备上，如磁盘、U 盘、CD 或者 DVD 等。当我们使用 Microsoft Word 编辑.doc 文件时，Word 程序本身及所编辑的.doc 文件都是普通文件。

普通文件可以分为文本文件和二进制文件这两种类型。文本文件包含的数据由可显示字符，如字母、数字、标点符号、空格及制表符等组成。一个文本文件由许多行组成，每个行的结尾都有一个表示换行的符号，称为换行符（LF）。当我们编辑文本文件时，按 Enter 键后，就在光标所在的位置上插入了一个换行符。

文本文件通常用来存储文本数据，如纯文本、Shell 脚本程序、源代码、配置文件及 HTML 文档等。总体来说，只要是我们能够读懂和理解的文件，一般都是文本文件。如图 12-1 所示为使用 cat 命令显示一个文本文件的内容。

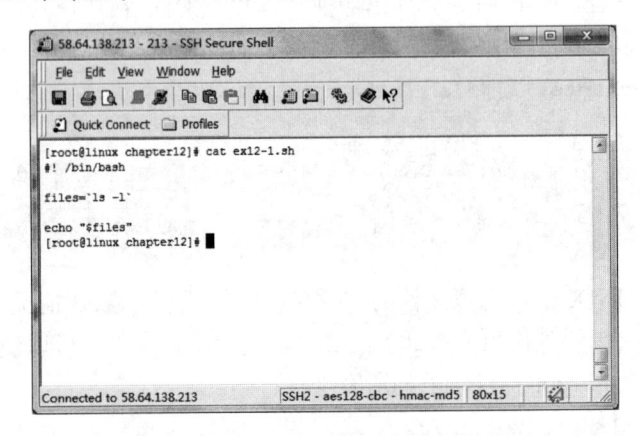

图 12-1　使用 cat 命令显示文本文件的内容

二进制文件既包含可显示字符，又包括不可显示字符，也就是说二进制文件包含全部的 256 个 ASCII 字符。这种类型的文件只有在执行或者由其他应用程序解释时才有意义。对于绝大部分人来说，这种文件不可直接阅读和理解。常见的二进制文件包括可执行文件、图像文件、数据库文件、视频文件、音频文件和 Office 文档等。在 UNIX 系统中，最常用的 ls 命令就是一个二进制文件，它通常位于/usr/bin 目录下。如果使用 cat 命令来查看二进制文件的内容，则会出现许多不可读的乱码，如图 12-2 所示。

在 ls -l 命令中，普通文件的第 1 列的第 1 个字符为连字符-，例如：

```
[root@linux chapter12]# ls -l /bin/ls
-rwxr-xr-x  1    root    root      111744  Jul 12  2023      /bin/ls
```

2．目录

在 UNIX 及 Linux 系统中，目录也是一种文件。和普通的文件类似，目录也存储在某些存储设备上，但是目录本身不存储具体的用户数据。目录的作用是组织和访问其他文件。从这一点上讲，目录与我们现实生活中文件夹的作用相同。在现实生活中，我们可以通过文件夹快速地找到需要的文件，而在计算机中，我们通过目录也可以快速地找到需要的文件。

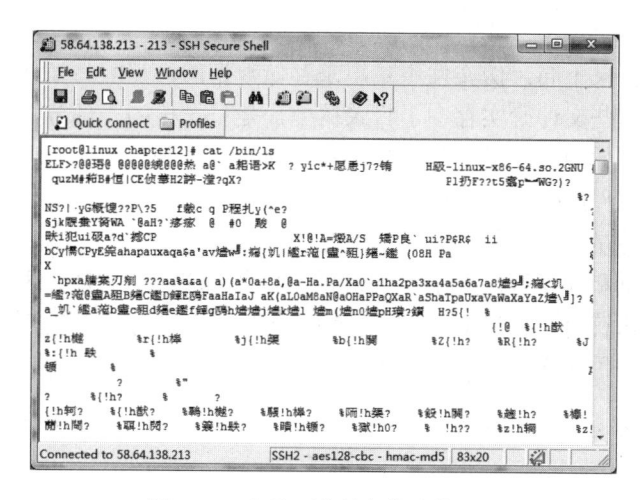

图 12-2　查看二进制文件时的乱码

目录中包含各种各样的文件，当然也包括目录。当一个目录中包含目录时，这个目录就被称为父目录，被包含的目录就被称为子目录。通常情况下，某些功能相同或者相关的文件会被放在同一个目录下。例如，UNIX 或者 Linux 系统中的常规命令通常放在/usr/bin 目录下，而与系统有关的命令通常放在/usr/sbin 目录下。

由于目录可以嵌套，因此就可以按照层次来组织文件。在后面的内容中，我们可以看到，整个 UNIX 或者 Linux 文件系统就是一个大的树型的层次结构体。位于最上面的是根目录，根目录中包含文件及子目录，子目录中又包含其他子目录。用户可以将自己的文件放在这个树型结构的某个子树中，并可以创建或者删除自己的目录和文件。

在实际开发中，一定要注意文件和目录的关系。文件本身不包含文件名、文件的大小及文件的存储权限等属性，它只存储文件的内容。文件名只有在目录文件中才能找到。每个子目录和文件在其父目录中都拥有一条记录，该记录包含以下两部分：

❑ 文件名；
❑ 文件或者目录的唯一标识符（即 inode 节点）。

不能直接读写目录文件的内容，但是在执行某些操作时，会通过内核间接地操作目录文件。例如，当我们删除一个文件时，该文件的父目录中就会删除该文件对应的记录；当我们创建一个文件时，会在该文件的父目录文件中增加一条关于该文件的记录。

对于文件夹大家都不会陌生，特别是在桌面环境中，文件管理器中的目录表现形式就是一个个文件夹图标，如图 12-3 所示。实际上这个名词来自于 Apple Macintosh 和 Microsoft Windows。Windows 操作系统使用文件夹来组织文件，其功能与 UNIX 系统的目录基本相同，但是其功能却没有那么强大；Macintosh 的文件夹实际上就是目

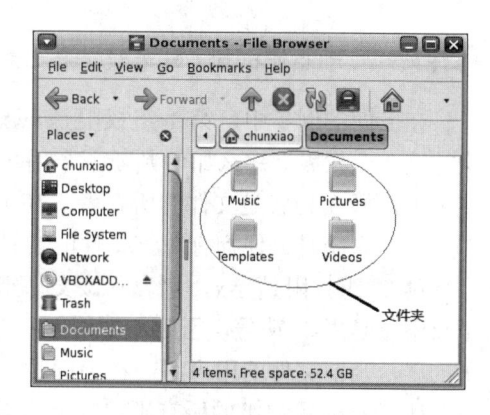

图 12-3　文件夹

录，只是在文件管理器中以文件夹的形式表现出来。

3．伪文件

与普通文件和目录不同，伪文件不是用来存储数据的。正因为如此，这些文件并不占用磁盘空间，尽管这些文件确实存在于目录树中，是目录树的一部分，并且也是按照目录的方式组织的。伪文件的目的是提供一种服务，通过这种服务，系统可以像操作普通文件一样来访问这些伪文件所代表的对象。

最重要的伪文件是设备文件。设备文件是物理设备在系统中的内部表示，如键盘、鼠标、显示器、打印机和硬盘等。对于这些设备，都有对应的伪文件来表示它们。除了设备文件之外，还有命名管道，通过命名管道，用户可以将一个命令的输出连接到另外一个命令的输入上。最后一种伪文件是 proc 文件，它允许访问内核中的信息。

> 注意：除了上面介绍的 3 种文件之外，还有其他文件类型，如链接等。

12.1.3 文件的权限

UNIX 使用一套简单有效的方式来为文件设置权限。我们再次浏览一下前面的 ls -l 命令的输出结果，该结果一共有 7 列，其中，第 1 列就是文件的权限，如下：

```
-rwxr-xr-x
```

第 1 个字符是"-"，这个字符表示当前的文件是一个普通文件，不属于权限的范围。从第 2 个字符开始一直到结尾的这 9 个字符代表当前文件的存取权限。为了更加清楚地分析这个文件的权限，可以将这 9 个字符分成 3 组，如下：

```
rwx      r-x      r-x
```

上面的 3 组分别代表不同类别的权限，每一类权限都用 3 位来表示，依次表示文件的读取权限、写入权限和执行权限。r 表示读取（read）权限，拥有该权限的用户将可以使用 cat 及 more 等命令查看文件内容。w 表示写入（write）权限，拥有该权限的用户将可以对该文件进行编辑修改。x 表示执行（execute）权限，拥有该权限的用户将可以执行该文件，当然，前提是该文件是可执行文件。如果某个权限位是"-"符号，则表示用户不拥有该权限。

> 注意：对于非可执行文件来说，执行权限没有意义。

在上面的例子中，第 1 组权限是 rwx，它表示该文件的所有者拥有该文件的读、写和执行这 3 个权限。那么如何判断哪个用户是该文件的所有者呢？在上面的 ls -l 命令的输出结果中，第 3 列就是文件的所有者。在本例中，db.dat 文件的所有者是 root 用户。当 root 用户登录系统时，便拥有对该文件的 3 种权限。

第 2 组权限是 r-x，它表示该文件组所有者对该文件拥有读和执行的权限，由于第 2 个权限位是"-"符号，因此，文件组所有者没有写入该文件的权限。ls -l 命令的第 4 列显示的就是当前文件的用户组。在上面的例子中，db.dat 文件的用户组是 root。在当前系统中，属于 root 用户组的所有用户都拥有对 db.dat 文件的读取和执行权限。

第 3 组权限是 r-x，它表示当前系统的其他用户对该文件拥有读的权限，由于第 2 个和第 3 个权限位都是"-"符号，因此其他用户对 db.dat 文件不拥有写入和执行的权限。所谓其他用户，是指当前系统中除了文件所有者和文件的用户组成员之外的所有用户，在上面的例子中是指除了 root 用户和 root 组成员之外的用户。

从上面的分析中可以得知，在 UNIX 系统中可以分别给所有者、组成员及其他用户赋予不同的权限。作为初学者，必须清楚这 3 类权限的设置方法，如果权限设置不当，则会导致灾难性的后果。

注意：在上面的例子中尽管 root 用户也属于 root 用户组的成员，但是文件的用户组权限并不适用于所有者。文件的所有者有单独的权限设置。如果 root 用户放弃了对于 db.dat 文件的所有权，那么 root 用户将拥有对 db.dat 文件的组权限。

12.2 查找文件

文件搜索是 UNIX 及 Linux 中经常使用的操作。在进行 Shell 程序设计时也经常使用文件搜索。Linux 提供了几个关于文件搜索的命令，如 locate、whereis 及 find 等。其中，find 命令的功能最强大，本节详细介绍 find 命令在 Shell 程序中的使用方法。

12.2.1 find 命令及其语法

find 命令是 UNIX 系统中最古老、复杂的程序。find 命令的功能非常强大，可以根据不同的标准搜索任何文件，并且可以在任何位置搜索。另外，在 find 搜索完成之后，可以以多种不同的方式来处理搜索结果。因此，find 命令是进行文件搜索的常用工具。

严格来说，find 命令的语法非常复杂，find 命令的完整语法已经超出本节的介绍范围，下面主要介绍 find 命令常用的功能。

简单地讲，find 命令的基本思想就是在一个或者多个目录树中，根据用户指定的测试条件查找符合特定标准的文件。当查找完成时，find 命令将对查找到的文件执行指定的操作。这些操作可以非常简单，如只将文件名打印出来；也可以非常复杂，如删除文件、显示文件的详细信息或者将搜索结果传递给另外一个命令。

在使用 find 命令时，用户通常需要提供 3 种信息，分别为要搜索的路径、测试条件及操作。find 命令的基本语法如下：

```
find path test action
```

其中，path 参数表示要搜索的路径，可以同时指定多个路径，路径之间用空格隔开。test 参数表示测试条件，可以同时指定多个测试条件，它们之间用空格隔开。action 参数则表示对搜索结果要执行的操作，如果有多个操作，则这些操作之间用空格隔开。

find 命令的工作流程如下：

（1）搜索所有用户指定的路径，包括所有的子目录。

（2）对于遇到的每个文件，检查是否符合用户指定的条件。在该步骤中，所有符合条件的文件形成一个列表。

（3）针对结果列表中的每个文件，执行用户指定的操作。

例如，下面是一个简单的find命令：

```
[root@linux ~]# find / -name ls -print
```

在上面的命令中，路径为根目录/，表示在当前系统的所有目录及其子目录下进行搜索。测试条件为-name ls，表示搜索文件名为ls的文件。操作为-print，表示将搜索到的文件名打印出来。

12.2.2 find命令——路径

find命令的路径参数表示在何处搜索指定的文件。通常情况下，路径都是一个目录名。用户可以使用相对路径、绝对路径及简写形式来指定路径。例如，下面的命令都是一些合法的路径：

```
find /usr/bin
find /
find .
find ~root
```

在上面的命令中，第1个命令表示搜索/usr/bin目录及其子目录。第2个命令表示搜索根目录及其子目录，实际上是搜索整个文件系统。第3个命令是搜索当前的目录，第4个命令是搜索root用户的主目录。

注意：在上面的命令中并没有指定测试条件和操作，表示将所有文件都打印出来。

【例12-1】通过find命令在当前目录下搜索扩展名为.sh的文件，代码如下：

```
01    #---------------------------/chapter12/ex12-1.sh-------------------
02    #! /bin/bash
03
04    #在当前目录下查找扩展名为sh的文件
05    files=`find . -name "*.sh"`
06
07    echo "$files"
```

在上面的代码中，第5行的find命令的路径参数为"."，表示当前目录。测试条件为-name "*.sh"，表示搜索扩展名为.sh的文件。操作参数被省略，表示将搜索结果输出到标准输出设备。

程序的执行结果如下：

```
[root@linux chapter12]# ./ex12-1.sh
./iex12-2.sh
./ex12-1.sh
./iex12-1.sh
```

如果想要在多个路径下进行查找，则可以将这些路径全部列出来，中间用空格隔开，见下面的例子。

【例12-2】演示通过find命令同时搜索多个路径的方法，代码如下：

```
01    #---------------------------/chapter12/ex12-2.sh-------------------
02    #! /bin/bash
03
04    #同时指定多个路径
```

```
05    files=`find /etc /usr/local -name httpd.conf`
06
07    echo "$files"
```

程序的执行结果如下：

```
[root@linux chapter12]# ./ex12-2.sh
/etc/httpd/conf/httpd.conf
```

从上面的执行结果中可以看出，指定的 httpd.conf 文件位于/etc/httpd/conf 目录下。

12.2.3 find 命令——测试

find 命令的测试条件用来对搜索结果进行筛选。只有符合指定条件的文件才会出现在最终的搜索结果中。前面已经讲过，当用户省略测试条件时，则表示指定目录中下所有的文件都将出现在搜索结果中。如表 12-1 所示为 find 命令常用的测试条件。

表 12-1 find命令常用的测试条件

条 件	说 明
-name pattern	表示包含指定匹配模式的文件名（name）
-iname pattern	表示包含指定匹配模式的文件名，该条件将会忽略（ignore）字母大小写
-type	指定文件类型（type），可以取f和d这两个值，分别表示普通文件和目录
-perm mode	匹配权限（permission）为指定mode的目标文件
-user userid	匹配所有者（user）为指定用户ID的目标文件
-group groupid	匹配所有者的组（group）为指定组ID的文件
-size size	匹配大小为size的目标文件
-empty	匹配空（empty）文件
-amin [-+]n	文件最后一次访问（access）时间，其中，-n表示访问时间距离现在为n分钟（minute）以内，+n表示访问时间距离现在为n分钟以前，n表示恰好为n分钟
-atime [-+]n	文件的最后一次访问（access）时间（time），其中，-n表示访问时间为n天以内，+n表示访问时间为n天以前，n表示最后一次访问时间恰好为n天
-cmin [-+]n	文件最后一次状态改变（change）的时间，其中，-n表示访问时间距离现在为n分钟（minute）以内，+n表示访问时间距离现在为n分钟以前，n表示最后一次访问时间恰好为n分钟
-ctime [-+]n	文件最后一次状态改变（change）的时间（time），其中，-n表示访问时间为n天以内，+n表示访问时间为n天以前，n表示最后一次访问时间恰好为n天
-mmin [-+]n	文件内容最后一次被修改（modify）的时间，其中，-n表示访问时间距离现在为n分钟（minute）以内，+n表示访问时间距离现在为n分钟以前，n表示最后一次访问时间恰好为n分钟
-mtime [-+]n	文件内容最后一次被修改（modify）的时间（time），其中，-n表示访问时间为n天以内，+n表示访问时间为n天以前，n表示最后一次访问时间恰好为n天

表 12-1 列出的测试条件可以分为 3 组，分别为文件名、文件的特征及文件的访问或者修改时间。其中：-name 和-iname 是对文件名进行测试；-type、-perm、-user、-group、-size 及-empty 是对文件的特征进行测试；-amin、-atime、-cmin、-ctime、-mmin 及-mtime 是对文件的最后访问时间及修改时间进行测试。

在 find 命令的测试条件中，最常用的是-name 和-type，下面分别进行介绍。

【例 12-3】 统计/etc 目录下所有文件的数量及子目录数量,代码如下:

```
01  #----------------------------/chapter12/ex12-3.sh--------------------
02  #! /bin/bash
03
04  #统计文件数量
05  files=`find /etc -type f -print | wc -l`
06  #统计子目录数量
07  directories=`find /etc -type d -print | wc -l`
08  #输出统计结果
09  echo "There are $files regular files in /etc directory."
10  echo "There are $directories directories in /etc directory."
```

在上面的代码中,第 5 行的 find 命令使用-type f 指定文件类型为普通文件,然后将搜索结果通过管道传递给 wc 命令。第 7 行的 find 命令使用-type d 选项指定文件类型为目录,同样将搜索结果传递给 wc 命令。

程序的执行结果如下:

```
[root@linux chapter12]# ./ex12-3.sh
There are 1539 regular files in /etc directory.
There are 269 directories in /etc directory.
```

> 注意:在-type 选项中,f 表示普通文件,d 表示目录,c 表示字符设备,b 表示块设备,p 表示管道,l 表示链接等。

如果想通过文件名搜索文件,可以使用-name 和-iname 这两个选项,这两个选项的区别在于前者区分字母大小写,而后者则不区分大小写。

【例 12-4】 演示通过文件名搜索文件的方法,代码如下:

```
01  #----------------------------/chapter12/ex12-4.sh--------------------
02  #! /bin/bash
03
04  #搜索名称为 httpd.conf 的文件
05  file=`find /etc -name httpd.conf -print`
06
07  #输出前 5 行
08  head -5 $file
```

在上面的代码中,第 5 行的 find 命令使用-name 选项指定要搜索的文件名为 httpd.conf,第 8 行将搜索到的文件的前 5 行输出到屏幕上。

程序的执行结果如下:

```
[root@linux chapter12]# ./ex12-4.sh
#
# This is the main Apache server configuration file.  It contains the
# configuration directives that give the server its instructions.
# See <URL:http://httpd.apache.org/docs/2.2/> for detailed information.
# In particular, see
```

通常情况下,-name 选项会精确匹配要搜索的文件名,在例 12-4 中,类似 httpd.conf.bak 等文件名不会出现在搜索结果中。为了能够使搜索结果更加完整,可以使用通配符?、*或者[]。其中,?表示匹配任意一个单个字符,*表示匹配 0 个或者多个任意字符,[]表示匹配其中的任意一个字符。在使用通配符的时候,注意要使用引号将其引用起来,这样可以避免在传递给 find 命令之前 Shell 解释这些通配符,从而导致搜索出现错误。

【例 12-5】 对例 12-4 进行修改，在-name 选项中使用通配符*，代码如下：

```
01  #---------------------------/chapter12/ex12-5.sh------------------
02  #! /bin/bash
03
04  #使用通配符扩大搜索范围
05  file=`find /etc -name "httpd.conf*" -print`
06
07  head -5 $file
```

在上面的代码中，第 5 行的-name "httpd.conf*"表示匹配以字符串 httpd.conf 开头的文件名，后面可以跟随任意多个字符。

程序的执行结果如下：

```
[root@linux chapter12]# ./ex12-5.sh
==> /etc/httpd/conf/httpd.conf <==
#
# This is the main Apache server configuration file.  It contains the
# configuration directives that give the server its instructions.
# See <URL:http://httpd.apache.org/docs/2.2/> for detailed information.
# In particular, see

==> /etc/httpd/conf/httpd.conf.bak <==
#
# This is the main Apache server configuration file.  It contains the
# configuration directives that give the server its instructions.
# See <URL:http://httpd.apache.org/docs/2.2/> for detailed information.
# In particular, see

==> /etc/httpd/conf/httpd.conf.bak.20230712 <==
#
# This is the main Apache server configuration file.  It contains the
# configuration directives that give the server its instructions.
# See <URL:http://httpd.apache.org/docs/2.2/> for detailed information.
# In particular, see
```

从上面的执行结果中可以看出，使用通配符之后，程序输出了 3 个文件的内容，文件名分别为 httpd.conf、httpd.conf.bak 及 httpd.conf.bak.20230712。

方括号[]也是一种非常有用的通配符，用户可以将一系列的字符放在方括号中，find 命令会匹配方括号中的任意一个字符，例如：

```
find /etc -name "a[abc]" -print
find /etc -name "data[123abc]" -print
```

上面第 1 条命令表示搜索文件名为 aa、ab 及 ac 的文件；第 2 条命令表示搜索文件名为 data1、data2、data3、dataa、datab 及 datac 的文件。如果方括号中是一段连续的字母或者数字，则可以使用连字符-来简化书写方法。例如，上面的两条命令与下面的两条命令等价：

```
find /etc -name "a[a-c]" -print
find /etc -name "data[1-3a-c]" -print
```

【例 12-6】 演示方括号通配符的使用方法，代码如下：

```
01  #---------------------------/chapter12/ex12-6.sh------------------
02  #! /bin/bash
03
04  #搜索文件名为 rc 后面跟随一个数字的文件名
05  files=`find /etc -name "rc[1-9].d" -print`
```

```
06
07    echo "$files"
```

在上面的代码中,第 5 行 find 命令的测试条件为-name "rc[1-9].d",表示搜索文件名以 rc 开头,后面是 1~9 中的任意一个数字,最后以.d 结尾的文件。

程序的执行结果如下:

```
[root@linux chapter12]# ./ex12-6.sh
/etc/rc1.d
/etc/rc3.d
/etc/rc5.d
/etc/rc2.d
/etc/rc4.d
...
```

> **注意**:虽然在使用通配符的时候不使用引号不一定会出现错误,但是使用单引号或者双引号将通配符引用起来是一个非常好的习惯。这样可以有效地避免在传递给 find 命令之前,Shell 解释并应用其中的通配符。

在 find 命令中可以同时使用多种测试条件,例如:

```
[root@linux chapter12]# find /usr/bin -type f -name ls
/usr/bin/ls
```

上面的命令表示搜索类型为普通文件、名称为 ls 的文件。

对于表 12-1 中列出的其他测试条件,读者可以自行练习,此处不再举例说明。

12.2.4 find 命令——使用!运算符对测试求反

find 命令提供了一个感叹号运算符"!",用来对测试条件求反。!符号可以加在任何测试条件的前面,表示其后测试的相反条件。在使用!运算符时,一定要注意语法问题,必须在!符号的左右各留一个空格,这样 find 命令才会正确解释!运算符。另外,为了避免 Shell 解释"!"符号,需要使用单引号或者反斜线将其引起来。

例如,下面的命令用于搜索/data1/wwwroot 目录下除了 jpg 文件之外的普通文件:

```
[root@linux chapter12]# find /data1/wwwroot -type f \! -name "*.jpg" -print
/data1/wwwroot/demo.360zippo.com/gallery.php
/data1/wwwroot/demo.360zippo.com/goods.php
/data1/wwwroot/demo.360zippo.com/ECShop_V2.7.3_UTF8_release1106.rar
/data1/wwwroot/demo.360zippo.com/vote.php
/data1/wwwroot/demo.360zippo.com/languages/zh_cn/calendar.php
...
```

在上面的命令中,-type f 表示搜索普通文件,\! -name "*.jpg"表示不匹配以.jpg 为扩展名的文件。

如果使用单引号,则上面的命令可以写为:

```
[root@linux chapter12]# find /data1/wwwroot -type f '!' -name "*.jpg" -print
```

12.2.5 find 命令——处理文件权限错误信息

find 命令可以在任意指定的位置上搜索指定的文件。但是,Linux 系统的权限非常严格。如果当前用户对指定的目录没有访问权限,则 find 命令会给出一些错误信息,例如:

```
[root@linux chapter12]# su - chunxiao
[chunxiao@linux ~]$ find / -name httpd.conf
find: `/proc/tty/driver': Permission denied
find: `/proc/1/task/1/fd': Permission denied
find: `/proc/1/task/1/fdinfo': Permission denied
find: `/proc/1/fd': Permission denied
...
```

在上面的命令中，首先使用 su 命令从 root 用户切换到另外一个普通用户 chunxiao，然后执行 find 命令。在 find 命令执行的过程中，给出一系列 Permission denied 的错误消息，这意味着当前用户对当前目录没有访问权限。虽然在命令行中执行 find 命令时这些错误消息并不会引起什么问题，但是，如果在 Shell 程序中执行 find 命令时出现这些错误消息，则会导致意想不到的后果。因此，在 Shell 程序中应该尽量避免 Permission denied 类错误消息的出现。

实际上，find 命令的错误消息是写入标准错误的，通常情况下是输出到屏幕上。因此，用户可以通过标准错误重定向到/dev/null 来达到将错误消息直接丢弃的目的。其中，/dev/null 是一个空设备，任何写入该设备的数据都将被直接丢弃。

在下面的命令中，使用重定向将错误消息丢弃：

```
[chunxiao@linux ~]$ find / -name httpd.conf 2> /dev/null
/etc/httpd/conf/httpd.conf
```

在上面的命令中，2 是一个文件描述符，表示标准错误，大于号>表示输出重定向。关于文件描述符和重定向的相关知识，将在后面几节中详细介绍。从上面的执行结果中可以看出，find 命令的错误消息已经不再出现。

12.2.6 find 命令——动作

find 命令最强大的功能表现在其不仅可以根据复杂条件来搜索文件，而且还可以非常方便地对搜索结果进行相应的处理。前面已经讲过，在 find 命令语法中，第 3 部分的 action 参数就是 find 命令对于搜索结果的动作（处理）。如表 12-2 所示为 find 命令中常用的动作。

表 12-2 find 命令中常用的动作

动　　作	说　　明
-print	默认动作，将搜索结果写入标准输出
-fprint file	与-print相同，但是将搜索结果写入file文件
-ls	以详细格式（长格式）显示搜索结果
-fls file	同-ls，但是将搜索结果写入file文件
-delete	将搜索到的文件删除（delete）
-exec command {} \;	查找并执行（execute）命令，{}表示搜索到的文件名
-ok command {} \;	查找并执行命令，但是需要用户确认（ok）

在 find 命令的动作中，-print 和-fprint 的作用都是输出完整的文件名，但是前者是写入标准输出，后者是写入用户指定的文件。-ls 和-fls 的作用都是以长格式列出搜索结果，前者是写入标准输出，后者是写入用户指定的文件。-delete 动作是将搜索到的文件直接删除，在使用-delete 的时候一定要谨慎，因为该动作不会给出任何确认提示。

-exec 使 find 命令对搜索结果中的文件执行指定的 Shell 命令，相应的 Shell 命令的语法为：

```
'command' {} \;
```

其中，command 表示 Shell 命令，花括号表示搜索结果中的文件名，最后的分号表示命令结束。注意，最后的分号需要用反斜线来转义，不能单独使用分号。另外，分号和前面的花括号之间有一个空格。

-ok 和-exec 的作用相同，只不过其以一种更为安全的方式来执行该参数所给出的 Shell 命令，即在执行每个命令之前都会给出提示，让用户确定是否执行。

大多数情况下用户需要使用 find 命令搜索某些文件然后将其删除，find 也是系统管理员常用的命令之一。

【例 12-7】 演示使用 find 命令搜索并删除文件的方法，代码如下：

```
01  #--------------------------/chapter12/ex12-7.sh--------------------
02  #! /bin/bash
03
04  #查找并删除扩展名为.php 的文件
05  find /tmp -name "*.php" -exec rm -f {} \;
06
07  #如果命令成功退出，则输出成功提示，否则给出错误提示
08  if [ $? -eq 0 ]
09  then
10      echo "the files have been deleted successfully.";
11  else
12      echo "Failed to delete files.";
13  fi
```

在上面的代码中，第 5 行是 find 命令，其搜索路径为./tmp，即当前目录下的 tmp 子目录。测试条件为-name "*.php"，使用通配符"*"表示所有扩展名为.php 的文件。动作为-exec rm -f {} \;，其中的 Shell 命令为 rm -f，即将指定的文件强制删除，不给出任何提示。后面的{}作为 rm 命令的参数，表示文件名，即 find 命令搜索出来的文件。命令的最后以\;符号结束。

第 8 行使用系统变量$?来获取 find 命令的退出状态，如果等于 0，则表示执行成功，因此输出成功提示；否则，给出错误提示。

程序的执行结果如下：

```
[root@linux chapter12]# ./ex12-7.sh
the files have been deleted successfully.
```

> 注意：在使用-exec 和-ok 时一定要使用正确的语法。另外，-exec 在执行 Shell 命令的时候不会给出任何提示，因此在使用时一定要慎重。

12.3 比较文件

通常情况下，Linux 中的数据都是以文本文件的形式存储的，并且每一行为一条记录。因此，在 Shell 程序中处理数据时，经常会遇到将多个数据文件中的数据进行对比分析的情况。本节将介绍 Linux 中常用的两个比较文件的命令 comm 和 diff。

12.3.1 使用 comm 比较文件

comm 命令的作用是逐行比较两个有序的文件，其语法如下：

```
comm [option] … file1 file2
```

其中，option 表示 comm 命令选项，常用的选项如下：
- -1：不显示第 1 个文件中独有的文本行。
- -2：不显示第 2 个文件中独有的文本行。
- -3：不显示两个文件中共同的文本行。
- --check-order：检查（check）参与比较的两个文件是否已经排序（ordered）。
- --nocheck-order：不检查参与比较的两个文件是否已经排序。

file1 和 file2 分别表示参与比较的两个文件。

默认情况下，comm 命令会输出 3 列，分别为第 1 个文件独有的文本行、第 2 个文件独有的文本行，以及两个文件共同的文本行。用户可以使用-1、-2 及-3 选项分别隐藏这 3 个列。

在学习 comm 命令之前先准备两个文本文件，名称分别为 students.txt 和 students1.txt，其内容如下：

```
[root@linux chapter12]# cat students.txt
01    Abdel
02    Abdiel
03    Abdieso
04    Abdul
05    Abejundio
06    Abel
07    Abelard
08    Abenzio
09    Abercio
10    Abhay
11    Abhi
12    Accursius
13    Achilles
14    Babul
15    Bae
16    Bahar
17    Bailey
18    Baingana
19    Baird
20    Calixto
21    Callis
22    Calvert
23    Camlin
24    Campbell
[root@linux chapter12]# cat students1.txt
01    Abdel
02    Abdiel
03    Abdieso
04    Abdul
05    Abejundio
06    Abel
07    Abelard
08    Abenzio
```

```
09  Abercio
10  Abhay
11  Abhi
12  Ace
13  Babul
14  Bae
15  Bahar
16  Bailey
17  Baingana
18  Baird
19  Bane
20  Bansi
21  Calixto
22  Callis
23  Calvert
24  Camlin
25  Campbell
26  Carden
```

从上面的输出信息中可以看出，students.txt 和 students1.txt 文件存储的是一些学生的姓名。用户可以在配书资源的 chapter12 目录下找到这两个文件。这两个文件已经按照字母顺序排好了，因此可以直接使用 comm 命令来比较其内容的差异。

作为初学者，应该直接使用 comm 命令对比一下这两个文件的结果，代码如下：

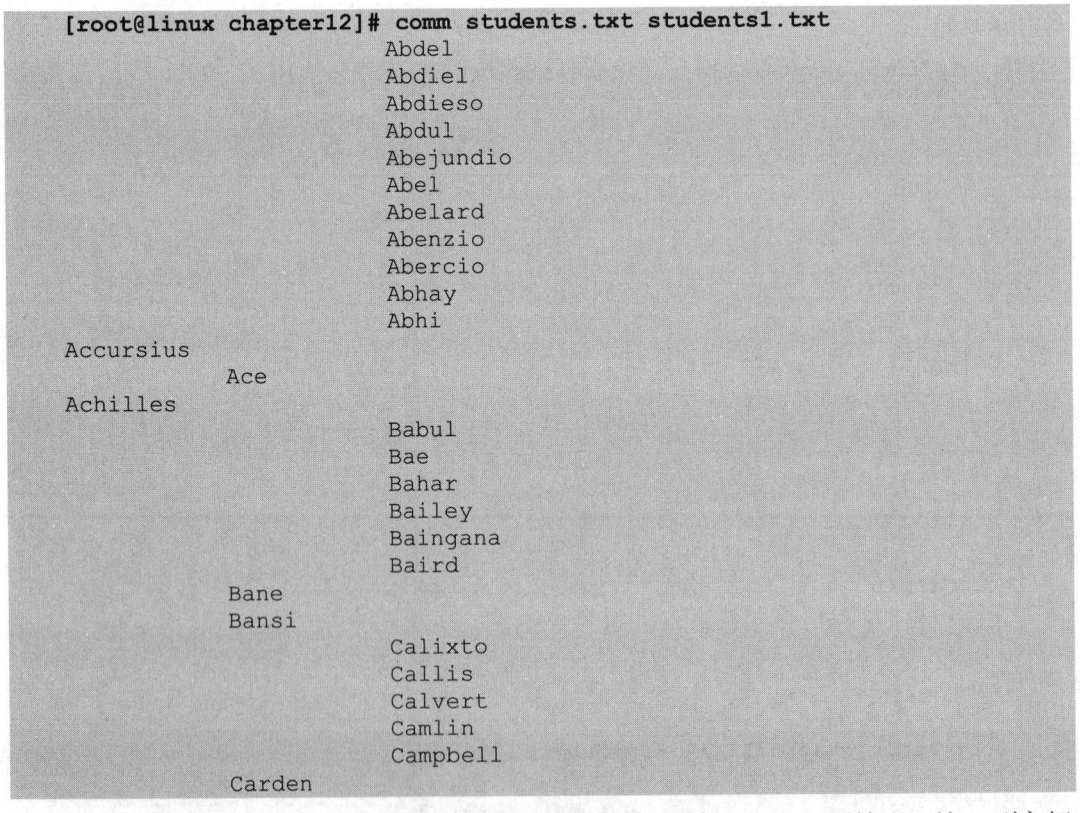

```
[root@linux chapter12]# comm students.txt students1.txt
                        Abdel
                        Abdiel
                        Abdieso
                        Abdul
                        Abejundio
                        Abel
                        Abelard
                        Abenzio
                        Abercio
                        Abhay
                        Abhi
Accursius
            Ace
Achilles
                        Babul
                        Bae
                        Bahar
                        Bailey
                        Baingana
                        Baird
            Bane
            Bansi
                        Calixto
                        Callis
                        Calvert
                        Camlin
                        Campbell
            Carden
```

从上面的输出结果中可以看出，comm 命令会将比较结果分为 3 列输出，这 3 列之间用制表符隔开。另外，在输出结果中，每一行都是一条记录。

【例 12-8】 通过 comm 命令对 students.txt 和 students1.txt 这两个文件的内容进行对比，并给出对比结果，代码如下：

```
01  #---------------------------/chapter12/ex12-8.sh-------------------
02  #! /bin/bash
03
04  #找出第 1 个文件独有的文本行并去掉空行
05  p1=`comm -2 -3 students.txt students1.txt`
06
07  echo "These students only appear in students.txt:"
08  echo "$p1"
09
10  #找出第 2 个文件独有的文本行并去掉空行
11  p2=`comm -1 -3 students.txt students1.txt`
12
13  echo "These students only appear in students1.txt:"
14  echo "$p2"
15
16  #找出两个文件共有的文本行并去掉空行
17  p3=`comm -1 -2 students.txt students1.txt`
18
19  echo "These students appear in both students.txt and students1.txt:"
20  echo "$p3"
```

在上面的代码中，第 5 行找出只在 students.txt 文件中出现的学生姓名，第 11 行找出只在 students1.txt 文件中出现的学生姓名，第 17 行找出同时在 students.txt 和 students1.txt 文件中出现的学生姓名。

程序的执行结果如下：

```
[root@linux chapter12]# ./ex12-8.sh
These students only appear in students.txt:
Accursius
Achilles
These students only appear in students1.txt:
Ace
Bane
Bansi
Carden
These students appear in both students.txt and students1.txt:
Abdel
Abdiel
Abdieso
Abdul
Abejundio
Abel
Abelard
Abenzio
Abercio
Abhay
Abhi
Babul
Bae
Bahar
Bailey
Baingana
Baird
Calixto
Callis
Calvert
Camlin
Campbell
```

有了上面的输出结果之后，用户可以进一步对各项数据进行统计，如下面的例子所示。

【例 12-9】 通过 comm 命令结合管道和 wc 命令对 3 类学生数据分别进行统计，代码如下：

```
01  #---------------------------/chapter12/ex12-9.sh-------------------
02  #! /bin/bash
03
04  #统计只出现在 students.txt 文件中的学生数
05  q1=`comm -2 -3 students.txt students1.txt | wc -l`
06
07  echo "These are $q1 students only appear in students.txt."
08
09  #统计只出现在 students1.txt 文件中的学生数
10  q2=`comm -1 -3 students.txt students1.txt | wc -l`
11
12  echo "These are $q2 students only appear in students1.txt."
13
14  #统计同时出现在 students.txt 和 students1.txt 文件中的学生数
15  q3=`comm -1 -2 students.txt students1.txt | wc -l`
16
17  echo "These are $q3 students appear in both students.txt and
       students1.txt."
```

在上面的代码中，第 5、10 和 15 行分别统计出只在 students.txt、students1.txt 文件以及同时在这两个文件中出现的学生人数。

程序的执行结果如下：

```
[root@linux chapter12]# ./ex12-9.sh
These are 2 students only appear in students.txt.
These are 4 students only appear in students1.txt.
These are 22 students appear in both students.txt and students1.txt.
```

12.3.2 使用 diff 比较文件

diff 命令的功能也是逐行比较多个文件的内容。与 comm 命令不同的是，diff 命令并不要求参与比较的文件是有序的。另外，diff 命令不仅可以比较普通文件，而且还可以比较多个目录内容的差异。diff 命令的基本语法如下：

```
diff [option] … files
```

其中，option 表示命令选项。diff 命令的选项主要是用来控制输出的格式，常用的选项如下：

- -c：输出包含上下文环境（context）的格式。
- -u：以统一格式（unified）显示文件的不同之处。
- -y：以并列（side by side）的方式显示文件的异同之处。

files 参数表示参与比较的文件列表。

【例 12-10】 演示默认情况下 diff 命令的输出格式，命令如下：

```
[root@linux chapter12]# diff students.txt students1.txt
01  12,13c12
02  < Accursius
03  < Achilles
04  ---
05  > Ace
06  19a19,20
07  > Bane
```

```
08    > Bansi
09    24a26
10    > Carden
```

在上面的输出信息中，diff 命令使用非常简洁的语法来描述两个文件的差异。通常情况下，文件内容的差异包括增加、删除和修改这 3 种操作，diff 命令分别使用 a、d 和 c 这 3 个字母来表示这 3 种操作。

第 1 行中的 12,13c12 表示第 1 个文件的 12、13 行在第 2 个文件中已经变成了第 12 行。在 students.txt 文件中，第 11 行为 Abhi，第 12 行为 Accursius，第 13 行为 Achilles，第 14 行为 Babul。在 students1.txt 文件中，第 11 行为 Abhi，第 12 行为 Ace，第 13 行为 Babul。通过对比可以发现，students.txt 文件的第 11 行和第 14 行分别与 students1.txt 文件的第 11 行和第 13 行相同，所以 diff 认为 students.txt 文件中的第 11 行和第 14 行之间的第 12、13 行在 students1.txt 文件中被替换为第 11 行和第 13 行之间的第 12 行。

输出结果的第 2~5 行是两个文件的具体差异。其中，第 2、3 行列出的是第 1 个文件中对应的内容，在每行的左边都使用左尖括号<表示。第 5 行列出的是第 2 个文件中对应的内容，在每行的左边使用右尖括号>表示。这两部分内容之间用横线隔开。

第 6~8 行描述的是另外一处不同。19a19,20 表示在第 2 个文件在第 1 个文件的 19 行后面增加了 2 行，即第 2 个文件的第 19、20 行，具体不同见第 7、8 行。同理，第 9、10 行描述了两个文件第 3 处不同的地方。

包含上下文环境的输出格式是另外一种非常有用的格式。可以使用-c 选项使 diff 命令以上下文的格式输出比较结果，代码如下：

```
[root@linux chapter12]# diff -c students.txt students1.txt
01    *** students.txt        2023-07-12 16:59:32.521014115 +0800
02    --- students1.txt       2023-07-12 17:00:11.545259102 +0800
03    ***************
04    *** 9,24 ****
05       Abercio
06       Abhay
07       Abhi
08    !  Accursius
09    !  Achilles
10       Babul
11       Bae
12       Bahar
13       Bailey
14       Baingana
15       Baird
16       Calixto
17       Callis
18       Calvert
19       Camlin
20       Campbell
21    --- 9,26 ----
22       Abercio
23       Abhay
24       Abhi
25    !  Ace
26       Babul
27       Bae
28       Bahar
29       Bailey
30       Baingana
```

```
 31    Baird
 32  + Bane
 33  + Bansi
 34    Calixto
 35    Callis
 36    Calvert
 37    Camlin
 38    Campbell
 39  + Carden
```

在上面的输出结果中，第 1 行和第 2 行是一些文件信息，包括文件名及一个时间戳。从第 4 行开始是比较结果。其中，星号标注的是原始文件的范围。例如，第 4 行星号之间的行数为 9,24，表示下面列出的行数为原始文件的第 9~24 行。连字符标注的范围是新文件的范围。例如，第 21 行的行数为 9,26，表示下面列出的是新文件的第 9~26 行。从上面的输出结果中可以发现，上下文格式不仅列出了两个文件中不同的行，而且还列出了一些相同的行，这些相同的行正是所谓的上下文环境，其作用是为了更加准确地定位两个文件的不同之处。

同样，上下文格式也使用了一些特殊的字符来表示不同的差异，行首的感叹号!表示两个文件对应行的内容被修改，行首的加号+表示新增加的行，行首的空格表示没有发生改变的行。从上面的输出结果中可以看出，两个文件的内容发生了 3 处修改，3 处增加。

统一格式（unified format）保留了上下文环境格式的优点，但是它以更为简洁的方式来显示文件的差异。可以使用-u 选项启用统一格式，代码如下：

```
[root@linux chapter12]# diff -u students.txt students1.txt
01  --- students.txt        2023-07-12 16:59:32.521014115 +0800
02  +++ students1.txt       2023-07-12 17:00:11.545259102 +0800
03  @@ -9,16 +9,18 @@
04   Abercio
05   Abhay
06   Abhi
07  -Accursius
08  -Achilles
09  +Ace
10   Babul
11   Bae
12   Bahar
13   Bailey
14   Baingana
15   Baird
16  +Bane
17  +Bansi
18   Calixto
19   Callis
20   Calvert
21   Camlin
22   Campbell
23  +Carden
```

在上面的输出结果中，第 1、2 行与上下文环境格式基本相同，显示了文件的相关信息，但是原始文件的信息以连字符-标注，而新文件的信息以加号+标注。

第 3 行描述的是内容范围，以两个@开始，两个@结束。其中，-9,16 表示原始文件的第 9~16 行，+9,18 表示新文件的第 9~18 行。在其下面的代码中，行首的加号表示增加的行，减号表示删除的行。

除了上面几种格式之外，diff 命令还有一种更为直观的格式，即将参与比较的两个文件的内容分为两列显示出来，可以使用-y 选项来输出这种格式，代码如下：

```
[root@linux chapter12]# diff -y students.txt students1.txt
Abdel                                              Abdel
Abdiel                                             Abdiel
Abdieso                                            Abdieso
Abdul                                              Abdul
Abejundio                                          Abejundio
Abel                                               Abel
Abelard                                            Abelard
Abenzio                                            Abenzio
Abercio                                            Abercio
Abhay                                              Abhay
Abhi                                               Abhi
Accursius                                        | Ace
Achilles                                         <
Babul                                              Babul
Bae                                                Bae
Bahar                                              Bahar
Bailey                                             Bailey
Baingana                                           Baingana
Baird                                              Baird
                                                 > Bane
                                                 > Bansi
Calixto                                            Calixto
Callis                                             Callis
Calvert                                            Calvert
Camlin                                             Camlin
Campbell                                           Campbell
                                                 > Carden
```

12.4 文件描述符

在 Shell 程序中操作文件的时候，经常会遇到使用文件描述符的情况。使用文件描述符来操作文件，可以使程序符合 POSIX 标准。本节将介绍文件描述符的基础知识、常用的文件描述符，以及自定义文件描述符的方法。

12.4.1 什么是文件描述符

从形式上讲，文件描述符是一个非负整数。实际上它是一个索引值，指向内核维护的一个记录表中的一行记录。当程序打开一个现有文件或者创建一个新文件时，内核向进程返回一个文件描述符。在程序设计中，一些涉及底层的程序编写都会使用文件描述符。因此文件描述符这一概念往往只适用于 UNIX 及 Linux 等操作系统。

在 Linux 中，所有的设备都是文件。习惯上，标准输入的文件描述符是 0，标准输出的文件描述符是 1，标准错误的文件描述符是 2。虽然这种习惯并非严格的标准，但是因为绝大部分的 Shell 和应用程序都遵循这种习惯，所以在编写 Shell 程序的时候也要注意遵循这种习惯，避免出现其他问题。

文件描述符从 0 开始，其最大值与当前系统中可以打开的最大文件数有关。每个系统对于文件描述符的上限都有自己的规定，例如，在 FreeBSD 及 Solaris 中，每个进程最多可以打开的文件数取决于系统内存的大小、整数类型的最大值及系统管理员设定的限制条件。Linux 内核规定每个进程最多打开的文件数不能超过 1 048 576 个。

文件描述符是由无符号整数表示的句柄，进程使用它来标识打开的文件。文件描述符与包括文件的相关信息如文件的打开模式、文件的位置类型、文件的初始类型等相关联，这些信息被称作文件的上下文。

12.4.2 标准输入、标准输出和标准错误

当用户在 Shell 中执行命令的时候，每个进程都和 3 个文件描述符相关联，并且使用这 3 个文件描述符来引用相关的文件。这 3 个文件描述符分别为标准输入、标准输出和标准错误。默认情况下这 3 个文件描述符会自动创建，直接使用即可。

标准输入的文件描述符为 0，表示默认的输入文件，即 Shell 需要执行的命令来源。通常情况下标准输入为键盘，因为绝大部分命令来自键盘输入。但是，标准输入也可以是文件或者其他命令输出，这需要使用输入重定向。

标准输出的文件描述符为 1，表示默认的输出文件，即显示 Shell 命令执行结果的地方。通常情况下，标准输出设备为显示器，但是也可以是其他文件或者设备。

标准错误的文件描述符为 2，即标准 Shell 命令错误消息输出的地方。默认情况下标准错误与标准输出的设备相同，也是显示器，但是也可以是其他文件或者设备。

Shell 命令在执行的时候都会继承父进程的文件描述符，因此所有运行的 Shell 命令默认都会有 3 个文件描述符。

例如，用户在 Shell 命令行中执行以下命令：

```
[root@linux chapter12]# ls -l /etc
total 2228
drwxr-xr-x.    3    root    root    4096    Jul 12 2023    abrt
drwxr-xr-x.    4    root    root    4096    Jul 12 2023    acpi
-rw-r--r--.    1    root    root    45      Jul 12 2023    adjtime
...
```

当用户输入以上命令并按 Enter 键时，Shell 会创建一个进程来执行 ls 命令，该进程会继承其父进程，即当前 Shell 的 3 个文件描述符。因此，子进程也可以从标准输入读取数据，并且向标准输出和标准错误写入数据。

上面的命令的功能是列出/etc 目录下的文件列表。其中，参数/etc 是用户通过键盘输入的，ls 命令是从标准输入（即键盘）读取的。而后面列出的一系列文件则是 ls 命令输出到标准输出（即显示器）的数据。

通过上面的例子可以得知，默认情况下 ls 命令从标准输入读取参数，然后在单独的进程中执行，并且将执行结果写入标准输出。

如果在命令执行的过程中发生错误，Shell 命令会将错误消息写入标准错误，默认情况下是指显示器。例如，下面的 ls 命令在执行的时候发生了错误：

```
[root@linux chapter12]# ls -lz /etc
ls: invalid option -- 'z'
Try `ls --help' for more information.
```

很明显，ls 命令并没有提供-z 选项，因此在 ls 命令执行的时候出现了无效选项的错误。

ls 命令将该错误消息输出到了显示器上。

> **注意**：0、1 和 2 都是约定俗成的文件描述符，用户自定义的文件描述符不能使用这 3 个数字。

12.5 重 定 向

在 Linux 的输入输出中，重定向占有非常重要的地位。在编写 Shell 程序及进行系统管理时经常会与重定向打交道。因此对于初学者来说，清楚重定向的使用技巧非常有用。

12.5.1 输出重定向（覆盖）

通常情况下，所谓输出重定向是指将原本输出到标准输出的数据输出到其他文件或者设备中。输出重定向的操作符为大于号>，其基本语法如下：

```
cmd > file
```

在上面的语法中，cmd 表示 Shell 命令，大于号>为重定向操作符，file 表示重定向的目标文件。

如图 12-4 所示为输出重定向的过程。在执行重定向操作时，如果目标文件 file 不存在，则重定向操作符>会先创建一个名称为 file 的空文件，然后向该文件中写入数据；如果目标文件已经存在，则重定向操作符>会清空原始文件的内容，然后向该文件写入数据。

图 12-4 输出重定向的过程

前面我们举了一个 ls 命令的例子，在下面的例子中，使用输出重定向操作将 ls 命令的执行结果输出到一个磁盘文件中：

```
[root@linux chapter12]# ls -l /etc > filelist
[root@linux chapter12]# cat filelist
total 2228
drwxr-xr-x.   3    root    root    4096    Jul 12 2023     abrt
drwxr-xr-x.   4    root    root    4096    Jul 12 2023     acpi
-rw-r--r--.   1    root    root      45    Jul 12 07:53    adjtime
…
```

在上面的例子中，ls 命令的执行结果不再显示到屏幕上而是写入名称为 filelist 的文件中。从 cat 命令的执行结果中可以看出，文件 filelist 中包含 ls 命令的输出结果。

实际上，输出重定向操作符还有一种完整的语法如下：

```
cmd [n]> file
```

在上面的语法中，cmd 同样表示 Shell 命令，n 为一个整数，表示文件描述符，大于号为重定向操作符，file 为重定向的目标文件。当 Shell 执行以上命令时，会将文件 file 打开并且与文件描述符 n 相关联。

在 12.4 节中我们介绍过 3 个常用的文件描述符为 0、1 和 2。其中，1 和 2 都是用来输出数据的，分别表示标准输出和标准错误。在执行输出重定向的时候，如果文件描述符被省略，则表示重定向的是标准输出，这意味着输出重定向的默认文件描述符为 1。因此上面例子的命令结果与下面命令的结果是相同的：

```
[root@linux chapter12]# ls -l /etc 1> filelist
```

注意：文件描述符与大于号之间没有任何空格，大于号与后面的文件名之间的空格可有可无。

除了将标准输出重定向到文件中之外，还可以将标准错误重定向到文件中。下面的例子是将标准输出和标准错误都重定向到某个文件中，代码如下：

```
[root@linux chapter12]# ls -lz 1> filelist 2> errmsg
[root@linux chapter12]# cat errmsg
ls: invalid option -- 'z'
Try 'ls --help' for more information.
```

在上面的命令中，使用 2> errmsg 将标准错误重定向到名称为 errmsg 的文件。因此，尽管有一个错误的选项，但是 ls 命令的错误消息并没有输出到屏幕上，而是保存到了 errmsg 文件中。

对于标准输出和标准错误的同时重定向，还有一种更为简洁的语法，命令如下：

```
[root@linux chapter12]# ls -lz &> filelist
```

上面的命令中，& 符号代表标准输出和标准错误。

在 Linux 中，/dev/null 是一个空设备，任何写入该设备的数据都将被直接丢弃。因此，如果用户想要把某个命令的输出信息和错误信息完全丢弃，那么可以将其重定向到 /dev/null 文件中，命令如下：

```
[root@linux chapter12]# ls -l &> /dev/null
```

以上命令表示将 ls 命令的标准输出和标准错误同时重定向到空设备上。

由于重定向操作符 > 会覆盖原始文件的内容，所以该操作符为用户提供了一个非常实用的技巧，即快速地清空一个文件的内容或者创建一个空文件，命令如下：

```
[root@linux chapter12]# > errmsg
```

上面的命令表示将文件 errmsg 的内容清空，如果该文件不存在，则创建一个空白文件。

然而，上述命令不一定在所有的 Shell 中都能够正常工作，还有一种更通用的语法，命令如下：

```
[root@linux chapter12]# :> errmsg
```

上面命令中的冒号表示一个空输出。

绝大部分的 Shell 还支持将一组命令的输出重定向，其语法如下：

```
{ cmd1;cmd2; …; } [n]> file
```

在上面的语法中，使用花括号将所有命令包裹起来，多个命令之间用分号隔开。命令与左右花括号之间各保留一个空格，最后一条命令的结尾也要使用分号。例如，下面的命令将 date 和 who 这两个命令的标准输出和标准错误都重定向到名称为 message 的文件中：

```
[root@linux chapter12]# { date;who; } &> message
```

12.5.2　输出重定向（追加）

除了覆盖模式之外，输出重定向还有一种追加模式，其操作符为连续的两个大于号>>。>>操作符的功能与>基本相同，只是前者不会覆盖目标文件的内容，而是追加在已有文件的后面。>>操作符的基本语法如下：

```
cmd [n]>> file
```

其中，cmd 表示 Shell 命令，n 为文件描述符，如果省略 n，则默认值为 1，即标准输出。>>操作符同样支持一组命令，语法如下：

```
{ cmd1;cmd2; …; } [n]>> file
```

下面的命令演示了这种追加模式输出重定向的使用方法：

```
[root@linux chapter12]# date >> date
[root@linux chapter12]# date >> date
[root@linux chapter12]# cat date
Wed Jul 12 05:29:20 PM CST 2023
Wed Jul 12 05:29:21 PM CST 2023
```

在上面的例子中连续执行了两次重定向命令，其目标文件都为 date，从 cat 命令的输出结果中可以得知，第 2 次的重定向并没有覆盖第 1 次重定向的内容。

12.5.3　输入重定向

通常情况下，Shell 命令会从标准输入即键盘读取用户输入的数据。但是 Shell 提供了另外一种读取用户输入的机制，即从文件中获取输入，这种机制称为输入重定向，其过程如图 12-5 所示。输入重定向与输出重定向非常相似，其操作符为小于号<，基本语法如下：

```
cmd < file
```

在上面的语法中，cmd 表示 Shell 命令，file 文件的内容将作为 cmd 命令的输入。

例如，在没有提供文件名作为参数的情况下，grep 命令会从标准输入读取数据。下面的命令通过重定向使 grep 命令间接地从 students.txt 文件中读取数据：

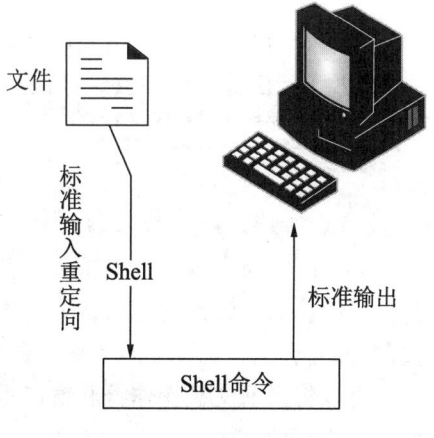

图 12-5　输入重定向的过程

```
[root@linux chapter12]# grep Bae < students.txt
Bae
```

与输出重定向相对应，输入重定向默认的文件描述符为 0，因此上面的命令等价于下面的命令：

```
[root@linux chapter12]# grep Bae 0< students.txt
Bae
```

🔔 **注意**：文件描述符 0 与小于号之间没有任何空格。

输入重定向和输出重定向可以同时使用，表示从文件中读取输入数据，然后将执行结果输入到文件中。例如，在下面的命令中，grep 命令将从 students.txt 文件中读取数据，其执行结果将被写入 demo.txt 文件：

```
[root@linux chapter12]# grep Bae > demo.txt < students.txt
[root@linux chapter12]# cat demo.txt
Bae
```

12.5.4 当前文档

输入重定向的另外一个用途是生成当前文档（here documents）。当前文档主要用在命令行中需要多行输入的情况，其基本语法如下：

```
cmd << delimiter
document
delimiter
```

其中，cmd 表示 Shell 命令，<<为输入重定向操作符，delimiter 为分隔符。当 Shell 遇到重定向操作符<<时，会一直读取用户的输入，直到遇到某一行，其中包含指定的分隔符 delimiter。两个分隔符 delimiter 之间的行都属于命令 cmd 的标准输入。最后的 delimiter 告诉 Shell 当前文档已经结束。如果没有后面的分隔符，则 Shell 会继续读取输入，并且会永远执行下去。

🔔 **注意**：分隔符 delimiter 不能含有空格或者制表符。

在下面的例子中，使用当前文档作为 cat 命令的标准输入，命令如下：

```
[root@linux ~]# cat << eof
> This is a test file.
> There are two lines.
> eof
This is a test file.
There are two lines.
```

在上面的命令中，分隔符为字符串 eof，当 Shell 遇到<<符号时，便会出现一个>提示符，可以在后面输入文本。输入完毕之后，再输入分隔符 eof，告诉 Shell 已经输入完毕。接着 Shell 会执行前面 cat 命令来输出用户输入的文本。

可以将当前文档操作符和输出重定向结合起来，从而将当前文档的内容输出到磁盘文件中，代码如下：

```
[root@linux ~]# cat > test.txt << eof
> This is a test file.
> There are two lines.
> eof
```

```
[root@linux ~]# cat test.txt
This is a test file.
There are two lines.
```

12.5.5 重定向两个文件描述符

在前面的例子中介绍了输出重定向，即把标准输出重定向到文件中。除此之外，还可以通过重定向操作将到一个文件描述符的输出重定向到另外一个文件描述符中，即复制一个文件描述符，其语法如下：

```
n>&m
```

在上面的语法中，n 和 m 都是文件描述符。当 n=1 且 m=2 时，文件描述符 1 成为文件描述符 2 的副本，所以所有的标准输出都被重定向到标准错误；而当 n=2 且 m=1 时，文件描述符 2 成为文件描述符 1 的副本，所以所有的标准错误都被重定向到标准输出。当 n=1 时文件描述符 1 可以省略不写。

例如，下面的命令将标准错误复制到标准输出：

```
[root@linux chapter12]# echo "hello,world" 1>&2
```

由于标准输出文件描述符 1 可以省略，所以上面的命令与下面的命令功能相同：

```
[root@linux chapter12]# echo "hello,world" >&2
```

可以将输出重定向和文件描述符的重定向结合起来，代码如下：

```
[root@linux chapter12]# echo "Hello, world." > message 2>&1
[root@linux chapter12]# cat message
Hello, world.
```

在上面的例子中，echo 命令的输出结果会被重定向到文件 message 中，由于标准错误也被重定向到标准输出，所以，如果在命令的执行过程中出现错误，则错误消息也会被重定向到文件 message 中。

> 注意：除了使用操作符>&重定向文件描述符之外，还可以使用操作符<&来重定向文件描述符。

12.5.6 使用 exec 命令分配文件描述符

在命令后面使用重定向操作符的时候，重定向只对当前的命令有效。可以使用 exec 命令创建新的文件描述符，并且将文件描述符绑定到文件或者另外一个文件描述符或文件中。如表 12-3 所示为常用的重定向操作。

表 12-3 常用的重定向操作

重 定 向	说 明
exec 2> file	将所有命令的标准错误重定向到file文件中
exec n< file	以只读的方式打开名称为file的文件，并且使用文件描述符n，n是大于3的整数
exec n> file	以写入的方式打开名称为file的文件，并且使用文件描述符n，n是大于3的整数
exec n<> file	以读写方式打开文件file，并且使用文件描述符n，n是大于3的整数

续表

重 定 向	说 明
exec n>&-	关闭文件描述符n
exec n>&m	使文件描述符n成为文件描述符m的副本，即将文件描述符m复制到n中
exec n>&-	关闭文件描述符n

【例 12-11】 演示使用 exec 命令分配文件描述符的方法，代码如下：

```
01  #---------------------------/chapter12/ex12-11.sh-------------------
02  #! /bin/bash
03
04  #创建标准错误副本
05  exec 99>&2
06
07  #将标准错误重定向到文件 errlog 中
08  exec 2> errlog
09  #执行命令
10  ls -lw
11  #恢复标准错误
12  exec 2>&99
13  #关闭文件描述符
14  exec 99>&-
```

在上面的代码中，第 5 行使用 exec 命令为标准错误创建一个副本，便于在程序的后面恢复标准错误。第 8 行将标准错误重定向到名称为 errlog 的文件中。第 10 行执行一条含有错误选项的 ls 命令。第 12 行恢复标准错误的文件描述符。第 14 行使用 exec 命令关闭自定义的文件描述符 99。

程序的执行结果如下：

```
[root@linux chapter12]# ./ex12-11.sh
[root@linux chapter12]# cat errlog
ls: option requires an argument -- 'w'
Try 'ls --help' for more information.
```

执行完成之后，查看 errlog 文件，可以发现其中已经包含 ls 命令的错误消息。

下面再举一个更为复杂的例子。

【例 12-12】 列出当前目录下的文件，并且在文件名前面加上行号，代码如下：

```
01  #---------------------------/chapter12/ex12-12.sh-------------------
02  #!/bin/bash
03  echo 'START'
04
05  #将 ls -l 命令的执行结果重定向到文件描述符 100 中
06  exec 100< <(ls -l)
07
08  #定义变量
09  num=1
10  #通过循环从文件描述符 100 中读取数据行
11  while read line; do
12      #输出数据
13      echo "LINE $num: $line"
14      num=$(($num + 1))
15  done <&100
16  #关闭文件描述符
17  exec 100>&-
```

```
18    echo 'END'
```

在上面的代码中，第 6 行是一种特殊的重定向，其功能为将 ls -l 命令的标准输出重定向到一个匿名管道，然后将匿名管道与文件描述符 100 相关联。

注意：第 6 行是两个用空格隔开的左尖括号，不是重定向操作符<<。

第 11~15 行通过 while 循环从文件描述符 100 中读取数据，每次读取一行，当读取结束时，read 命令的返回值为-1，循环终止。第 13 行输出含有行号的文件名，第 14 行是变量 num 的自增。第 17 行关闭文件描述符 100。

程序的执行结果如下：

```
[root@linux chapter12]# ./ex12-12.sh
START
LINE 1: total 108
LINE 2: -rw-r--r--    1    root    root     834 Jul 12 14:52    d
LINE 3: -rw-r--r--    1    root    root      58 Jul 12 15:53    date
LINE 4: -rw-r--r--    1    root    root       4 Jul 12 16:39    demo.txt
LINE 5: -rw-r--r--    1    root    root      12 Jul 12 20:24    echo.txt
…
LINE 29: drwxr-xr-x  17    root    root    4096 Jul 12 20:52    tmp.bak
END
```

12.6 小　　结

本章详细介绍了在 Shell 程序中文件的操作方法，主要内容包括文件的类型及其权限、文件的查找方法、文件的比较方法、文件描述符及输入输出重定向等。读者需要重点掌握文件的基本类型、访问权限的表示方法、find 命令的基本用法、文件描述符及基本的重定向操作。第 11 章将介绍子 Shell 与进程处理的相关知识。

12.7 习　　题

一、填空题

1. 在 Linux 中，文件可以分为 3 类，分别为_____、_____和_____。
2. Linux 系统中的文件共有 3 种权限，分别为_____、_____和_____。
3. 在 Linux 中包括 3 个文件描述符，分别为_____、_____和_____。

二、选择题

1. 在 Linux 中，下面的（　　）是最常用的文件搜索工具。
   A．find　　　　　　　B．comm　　　　　　C．diff　　　　　　　D．ls
2. 使用 find 命令搜索文件时，（　　）选项用来指定搜索的文件类型。
   A．-name　　　　　　B．-user　　　　　　C．-type　　　　　　D．-size
3. 当用户自定义文件描述符时，不能使用下面的（　　）数字。

A. 0 B. 1 C. 2 D. 3

三、判断题

1. 用户进行文件重定向时，可以使用">"和">>"来实现。其中：">"重定向符不会覆盖原始文件的内容；">>"将会覆盖原始文件的内容。　　　　　　（　　）
2. 当用户进行重定向时，文件描述符和重定向符号之间没有空格。（　　）

四、操作题

1. 使用 ls 命令查看文件"/etc/passwd"的属性。
2. 使用 find 命令查找"/etc"目录下的所有目录。

第 13 章　子 Shell 与进程处理

当用户在命令行中执行一个 Shell 脚本时，可能认为 Shell 脚本就是在当前命令行提示符下被解释的。实际上并非如此。在脚本被执行的时候，当前的 Shell 会启动另外一个 Shell 实例。这样，每个 Shell 脚本都有效地运行在父 Shell 的一个子进程中。在进行 Shell 编程的时候，经常会遇到处理子 Shell 和父 Shell 的关系以及对进程和作业控制的情况，本章将对子 Shell 和进程处理的相关内容进行介绍。

本章涉及的主要知识点如下：
- 子 Shell：主要介绍子 Shell 的相关知识，包括 Shell 内部命令、保留字和外部命令以及子 Shell 中变量的作用域等。
- 进程处理：主要介绍进程和作业的控制，包括什么是进程，如何通过 Shell 脚本监控进程、作业控制、信号与 trap 命令等。

13.1　子 Shell

Shell 本身是一个程序，也可以启动自己的子进程，这些子进程称为子 Shell。初学者需要清楚子 Shell 与其父 Shell 的区别与联系，以及 Shell 命令与子 Shell 的关系。本节将对子 Shell 的基础知识进行介绍。

13.1.1　什么是子 Shell

当用户登录 Linux 或者 UNIX 时，操作系统会根据用户/etc/passwd 文件中的配置启动一个 Shell 进程，该 Shell 进程为当前用户执行 Shell 命令的父进程。每个用户都可以指定自己的默认 Shell 程序，下面显示的是/etc/passwd 文件的部分内容：

```
[root@linux chapter13]# cat /etc/passwd
root:x:0:0:root:/root:/bin/bash
bin:x:1:1:bin:/bin:/sbin/nologin
daemon:x:2:2:daemon:/sbin:/sbin/nologin
adm:x:3:4:adm:/var/adm:/sbin/nologin
...
```

从上面的内容中可以看出，/etc/passwd 每一行描述的就是一个用户的相关信息，每行由 7 个字段组成，这些字段之间用分号隔开。7 个字段的含义如下：

登录名:x:用户 ID:用户组 ID:备注信息:用户主目录:默认的 Shell 程序

其中，默认的 Shell 程序在第 7 个字段中定义，并且使用绝对路径表示。如果这个字段的 Shell 程序不存在、不合法或者执行失败，则无法登录主机。如果某个用户不需要登录，则可以将该用户默认的 Shell 程序设置为/sbin/nologin。

当用户在执行一个 Shell 脚本时，父 Shell 会根据脚本程序的第 1 行#!符号后面指定的解释器程序开启一个子 Shell 进程，然后在子 Shell 的环境中执行该 Shell 脚本。一旦子 Shell 中的脚本执行完毕，该子 Shell 进程随即结束，并且返回到父 Shell 中。这个过程不会影响父 Shell 中的环境。

所谓子 Shell，实际上是父 Shell 的一个子进程。子 Shell 本身也可以创建自己的子进程，从而成为其子进程的父 Shell。从定义中可以看出，父 Shell 和子 Shell 都是相对的。某个 Shell 可以成为一个 Shell 的父 Shell，也可以同时成为另外一个 Shell 的子 Shell，反之亦然。在环境变量以及标准输入、标准输出和标准错误等方面，父 Shell 和子 Shell 是相同的。

【例 13-1】 演示子 Shell 与父 Shell 的关系，代码如下：

```
01  #--------------------------------/chapter13/ex13-1.sh--------------------
02  #! /bin/bash
03
04  #改变工作目录
05  cd /var/log
06  #打印当前的工作目录
07  pwd
```

在上面的代码中，第 5 行通过 cd 命令改变当前的工作目录，第 7 行通过 pwd 命令打印当前的工作目录。

程序的执行结果如下：

```
[root@linux chapter13]# ./ex13-1.sh
/var/log
[root@linux chapter13]#
```

从上面的执行结果中可以看出，当执行 ex13-1.sh 时，Shell 会创建一个子 Shell，子 Shell 和父 Shell 是相对独立的。在脚本中执行的 Shell 命令并不会影响父 Shell，例如第 5 行代码的 cd 命令在子 Shell 中改变当前的工作目录，在子 Shell 退出之后，父 Shell 当前的工作目录不受影响。

如果想要在当前的 Shell 中执行脚本，则可以使用圆点命令：

```
[root@linux chapter13]# . ./ex13-1.sh
/var/log
[root@linux log]# pwd
/var/log
```

从上面的执行结果中可以看出，使用圆点命令在当前的 Shell 中执行脚本会影响当前的 Shell 环境。在上面的例子中，当前 Shell 的工作目录已经被切换到/var/log。

注意：圆点命令与脚本文件名之间有一个空格。

13.1.2 内部命令、保留字和外部命令

Shell 命令分为内部命令和外部命令。所谓内部命令，是指在 Shell 工具包中的命令，内部命令是 Shell 本身的重要组成部分。内部命令嵌入在 Shell 程序中，并不单独以磁盘文件的形式保存在磁盘上。例如，cd、bg 及 fg 等命令都是 bash Shell 的内部命令。如表 13-1 所示为 bash Shell 中常用的内部命令。

表 13-1 bash Shell中常用的内部命令

内部命令	说　　明
.	读取Shell脚本，并在当前Shell中执行脚本
alias	设置命令别名（alias）
bg	将作业置于后台（background）运行
cd	改变（change）当前的工作目录（directory）
echo	打印指定的文本
eval	将参数（value）作为Shell命令执行（excute）
exec	以特定的程序取代Shell或者改变当前Shell的输出和输入
exit	退出Shell
export	将变量声明为环境变量
fc	与历史命令一起运行
fg	将作业置于前台（foreground）运行
getopts	处理命令行选项
history	显示历史命令
jobs	显示在后台运行的作业
kill	向进程发送信号
logout	从Shell中注销
pwd	显示（print）当前的工作目录（work directory）
set	设置Shell环境变量
shift	变换（shift）命令行参数

内部命令实际上是 Shell 程序的一部分，其中是一些比较简练的 Linux 系统命令，这些命令由 Shell 程序识别并在 Shell 程序内部完成运行，通常在加载用户的默认 Shell 时其就被加载并驻留在系统内存中。

除了内部命令之外，还有一部分保留字也是 Shell 的重要组成部分，如 if、for、then及 while 等都是 bash Shell 的内置关键字。保留字不是 Shell 命令，通常用在 Shell 脚本中，组成 Shell 脚本的基本语法结构。如表 13-2 所示为 bash Shell 中常用的保留字。

表 13-2 bash Shell中常用的保留字

保留字	说　　明
!	逻辑非
:	空命令
break	跳出for、while及until循环结构
case	多重条件判断
continue	跳过for、while、until及select等结构后面的语句，从头开始执行下一次循环
declare	声明并定义变量属性
do	语句块的定义，常用于for、while、until及select等循环结构中
done	语句块的定义，常用于for、while、until及select等循环结构中
elif	if条件判断结构中的分支语句
else	if条件判断结构中的分支语句

续表

保留字	说　　明
esac	case多条件分支结构的结束语句
for	循环语句
let	执行算术运算
local	定义局部变量
read	从标准输入中读取一行数据
return	从函数或者脚本中返回
test	条件测试
then	if条件判断结构中的关键字
until	循环语句
wait	等待后台作业完成
while	循环语句

外部命令是 Linux 系统中的实用程序部分，这些实用程序以磁盘文件的形式存在于磁盘中。在用户登录时，外部命令并不随着默认 Shell 的载入被加载到内存中，而是在需要的时候才被调进内存。

虽然外部命令的代码不在 Shell 程序中，但是其命令执行过程是由 Shell 程序控制的。Shell 程序管理外部命令执行时的路径查找和代码加载，并控制命令的执行。

绝大部分的 Shell 命令都是外部命令，如 ls、at、du、host 及 id 等。外部命令通常位于 /usr/bin 及 /usr/sbin 等目录下，其中，/usr/sbin 目录下的命令通常与系统管理有关。

由于内部命令的代码嵌入 Shell 程序中，所以当用户执行内部命令时，Shell 并不需要创建子 Shell，而是由当前的 Shell 程序直接解释并执行。而外部命令则是由当前的 Shell 程序创建一个子 Shell，然后在子 Shell 环境中执行的。当命令执行完成时，子 Shell 退出并返回到父 Shell 中。

【例 13-2】　演示 Shell 执行外部命令的过程，代码如下：

```
01  #--------------------------/chapter13/ex13-2.sh--------------------
02  #! /bin/bash
03
04  #查找包含 ps 字符串的进程
05  ps -ef|grep ps
06  #显示当前 Shell 的层次
07  echo $SHLVL
08  #查找执行 ex13-2.sh 脚本的 Shell 进程的 ID
09  pidof -x ex13-2.sh
10
11  exit 0
```

在上面的代码中，第 5 行通过 ps 命令、管道及 grep 命令查找含有字符串 ps 的进程列表。第 7 行使用系统变量 $SHLVL 输出当前 Shell 的层次，该层次以用户的登录 Shell 为第 1 层。第 9 行使用 pidof 命令获取执行脚本 ex13-2.sh 的子 Shell 的进程 ID。

程序的执行结果如下：

```
[root@linux chapter13]# ./ex13-2.sh
…
root      4958     4957     1      23:50     pts/0     00:00:00      ps -ef
```

```
root      4959    4957    0    23:50    pts/0    00:00:00    grep ps
…
2
4957
```

在上面的输出结果中，最开始的列表是第 4 行代码 ps 命令的输出，一共有 8 列，分别是进程的所有者、进程 ID、父进程 ID、CPU 使用率、进程启动时间、终端号、进程使用 CPU 的累计时间以及所执行的命令。这里，我们比较关注进程的 ID 和父进程 ID。在上面的输出结果中，执行命令 ps -ef 的进程 ID 为 4958，其父进程 ID 为 4957。在第 7 行代码的 echo 语句中输出当前 Shell 的层次为 2，这意味着脚本是在登录 Shell 的子 Shell 中执行的。最后，pidof 命令的输出结果为 4957，即执行脚本的子 Shell 的进程 ID 为 4957。

有了上面的结果之后，我们再进一步分析例 13-2 的脚本执行的整个过程。首先，无论 ps 还是 grep 命令，它们都是外部命令，所以 Shell 会为这两个命令创建子 Shell 来执行。而这两个子 Shell 的进程 ID 分别为 4958 和 4959。其次，脚本 ex13-2.sh 本身也是在用户登录 Shell 的子 Shell 中执行的，这个子 Shell 的进程 ID 是 pidof 命令的输出结果，即 4957。而这个进程 ID 恰好是登录 Shell 的子 Shell 的进程 ID。因此，例 13-2 中的子 Shell 的关系如图 13-1 所示。

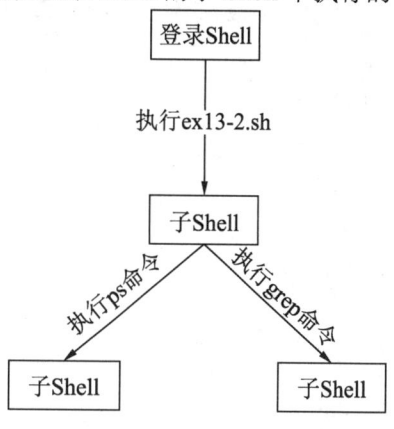

图 13-1　例 13-2 中的子 Shell 的关系

13.1.3　在子 Shell 中执行命令

本节介绍在哪些情况下 Shell 会在子 Shell 中执行命令。实际上，不同的 Shell 可能会以不同的方式来执行命令。但是在 bash Shell 中，以下几种情况通常会使 Shell 在其子 Shell 中执行命令。

1．圆括号结构

当将一组命令放在圆括号中时，该组命令会在一个子 Shell 环境中执行，其语法如下：

```
(command1;command2;command3;…)
```

在上面的语法中，command1、command2 及 command3 等都是 Shell 命令，这些命令写在一行中，它们之间用分号隔开。

如果每行只有一条命令，则可以省略分号，变成以下语法形式：

```
(
    command1
    command2
    command3
    …
)
```

【例 13-3】　演示圆括号结构的使用方法，代码如下：

```
01   #---------------------------/chapter13/ex13-3.sh-------------------
02   #!/bin/bash
03
```

```
04    echo
05    #输出子 Shell 的层次
06    echo "Subshell level OUTSIDE subshell = $BASH_SUBSHELL"
07
08    echo
09    #定义子 Shell 外面的变量
10    outer_variable=Outer
11    #圆括号开始
12    (
13        #输出子 Shell 的层次
14        echo "Subshell level INSIDE subshell = $BASH_SUBSHELL"
15        #定义子 Shell 内的变量
16        inner_variable=Inner
17        #在子 Shell 内输出圆括号里面定义的变量
18        echo "From subshell, \"inner_variable\" = $inner_variable"
19        #在子 Shell 内输出圆括号外面定义的变量
20        echo "From subshell, \"outer\" = $outer_variable"
21    )
22
23    echo
24    #输出子 Shell 的级别
25    echo "Subshell level OUTSIDE subshell = $BASH_SUBSHELL"
26    echo
27    #判断 inner_variable 变量是否已经定义
28    if [ -z "$inner_variable" ]
29    then
30        echo "inner_variable undefined in main body of shell"
31    else
32        echo "inner_variable defined in main body of shell"
33    fi
34    #输出圆括号内定义的变量
35    echo "From main body of shell, \"inner_variable\" = $inner_variable"
```

在上面的代码中，第 6 行使用系统变量 BASH_SUBSHELL 获取当前子 Shell 的层次。如果当前环境为用户登录时默认的 Shell，则该变量的值为 0。第 10 行在圆括号结构外面定义了一个变量 outer_variable 并且赋予其初始值。第 12～21 行是圆括号结构，其中包含 4 条语句。第 14 行在圆括号内部输出子 Shell 的层次。第 16 行定义了另外一个变量 inner_variable。第 18 行输出变量 inner_variable 的值，第 20 行输出变量 outer_variable 的值。

第 25 行重新在圆括号结构外面输出当前子 Shell 的层次。第 28～33 行判断变量 $inner_variable 是否已经被定义，并且根据不同的情况输出不同的消息。第 35 行输出圆括号结构内定义的变量 inner_variable 的值。

程序的执行结果如下：

```
[root@linux chapter13]# ./ex13-3.sh

Subshell level OUTSIDE subshell = 0

Subshell level INSIDE subshell = 1
From subshell, "inner_variable" = Inner
From subshell, "outer" = Outer

Subshell level OUTSIDE subshell = 0

inner_variable undefined in main body of shell
From main body of shell, "inner_variable" =
```

从上面的输出结果中可以发现，代码第 6 行的 echo 语句的输出结果为 0，表示当前处于最顶层的子 Shell 中。而代码第 14 行的 echo 语句的输出结果为 1，表示当前子 Shell 的层次为 1。代码第 18 行和第 20 行的 echo 语句分别输出了圆括号外面和内部定义的两个变量值。由执行结果可以得知，子 Shell 中可以访问父 Shell 中定义的变量的值。代码第 25 行的 echo 语句的输出结果为 0，表示程序已经退出子 Shell。最后，在子 Shell 中定义的变量不能在父 Shell 中访问。

由于圆括号结构中的命令都是在一个子 Shell 中执行的，与调用另外一个脚本中的代码非常相似，所以通过圆括号结构，用户可以将 Shell 程序中的某一段代码放在后台执行，其实现方法就是在圆括号结构的后面使用&操作符。

【例 13-4】 演示将脚本中的部分代码放在后台执行的方法，代码如下：

```
01  #--------------------------/chapter13/ex13-4.sh-------------------
02  #!/bin/bash
03
04  #输出开始提示信息
05  echo "Before starting subshell"
06  #圆括号结构开始
07  (
08      count=1
09      while [ $count -le 10 ]
10      do
11          echo "$count"
12          sleep 1
13          #在 Shell 中修改循环变量的值
14          (( count++ ))
15      done
16  ) &
17  echo "Finished"
```

在上面的代码中，第 7～16 行是整个圆括号结构。第 8 行定义了循环变量 count，并且赋予初始值 1。第 9 行是 while 循环结构的开始，其循环条件为变量 count 的值小于或等于 10。第 11 行输出循环变量的值，第 12 行使得当前的进程睡眠 1s。第 14 行又是另外一个嵌套两层的圆括号结构，在该结构中执行循环变量的自增。第 16 行使用&操作符将整个圆括号结构置于后台执行。

程序的执行结果如下：

```
[root@linux chapter13]# ./ex13-4.sh
Before starting subshell
Finished
1
[root@linux chapter13]# 2
3
4
5
6
7
8
9
10
```

当用户输入以上命令执行 ex13-4.sh 的时候，当前的 Shell 会创建一个子进程来执行脚本文件。代码第 5 行的 echo 语句输出了一条信息。当遇到圆括号及"&"操作符的时候，Shell 会将其中的命令放在另外一个子 Shell 中并且作为后台作业执行。此时，执行脚本文件的子进程和圆括号中的代码是并行执行的。因此执行脚本 ex13-4.sh 的子进程继续执行圆括号后面的代码，即代码第 17 行的 echo 语句并输出另外一条信息。此时，正在后台执行的圆括号中的代码输出了循环变量的值 1。

执行脚本的子进程在执行完代码第 17 行的 echo 语句后退出，返回到命令提示符状态。而圆括号中的代码仍然在执行，依次输出了 2～10 的值。

通过上面的例子可以看出，子 Shell 中的代码可以访问父 Shell 中的变量的值。并且，当变量的值在子 Shell 中修改之后，在父 Shell 中可以获得变化之后的值。

> 注意：例 13-4 的第 14 行语句使用了两层圆括号，因此会产生两层子 Shell。

2. 后台执行或异步执行

Shell 命令有时需要较长的时间来执行，尤其是在处理大量数据的时候。此时，用户可以将命令置于后台执行，而不必等待命令执行结束。

将命令置于后台执行的语法如下：

```
command&
```

其中，command 表示要执行的命令，&操作符表示将前面的命令置于后台执行。在命令末尾追加&操作符之后，当前命令会由一个子 Shell 在后台执行。当前的 Shell 会立即获得控制权并且返回到命令行提示符状态。后台命令和当前的 Shell 是并行的，相互之间没有依赖及等待关系。这意味着后台命令和当前 Shell 是异步的并行。

用户可以在任何一个 Shell 命令后面使用&操作符，将该命令置于后台运行。关于&操作符的例子在例 13-4 中已经介绍过了，此处不再详细说明。

3. 命令替换

命令替换的语法如下：

```
`command`
```

或者：

```
$(command)
```

其中，command 表示要执行的命令。command 会在一个子 Shell 中执行，不会影响当前的 Shell 环境。

【例 13-5】 使用命令替换在子 Shell 中执行的命令，代码如下：

```
01  #-----------------------------/chapter13/ex13-5.sh-----------------
02  #! /bin/bash
03
04  #在子 Shell 中执行命令并且返回结果
05  result=$(cd /;ls;echo "current working directory is ";pwd)
06  echo "$result"
07  echo "current working directory is"
08
09  #在父 Shell 中输出当前的工作目录
10  pwd
```

在上面的代码中，第 5 行使用$()符号执行一组 Shell 命令，这些命令之间用分号隔开，而且将命令执行结果赋值给变量 result。其中：第 1 个命令为 cd，用于将子 Shell 的当前工作目录切换到根目录；第 2 个命令为 echo，用来输出一行提示信息；第 3 个命令为 pwd，用于输出当前的工作目录。第 10 行在父 Shell 中输出当前的工作目录。

程序的执行结果如下：

```
[root@linux chapter13]# ./ex13-5.sh
bin      data2            etc              lib64        mnt    root    sys
boot     data_.base.tar   home             lost+found   net    sbin    tmp
cgroup   demo.sh          ImagedTabSet.css media        opt    selinux usr
data1    dev              lib              misc         proc   srv     var
current working directory is
/
current working directory is
/root/chapter13
```

从上面的执行结果中可以看出，子 Shell 中的 cd 命令只会改变子 Shell 的工作目录，并不影响父 Shell 的环境。因此，在上面的例子中，父 Shell 的工作目录仍然为/root/chapter13，并没有切换到根目录。

除了以上两种在子 Shell 中执行命令的方法之外，还有其他一些方法，如管道及进程替换等。在不同的 Shell 中，对于管道和进程替换的处理方法会有所不同，读者可以参考相关的书籍，不再详细介绍。

13.1.4 把子 Shell 中的变量值传回父 Shell

在子 Shell 中，代码可以访问父 Shell 的变量；反之，在父 Shell 中无法访问子 Shell 中的变量值。但是可以通过一些变通的技巧来取得子 Shell 中变量的值。下面分别进行介绍。

1. 通过临时文件

在 Linux 中，通过临时文件传递数据是一个非常重要的技巧，许多地方都能使用到。对于磁盘文件来说，只要拥有足够的权限，任何进程都可以访问到。另外，通过临时文件，用户可以在进程之间传递大量的数据，不会受到内存空间的限制。

【例 13-6】 通过临时文件在父子 Shell 之间传递数据，代码如下：

```
01  #---------------------------/chapter13/ex13-6.sh-------------------
02  #! /bin/bash
03
04  (
05      #在子 Shell 中定义变量 x
06      x=500
07      #将变量 x 的值输出到临时文件 tmp 中
08      echo "$x" >tmp
09  )
10
11  #在父 Shell 中直接引用变量 x 的值
12  echo "$x"
13  #从临时文件中读取变量 x 的值
14  read b <tmp
15
16  echo "$b"
```

在上面的代码中，第 4～9 行是圆括号结构，将在子 Shell 中执行。第 6 行定义了一个

· 325 ·

名称为 x 的变量，第 8 行将变量 x 的值通过重定向输出到临时文件 tmp 中。第 12 行在父 Shell 中直接引用变量 x 的值。第 14 行通过 read 语句从临时文件中读取变量 x 的值。

程序的执行结果如下：

```
[root@linux chapter13]# ./ex13-6.sh
500
```

从上面的执行结果中可以看出，第 12 行的 echo 语句的输出为空串。而第 16 行的 echo 语句正确输出了变量 x 的值。

2. 使用命名管道

命名管道是 Linux 及 UNIX 系统中最古老的进程间通信的方式，同时也是一个相对比较简单的通信机制。

【例 13-7】 演示使用命名管道实现向父 shell 传递数据的方法，代码如下：

```
01  #---------------------------/chapter13/ex13-7.sh--------------------
02  #! /bin/bash
03
04  #创建名称为 fifo 的命名管道
05  if [ ! -e fifo ];then
06      mkfifo fifo
07  fi
08
09  #子 Shell
10  (
11      x=500
12      #将变量 x 的值输出到管道
13      echo "$x" > fifo
14  )&
15  #从管道中读取数据
16  read y <fifo
17
18  echo "$y"
```

在上面的代码中，第 5~7 行判断命名管道 fifo 是否存在，如果不存在，则创建该管道。第 10~14 行是圆括号结构，并且在圆括号后面使用了&操作符将该结构放在后台运行。第 16 行从命名管道 fifo 中读取数据。

程序的执行结果如下：

```
[root@linux chapter13]# ./ex13-7.sh
500
```

3. 不使用子Shell

之所以出现上面的变量传递问题，是因为使用了子 Shell。如果不使用子 Shell，则以上问题就不存在。当用户在某个 Shell 脚本中调用另外一个脚本时，被调用的脚本会在子 Shell 中执行。但是，用户可以通过圆点命令和 source 命令来执行脚本，使得被调用的脚本在当前 Shell 进程中执行。

【例 13-8】 演示两个脚本之间传递数据的方法，其中，output.sh 的代码如下：

```
01  #---------------------------/chapter13/output.sh--------------------
02  #! /bin/bash
03
```

```
04  #输出变量 message 的值
05  echo "$message"
```

从上面的代码中可以看出，output.sh 的功能非常简单，只是输出变量 message 的值。但是变量 message 并没有在当前脚本中定义。

脚本 ex13-8.sh 的代码如下：

```
01  #--------------------------/chapter13/ex13-8.sh--------------------
02  #! /bin/bash
03
04  #定义变量 message 并赋予其初始值
05  message="Hello world."
06
07  #使用 source 命令调用脚本
08  source ./output.sh
```

在上面的代码中，第 5 行定义了名称为 message 的变量，第 8 行使用 source 命令调用 output.sh 脚本。

上述程序的执行结果如下：

```
[root@linux chapter13]# ./ex13-8.sh
Hello world.
```

从上面的执行结果中可以看出，虽然变量是在 ex13-8.sh 脚本中定义的，但是可以在 output.sh 脚本中访问。之所以会这样，是因为在脚本代码第 8 行中使用 source 命令调用了 output.sh 脚本，这使得 output.sh 脚本与 ex13-8.sh 脚本在同一个 Shell 进程中被执行，所以两者的变量可以相互访问。

除了上面介绍的临时文件和命名管道之外，还有许多方法可以实现子 Shell 向父 Shell 传递数据，如命令替换和使用 eval 命令等，读者可以根据自己的实际情况选择适当的通信机制。

13.2 进程处理

在进行系统维护的过程中，经常会遇到进程和作业的处理问题。通过 Shell 编程，用户可以对进程和作业进行有效地管理。本节介绍如何通过 Shell 进行进程的相关操作。

13.2.1 什么是进程

在讲到进程的时候，不得不提到另外一个概念，即程序。通常情况下，我们所讲的程序是计算机指令的集合，是一个静态的概念。

进程是指在自身的虚拟地址空间运行的一个单独的程序，是程序执行的基本单元。进程会利用处理器资源、内存资源，并且进行各种 I/O 操作，从而完成某项指定的任务。因此，进程是一个动态的概念。

进程与程序是有区别的，进程不是程序，虽然它由程序产生。程序只是一个静态的指令集合，不占系统的运行资源；而进程是一个随时都可能发生变化、动态地使用系统运行资源的程序，而且一个程序可以启动多个进程。

大致来说，Linux 中的进程可以分为以下 3 类。

- 交互进程：由 Shell 启动的进程。交互进程既可以在前台运行，也可以在后台运行。
- 批处理进程：进程序列。
- 监控进程：又称为守护进程，Linux 的服务进程，在后台运行。

13.2.2　通过脚本监控进程

通常情况下，通过脚本来监控进程可以收到事半功倍的效果。例如，绝大部分的 Web 服务器都是运行在 Linux 上。但是在某些情况下，Web 服务器的 httpd 进程会由于某些错误而退出，导致用户不能访问网站，而系统管理员不可能会 24 小时都在监控 Web 服务器的运行状态。

在这种情况下，系统管理员可以编写一个脚本来监控 Web 服务器进程是否存在，如果不存在，则重新启动该服务进程。

【例 13-9】　演示 Web 服务器监控脚本的编写方法，代码如下：

```
01  #----------------------------/chapter13/ex13-9.sh--------------------
02  #!/bin/bash
03
04  #Apache httpd 进程监控 Shell
05
06  #启动服务命令
07  RESTART="/usr/bin/systemctl start httpd.service"
08
09  #pgrep 命令路径
10  PGREP="/usr/bin/pgrep"
11
12  #Apache Web 服务器的进程名称
13  HTTPD="httpd"
14
15  #查找 httpd 进程
16  $PGREP ${HTTPD} &>/dev/null
17  #如果没有找到则重新启动服务
18  if [ $? -ne 0 ]
19  then
20      $RESTART
21  fi
```

在上面的代码中，第 7 行定义了重新启动 Apache Web 访问进程的命令；第 10 行定义了 pgrep 命令的路径；第 13 行定义了 Apache Web 服务器的进程名称；第 16 行使用 pgrep 命令判断 Apache Web 服务器进程是否存在，其中的重定向是为了避免 pgrep 命令输出信息。第 18 行通过系统变量 $? 判断第 16 行的 pgrep 命令是否执行成功，如果不等于 0，则表示不存在 Apache Web 服务器进程，从而在第 20 行启动该服务器进程。

为了能够周期性地检查 Apache Web 服务器的进程是否存在，可以使用 crontab 任务计划来定期执行上面的脚本，代码如下：

```
*/30 * * * * /root/chapter13/ex13-9.sh >/dev/null 2>&1
```

以上代码表示每 30s 执行一次/root/chapter13/ex13-9.sh 脚本。

13.2.3 作业控制

通常情况下，我们将一个正在执行的进程称为一个作业。虽然进程和作业密不可分，但是二者是有区别的。一般来说，作业是针对用户而言的，是用户为了完成某项任务而启动的进程，一个作业可以包含一个进程，也可以包含多个进程，这些进程之间相互协作，共同完成任务。而进程则是针对操作系统而言的，是操作系统中程序执行的基本单位。

例如，下面的一组名称可以称为一个作业，其功能是在 ls 命令的手册中查找包含 long 字符串的文本行，然后将匹配结果传递给 more 命令，代码如下：

```
[root@linux chapter13]# man ls | grep long | more
       Mandatory arguments to long options are  mandatory  for  short  options
              across  -x, commas -m, horizontal -x, long -l, single-column -1,
              in a long listing, don't print group names
       -l     use a long listing format
              with -l, show times using style STYLE: full-iso, long-iso, iso,
```

虽然上面的一组命令构成了一个作业，但是实际上 Shell 会启动 3 个进程，分别执行 man、grep 及 more 命令。

作业控制是指用户控制正在运行的组成作业的进程的行为。在前面已经介绍过，可以在命令的后面附加&操作符，使该命令在后台执行。另外，可以将作业中的某个进程挂起，暂停其执行，然后在某个时刻继续执行该进程。

【例 13-10】 演示将进程进行前后台切换的方法，代码如下：

```
01  #--------------------------------/chapter13/ex13-10.sh-------------------
02  #! /bin/bash
03
04  #使得当前进程休眠10s
05  sleep 10
```

上面的代码比较简单，其中，第 5 行使用 sleep 命令使当前进程休眠 10s。sleep 命令的功能是使进程休眠指定的时间，其基本语法如下：

```
sleep number[suffix]
```

其中，参数 number 表示要休眠的时间长度，参数 suffix 表示时间单位，默认为 s，可以是秒、分钟、小时及天等，这些时间单位分别使用 s、min、h 及 d 等字母表示。

在命令行中输入以下命令执行 ex13-10.sh：

```
[root@linux chapter13]# ./ex13-10.sh &
[1] 28426
```

当输入以上命令并且按 Enter 键时，Shell 会将脚本放在后台执行并且立即返回两个数字，其中，方括号中的数字为作业号，后面的数字为执行脚本的进程 ID。由于脚本在后台执行，所以可以同时执行其他操作。当作业执行完成时，会在命令行给出以下提示：

```
[1]+  Done                    ./ex13-10.sh
```

以上提示包括作业号、状态及所执行的命令。

在执行前台作业的时候，可以通过组合键 Ctrl+Z 使当前的作业挂起。例如，在命令行中输入以下命令：

```
[root@linux chapter13]# vi demo.sh
```

当按 Enter 键时，Shell 会调用 vi 编辑器，此时会弹出一个全屏编辑窗口。在编辑文本的过程中需要暂时退出 vi 编辑器执行其他的命令。此时可以先切换到 vi 命令状态，然后按 Ctrl+Z 组合键，Shell 会给出以下提示信息：

```
[1]+  Stopped                 vi demo.sh
[root@linux chapter13]#
```

以上信息告诉用户，作业号为 1 的作业已经被挂起，其命令为 vi demo.sh。接下来就是 Shell 的命令提示符。

当处理完其他任务时，可以使用 fg 命令将后台执行的作业切换到前台执行，命令如下：

```
[root@linux chapter13]# fg
```

fg 是一个内部命令，其作用是将后台的作业移至前台执行，其基本语法如下：

```
fg [jobspec]
```

在上面的语法中，参数 jobspec 用来指定要切换的作业，可以是作业号或者作业的命令名称等。如果省略该参数，则表示将作业号为 1 的作业移至前台。因此，如果当前系统中只有一个作业在后台运行，则可以直接使用 fg 命令，省略其他参数。如表 13-3 所示为在 fg 命令中用来指定作业的方法。

表 13-3 在fg命令中指定作业的方法

方　　法	说　　明
%n	n为整数，表示作业号
%string	以字符串string开头的命令所对应的作业
%?string	包含字符串string的命令所对应的作业
%+或者%%	最近提交的一个作业
%-	倒数第2个提交的作业

例如，以下命令将以字符串 vi 开头的命令所对应的作业移至前台：

```
[root@linux chapter13]# fg %vi
```

前台作业和后台作业在功能上并没有什么不同。只是前台作业会占用终端窗口，用户不能同时执行其他命令，需要等待前台作业完成才能执行其他操作。而后台作业则不占用终端窗口，用户可以同时执行其他操作。

Shell 提供了另外一个内部命令 jobs，用来查看正在后台执行的作业列表，其基本语法如下：

```
jobs [options]
```

其中，options 表示 jobs 命令的选项，常用的选项有 -l 和 -p，前者显示作业的详细信息，后者只显示作业的进程 ID。例如，下面的 jobs 命令列出当前用户的所有后台作业：

```
[root@linux chapter13]# jobs
[1]   Stopped                 vi demo.sh
[2]-  Stopped                 vi demo1.sh
[3]+  Stopped                 vi demo2.sh
```

通过上面的结果可以看出，当前用户有 3 个后台作业在执行。默认情况下，jobs 命令的输出结果包含 3 列，第 1 列为作业号，如果在某个作业号后面有一个加号+，则表示当前作业为默认作业。也就是说，在使用 fg 命令管理作业的时候，如果没有指定作业，则会将作业号后面附加+符号的作业移至前台。

另外，在上面的输出结果中，编号为 2 的作业号后面有一个减号-，该符号表示当前作业即将成为默认的作业。也就是说，当含有+符号的作业退出时，含有-符号的作业将成为默认作业。

对于其他作业，作业号后面是一个空格。对于同一个用户来说，只能有一个作业使用+符号标识，也只能有一个作业使用-符号标识。

在 jobs 命令的输出结果中，第 2 列为作业的执行状态。如表 13-4 所示为几种常见的作业状态。

表 13-4　常见的作业状态

状　　态	说　　明
Running	该作业并没有被挂起而是正在运行
Done	该作业已经完成并返回退出状态码0
Done (code)	该作业已经正常完成和退出，并返回指定的非0退出状态码code。状态码使用十进制表示
Stopped	该作业被挂起

用户可以使用 disown 命令删除作业列表中的作业，该命令的基本语法如下：

```
disown [jobspec ...]
```

在上面的语法中，参数 jobspec 表示要从列表中删除的作业。与 fd 命令一样，用户可以使用作业号、进程 ID 以及命令名称等方法来指定作业。

下面的例子演示了 disown 命令的使用方法。首先执行 3 个 vi 命令，并且使其在后台执行，代码如下：

```
[root@linux chapter13]# vi demo.sh &
[1] 30880
[root@linux chapter13]# vi demo1.sh &
[2] 30881

[1]+  Stopped                 vi demo.sh
[root@linux chapter13]# vi demo2.sh &
[3] 30890

[2]+  Stopped                 vi demo1.sh
[root@linux chapter13]# jobs
[1]   Stopped                 vi demo.sh
[2]-  Stopped                 vi demo1.sh
[3]+  Stopped                 vi demo2.sh
```

通过最后的 jobs 命令可以得知，当前有 3 个作业被挂起。其中，3 号作业为默认作业，2 号作业即将成为默认作业。接下来的命令将 1 号作业删除，代码如下：

```
[root@linux chapter13]# disown %1
-bash: warning: deleting stopped job 1 with process group 30880
[root@linux chapter13]# jobs
[2]-  Stopped                 vi demo1.sh
[3]+  Stopped                 vi demo2.sh
```

在上面的命令中，disown 使用%1 作为参数。执行完该命令之后，Shell 给出一条警告信息，告诉用户 1 号作业已经被删除。然后通过 jobs 命令再次输出作业列表，发现只剩下

2 号和 3 号作业。

🔔注意：删除作业还可以使用 kill 命令，该命令将在后面介绍。

13.2.4 信号与 trap 命令

信号在 Linux 系统中是非常重要的一种通信机制。信号在软件层次上模拟了硬件中断机制。因此，简单地讲，信号即软件中断。在 Linux 系统中，用户可以通过 kill 命令给某个进程发送一个特定的信号，也可以通过键盘发送一些信号，如组合键 Ctrl+C 可能会触发 SIGINT 信号，而组合键 Ctrl+\ 可能会触发 SIGQUIT 信号等。

绝大部分的系统都预定义了一些信号，可以通过 kill 命令的 -l 选项列出当前系统支持的信号，代码如下：

```
[root@linux chapter13]# kill -l
 1) SIGHUP      2) SIGINT      3) SIGQUIT     4) SIGILL      5) SIGTRAP
 6) SIGABRT     7) SIGBUS      8) SIGFPE      9) SIGKILL    10) SIGUSR1
11) SIGSEGV    12) SIGUSR2    13) SIGPIPE    14) SIGALRM    15) SIGTERM
16) SIGSTKFLT  17) SIGCHLD    18) SIGCONT    19) SIGSTOP    20) SIGTSTP
21) SIGTTIN    22) SIGTTOU    23) SIGURG     24) SIGXCPU    25) SIGXFSZ
...
```

🔔注意：读者还可以通过 man 7 signal 命令查看有关信号的帮助手册。

如表 13-5 所示为常用的信号及其含义。

表 13-5　常用信号及其含义

信　　号	值	含　　义
SIGHUP	1	终端挂起（hang up）或者控制进程终止
SIGINT	2	键盘中断（interrupt）
SIGQUIT	3	键盘的退出键（quit）被按下
SIGABRT	6	由 abort(3) 发出的退出指令
SIGKILL	9	立即结束进程

表 13-5 只列出了常用的几个信号，关于其他的信号，读者可以参考 Linux 的帮助手册。对于管理员来说，最常用的信号是 SIGKILL，该信号用来立即结束进程的运行。SIGKILL 信号不能被阻塞、处理和忽略。如果管理员发现某个进程终止不了，则可以尝试发送这个信号。

前面讲过，删除作业的方法除了使用 disown 命令之外，还可以使用 kill 命令。kill 命令的基本语法如下：

```
kill [-s signal|-p] [--] pid...
```

在上面的语法中，-s 选项用来指定要发送的信号（signal），-p 选项表示只是打印（print）指定进程名称的进程 ID，不发送信号，参数 pid 表示某个特定的进程 ID。

下面的例子演示了如何使用 kill 命令删除作业。首先使用 jobs 命令列出当前的作业列表如下：

```
[root@linux chapter13]# jobs
[2]-  Stopped                 vi demo1.sh
[3]+  Stopped                 vi demo2.sh
[root@linux chapter13]# jobs -p
30881
30890
```

由于 kill 需要指定进程 ID，所以还要使用 jobs 命令的-p 选项输出作业的进程 ID。现在想要删除进程 ID 为 30881 的作业，可以使用以下命令：

```
[root@linux chapter13]# kill -s 9 30881
```

以上命令表示向进程 ID 为 30881 的进程发送值为 9 的信号，即 SIGKILL 信号。执行完以上命令之后，再次使用 jobs 命令查看作业列表，代码如下：

```
[root@linux chapter13]# jobs
[2]-  Killed                  vi demo1.sh
[3]+  Stopped                 vi demo2.sh
[root@linux chapter13]# jobs
[3]+  Stopped                 vi demo2.sh
```

从上面的执行结果中可以看出，2 号作业的状态为 Killed，表示该作业已经退出。在后面的作业列表中，该项作业已经消失。

> 注意：kill 命令中的-s 可以省略，直接使用数字。例如，上面的命令可以直接写成 kill -9 30881。

对于有些信号，进程会有默认的响应动作，而有些信号，进程可能直接会忽略。当然，可以对某些信号设定专门的处理函数。在 Shell 程序中，可以通过 trap 命令设定响应某个信号的动作。trap 是一个内部命令，其基本语法如下：

```
trap [[arg] sigspec …]
```

在上面的语法中，参数 arg 表示信号响应操作的函数，sigspec 表示特定的信号。

【例 13-11】 演示 trap 命令的使用方法，代码如下：

```
01  #-----------------------------/chapter13/ex13-11.sh-------------------
02  #! /bin/bash
03
04  #定义响应函数
05  function signal_handler {
06      echo "Good bye."
07  }
08
09  #绑定响应函数
10  trap signal_handler 0
```

在上面的代码中，第 5~7 行定义了响应信号的函数，该函数比较简单，只是输出一行消息。第 10 行通过 trap 命令将函数与信号 0 绑定。信号 0 是一个特殊的信号，在 POSIX 标准中把 0 定义为空信号，当进程退出时会触发该信号。因此用户经常使用该信号来判断一个特定的进程是否存在。

程序的执行结果如下：

```
[root@linux chapter13]# ./ex13-11.sh
Good bye.
```

13.3 小　　结

本章详细介绍了子 Shell 及进程处理的相关知识，读者需要重点掌握子 Shell 的基本概念、什么情况下会使用子 Shell、子 Shell 的变量及其作用域、父子 Shell 的数据传递以及作业的控制等相关知识。第 14 章将介绍 Shell 脚本调试技术。

13.4 习　　题

一、填空题

1. Shell 本身也是一个程序，也可以启动自己的子进程，这些子进程称为_____。
2. Shell 命令分为_____和_____。
3. Linux 中的进程可以分为 3 类，分别为_____、_____和_____。

二、选择题

1. 下面的（　　）操作符可以将命令置于后台执行。
 A．@ 　　　　　　　B．# 　　　　　　　C．& 　　　　　　　D．$
2. 在 Linux 中，对于正在运行的程序，使用（　　）组合键可以将其挂起。
 A．Ctrl+C 　　　　　B．Ctrl+D 　　　　　C．Ctrl+S 　　　　　D．Ctrl+Z
3. 下面的（　　）命令用来查看当前用户的所有后台作业。
 A．jobs 　　　　　　B．fg 　　　　　　　C．bg 　　　　　　　D．kill

三、判断题

1. 进程与程序是有区别的，进程不是程序，而是由程序产生的。　　　　　　（　　）
2. 对于同一个用户的作业，只能有一个作业使用"+"符号标识，也只能有一个作业使用"-"符号标识。　　　　　　　　　　　　　　　　　　　　　　　　　　　　　　（　　）

第 3 篇
Shell 编程实战

- 第 14 章　Shell 脚本调试技术
- 第 15 章　利用 Shell 脚本解决实际问题

第 14 章　Shell 脚本调试技术

对于程序设计者来说，调试技术是一项最基本的技能。而在进行 Shell 程序设计时，这项技能就显得更加重要了。这是因为与其他高级程序设计语言，如 C++、Java 及 C#等相比，Shell 程序设计并没有功能非常完善的集成开发工具。但是，Shell 本身却提供了非常强大的程序调试方法。本章将对 Shell 程序设计中常用的调试技术进行介绍。

本章涉及的主要知识点如下：

- Shell 脚本中的常见错误：主要介绍 Shell 程序设计中经常遇到的语法错误和逻辑错误。
- Shell 脚本调试技术：主要介绍 Shell 脚本的调试方法，包括简单的 echo 命令、trap 命令、tee 命令，以及钩子程序调试方法等。

14.1　Shell 脚本中的常见错误

实际上，编写 Shell 脚本的过程就是不断排除错误的过程。尤其对于初学者来说，由于不熟悉 Shell 脚本的语法，会经常出现一些意想不到的错误。本节介绍 Shell 程序设计中经常出现的错误，从而使读者在编程时避免这些错误。

14.1.1　常见的语法错误

对于学习程序设计的读者来说，语法错误可能是最常见的错误。所谓语法错误，是指程序中的语句或者关键字等存在错误，使得程序无法执行。

无论是学习 Shell 编程，还是其他程序设计语言，如 C++或者 Java，了解并掌握其语法都是一项基本功。每种程序设计语言都有自己的语法特点，这些特点都需要深入了解，并严格遵循。

对于 Shell 程序设计来说，语法问题是一个非常突出的问题。因为 Shell 的种类比较多，常见的有 Bourne shell（sh）、Bourne-Again shell（bash）、C shell（csh）、Z shell（zsh）及 Korn shell（ksh）等。这些 Shell 都有自己的语法，用户并不需要完全掌握这些 Shell 的语法。虽然它们是不同的 Shell，但是其功能却大同小异。因此，只要掌握一种 Shell 的语法就可以完成自己的任务。作为系统管理员，在进行系统维护的时候熟悉一种 Shell 就可以了。因此下面我们以最流行的 Bourne-Again shell，即 bash 为例来介绍 Shell 编程。

在进行 Shell 程序设计的时候，语法错误包括关键字书写错误、引号错误、漏掉空格符以及变量的大小写问题等。下面通过示例了解一下。

【例 14-1】 演示一种常见的语法错误，代码如下：

```
01  #--------------------------/chapter14/ex14-1.sh--------------------
02  #! /bin/bash
03
04  #定义循环变量
05  n=1
06  #while 循环开始
07  while [[ $n -le 5 ]];
08      echo "the numberis $n."
09      let "n+=1"
10  done
```

在上面的代码中，第 5 行定义并初始化一个循环变量 n，第 7～10 行是 while 循环结构，其功能是输出循环变量的值。

在程序执行的时候会出现以下错误：

```
[root@linux chapter14]# ./ex14-1.sh
./ex14-1.sh: line 10: syntax error near unexpected token 'done'
./ex14-1.sh: line 10: 'done'
```

上面的错误信息告诉用户，在程序的第 10 行意外地出现了一个关键字 done。在 while 循环结构中，循环体的语句需要放在 do 和 done 这两个关键字之间。但是在上面的代码中，第 7 行和第 8 行之间却没有 do 关键字。因此，Shell 在解释 14-1.sh 脚本的时候发现这个问题，并且给出相应的提示。

从上面的例子中可以看出，虽然 Shell 给出的错误消息中出现问题的是第 10 行，但是实际上第 10 行并没有错误，出现错误的是第 7 行和第 8 行之间漏掉了 do 关键字。因此，在分析错误提示的时候，不应该只局限于给出的代码行，而应该对错误涉及的代码段进行整体检查。

在上面代码中的第 7 行和第 8 行之间补充 do 关键字，程序代码如下：

```
01  #--------------------------/chapter14/ex14-1a.sh--------------------
02  #! /bin/bash
03
04  #定义循环变量
05  n=1
06  #while 循环结构
07  while [[ $n -le 5 ]];
08  do
09      echo "the numberis $n."
10      let "n+=1"
11  done
```

读者可以在配书资源的 chapter14 目录下的 ex14-1a.sh 文件中查看具体代码。修改完成以后，ex14-1a.sh 的执行结果如下：

```
[root@linux chapter14]# ./ex14-1a.sh
the numberis 1.
the numberis 2.
the numberis 3.
the numberis 4.
the numberis 5.
```

从上面的执行结果中可以看出，程序正确运行并且输出了预期的结果。

由于历史原因，Shell 脚本的某些语法非常严格，因此，用户经常会因为空格问题导致程序执行错误。

【例 14-2】 演示在 if 语句中由于缺少空格而导致错误发生，代码如下：

```
01  #---------------------------/chapter14/ex14-2.sh-------------------
02  #! /bin/bash
03
04  while :
05  do
06      #接收用户输入的数据
07      read x
08      #如果用户输入的字符串为 exit，则退出程序
09      if [ $x == "exit"]; then
10          exit 0
11      else
12          echo "$x"
13      fi
14  done
```

上面的程序用于不断接收用户输入的数据并直接输出到屏幕上。如果用户输入的字符串为 exit，则退出程序。

程序的执行结果如下：

```
[root@linux chapter14]# ./ex14-2.sh
abc
./ex14-2.sh: line 9: [: missing `]'
abc
...
```

从上面的执行结果中可以看出，代码的第 9 行存在语法错误。在 4.1 节中介绍条件测试的时候讲过，左方括号是一个 Shell 命令，命令与参数之间至少有一个空格。因此，在第 9 行的条件测试中，表达式与左右方括号之间必须保留一个空格。而在上面的代码中，条件表达式与右方括号之间没有空格。正是由于缺少了这个空格，才导致错误发生。

在第 9 行的右方括号前面插入一个空格，代码如下：

```
01  #---------------------------/chapter14/ex14-2a.sh-------------------
02  #! /bin/bash
03
04  while :
05  do
06      #接收用户输入的数据
07      read x
08      #如果用户输入的字符串为 exit 则退出程序
09      if [ $x == "exit" ]; then
10          exit 0
11      else
12          echo "$x"
13      fi
14  done
```

以上代码请参见配书资源的 chapter14 目录下的 ex14-2a.sh，其执行结果如下：

```
[root@linux chapter14]# ./ex14-2a.sh
abc
abc
exit
[root@linux chapter14]#
```

从上面的输出结果中可以看出，程序已经正常运行。

> 注意：虽然在大部分程序设计语言中，函数与参数之间是否存在空格并不影响程序的执行，但是在 Shell 脚本中一定要有空格。

14.1.2 常见的逻辑错误

通常情况下，Shell 脚本中的语法错误是非常明显的，并且语法错误一般会导致程序不可执行。但是逻辑错误却比较隐蔽，因为这些错误通常不会引起程序执行失败，但是逻辑错误却会导致程序得到错误的结果。因此，相比语法错误，逻辑错误调试起来更加困难。

【例 14-3】 演示在 Shell 编程中经常遇到的一种逻辑错误，代码如下：

```
01  #----------------------------/chapter14/ex14-3.sh------------------
02  #! /bin/bash
03
04  #定义变量 x
05  x=1
06  #当变量 x 的值为 1 时
07  if [ x == 1 ]; then
08      echo "x=1"
09  #当变量 x 的值为 0 时
10  elif [ x == 0 ]; then
11      echo "x=0"
12  #其他情况
13  else
14      echo "other"
15  fi
```

在上面的代码中，第 5 行定义变量 x 并为其赋初值为 1。第 7 行是 if 语句，判断当 x 的值为 1 时输出 x=1。第 10 行判断当 x 的值为 0 时，输出 x=0。第 13 行是变量 x 为其他值时的情况，输出 other。

虽然上面的代码比较简单，但是却存在逻辑错误。下面首先看一下程序的执行结果：

```
[root@linux chapter14]# ./ex14-3.sh
other
```

从上面的执行结果中可以看出，Shell 并没有给出任何错误提示信息，这意味着程序没有语法错误。但是程序的执行结果却并非所预期的 x=1 而是 other。

对于有编程经验的读者来说，当遇到这种情况的时候，首先想到的应该是 if 条件语句中的条件测试存在问题，导致程序没有执行正确的分支。因此，用户应该将重点放在第 7 行和第 10 行的条件测试上面。仔细分析这两条语句之后就会发现，其中的条件表达式 x == 1 和 x == 0 并没有使用 $ 符号来引用变量的值，其结果就是第 7 行和第 10 行的条件测试都不成立，程序跳到第 13 行的 else 语句中执行。

找到原因之后，分别对第 7 行和第 10 行代码进行修改，代码如下：

```
01  #----------------------------/chapter14/ex14-3.sh------------------
02  #! /bin/bash
03
04  #定义变量 x
05  x=1
06  #当变量 x 的值为 1 时
07  if [ $x == 1 ]; then
08      echo "x=1"
```

```
09    #当变量 x 的值为 0 时
10    elif [ $x == 0 ]; then
11        echo "x=0"
12    #其他情况
13    else
14        echo "other"
15    fi
```

修改完成之后，程序的执行结果如下：

```
[root@linux chapter14]# ./ex14-3.sh
x=1
```

> 注意：逻辑错误非常常见，并且不易被察觉，因此在编写完脚本之后一定要反复检查，确保没有逻辑错误。

14.2 Shell 脚本调试技术

任何一个 Shell 开发者都要掌握相应的调试技术，这对于初学者来说，这显得尤为重要。在编写 Shell 脚本的时候经常会遇到各种错误，通过调试技术，可以快速地排除错误。本节介绍在 Shell 编程中经常使用的几种调试技术。

14.2.1 使用 echo 命令调试脚本

echo 命令是 Shell 编程中最简单的调试技术。当用户需要验证程序中某个变量的值时，可以直接使用 echo 命令将该变量的值输出到屏幕上。

【例 14-4】 演示通过 echo 命令调试程序的方法，代码如下：

```
01   #-----------------------------/chapter14/ex14-4.sh---------------------
02   #! /bin/bash
03
04   #定义变量 a
05   a=1
06   #当 a 的值等于 1 时
07   if [ "$a" -eq 1 ]
08   then
09       b=2
10   else
11       b=1
12   fi
13   c=3
```

上面的代码比较简单，第 5 行定义变量 a，第 7~12 行根据变量 a 的值为变量 b 赋值。第 13 行定义变量 c。由于整个程序没有输出语句，所以用户并不清楚变量 a、b 及 c 的值是否正确。为了验证这 3 个变量的值是否正确，可以在程序的最后加入 3 行 echo 语句如下：

```
01   #! /bin/bash
02
03   #定义变量 a
04   a=1
05   #当 a 的值等于 1 时
```

```
06    if [ "$a" -eq 1 ]
07    then
08       b=2
09    else
10       b=1
11    fi
12    c=3
13
14    echo "a=$a"
15    echo "b=$b"
16    echo "c=$c"
```

修改以后的例 14-4 的执行结果如下：

```
[root@linux chapter14]# ./ex14-4.sh
a=1
b=2
c=3
```

从上面的执行结果中可以看出，变量 a、b 及 c 都获得了正确的值。

虽然使用 echo 命令输出变量的值非常方便，但是，如果在程序中加入大量的 echo 语句，当程序正式发布时还需要将这些多余的 echo 语句删掉，这样非常麻烦。因此，用户需要更好的调试手段。

14.2.2 使用 trap 命令调试 Shell 脚本

前面已经讲过，trap 命令可以捕获指定的信号并且执行预定的命令，其基本语法如下：

```
trap 'command' signal
```

其中，参数 command 表示捕获指定的信号后要执行的命令，而参数 signal 表示指定的信号。

在 Shell 脚本执行的时候会产生 3 个所谓的伪信号，分别为 EXIT、ERR 及 DEBUG。其中，EXIT 信号在退出某个函数或者某个脚本执行完成时触发，ERR 信号在某条命令返回非 0 状态时触发，DEBUG 信号在脚本的每一条命令执行之前触发。

> 注意：之所以称为伪信号，是因为这 3 个信号是由 Shell 产生的，而其他信号是由操作系统产生的。

【例 14-5】 使用 trap 命令输出发生错误的行号和退出状态码，代码如下：

```
01    #--------------------------/chapter14/ex14-5.sh-------------------
02    #! /bin/bash
03
04    #定义信号处理函数
05    ERRTRAP()
06    {
07       echo "[LINE:$1] Error:Command or function exited with status code $?"
08    }
09    #定义函数
10    func()
11    {
12       #返回值为 1
13       return 1
14    }
15
```

```
16    #使用 trap 命令捕获 ERR 信号
17    trap 'ERRTRAP $LINENO' ERR
18    #调用错误的命令
19    abc
20    #调用函数
21    func
```

在上面的代码中,第 5~18 行定义了信号处理函数,在该函数中,使用位置变量$1 获取用户传递给函数的参数,使用系统变量$?获取上一个命令的退出状态码。第 10~14 行定义了一个名称为 func()的函数,该函数比较简单,只有一行 return 语句,用来返回一个非 0 的退出状态码。第 17 行使用 trap 命令捕获 ERR 信号,并且将前面定义的 ERRTRAP()函数作为 ERR 信号被触发时的响应函数,传递给 ERRTRAP()函数的参数为 Shell 内置变量 $LINENO,该变量代表当前执行的行号。

第 19 行执行了一个错误的命令,该命令会触发 ERR 信号。第 21 行调用 func()函数,由于该函数返回非 0 值,所以也会触发 ERR 信号。

程序的执行结果如下:

```
[root@linux chapter14]# ./ex14-5.sh
./ex14-5.sh: line 18: abc: command not found
[LINE:19] Error:Command or function exited with status code 127
[LINE:21] Error:Command or function exited with status code 1
```

从上面的执行结果中可以看出,trap 命令一共捕获了两次错误信号,第 1 次错误出现在第 19 行,其退出状态码为 127,第 2 次出现在第 21 行,其退出状态码为 1。

除了捕获错误信号之外,还可以使用 trap 命令捕获其他信号,如 DEBUG 信号。Shell 在执行每条命令之前都会触发该信号,这在跟踪变量值的变化情况时非常重要。

【例 14-6】 演示通过捕获 DEBUG 信号进行程序调试的方法,代码如下:

```
01    #---------------------------/chapter14/ex14-6.sh-------------------
02    #! /bin/bash
03
04    #捕获 DEBUG 信号
05    trap 'echo "before execute line:$LINENO,a=$a,b=$b,c=$c"' DEBUG
06
07    #定义变量 a
08    a=1
09    #根据变量 a 的值初始化变量 b
10    if [ "$a" -eq 1 ]
11    then
12        b=2
13    else
14        b=1
15    fi
16    #定义变量 c
17    c=3
18
19    echo "end"
```

在上面的代码中,第 5 行使用 trap 命令捕获了 DEBUG 信号,其中,信号的响应命令为一条 echo 命令,用来输出行号以及 a、b、c 这 3 个变量的值。

程序的执行结果如下:

```
[root@linux chapter14]# ./ex14-6.sh
before execute line:7,a=,b=,c=
```

```
before execute line:9,a=1,b=,c=
before execute line:11,a=1,b=,c=
before execute line:16,a=1,b=2,c=
before execute line:18,a=1,b=2,c=3
end
```

从上面的执行结果中可以清晰地看到每条命令执行后，3 个变量值的变化情况。通过值的变化情况，可以得知程序执行了哪条分支。

> 注意：并不是每条语句都会触发 DEBUG 信号，例 14-6 中的注释、空行、trap 命令本身、then 语句、else 语句以及 fi 等语句都不会触发 DEBUG 信号。

14.2.3 使用 tee 命令调试 Shell 脚本

在普通的语句中，使用 echo 和 trap 命令可以非常轻松地完成调试工作，但是对于管道或者重定向来说，使用这两个命令就显得心有余而力不足了，因为在管道的作用下，一些命令的输出结果会直接成为下一个命令的输入，中间结果并不会显示在屏幕上，这给程序调试带来了困难。

由于在实际开发过程中管道和重定向在 Shell 脚本中使用得非常多，所以必须找到能够输出中间结果的方法。tee 命令就可以轻松地完成任务。tee 命令会从标准输入读取数据，然后将其内容输出到标准输出设备上，同时可以将内容保存成文件。

【例 14-7】 将当前目录下的文件名全部转换为大写字母，代码如下：

```
01  #---------------------------/chapter14/ex14-7.sh------------------
02  #! /bin/bash
03
04  #将文件名转换为大写字母
05  list=`ls -l | awk '{print toupper($7)}'`
06
07  echo "$list"
```

在上面的代码中，第 5 行首先使用 ls –l 命令列出当前目录下的文件，然后通过 awk 命令的 toupper()函数将第 7 个字段转换为大写。

程序的执行结果如下：

```
[root@linux chapter14]# ./ex14-7.sh

14
14
14
14
14
…
```

从上面的执行结果中可以看出，例 14-7 并没有正确输出文件名。由于 awk 命令所处理的数据来自 ls 命令，所以应该清楚 ls 命令的输出结果是什么格式。由于 ls 命令和 awk 命令通过管道连接，所以使用 echo 或者 trap 命令不可能得到 ls 命令的处理结果。此时 tee 命令就可以派上用场了，将例 14-7 的代码修改如下：

```
01  #! /bin/bash
02
```

```
03    #将文件名转换为大写字母
04    list=`ls -l | tee list.txt | awk '{print toupper($7)}'`
05
06    echo "$list"
```

实际上，上述代码只是在例 14-7 的第 5 行的 ls –l 命令与 awk 命令之间插入了一个 tee 命令，该命令将 ls 命令的执行结果输出到 list.txt 文件。修改完成之后，再次执行 ex14-7.sh，其结果如下：

```
[root@linux chapter14]# ./ex14-7.sh

14
14
14
14
14
16
16
17
19
19
[root@linux chapter14]# cat list.txt
total 36
-rwxr-xr-x  1   root    root    83  Jul 14 16:31    ex14-1a.sh
-rwxr-xr-x  1   root    root    87  Jul 14 18:50    ex14-1b.sh
-rwxr-xr-x  1   root    root    90  Jul 14 18:58    ex14-1.sh
-rwxr-xr-x  1   root    root    112 Jul 14 19:28    ex14-2.sh
…
```

从上面的执行结果中可以看出，插入 tee 命令之后，程序的执行结果仍然会输出到屏幕上。当程序执行完成时，ls 命令的执行结果会输出到 list.txt 文件中。通过观察 list.txt 文件可以发现，该文件以空格分隔各个字段，其中，文件名为第 9 个字段。将例 14-7 的第 5 行的$7 修改为$9 如下：

```
list=`ls -l | tee list.txt | awk '{print toupper($9)}'`
```

然后执行 ex14-7.sh，结果如下：

```
[root@linux chapter14]# ./ex14-7.sh

EX14-1A.SH
EX14-1B.SH
EX14-1.SH
EX14-2.SH
EX14-3.SH
…
```

经过修改之后，例 14-7 已经能够输出正确的结果了。

14.2.4 使用调试钩子调试 Shell 脚本

在许多的程序设计语言中调试程序的时候可以设定一个开关变量，当该变量的值为真时才输出调试信息；否则，不输出调试信息。例如，可以设计以下代码：

```
if [ "$DEBUG" = "true" ]; then
    输出调试信息
```

```
fi
```

只有当变量 DEBUG 的值为 true 时才输出调试信息。这样的代码块称为调试钩子。

在调试钩子中可以输出任何调试信息。使用调试钩子，用户可以通过开关变量控制是否输出调试信息。这样，在开发过程中可以将开关变量的值设置为真，便于程序调试。当调试完成需要发布脚本时，将开关变量的值设置为 false 即可，无须再一条条地删除程序中的调试代码。

【例 14-8】 演示使用调试钩子调试程序的方法，代码如下：

```
01  #---------------------------/chapter14/ex14-8.sh------------------
02  #! /bin/bash
03
04  #定义调试开关
05  export DEBUG=true
06
07  #调试函数
08  DEBUG()
09  {
10      if [ "$DEBUG" == "true" ];then
11          $@
12      fi
13  }
14
15  a=1
16  #调用调试函数
17  DEBUG echo "a=$a"
18
19  if [ "$a" -eq 1 ]
20  then
21      b=2
22  else
23      b=1
24  fi
25  #调用调试函数
26  DEBUG echo "b=$b"
27  c=3
28  #调用调试函数
29  DEBUG echo "c=$c"
```

在上面的代码中，第 5 行定义变量 DEBUG，并且将其值设置为 true。第 8～13 行定义了一个名称为 DEBUG()的函数。在该函数中，根据变量 DEBUG 的值来决定是否执行传递给它的参数。实际上，传递给 DEBUG()函数的参数为 echo 语句。第 17 行调用 DEBUG()函数并且将一条 echo 语句传递给它。第 26 行和第 29 行执行了同样的操作。

程序的执行结果如下：

```
[root@linux chapter14]# ./ex14-8.sh
a=1
b=2
c=3
```

从上面的执行结果中可以看出，因为开关变量 DEBUG 的值为 true，所以输出了相应的调试信息。如果将 DEBUG 变量的值设置为 false，则上面的程序没有任何输出，读者可以自行验证。

14.3 小　　结

本章介绍了 Shell 脚本的调试技术，主要包括 Shell 脚本中常见的错误，以及通过 echo、trap、tee 这 3 个命令和调试钩子调试程序的方法。读者需要重点熟悉 Shell 脚本中的常见错误及其解决方法，并且能够熟练使用 echo、trap 及 tee 等命令来调试程序。第 15 章将进行 Shell 编程实战，介绍 Shell 脚本在系统管理中的具体应用。

14.4 习　　题

一、填空题

1．语法错误是指在用户所编写的程序中_____或者_____等存在错误，使得程序无法执行。

2．在 Shell 程序中的语法错误经常表现为_____、_____、_____及_____等。

3．在 Shell 编程中经常使用的调试技术有_____、_____、_____和_____。

二、选择题

1．下面的（　　）信号是由 Shell 产生的，不是由操作系统产生的。
A．EXIT   B．ERR   C．DEBUG   D．SIGHUP

2．下面的（　　）命令是最简单的调试技术。
A．echo   B．trap   C．tee   D．debug

第 15 章 利用 Shell 脚本解决实际问题

在前面的章节中详细介绍了 Shell 编程各方面的知识。虽然并非面面俱到，但是为读者打下了一个坚实的基础。本章将介绍几个具体的实例，以加深和巩固前面讲过的知识。

本章涉及的主要知识点如下：

- 编写系统服务脚本：主要介绍系统的启动过程、运行级别、服务脚本的基本语法，以及如何编写 MySQL 服务脚本。
- 通过脚本管理 Apache 服务器日志：主要介绍 Apache 日志，如何编写归档文件名生成函数、过期日志归档函数、过期日志删除函数，以及如何定时运行日志归档脚本等。

15.1 编写系统服务脚本

在进行系统管理时，一般都需要用到系统服务脚本。通过编写服务脚本，可以对系统服务的管理更加便利，更加规范。本节将介绍 Linux 的系统启动过程和初始化过程，并且以 MySQL 服务脚本为例，介绍系统服务脚本的编写方法。

> 提示：在旧版本的 Linux 系统中是通过 Shell 脚本的方式来启动服务的。在新版本的 Linux 系统中，通过 systemctl 来管理服务。在新版本的 Linux 系统中，如果想要通过 Shell 脚本来启动服务，则需要手动启动。首先，将编写好的 Shell 脚本移动到/etc/init.d/目录下，然后使用 service 命令管理服务。

15.1.1 系统的启动过程

从大的方面来讲，Linux 系统的启动过程如图 15-1 所示。当一个 Linux 系统启动时，首先是用户按下电源，接着计算机加电，然后执行 BIOS 中的固件程序，完成系统硬件的自检。当硬件自检没有发现问题时，便调用内核装载器载入系统内核。内核装载器又称为内核装载程序，目前比较流行的是 GNU GRUB。GRUB 是 GRand Unified Bootloader 的缩写，它是一个多重操作系统启动管理器，可以用来引导不同的系统，如 Windows 或者 Linux 等。

> 注意：在不同的硬件系统中，Linux 的启动过程可能会有所不同，图 15-1 是 x86 硬件平台的启动过程。

```
加电 → BIOS
        ↓
   GNU GRUB内核装载器
        ↓
      载入内核
        ↓
   执行/sbin/init程序
        ↓
  读取/etc/inittab文件，
     执行初始化
        ↓
      用户登录
```

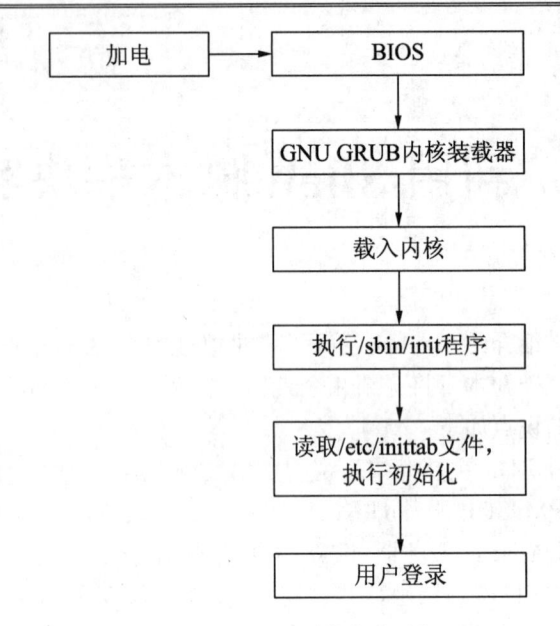

图 15-1　Linux 系统启动过程

当 Linux 内核加载完成时，执行/sbin/init 程序，创建系统中的第一个进程。init 进程的进程 ID 为 1，是 Linux 系统中所有进程的父进程。init 进程会读取/etc/inittab、/etc/init/ rc.conf 及/etc/init/rcS.conf 等文件，执行一系列的初始化操作；然后执行/etc/rc.d 目录下相应子目录中的服务脚本，创建启动或者停止某项服务。

在 Linux 的启动过程中，有一个文件发挥了非常重要的作用，该文件为一个 Shell 脚本文件，其名称为/etc/rc.d/rc。/etc/rc.d/rc 的作用是根据不同的运行级别来启动或者停止服务。无论是初学者还是有一定经验的读者，这个文件都是一个极好的范例，有兴趣的读者可以仔细地阅读这个文件的代码。

> **注意**：在 Linux 中，/etc/rc 是/etc/rc.d/rc 文件的符号链接。/etc/rc 文件是 BSD 流派的 UNIX 系统一直沿用的系统初始化文件。

当 init 进程完成所有的初始化任务时，便会弹出登录窗口，此时用户可以登录系统进行操作了。

15.1.2　运行级别

所谓运行级别，是指 UNIX 或者 Linux 等类 UNIX 操作系统的不同运行模式。在不同的运行级别下，用户可以执行相应的操作。例如，运行级别 1 表示单用户模式，在这种运行级别下只允许 root 用户登录，不启动网络服务。运行级别的概念只用于 System V 流派的 UNIX 系统及 Linux 系统，对于 BSD 流派的 UNIX 系统则不涉及运行级别的概念。

通常情况下，运行级别分为 7 级，分别使用 0～6 这 7 个数字来表示。典型的运行级别如下：

- 0：停机。
- 1：单用户模式，不启用网络，不启动各种服务，只允许 root 用户登录进行维护。

- 2：多用户模式，不启用网络，不启动各种服务。
- 3：多用户模式，除了图形界面之外，各种网络服务都可以使用。
- 4：用户自定义。
- 5：带图形界面的多用户模式。
- 6：重新启动系统。

在 Linux 系统中，各个运行级别下面需要启动或者停止的服务脚本都位于特定的目录下，这些目录都位于/etc 目录下，其名称为/etc/rc0.d～/etc/rc6.d，分别对应上面的 7 个运行级别。下面列出的是运行级别 3 所对应的目录下的部分脚本文件列表：

```
[root@linux rc0.d]# ll /etc/rc3.d/
total 0
lrwxrwxrwx    1    root    root    20 Apr  6 13:48    K01certmonger
-> ../init.d/certmonger
lrwxrwxrwx    1    root    root    15 Apr  6 13:48    K01numad
-> ../init.d/numad
lrwxrwxrwx    1    root    root    16 Apr  6 13:59    K01smartd
-> ../init.d/smartd
…
lrwxrwxrwx    1    root    root    17 Mar  9 15:31    S01sysstat
-> ../init.d/sysstat
lrwxrwxrwx    1    root    root    22 Apr  6 13:48    S02lvm2-monitor
-> ../init.d/lvm2-monitor
lrwxrwxrwx    1    root    root    18 Apr  6 13:48    S05cgconfig
-> ../init.d/cgconfig
…
```

从上面的输出结果中可以看出，/etc/rc3.d 中的脚本文件实际上是/etc/init.d 目录中的相应脚本文件的符号链接。这些符号链接的命名有特定的规则，如果文件名的首字符为大写字母 K，则表示将要传递 stop 参数给脚本，以停止该服务。如果文件名的首字符为 S，则表示将要给脚本传递 start 参数，以启动该服务。首字符后面的数字表示该脚本的执行顺序。例如，在上面的结果中，K01numad 表示在运行级别 3 中，将 stop 参数传递给/etc/init.d/numad 脚本文件，以停止 numad 服务。S01sysstat 表示在运行级别 3 中，将 start 参数传递给/etc/init.d/sysstat 脚本，以启动 sysstat 服务。

> 注意：用户可以通过 init 命令来切换运行级别。

15.1.3 服务脚本的基本语法

在 Linux 系统中，服务脚本有固定的语法。通常情况下，服务脚本应该包括处理服务启动、服务停止、服务重新启动及查看服务状态的函数。另外，服务脚本还可以接收某些特定的参数，如 start、stop 及 restart 等，并且根据这些参数调用不同的函数。

下面给出的是某个 Linux 系统中 Apache Web 服务器的服务脚本，为了节省篇幅，省略了部分无关紧要的代码。

```
01    #在当前 Shell 中执行定义公共函数的脚本
02    . /etc/rc.d/init.d/functions
03
04
05    #Apache 各组件的路径
```

```
06  apachectl=/usr/sbin/apachectl
07  httpd=${HTTPD-/usr/sbin/httpd}
08  prog=httpd
09  pidfile=${PIDFILE-/var/run/httpd/httpd.pid}
10  lockfile=${LOCKFILE-/var/lock/subsys/httpd}
11
12  #脚本执行结果
13  RETVAL=0
14  #停止服务的超时时间
15  STOP_TIMEOUT=${STOP_TIMEOUT-10}
16
17  #定义启动服务的函数
18  start() {
19          echo -n $"Starting $prog: "
20          LANG=$HTTPD_LANG daemon --pidfile=${pidfile} $httpd $OPTIONS
21          RETVAL=$?
22          echo
23          [ $RETVAL = 0 ] && touch ${lockfile}
24          return $RETVAL
25  }
26
27  #定义停止服务的函数
28  stop() {
29          echo -n $"Stopping $prog: "
30          killproc -p ${pidfile} -d ${STOP_TIMEOUT} $httpd
31          RETVAL=$?
32          echo
33          [ $RETVAL = 0 ] && rm -f ${lockfile} ${pidfile}
34  }
35  #定义重新加载配置文件的函数
36  reload() {
37      echo -n $"Reloading $prog: "
38      if ! LANG=$HTTPD_LANG $httpd $OPTIONS -t >&/dev/null; then
39          RETVAL=6
40          echo $"not reloading due to configuration syntax error"
41          failure $"not reloading $httpd due to configuration syntax error"
42      else
43          # Force LSB behaviour from killproc
44          LSB=1 killproc -p ${pidfile} $httpd -HUP
45          RETVAL=$?
46          if [ $RETVAL -eq 7 ]; then
47              failure $"httpd shutdown"
48          fi
49      fi
50      echo
51  }
52
53  #根据用户传递的参数执行不同的操作
54  case "$1" in
55      #启动服务
56      start)
57              start
58              ;;
59      #停止服务
60      stop)
61              stop
62              ;;
63      #查看服务状态
64      status)
65              status -p ${pidfile} $httpd
```

```
66              RETVAL=$?
67              ;;
68      #重新启动服务
69      restart)
70              stop
71              start
72              ;;
73      #强制重新启动
74      force-reload|reload)
75              reload
76              ;;
77      #处理其他情况
78      *)
79              echo $"Usage: $prog {start|stop|restart|condrestart|
                try-restart|force-reload|reload|status|fullstatus|
                graceful|help|configtest}"
80              RETVAL=2
81      esac
82
83      exit $RETVAL
```

上面给出的代码是一个比较规范的服务脚本，读者可以仔细揣摩代码的整体结构及每行代码的作用，从而掌握服务脚本的编写方法。

在上面的代码中，第 2 行使用圆点操作符执行 /etc/rc.d/init.d/functions 文件，该文件定义了服务脚本所需要的大部分公共函数。之所以使用圆点操作符而不是直接执行，是因为这些函数需要在当前服务脚本后面的代码中使用，故将 /etc/rc.d/init.d/functions 文件与当前服务脚本在同一个子 Shell 中执行。

第 6~10 行将 Apache 各组件的路径用变量表示出来，然后在后面的代码中通过变量来调用这些组件。这是一个非常好的习惯，因为后面可能有多处代码都用到了这些路径，如果路径发生改变，则只要修改变量的值就可以了，无须修改每处用到的路径代码。

第 13 行是一个服务脚本退出状态的代码，如果脚本执行成功，则返回 0；否则返回其他值。

第 18~51 行定义了处理各个操作的函数，当用户指定不同的参数时，程序需要调用这些函数来改变服务的状态。第 18~25 行定义了启动服务的函数 start()，其中第 19 行输出一行提示信息，第 20 行启动 Apache 服务进程，第 21 行通过系统变量 $? 获取第 19 行的命令的执行结果，并且将结果赋给变量 RETVAL。第 23 行在第 19 行执行成功的情况下创建 /var/lock/subsys/httpd 文件，该文件表示 Apache 服务器进程已经成功启动。第 24 行将服务启动的结果返回。

第 28~34 行定义了停止服务的函数 stop()。其中，第 30 行通过 killproc 命令终止 Apache 服务进程。如果终止成功，则第 30 行会删除第 23 行创建的文件及进程 ID 文件。

第 36~51 行定义了重新加载配置文件的函数，其中的语句与前面两个函数语句大致相同，不再重复介绍。

第 54~81 行根据用户传递的参数调用前面定义的函数，从而使服务进程的状态发生改变。由于分支较多，为了使整个结构更加清晰，通常情况下服务脚本都采用 case 语句，并且通过位置变量 $1 获取传递的参数值。

第 56~58 行是用户传递 start 参数的时候需要执行的代码。此时需要启动服务，所以直接调用 start() 函数即可。同理，对于下面的 stop、status、restart 及 force-reload 和 reload

等参数，也调用相应的函数。

第78～80行为其他参数值的处理情况。也就是说，如果用户传递除了start、stop、restart、condrestart等参数值以外的其他值，则输出一行提示信息，用于告诉用户该服务脚本接收哪些参数值。

通过上面的例子可以大致看出服务脚本的基本语法，即先定义处理各种操作的函数，然后通过case结构根据用户传递的不同的参数值调用前面定义的函数。其中参数值都是固定的，包括start、stop、restart、status及reload等。

> 注意：在15.1.2节中讲过，如果/etc/rc0.d～/etc/rc6.d等目录下的脚本文件名以S开头，则系统在初始化的时候会自动将start参数传递给该脚本；如果文件名以K开头，则系统会自动将stop参数传递给该脚本。

15.1.4 编写MySQL服务脚本

为了使读者更加深入地理解服务脚本的编写方法，下面以MySQL服务器为例，介绍如何从头编写一个服务脚本。通常情况下，服务脚本的行数都比较多，所以下面我们分成几个部分来介绍。

1. 定义常量和函数

为了使程序保持一个良好的结构，需要将某些命令的路径使用变量来表示，同时将某些相对独立的功能编写成函数。这部分的代码如下：

```
01  #MySQL服务主程序的路径
02  mysql="/usr/bin/mysqld_safe"
03
04  #MySQL管理工具路径
05  mysqladmin="/usr/bin/mysqladmin"
06
07  #定义获取MySQL选项的函数
08  get_mysql_option()
09  {
10      #使用my_print_defaults命令输出各个选项
11      result=`/usr/bin/my_print_defaults "$1" | sed -n "s/^--$2=//p" | tail -n 1`
12      #如果文件不存在则使用默认值
13      if [ -z "$result" ]; then
14          result="$3"
15      fi
16  }
17  #数据库文件路径
18  get_mysql_option mysqld datadir "/var/lib/mysql"
19
20  datadir="$result"
21
22  #Socket文件路径
23  get_mysql_option mysqld socket "$datadir/mysql.sock"
24  socketfile="$result"
25
26  #日志文件路径
```

```
27    get_mysql_option mysqld_safe log-error "/var/log/mysqld.log"
28    errlogfile="$result"
29
30    #进程 ID 文件路径
31    get_mysql_option mysqld_safe pid-file "/var/run/mysqld/mysqld.pid"
32    mypidfile="$result"
```

在上面的代码中，第 2 行定义了 MySQL 主程序的路径，如果读者的路径与此不同，那么可以根据自己的实际情况进行修改。第 5 行定义了 MySQL 管理工具 mysqladmin 的路径，读者同样可以自行修改以满足自己的需要。第 8～16 行定义了一个名称为 get_mysql_option()的函数，该函数的功能是获取 MySQL 的各个选项。

第 11 行是一条比较复杂的语句，首先使用 my_print_defaults 命令输出 MySQL 的选项值。my_print_defaults 是 MySQL 自带的一个工具，该工具可以输出 MySQL 配置文件中各个选项的值。例如，下面的命令输出 my.cnf 文件中 mysqld 组的选项值：

```
[root@linux init.d]# my_print_defaults mysqld
--datadir=/var/lib/mysql
--socket=/var/lib/mysql/mysql.sock
--user=mysql
--symbolic-links=0
```

在第 11 行中，my_print_defaults 命令的参数通过位置变量$1 进行获取，然后通过管道将输出结果传递给 sed 命令，sed 命令的匹配规则为^--$2=，其中$2 为位置变量，表示用户传递的第 2 个参数值。如果想要获取数据库文件的选项值，则实际匹配规则为^--datadir=。读者可以分析上面的 my_print_defaults 命令的输出结果，就可以理解为什么要使用这样的规则了。由于 MySQL 允许用户在 my.cnf 配置文件中重复指定某个选项，但是只有最后指定的选项才会生效，所以还需要将 sed 命令的输出结果传递给 tail 命令，其中-n 1 表示只输出最后一行文本。

第 13～15 行处理某个选项在 my.cnf 配置文件中不存在的情况，此时，get_mysql_option()函数将返回用户指定的第 3 个参数值。

第 18 行通过 get_mysql_option()函数获取数据库文件的路径，传递给 get_mysql_option() 函数的参数值分别为 mysqld、datadir 和/var/lib/mysql。其中：mysqld 表示在 my.cnf 文件中，数据库文件的选项位于 mysqld 这一组中；datadir 表示在 my.cnf 文件中，数据库文件的选项名称为 datadir；/var/lib/mysql 表示如果在 my.cnf 文件中没有关于数据库文件的选项，则使用/var/lib/mysql 作为数据库文件的路径。

第 23、27 和 31 行分别获取 Socket 文件、日志文件和进程 ID 文件的路径，其原理与获取数据库文件的路径相同，不再重复说明。

2．定义状态处理函数

接下来介绍服务脚本中的关键部分，即处理各种操作的函数。实际上，服务脚本的状态操作有许多种，但是其实现方法大同小异，所以下面只介绍 3 个常用的函数的定义方法，即 start()函数、stop()函数和 restart()函数。函数定义的具体代码如下：

```
01    #服务启动函数
02    start(){
03        #如果程序不可执行则直接退出
04        [ -x $mysql ] || exit 5
05        # 判断服务进程是否存在
```

```
06      /usr/bin/mysqladmin --socket="$socketfile" --user=mysql ping 2>&1
07      if [ $? = 0 ]; then
08          echo "mysql has been already running."
09          ret=0
10      else
11          if [ ! -d "$datadir/mysql" ] ; then
12              echo "mysql database does not exists."
13              exit 1
14          fi
15
16          $mysql --datadir="$datadir" --socket="$socketfile" --pid-file=
                "$mypidfile" --basedir=/usr --user=mysql >/dev/null 2>&1 &
17
18          ret=$?
19
20          if [ $ret -eq 0 ]; then
21              touch $lockfile
22          else
23              echo "starting mysql failed."
24          fi
25      fi
26      return $ret
27  }
28
29  stop(){
30      #如果进程文件不存在则直接退出
31      if [ ! -f "$mypidfile" ]; then
32          echo "mysql is not running."
33          return 0
34      fi
35      #从进程文件中获取进程ID
36      mysqlpid=`cat "$mypidfile"`
37      #如果进程ID为整数，则调用mysqladmin停止MySQL服务
38      if [ -n "$mysqlpid" ]; then
39          $mysqladmin --socket="$socketfile" --user=root shutdown
40
41          ret=$?
42          #如果停止成功，则删除锁定文件和Socket文件
43          if [ $ret -eq 0 ]; then
44              rm -f $lockfile
45              rm -f "$socketfile"
46              echo "mysql stopped."
47              ret=0
48          else
49              echo "stopping mysql failed."
50              ret=1
51          fi
52      fi
53      return $ret
54  }
55
56  restart(){
57      stop
58      start
59  }
```

在上面的代码中，第 2～27 行定义了 start() 函数，该函数的功能是启动 MySQL 服务。第 4 行判断变量 mysql 表示的 MySQL 主程序是否存在并且可以执行，如果不存在或者不可执行，则直接退出。第 6 行使用 mysqladmin 命令判断 MySQL 服务进程是否存在。如果

服务进程已经存在返回 0；否则返回非 0 值。第 7 行使用系统变量$?获取第 6 行的返回状态码，如果等于 0 则输出一行提示信息；否则继续执行下面的代码。

第 11~14 行判断 MySQL 的系统数据库 mysql 是否存在，如果不存在，则直接退出程序。

第 16 行执行 MySQL 主程序，第 20~23 行根据第 16 行的返回状态码执行相应的操作。如果启动成功，则创建状态锁定文件；否则输出启动失败的提示信息。

第 29~54 行定义了 stop()函数，该函数的功能是停止 MySQL 服务。在本函数中，通过进程 ID 文件是否存在来判断 MySQL 进程是否存在。如果存在，则在第 39 行使用 mysqladmin 命令停止 MySQL 服务。停止成功之后，则需要删除锁定文件和 Socket 文件。

第 56~59 行定义了 restart()函数，该函数的功能是重新启动 MySQL 服务。其代码比较简单，首先调用前面定义的 stop()函数停止 MySQL 服务，然后调用 start()函数启动 MySQL 服务。

3. 接收参数值

最后一部分是整个脚本的流程控制部分，也是脚本的主程序。与上面定义的函数相对应，此处只处理了 4 个参数，具体代码如下：

```
01    #根据参数值执行相应的操作
02    case "$1" in
03      #启动服务
04      start)
05        start
06        ;;
07      #停止服务
08      stop)
09        stop
10        ;;
11      #查看状态
12      status)
13        re=`pidof "$procname"`
14
15        if [[ "$re" -gt 0 ]]; then
16          echo "mysql is running."
17        else
18          echo "mysql is not running."
19        fi
20        ;;
21      #重新启动
22      restart)
23        restart
24        ;;
25      *)
26        echo $"Usage: $0 {start|stop|status|restart}"
27        exit 2
28    esac
29
30    exit $?
```

在上面的代码中，第 4 行是用户传入 start 参数值的情况，此时需要调用 start()函数。第 8 行传入 stop 参数值，此时需要调用 stop()函数。第 12 行查看传入 status 参数值的情况，此时通过 pidof()函数判断指定的进程是否存在，如果 pidof 命令的返回值大于 0，则表示指定的进程存在；否则表示指定的进程不存在。第 22~24 行处理用户传入的 restart 参数值，此时需要调用 restart() 函数。

以上整个程序的代码请参见配书资源 chapter15 目录下的 mysql 文件，具体代码如下：

```bash
01    #------------------------------/chapter15/mysql-------------------
02    #!/bin/bash
03    #
04    # MySQL 服务脚本
05    # 指定运行级别及优先级
06    # chkconfig: - 64 36
07    # description:  MySQL database server.
08
09    #MySQL 服务主程序的路径
10    mysql="/usr/bin/mysqld_safe"
11
12    #MySQL 管理工具路径
13    mysqladmin="/usr/bin/mysqladmin"
14
15    #定义获取 MySQL 选项的函数
16    get_mysql_option()
17    {
18       #使用 my_print_defaults 命令输出各个选项
19       result=`/usr/bin/my_print_defaults "$1" | sed -n "s/^--$2=//p" | tail -n 1`
20       #如果文件不存在则使用默认值
21       if [ -z "$result" ]; then
22          result="$3"
23       fi
24    }
25    #数据库文件路径
26    get_mysql_option mysqld datadir "/var/lib/mysql"
27
28    datadir="$result"
29
30    #Socket 文件路径
31    get_mysql_option mysqld socket "$datadir/mysql.sock"
32    socketfile="$result"
33
34    #日志文件路径
35    get_mysql_option mysqld_safe log-error "/var/log/mysqld.log"
36    errlogfile="$result"
37
38    #进程 ID 文件路径
39    get_mysql_option mysqld_safe pid-file "/var/run/mysqld/mysqld.pid"
40    mypidfile="$result"
41
42    #服务启动函数
43    start(){
44       #如果程序不可执行则直接退出
45       [ -x $mysql ] || exit 5
46       # 判断服务进程是否存在
47       /usr/bin/mysqladmin --socket="$socketfile" --user=mysql ping 2>&1
48       if [ $? = 0 ]; then
49          echo "mysql has been already running."
50          ret=0
51       else
52          if [ ! -d "$datadir/mysql" ] ; then
53             echo "mysql database does not exists."
```

```
54            exit 1
55        fi
56
57        $mysql --datadir="$datadir" --socket="$socketfile" --pid-file=
          "$mypidfile" --basedir=/usr --user=mysql >/dev/null 2>&1 &
58
59        ret=$?
60
61        if [ $ret -eq 0 ]; then
62           touch $lockfile
63        else
64           echo "starting mysql failed."
65        fi
66    fi
67    return $ret
68 }
69
70 stop(){
71    #如果进程文件不存在则直接退出
72    if [ ! -f "$mypidfile" ]; then
73       echo "mysql is not running."
74       return 0
75    fi
76    #从进程文件中获取进程 ID
77    mysqlpid=`cat "$mypidfile"`
78    #如果进程 ID 为整数,则调用 mysqladmin 停止 MySQL 服务
79    if [ -n "$mysqlpid" ]; then
80       $mysqladmin --socket="$socketfile" --user=root shutdown
81
82       ret=$?
83       #如果停止成功,则删除锁定文件和 Socket 文件
84       if [ $ret -eq 0 ]; then
85          rm -f $lockfile
86          rm -f "$socketfile"
87          echo "mysql stopped."
88          ret=0
89       else
90          echo "stopping mysql failed."
91          ret=1
92       fi
93
94       return $ret
95 }
96
97 restart(){
98    stop
99    start
100 }
101
102 #根据参数值执行相应的操作
103 case "$1" in
104    #启动服务
105    start)
106       start
107       ;;
108    #停止服务
109    stop)
110       stop
111       ;;
112    #查看状态
```

```
113     status)
114         re=`pidof "$procname"`
115         if [[ "$re" -gt 0 ]]; then
116             echo "mysql is running."
117         else
118             echo "mysql is not running."
119         fi
120         ;;
121     #重新启动
122     restart)
123         restart
124         ;;
125     *)
126         echo $"Usage: $0 {start|stop|status|restart}"
127         exit 2
128     esac
129
130     exit $?
```

在上面的代码中，第 6 行需要特别说明一下。该行的作用是告诉 chkconfig 命令，当前的服务脚本可以在哪些运行级别下执行。其中，连字符-表示当前脚本适用于所有的运行级别。如果只想在某些运行级别下执行，则可以直接用数字指定，例如：

```
# chkconfig: 345 64 36
```

表示当前脚本可以在 3、4 和 5 这 3 个运行级别下面运行。后面的 2 个数字分别表示当前脚本在启动和停止时的优先级。数值越小，则优先级越高；反之，则优先级越低。

当整个 MySQL 脚本都编写完成时，将其复制到/etc/init.d 目录下并且赋予其可执行权限，命令如下：

```
[root@linux chapter15]# cp mysql /etc/init.d/
[root@linux chapter15]# chmod +x /etc/init.d/mysqld
```

然后使用 chkconfig 命令更新系统服务，命令如下：

```
[root@linux chapter15]# chkconfig mysql on
```

最后使用 service 命令启动、停止或者查看命令的运行状态，代码如下：

```
[root@linux chapter15]# service mysql start
[root@linux chapter15]# service mysql status
mysql is running.
[root@linux chapter15]# service mysql stop
mysql stopped.
```

注意：为了使系统初始化的时候可以启动 MySQL 服务，需要使用 chkconfig 命令将新编写的服务脚本添加到系统服务中。其中，chkconfig 命令中的服务名与服务脚本文件名称相同。

15.2 通过脚本管理 Apache 服务器日志

在系统维护的过程中，Apache Web 服务器的日志管理也是一件比较麻烦的工作。如果能够通过脚本自动将旧日志文件归档，然后将其删除，则可以大大减轻系统管理员的工作。本节将介绍如何通过脚本及任务计划自动管理 Apache 日志。

15.2.1 Apache 日志简介

Apache 是目前世界上最流行的 Web 服务器，特别是最热门和访问量大的网站几乎无一例外地采用了 Apache 作为网站的服务器软件。Apache 是由美国 Apache 软件基金会管理的一个开放源码的应用软件，可以在绝大部分操作系统中运行，包括 UNIX、Linux 及 Windows 等。

对于系统管理员来说，日志是一个非常有用的工具。日志记录了服务器的活动、性能及出现的问题，当出现故障时，借助日志可以快速地发现原因所在，从而在最短的时间内解决问题。

Apache 服务器提供了非常全面而灵活的日志记录功能，日志主要分为两种类型，分别为错误日志和访问日志。

错误日志是最重要的日志文件，其文件名和位置取决于 Apache 配置文件 httpd.conf 中的 ErrorLog 指令。绝大部分情况下，错误日志的名称为 error_log 或者 error.log，位于 /var/log/httpd/ 目录下。Apache 服务器将诊断和请求处理中出现的错误信息都存到这个错误日志中，所以如果服务器启动或者在运行中出现问题，那么首先应该查看错误日志，了解具体的原因。

> 注意：在 UNIX 或者 Linux 中，错误日志的名称通常为 error_log，而在 Windows 中，错误日志的名称通常为 error.log。

为了帮助用户了解故障原因，在错误日志中对每条日志都有一些描述信息，例如：

```
[root@linux ~]# more /var/log/httpd/error_log-20230714
[Tue Jul 04 14:15:48.390009 2023] [error] [client 183.62.115.227] File does
not exist: /data1/www/js/js, referer: http://www.360zippo.com/
[Tue Jul 04 14:15:48.390009 2023] [error] [client 183.62.115.227] File does
not exist: /data1/www/js/js, referer: http://www.360zippo.com/
…
```

从上面的内容中可以看出，每条错误日志通常包括错误发生的日期和时间、严重性、导致错误的 IP 地址以及发生错误的具体原因。例如，在上面的例子中，错误的原因为文件不存在。在错误日志中，文件使用文件系统绝对路径来表示，而非 Web 服务器中的路径。

访问日志中记录了 Apache 服务器处理的所有请求，其文件名和位置取决于 httpd.conf 文件中的 CustomLog 指令。通常情况下，访问日志位于/var/log/httpd/目录下，其文件名为 access_log 或者 access.log。

访问日志的格式非常灵活，通常情况下包括客户端的 IP 地址、请求时间和日期、请求的 URL 及状态等：

```
[root@linux httpd]# more access_log-20230624
123.125.68.154 - - [15/Jun/2023:16:10:14 +0800] "GET /category-26-b0.html
HTTP/1.1" 200 5457
42.62.37.107 - - [15/Jun/2023:16:10:14 +0800] "GET /brand-12-c0-3-shop_
price-ASC.html HTTP/1.0" 200 6268
42.62.37.107 - - [15/Jun/2023:16:10:14 +0800] "GET /gallery.php?id=115&img
=297 HTTP/1.0" 200 867
42.62.37.107 - - [15/Jun/2023:16:10:14 +0800] "GET /user.php?act=
affiliate&goodsid=98 HTTP/1.0" 200 3846
```

```
42.62.37.107 - - [15/Jun/2023:16:10:14 +0800] "GET /gallery.php?id=
75&img=216 HTTP/1.0" 200 881
42.62.37.107 - - [15/Jun/2023:16:10:14 +0800] "GET /gallery.php?id=
116&img=305 HTTP/1.0" 200 879
```

通过上面的输出结果可以看出，每条访问日志通常包括客户端的 IP 地址、客户端的身份、客户端的标识、服务器完成请求处理的时间、客户端请求资源的方法、资源 URL、返回状态码及资源的大小等。

Apache 服务器的日志都由文本组成，如果应用的场合是一个访问量非常大的网站，则这些日志文件会很快塞满整个文件系统。因此，必须采用适当的手段定期清理这些日志。但是这些日志又是系统管理员进行故障处理的重要依据，因此不可以将其简单地删除，而应该定期地将其压缩归档，并且转移到其他存储设备上。后面的内容是逐步介绍各个步骤的实现方法。

15.2.2 归档文件名生成函数

为日志归档文件指定一个有意义的名称非常重要。按照惯例，归档文件的名称一般是以备份的时间命名的。这样做有两个好处，其一是通过文件名就可以知道当前备份创建的时间，其二是文件名不会出现重名的情况。正因为以备份日期命名非常便利，所以本节专门编写一个函数来生成文件名称。

生成备份归档文件名的函数如下：

```
01   #文件名生成函数
02   function filename()
03   {
04       #生成时间戳字符串
05       timestamp=$(date +%Y%m%d%H%M%S)
06       #输出完整的文件名
07       echo "$1".$timestamp."tar"
08   }
```

在上面的代码中，第 2 行是函数定义的开头，其中，函数名为 filename()。第 5 行通过 date 命令生成一个时间戳字符串。在该行语句中，使用$()符号执行 Shell 命令。其中，date 命令的语法需要特别说明一下：

```
date +%Y%m%d%H%M%S
```

字符串+%Y%m%d%H%M%S 为 date 命令输出结果的格式说明，其中，%Y 表示 4 位数字的年份，%m 表示两位数字的月份，%d 表示两位数字的日，%H 表示 24 小时制的小时，%M 表示两位数字的分钟，%S 表示两位数字的秒数。格式字符串前面的加号+是固定的。date 与格式字符串之间有一个空格。

> 注意：在 date 命令的格式字符串中，字母的大小写有不同的含义。例如，字符%Y 表示完整的 4 位数字的年份，而%y 表示两位数字的年份。通过格式字符串，date 命令可以输出各种格式的日期字符串，读者可以参考 date 命令的手册。

第 7 行使用 echo 语句将文件名输出，其中，位置变量$1 表示用户传入的参数值，该参数值组成文件名的第 1 部分。文件名的第 2 部分即第 5 行生成的字符串。这两部分之间使用圆点操作符连接。由于本例的日志归档需要使用 tar 命令，所以文件名的后缀为.tar。

可在 Shell 程序中使用以下方法获取函数生成的文件名：

```
file=`filename httpd_log`
```

生成的文件名格式如下：

```
httpd_log.20230713012016.tar
```

15.2.3 过期日志归档函数

在编写完成归档文件名生成函数之后，接下来要编写一个函数将旧的日志文件进行归档。归档函数的功能是查找日志目录中前一天生成的日志文件，然后通过 tar 命令将其归档。为了节省磁盘空间，还可以将归档后的备份档案进行压缩。归档函数的代码如下：

```
01    #日志归档函数
02    function archivelog()
03    {
04      #生成归档文件名
05      archivefile=`filename httpd_log`
06
07      #获取存储归档日志的目录
08      archivedest=$1
09
10      #如果目标目录不存在则创建该目录
11      if [ ! -d archivedest ];then
12        mkdir -p $archivedest
13      fi
14
15      #进入日志文件所在的目录
16      cd /var/log/httpd
17
18      #查找一天前的日志文件并且进行归档
19      find . -mtime +1 -exec tar -rf $archivedest$archivefile {} \;
20
21      #将归档日志进行压缩
22      zip $archivedest$archivefile".zip" $archivedest$archivefile
23
24      #压缩成功后，删除压缩前的归档日志
25      if [ "$?" -eq 0 ]
26      then
27        rm -f $archivedest$archivefile
28      fi
29
30      return $?
31    }
```

在上面的代码中，第 5 行通过前面定义的归档文件名生成函数生成一个文件名。第 8 行获取用户指定的存放归档日志的路径。如果目标路径不存在，则在第 11~13 行使用 mkdir 命令创建。在第 12 行中，mkdir 命令使用了-p 选项，因为目标路径通常会由多层目录构成，如果路径中的某层目录不存在，则使用-p 选项之后，mkdir 命令会依次创建各层目录。

第 16 行通过 cd 命令将当前工作目录切换到 Apache 的日志文件所在的目录，便于后面使用 tar 命令时用相对路径表示要归档的文件。

注意：默认情况下，tar 命令在归档的时候会去掉文件名最前面的根目录符号，从而使档案中的文件使用相对路径来表示。这样做的好处非常明显，即在提取文件的时候，

被提取的文件会释放到当前的工作目录中，而不会直接释放到绝对路径表示的目录中。这样可以避免无意中覆盖其他文件。

第 19 行使用 find 命令搜索修改时间为一天前的文件，其中，选项-mtime 表示根据修改时间来搜索文件，+1 表示修改时间距当前时间超过 1 天。-exec 表示对搜索到的文件执行后面指定的操作，即使用 tar 命令归档。

在 tar 命令中使用了-rf 选项，其中，-r 选项表示将文件追加到已有档案中，-f 选项表示后面紧跟的是档案的文件名。在第 19 行中，档案的文件名由 archivedest 和 archivefile 这两个变量连接而成。关于 find 命令的使用方法，请参考第 12 章。

第 22 行将归档生成的档案文件进行压缩，其目的是节省磁盘空间。第 27 行在压缩归档文件成功的前提下，将未压缩的归档文件删除。

15.2.4　过期日志删除函数

在所有过期日志都已经成功备份之后，就可以将其从磁盘中删除，以释放被占用的磁盘空间。过期日志删除函数比较简单，其代码如下：

```
01    #删除已经归档的过期日志文件
02    function removearchivedlog()
03    {
04        cd /var/log/httpd
05        #查找 1 天前生成的日志文件并且将其删除
06        find . -mtime +1 -exec rm -f $archivedest$archivefile {} \;
07    }
```

其中，起主要作用的是第 6 行的 find 语句，其将搜索到的文件传递给 rm 命令。

15.2.5　日志归档主程序

到目前为止，系统服务脚本所有使用的函数都已经编写完成。接下来是编写主程序，调用前面所定义的各个函数。主程序的代码比较简单，具体如下：

```
01    #将过期日志归档
02    archivelog "/root/chapter15/"
03
04    #删除已归档的日志
05    if [ "$?" -eq 0 ]
06    then
07        removearchivedlog
08    fi
09
10    exit 0
```

第 2 行调用 archivelog()函数将过期日志备份到/root/chapter15/路径下，第 7 行将归档后的过期日志删除。

本例的完整代码如下：

```
01    #-------------------------/chapter15/archivelog.sh-------------------
02    #! /bin/bash
03
04    #归档文件名生成函数
```

```
05  function filename()
06  {
07     timestamp=$(date +%Y%m%d%H%M%S)
08     echo "$1".$timestamp."tar"
09  }
10  #过期日志归档函数
11  function archivelog()
12  {
13     archivefile=`filename httpd_log`
14
15     archivedest=$1
16
17     if [ ! -d archivedest ];then
18        mkdir -p $archivedest
19     fi
20
21     cd /var/log/httpd
22
23     find . -mtime +1 -exec tar -rf $archivedest$archivefile {} \;
24
25     zip $archivedest$archivefile".zip" $archivedest$archivefile
26
27     if [ "$?" -eq 0 ]
28     then
29        rm -f $archivedest$archivefile
30     fi
31
32     return $?
33  }
34
35  #已归档日志删除函数
36  function removearchivedlog()
37  {
38     cd /var/log/httpd
39
40     find . -mtime +1 -exec rm -f $archivedest$archivefile {} \;
41  }
42
43  #将过期日志归档
44  archivelog "/root/chapter15/"
45
46  #删除已归档的日志
47  if [ "$?" -eq 0 ]
48  then
49     removearchivedlog
50  fi
51
52  exit 0
```

15.2.6 定时运行日志归档脚本

要实现 Apache 日志完全自动化管理，必须定时运行上面创建的归档脚本。通常情况下可以使用两种方法来实现脚本的定时运行。一种方法是使用 sleep 命令，另外一种方法是使用 cron 工具。下面分别对这两种方法进行介绍。

sleep 命令可以使脚本进程暂时休眠指定的时间间隔，到期之后进程会重新开始执行。要使用 sleep 命令实现脚本的定时执行，需要修改前面的主程序，将第 43～50 行代码放在一个循环结构中：

```
01    #无限循环
02    while true
03    do
04        #归档过期日志
05        archivelog "/root/chapter15/"
06
07        if [ "$?" -eq 0 ]
08        then
09            #删除过期日志
10            removearchivedlog
11        fi
12        #休眠 1 天
13        sleep 86400
14    done
```

为了使归档操作能够不断地重复执行，将 archivelog()和 removearchivedlog()这两个函数的调用都放在了一个无限循环结构中。第 13 行使用 sleep 命令使进程每天执行一次，其中，sleep 命令以秒为单位。

修改完成之后，可以使用以下命令执行归档脚本：

```
[root@linux chapter15]# ./archivelog.sh &
```

下面重点介绍如何使用 cron 工具重复执行某项任务。

1．cron 简介

系统任务调度是每个操作系统必须提供的功能。Windows 的任务计划程序如图 15-2 所示。

图 15-2　Windows 的任务计划程序

通过任务计划，用户可以实现每天、每周或者每月重复执行某个任务，如系统备份或者发送电子邮件等。

Linux 的任务计划管理是通过 crontab 工具实现的。cron 这个名字来自古希腊语的 chronos，即时间的意思。crontab 工具主要包括 3 个组成部分，分别为 crontab 文件、crontab

命令及 crond 守护进程。crontab 文件记录了用户的任务计划列表,用户可以通过 crontab 命令来管理 crontab 文件中的任务计划列表;crond 守护进程是 cron 工具的服务进程,该进程会读取 crontab 文件中的任务计划并且定期执行。

2. crontab文件及其基本语法

crontab 文件包含需要提交给 crond 守护进程的一系列任务计划。每个用户可以拥有自己的 crontab 文件;整个操作系统也可以拥有一个全局的 crontab 文件。全局的 crontab 文件只能由系统管理员来管理,其文件名通常为/etc/crontab;而每个用户的 crontab 文件则可以由用户自己管理,通常位于/var/spool/cron 目录下,其文件名为用户的登录名。

在 crontab 文件中,每一行都描述一项任务计划。每一行均遵循特定的语法格式,一般包含 6 个字段,其中前 5 个字段描述任务计划的执行时间,第 6 个字段描述任务计划需要执行的命令,字段之间通过空格或者制表符隔开。

下面给出的是 PostgresSQL 数据库的服务账户 postgres 的 crontab 文件的内容:

```
[root@linux cron]# more /var/spool/cron/postgres
*/5   *   *   *   *
       /var/lib/pgsql/scripts/auto_archive_log.sh
```

如图 15-3 所示为 crontab 文件中的任务计划各个字段及其取值范围。

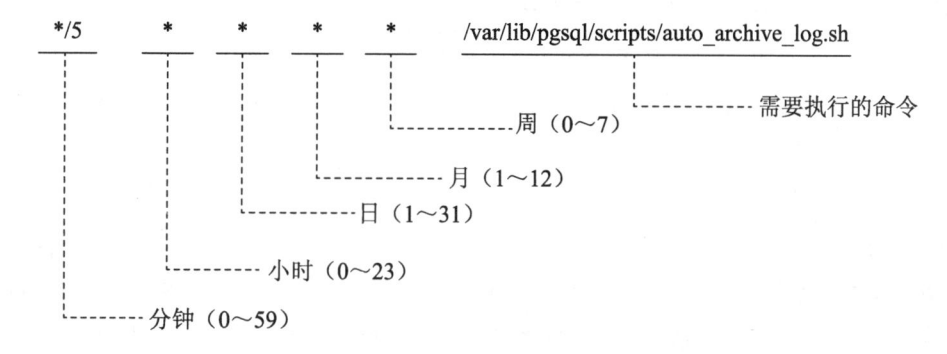

```
*/5       *       *       *       *      /var/lib/pgsql/scripts/auto_archive_log.sh
 │        │       │       │       │                           │
 │        │       │       │       │                           └── 需要执行的命令
 │        │       │       │       └── 周(0~7)
 │        │       │       └── 月(1~12)
 │        │       └── 日(1~31)
 │        └── 小时(0~23)
 └── 分钟(0~59)
```

图 15-3   crontab 文件中的任务计划字段

- 分钟:描述任务计划被执行的分钟数,其取值范围为 0~59。例如,当取值为 0 时表示整点执行。
- 小时:描述任务计划被执行时的小时数,其取值范围为 0~23。例如,当取值为 0 时表示 0 点执行作业。
- 日:描述任务计划在每个月的哪一天执行,其取值范围为 1~31。例如,当取值为 1 时表示每个月的第 1 天执行作业。
- 月:描述任务计划在哪个月执行,其取值范围为 1~12。例如,当取值为 12 时表示每年的 12 月份执行作业。
- 周:描述任务计划在每周的第几天执行,其取值范围为 0~7,其中,0 和 7 都表示星期天,1~6 分别表示星期一至星期六。例如,取值为 0 或者 7,表示将在每个星期日执行作业。
- 需要执行的命令:通常使用绝对路径表示,当前用户需要拥有执行权限。

每个时间字段需要遵循以下语法规则:

- 如果需要指定多个值，则使用逗号隔开各个值。例如，可以在小时字段中使用 0,2,4,6,8,10,12,14,16,18,20,22 表示每隔 2 个小时执行一次任务。还可以在日期字段中使用 1,15,31 表示每月的第 1、15 和 31 天执行作业。
- 如果需要为某个字段指定一段连续的值，则可以使用连字符。例如，可以在日期字段使用 1-7 表示每月的第 1～7 天执行作业。
- 可以使用通配符*来匹配所有可能的值。例如，在分钟字段使用星号*表示每分钟都执行作业，在小时字段中使用星号*表示每个小时都执行作业。
- 可以使用斜线操作符/跳过某些给定的数值。例如，在小时字段中使用*/2 表示每隔 2 个小时执行作业，等价于直接使用 0,2,4,6,8,10,12,14,16,18,20,22。

> **注意**：与 Linux 系统中其他配置文件相同，crontab 文件也支持行注释。在每个文本行的开头使用#符号，表示从行首一直到行尾都是注释的内容。

3．显示用户的任务计划列表

可以通过 crontab -l 命令列出每个用户的任务列表。默认情况下，crontab 命令只列出当前用户的任务清单，例如：

```
[root@linux chapter15]# crontab -l
1       1       *       *       *       /backup.sh
*/4     1       *       *       *       /sendemail.sh
```

作为系统管理员，root 用户可以查看所有用户的任务计划列表。此时，需要使用-u 选项来指定用户，例如：

```
[root@linux ~]# crontab -l -u postgres
*/5     *       *       *       *       /var/lib/pgsql/scripts/auto_archive_log.sh
```

crontab -l 命令会读取/var/spool/cron 目录下以用户登录名命名的文件内容，然后将其输出。因此，crontab -l 命令的输出结果与直接查看/var/spool/cron 目录下的相应文件的内容是一致的。

4．编辑用户的任务计划列表

可以使用含有-e 选项的 crontab 命令来编辑某个用户的任务计划列表，其中，用户名需要使用-u 选项指定。默认情况下，crontab 命令修改的是当前用户的任务计划列表。

> **注意**：在编辑 crontab 文件时如果无意中输入了无选项的 crontab 命令，可以使用 Ctrl+C 组合键或者 q 命令退出编辑器，此时编辑器不会保存修改。如果使用 w 命令保存了修改，则原有的 crontab 文件的所有内容都将被清除，变成空文件。

例如，下面的命令用于修改 root 用户的任务计划列表，将前面创建的 Apache 日志归档脚本添加进去：

```
[root@linux chapter15]# crontab -e
```

当输入以上命令并且按 Enter 键之后，会出现一个全屏的编辑器窗口。通常情况下，该编辑器为 vi 或者 vim，具体使用哪个编辑器，可以根据自己的需要设定。进入编辑模式后，在文件的末尾追加一行：

```
0       0       *       *       *       /root/chapter15/archivelog.sh
```

以上语句表示每天的 0 时 0 分执行一次/root/chapter15/archivelog.sh 脚本。

输入完成之后，切换到命令模式，输入以下命令保存并退出编辑器：

```
:wq
```

如果保存成功，Shell 会给出以下提示信息：

```
"/tmp/crontab.WFJCBU" 1L, 40C written
crontab: installing new crontab
```

以上信息告诉用户，已经成功地安装了新的任务计划。

🔔**注意**：如果读者对 vi 编辑器不熟悉，可以参考 2.2 节。

任务计划添加完成之后，可以使用 crontab -l 命令查看计划列表：

```
[root@linux log]# crontab -l
0       *       *       *       *       /root/chapter15/archivelog.sh
```

通过上面的输出结果可以确认，Apache 日志归档脚本已经成功添加到了 crontab 文件中。

15.3 小　　结

本章以两个具体的例子介绍了如何通过 Shell 编程来解决实际问题。这两个例子非常具有代表性且非常实用。通过本章的学习，读者可以掌握编写复杂脚本文件的方法。虽然我们介绍的是 Shell 编程，但是读者不应该只局限于脚本。除了脚本之外，还应该了解 Linux 系统的其他知识，如系统服务的原理、任务计划的管理等。只有全面掌握这些知识，才可以编写出功能完善的 Shell 程序。

15.4 习　　题

一、填空题

1. Linux 系统启动过程的步骤依次为_____、_____、_____、_____、_____、_____和_____。

2. Linux 系统提供了 7 个运行级别，分别使用_____这 7 个数字来表示。

二、选择题

1. 系统启动后创建的第一个进程为 init 进程。其中，该进程 ID 为（　　）。
   A．0　　　　　　B．1　　　　　　C．2　　　　　　D．3

2. 在 Linux 系统的运行级别中，（　　）运行级别为图形界面。
   A．0　　　　　　B．1　　　　　　C．3　　　　　　D．5

3. 使用 date 命令指定时间时，（　　）字符串表示年份。
   A．%Y　　　　　B．%m　　　　　C．%d　　　　　D．%M